中小型水工程简明技术丛书（六）

中小型防洪工程
简明技术指南

廖小永　沈之平　刘同宦　冯源　李昊洁　陈彦生　编著

中国水利水电出版社
www.waterpub.com.cn

内 容 提 要

本书为"中小型水工程简明技术丛书"之一,采用通俗易懂的语言,系统地介绍了我国中小型防洪工程的相关知识。全书共 8 章,简要介绍了洪水及洪水灾害以及防洪工程的概念与分类,系统介绍了中小型防洪工程的地质勘察、规划、设计、施工、监理、监测、管理等简明技术。

本书除适用于从事水资源与水利水电工程技术人员外,还可供相关领域的中职中专、大专院校师生和从事土木建筑与岩土工程的勘测、规划、设计、施工、监理、管理及科研人员参考。

图书在版编目(C I P)数据

中小型防洪工程简明技术指南 / 廖小永等编著. -- 北京:中国水利水电出版社,2015.11
(中小型水工程简明技术丛书;6)
ISBN 978-7-5170-3899-3

Ⅰ. ①中… Ⅱ. ①廖… Ⅲ. ①防洪工程—指南 Ⅳ. ①TV87-62

中国版本图书馆CIP数据核字(2015)第294331号

书　　名	中小型水工程简明技术丛书(六) **中小型防洪工程简明技术指南**	
作　　者	廖小永　沈之平　刘同宦　冯源　李昊洁　陈彦生　编著	
出版发行	中国水利水电出版社 (北京市海淀区玉渊潭南路 1 号 D 座　100038) 网址:www. waterpub. com. cn E-mail:sales @ waterpub. com. cn 电话:(010) 68367658(发行部)	
经　　售	北京科水图书销售中心(零售) 电话:(010) 88383994、63202643、68545874 全国各地新华书店和相关出版物销售网点	
排　　版	中国水利水电出版社微机排版中心	
印　　刷	北京纪元彩艺印刷有限公司	
规　　格	140mm×203mm　32 开本　16.125 印张　433 千字	
版　　次	2015 年 11 月第 1 版　2015 年 11 月第 1 次印刷	
印　　数	0001—1000 册	
定　　价	**58.00 元**	

编 著 者 的 话

2011 年中央 1 号文件《中共中央　国务院关于加快水利改革发展的决定》开宗明义："水是生命之源、生产之要、生态之基"，"人多水少，水资源时空分布不均是我国的基本国情水情"。

进入 21 世纪 10 年来，新形势下水利的地位越来越重要，水利的作用愈来愈给力。特别是利用水工程为现代农业发展创造条件、为生态环境改善给予保障系统、为国人安全与健康提供水资源与水文化支撑，已成为中华民族的共识并付诸行动。

"中小型水工程简明技术丛书"正是这一共识与行动的一个组成部分。它界定在中小型规模范围，分别从水库枢纽工程、水力发电工程、堤防工程、引调水工程、灌溉排涝工程、防洪工程、围垦工程、水闸工程、灌溉/排水泵站以及水土保持生态工程 10 个测度的技术做了简明介绍，旨在其技术理念的提升更新、技术工艺的规范作用、技术应用的与时俱进。

"中小型水工程简明技术丛书"之所以撇开大型水利工程而专注于中小型水工程技术，一是因为中小型水工程在我国水利工程中占有相当大的比重；二是因为中小型水工程目前存在的缺陷较为严重；三是因为大型水工程将会在 20 年内建设项目逐渐降低，而中小型水工程的"兴建—加固—兴建"循环不止。为此，编著者在过往近 10 年编著出版的"中国堤防工程施工丛书"18册和"中国水工程安全与病害防治技术丛书"8 册的基础上，与中国水利水电出版社合作，共同策划并编著出版：

1. 中小型水库枢纽工程简明技术指南；

2. 中小型水力发电工程简明技术指南；

3. 中小型堤防工程简明技术指南；

4．中小型引调水工程简明技术指南；

5．中小型灌溉排涝工程简明技术指南；

6．中小型防洪工程简明技术指南；

7．中小型围垦工程简明技术指南；

8．中小型水闸工程简明技术指南；

9．中小型灌溉/排水泵站简明技术指南；

10．中小型水土保持生态工程简明技术指南。

10 册一套的"中小型水工程简明技术丛书"取之一线智慧即"中小型水工程技术"，源于实践一线的经验总结与理论上升。该丛书既非"手册"，也非"标准"、"规范"，而是介于两者之间的"手册"提升与"标准"逼近"指南"，核心在于其技术方法的机理创新，重点放在技术如何有效地应用于中小型水工程建设及其加固管理上。

"中小型水工程简明技术丛书"，概念清新，结构严谨，简明扼要，通俗易懂，集知识性、实用性和可操作性于一体，为我国水资源工程建设及其维修加固提供中小型水工程技术支撑。

2012 年 2 月

前　言

　　我国地域幅员辽阔，江河众多，洪水灾害频繁。全国约有35％的耕地、40％的人口和70％的工农业生产受到江河洪水的威胁。全国每年的洪灾直接经济损失，少则数百亿元，多则数千亿元。洪水灾害损失在各类自然灾害中位居首位。洪水是中华民族的心腹大患，不仅严重威胁着人民的生命财产安全，而且影响到社会安定和国家经济建设的可持续发展。1998年长江、松花江大洪水，触目惊心、国人难忘。在党中央、国务院的直接领导下，数百万军民与洪水搏斗了60多个日日夜夜，才最终取得抗洪抢险的全面胜利。因此，防洪治水历来是各级政府的为政之首、安民之策和发展之要。

　　我国中小河流众多，一般具有源短流急、洪水暴涨暴落特点。进入21世纪后，受全球气候的影响，中小型河流防洪安全形势愈加严峻。一是汛期提前，来得早，汛情来的猛，未到主汛期就出现较大的汛情，造成下游严重的洪涝灾害；二是致灾因素复杂，成灾损失大，因暴雨、洪水诱发上游山体滑坡及泥石流等自然灾害，造成重大人员伤亡和财产损失。由于我国的中小河流的防洪工程普遍存在防洪基础设施薄弱、工程等级低、质量差、水土流失及泥沙淤积严重导致河道萎缩严重、河流规划和前期工作滞后以及投入严重不足等问题，加剧了洪水灾害的程度。中小河流防洪工程存在的上述问题，不仅降低了中小河流治理的效率和质量，而且还给社会的稳定发展造成了巨大的影响。鉴于此，为了人们能够安居乐业地生活，就必须要采取科学合理的措施，对河流进行治理，从而才能够避免洪涝灾害的出现。

防洪减灾是一项社会公益性事业，需要全社会的参与和支持。本书为"中小型水工程简明技术丛书"之一，采用通俗易懂的语言，全书共8章，系统介绍了我国中小型洪水及各类防洪工程的概念及其作用，中小型防洪工程的地质勘察、规划、设计、施工、监理、监测、管理等相关知识和简明技术，并对中小型河流防洪及治理的措施进行了详细阐述，希望该书能为从事水资源与水利水电工程技术人员以及相关领域的中职中专、大专院校师生和从事土木建筑与岩土工程的勘测、规划、设计、施工、监理、管理及科研人员参考，使我国中小型防洪工程发挥更大的防洪减灾效益。

本书采用集体讨论与分工合作的方式进行编著，第1章1.1～1.2节、第8章8.1～8.2节由廖小永执笔；第2章、第4章4.1节由沈之平执笔；第3章、第4章4.2～4.3节、第7章由刘同宦执笔；第5章、第8章8.3节由冯源执笔；第1章1.3节、第4章4.4节、第6章由李昊杰执笔。陈彦生对全书进行了统稿。

在编写过程中，引用了国内的有关规范标准以及参考了相关的论文著作，在此一并表示感谢。

鉴于编著者水平有限，本书难免存在遗漏和不当之处，在此恳请读者不吝赐教。

编著者

2015 年 6 月

〖 目 录 〗

1 绪论

　　我国地域幅员辽阔，江河众多，洪水灾害频繁。全国约有35％的耕地、40％的人口和70％的工农业生产受到江河洪水的威胁。全国每年的洪灾直接经济损失，少则数百亿元，多则数千亿元。1998年长江、松花江大洪水，触目惊心、国人难忘，全国洪灾直接经济损失2551亿元，占当年自然灾害总损失的85％。洪水灾害损失在各类自然灾害中位居首位。洪水是中华民族的心腹大患，不仅严重威胁着人民的生命财产安全，而且影响到社会安定和国家经济建设的可持续发展。因此，防洪治水历来是各级政府的为政之首、安民之策和发展之要。

　　本章简要介绍洪水及洪水灾害的概念、分类，人类活动对洪水灾害形成的影响；进而介绍了防洪工程的概念、分类，并对我国中小型防洪工程存在的问题进行了分析。

1.1　洪水及洪水灾害

1.1.1　洪水

　　洪水是指凡超过江河、湖泊、水库、海洋等容水场所的承纳能力，造成水量剧增或水位急涨的水文现象。洪水的分类方法很多。按洪水发生季节分春季洪水（春汛）、夏季洪水（伏汛）、秋季洪水（秋汛）、冬季洪水（凌汛）；按洪水发生地区，分为山地洪水（山洪、泥石流）、河流洪水、湖泊洪水和海滨洪水（如风暴潮、天文潮、海啸等);按洪水的流域范围,分为区域性洪水与流域性洪水;按防洪设计要求,分为标准洪水与超标准洪水以及设计洪水与校核洪水;按洪水重现期,分为常遇洪水(小于20年一遇)、较大洪水(20~50年一遇)、大洪水(50~100年一遇)与特大洪水(大于100年一遇);按洪水成因,分为暴雨洪水、融雪洪水、冰凌洪水、暴潮洪水、溃口洪水、扒口洪水等。在上述分类方法中,最为常用的是按洪水成因所划分。下面简要介绍各类洪水情况。

1.1.1.1 暴雨洪水

暴雨是指强度较大的降雨。按中央气象台的降水强度标准,24h降雨量大于50mm的降雨为暴雨,其中24h降雨量大于100mm和200m的分别为大暴雨和特大暴雨。

暴雨洪水是由暴雨引起的江河水量迅增、水位急涨的水文现象。特大暴雨引发的暴雨洪水,一般强度大、历时长、面积广。我国夏秋季节发生的大洪水多为暴雨洪水。暴雨洪水最重要的气候要素是降水。影响我国大部分地区降水的因素主要是季风和台风。因而我国的暴雨洪水,主要为季风暴雨洪水和台风暴雨洪水。此外,山洪、泥石流也因由暴雨引发,故可列为暴雨洪水的一些特例。

(1)季风暴雨洪水。季风是指大范围盛行的、风向随季节而显著变化的风系。我国大部分地区处于季风气候区,降水主要集中在夏季。夏季风主要有东南风和西南风两类,分别影响其东部和西部地区。东南季风一般于5月、6月间,带进大量暖湿空气和北方南下冷空气交汇于华南一带,引起华南地区时降暴雨;6月、7月间向北推进,多雨区随之北移到长江中下游、淮河流域(通称江淮地区),引起该地区较长时间的连绵阴雨天气,由于此时正值江南特产梅子成熟季节,故称这一时期为"梅雨期";8月间进一步向北推进,多雨区移至华北、东北地区,即为北方暴雨季节。西南季风一般在5月底开始北进,西藏东部、四川西部和云南等地降水迅速增加,直到10月前后撤退,雨季才告结束。

（2）台风暴雨洪水。台风是发展强盛的热带气旋。我国位于太平洋西岸，是世界上受台风影响最多、最严重的国家之一。全球热带海洋每年发生约 80 次台风，靠近我国的西太平洋每年生成台风约 30 次，占全球台风总数的 38%，影响我国沿海地区的台风每年约有 20 次，平均每年登陆的有 7 次。台风的发生有明显的季节性，登陆台风以 7～9 月最多，6 月和 10 月次之，造成严重灾害的台风绝大部分发生在 7～9 月。

（3）山洪。山洪指山区溪沟中发生的雨洪。山洪多由暴雨引起，具有历时短、流速大、冲刷力强、破坏力大等特点，其成因主要有暴雨、地形、地质条件以及过度采伐森林造成土坡侵蚀等人为因素。我国半数以上的县都有山区，山洪现象颇为普遍。山洪几乎每年都要造成人民生命财产的严重损失。

（4）泥石流。泥石流指山地溪沟中突然发生的饱含大量泥沙、石块的洪流，多由暴雨山洪引起，具有暴发突然、运动快速、历时短暂、破坏力极大等特点。灾害泥石流不仅毁坏山坡使其变成基岩裸露的破碎田地，而且使谷底受砾石或石块泥沙物质淤埋，同时给穿越区的铁路、公路、桥涵等造成破坏、堵塞，对当地居民的物质财产和生产生活危害极大。

1.1.1.2 暴潮洪水

暴潮洪水发生于沿海地区，主要包括风暴潮和天文潮。此外，海啸也常给沿海地区造成一定危害。

（1）风暴潮。风暴潮属气象潮，是由气压、大风等气象因素急剧变化造成的沿海海面或河口水位的异常升降现象，分温带风暴潮和热带风暴潮两类，分别由温带气旋和热带气旋引起。我国是频受风暴潮影响的国家之一。在南方沿海夏、秋季节受热带气旋影响，多台风登陆；在北方沿海冬、春季节，冷暖空气活动频繁，北方强冷空气与江淮气旋组合影响，常易引起风暴潮。风暴潮具有很强的破坏力，受其影响地区的堤坝、农田、水闸及港口设施易遭毁坏，致使人民的生命财产蒙受巨大损失。

（2）天文潮。天文潮是地球上海洋受月球和太阳引潮力作用所产生的潮汐现象。月球距地球较近，其引潮力为太阳的 2.17 倍，故潮汐现象主要随月球的运行而变。潮汐类型按周期不同，可以分为日周潮、半日周瀚和混合潮。每年春分和秋分时节，如果适逢朔、望日，日、月、地三者接近于直线，则形成特大潮。此外，潮汐还具有 8.85 年和 18.61 年的长周期变化规律。天文大潮特别是特大潮的出现，常常给沿海地区人民的生产、生活和生命财产带来严重损失。若在天文大潮到来之时，又恰遇台风暴潮，则将会造成更高的增水现象，这时沿海地区的严重灾难往往难以避免。

（3）海啸。海啸是由海域地震、海底火山爆发或大规模海底塌陷和滑坡所激起的巨大海浪。据中国地震局提供的资料报道，有史以来，世界上已经发生了近 5000 次程度不同的破坏性海啸，造成人类生命财产的严重损失。历史上的海啸，主要分布在日本太平洋沿岸、太平洋的西部、南部和西南部、夏威夷群岛、中南美洲和北美洲。受海啸灾害最严重的是日本、智利、秘鲁、夏威夷群岛和阿留申群岛沿岸。

1.1.1.3 冰雪洪水

冰雪洪水是指冰川或积雪消融引发的洪水。在我国西北高寒山区，雪线以上山区终年降雪，形成冰川和永久积雪；雪线以下山区和平原只在冬季积雪，称季节积雪。因而冰雪洪水包括冰川洪水和融雪洪水两类，前者以冰川和永久积雪为主要水源，后者则以季节积雪融水为主要水源。

（1）冰川洪水。冰川洪水又分冰川融水型洪水和冰湖暴发型洪水两类。冰川融水型洪水是冰川和永久积雪的正常融化而形成的洪水，其洪峰、洪量大小与气温升幅、冰川面积、积雪储量及夏季降水量有正比关系，发生时间一般与当地高温期同步，其特点是起涨较缓、退水较慢、历时较长、洪峰矮胖且多为单峰，年际最大、最小流量变幅不大。冰湖暴发型洪水又称冰湖溃决型洪水，是冰川洪水的特例，即当冰湖坝体突然溃决或其他原因引起冰湖水体集中排放而形成的峰高、时短的突发性洪水。冰湖是由于冰川前进或因冰川萎缩时期遗留的冰渍堵塞沟谷而形成的。我国冰川洪水主要分布在天山中段北坡的玛纳斯地区、天山西段南坡的木扎特河、台兰河、昆仑山喀拉喀什河、喀喇昆仑山叶尔羌河、祁连山西郊的昌马河、党河和喜马拉雅山北坡雅鲁藏布江部分支流。

（2）融雪洪水。融雪洪水发生的时间比冰川洪水早，一般在4～6月。处在同纬度附近的河流，平原融雪洪水发生时间较山区早。这种洪水若与冰凌洪水叠加则易形成春汛。特大融雪洪水可以导致洪灾。我国的融雪洪水灾害常见于新疆北部的一些小河流及山前平原。冰雪洪水是季节性洪水。在高寒山区和纬度较高地区，河流洪水单纯由冰川融水补给或单纯由积雪融水补给较为少见。常见的情况是春、夏季节强烈降雨和雨催雪化而形成的雨雪混合型洪水。

1.1.1.4　冰凌洪水

冰凌洪水又称凌汛，是指河流中因冰凌阻塞造成的水位壅高或因槽蓄水量骤然下泄而引起的水位急涨现象。冬、春季节常发生在我国的北方河流。冰凌洪水按其成因不同，可以分为冰塞洪水和冰坝洪水两类。

（1）冰塞洪水。冬季河流封冻时期，冰盖下大量冰花、碎冰积聚，堵塞河道部分过水断面，形成冰塞，泄流不畅，壅高上游河段水位，严重时可能造成堤防决口，这种现象称为冰塞洪水。冰塞通常发生在河流纵比降由陡变缓之处或泄流不畅的河段。冰塞河段的长度可达数十公里甚至数百公里，冰塞时间可达数月之久。

（2）冰坝洪水。春季开河时期，大量流冰在河道中受阻，堆积形成横跨河流的坝状冰体，简称冰坝。冰坝上游水位不断壅高，下游水位明显下降，坝体在上、下游压力差作用下，一旦猛然溃开，则易出现冰凌洪峰。在冰坝严重之处，有时需采取人工爆破或飞机投弹措施炸开坝体。在冰坝上、下游河段常常出现堤岸漫溢、田地、城镇受淹以及沿河建筑物被毁等的灾害。我国河流的冰坝，多发生在南北流动的河段，这种走向的河流，下游段纬度较高，气温较低，封冻较早，历时较长，冰层较厚，融冰开河较晚；而上游段则相反。春季当气温急剧升高或来流量较大时，上游河段先解冻开河，大量流冰涌向下游，受到下游尚未开河的冰盖阻挡，形成冰坝。此外，一些弯道、汊道、束窄河段或冰塞严重的地方也容易形成冰坝。部分河段，有时还可能形成冰坝群。冰坝洪水的主要特点是凌洪流量沿程增大，同流量下水位高、上涨快、流冰破坏力大、气候寒冷，抢险困难等。因此，我国北方河流尤其是黄河下游的凌汛灾害通常很严重。

1.1.1.5 溃口洪水

溃口洪水是指拦河坝或堤防在挡水状态下突然崩溃而形成的特大洪流，具有突发性强、峰高量大，破坏力极大等特点。溃口洪水包括溃坝洪水和溃堤洪水两类。

（1）溃坝洪水。造成水库溃坝的原因主要有大坝防洪标准偏低、工程质量差、管理运行不当以及地震、战争等突发事件等。溃坝洪水一旦发生，其后果往往是毁灭性的。我国已建大、中、小型水库 8 万多座，曾多次发生溃坝事故，造成人员伤亡和经济损失。如河南省"75·8"大水，板桥、石漫滩水库溃坝失事，夺走了数以万计的人民生命并造成巨大经济损失。因此，防止水库溃坝是个值得特别重视的问题。

（2）溃堤洪水。导致河道堤防溃口的险情有漫溢、管涌、渗漏等十余种。其成因主要有洪水超出堤防设计标准、堤基透水、堤身隐患或施工质量问题等。溃堤洪水的突发性虽不像溃坝洪水那样强烈，但因溃堤后洪水大面积漫溢，所造成的人口伤亡及财产损失通常数字惊人，严重时还可能引起河流大改道。

堰塞湖溃决洪水是溃堤洪水的特例，是由地质或地震原因引起山体滑坡，堵江断流后形成堰塞湖，继而突然溃坝释放的巨大洪流现象。这类洪水在我国主要发生在西南山区。例如，2008年"5·12"四川汶川特大地震，形成的唐家山堰塞湖，其堰塞体堵江 29 天，经过水利专家和解放军官兵的奋力抢险才化险为夷，确保了下游130余万人民群众的生命财产安全。

1.1.1.6　扒口洪水

扒口洪水由人为原因造成。有两类情况：一类情况是在大洪水时期为确保重要河段的防洪安全，牺牲局部保大局，有意扒开一些沿江洲滩民垸蓄滞洪水。如长江1998年大水，中、下游共溃决洲滩民垸1975座，其中有一部分为主动扒口弃垸蓄洪、行洪。另一类情况是利用扒口洪水作为战争武器。如三国时期的水淹七军、明末时期为了镇压李自成的农民起义在筑河上扒开南大堤而水掩开封，开封37万人死亡了34万人；1938年国民党为阻止日军西犯，扒开河南中牟县赵口和郑州花园口黄河大堤，造成洪水泛滥，黄河改道，历时9年，44个县（市）、1250万人受淹，89万人死亡。

1.1.2　洪水灾害

洪水灾害的分类方法很多。按洪水灾害的灾情轻重，可分为微灾、小灾、中灾、大灾和巨灾，或分为一般洪灾、大洪灾和特大洪灾；按洪水成因不同，可以分为暴雨洪水灾害、融雪洪水灾害、冰凌洪水灾害、暴潮洪水灾害、溃口洪水灾害以及山洪、泥石流灾害等；按洪水灾害发生范围，可以分为区域型洪灾和流域型洪灾两类，在长江流域，又进一步将区域型洪灾分为上游型和中、下游型两个亚类。按洪水灾害的形成机理和成灾环境特点，参考陈述彭教授的分类方法，可将常见洪水灾害概括为以下几种类型：溃决型、漫溢型、内涝型、蓄洪型、山地型、海岸型、城市型等。

1.1.2.1　溃决型

溃决型洪水灾害泛指水库大坝失事或河湖堤防溃口等造成的洪水灾害。溃决型洪水突发性强、来势凶猛、破坏力大。例如：1975年8月河南大洪水，板桥、石漫滩水库大坝溃决。数十个村庄遭灭顶之灾，灾情震惊中外；1938年国民党在黄河花园口扒口，致使黄河下游44个县5.4万 km^2 的土地一片汪洋；2003年渭河洪水，渭河干支流堤防8处决口，56.25万人受灾，

29.22万人迁移，受灾农田137.8万亩，倒塌房屋18.72万间。

我国北方的某些河流，如黄河、黑龙江、松花江等河流每到冬季河面封冻，在春季河道解冻时，常因大量流冰下行受阻形成冰坝，一旦决口，造成严重的冰凌洪灾。如黄河下游。据1855～1938年的84年间统计，仅山东河段的凌汛决口就达29次。

1.1.2.2　漫溢型

漫溢型洪水灾害最为常见。这类洪灾是指洪水越过堤防或大坝顶部，造成堤内或坝下游地区淹没成灾的现象。漫溢型洪水易受地形控制，水流扩散速度较慢，洪水灾害损失程度与土地开发利用状况有关。洪泛平原与河口三角洲地区是漫溢型洪水灾害的多发地。我国七大江河的中、下游与河口地区常见这类洪灾。2005年6月22日，西江洪水没过广西梧州市河东城区防洪大堤，进入城区，造成重大灾害，就是一例。

1.1.2.3　内涝型

内涝型洪水灾害，是指地势低洼地区或江河两岸的湖群水网地区内发生暴雨洪水，由于区域排水不畅使大面积区域积水造成明涝，或由于长期积水使区域地下水水位升高造成区域渍涝灾害的现象。内涝型洪水灾害多发生于湖群分布广泛的地区，如我国的洞庭湖、鄱阳湖周边地区和太湖流域。1991年太湖洪涝灾害就是典型的内涝型洪水灾害。太湖原有进出口108处，其中半数与长江相通，起着吞吐洪水的调节作用。近些年来，农民很少像过去那样每年掏挖河泥，垫田作肥，以致不少港汊逐年淤塞，泄流不畅；加之乡镇企业迅速增长，围湖修路，垫平沟渠，建厂造房，致使泄洪水道堵塞了近2/3。此外，苏州、上海等大城市在周边花巨资修建了防洪大堤，每当遇到大洪水时，只得炸堤放水出城。但这又因水流不畅，区域性积水无法及时排出而积涝成灾。

1.1.2.4　蓄洪型

河道水库的蓄水运用以及河道干流两侧的蓄滞洪区，在遇河道来水过大而泄流受限时往往需被迫蓄洪运用，从而造成一定的人为性洪水灾害，这类情况可以称为蓄洪型洪水灾害。这类洪灾是人为造成洪水自然规律的改变与空间转移所引起的，水库水滞洪，抬高水位，势必对库区周边造成一定淹没损失。下游河道在遇超标准洪水时，往往需要从大局出发，启用两岸的蓄滞洪区，以确保河道的安全度汛和灾害损失的总体最小，这时需要以洪泛区做出局部损失为代价。蓄洪型洪水灾害是一种可控性洪水灾害，通过洪水的优化调度和管理，可以使其灾害损失尽可能地降到最小。例如，淮河2003年的大水小灾就是例证。

1.1.2.5 山地型

山地型洪水灾害泛指山丘地区因暴雨引发山洪、滑坡和泥石流等突发性的灾害。山地型洪水灾害发生地区，大多沟壑纵横，河流源短流急，洪水暴涨暴落。其特点是：突发性强，洪流速度快，挟带泥石多，历时短暂，破坏力大，防御困难等。

山洪的发生，虽可能有多种因素，但以暴雨山洪最为多见。暴雨山洪诱发山地型洪水灾害易造成重大人员伤亡和经济损失。1991～2001年，我国平均每年有1000～1500人死于山地型洪水灾害。例如，2002年6月8日，陕西省南部秦岭山区发生暴雨山洪并引发泥石流，造成455人死亡或示踪[1]，7000多人无家可归，房屋倒塌8万余间，造成直接经济损失21亿元。1999年9月，受台风影响，浙江省温州、台州、丽水等地区遭受特大暴雨袭击，因山洪和山体滑坡死亡84人。2002年湖南省郴州市发生暴雨山洪灾害，99人死亡。2004年7月5日，云南省德宏州盈江、陇川两县发生特大山洪、泥石流灾害，造成直接经济损失2.8亿元。2007年8月17日，山东新汶地区暴雨山洪，冲毁柴坟河堤防，造成山东华源有限公司（原张庄煤矿）发生严重溃水事故，172人被困井下。

1.1.2.6 海岸型

海岸型洪水灾害，是指天文大潮、台风（热带气旋）暴潮或海啸引发的海陆交接的海岸地带的洪水灾害现象。其表现是，汹涌的海浪扑向陆地，造成堤塘漫溢、溃决而成灾。

我国的海岸线长达 1.8 万 km，台风平均每年在沿海登陆 9 次，风暴潮型洪水灾害最为常见，损失最为严重。例如，1992 年特大风暴潮袭击南起福建北至辽宁长达数千公里的海岸，受灾人口达 200 多万人，直接经济损失约占当年洪水灾害总损失的 1/4。

1970 年 11 月孟加拉湾风暴潮，夺去 30 万人的生命，100 万人无家可归。1972 年 6 月飓风使美国佛罗里达州及东部各州死亡 122 人，损失 147 亿美元。2004 年 12 月 26 日，印度洋海域发生的特大地震海啸，造成 27.3 万人死亡或失踪，经济财产损失难以估计。

1.1.2.7 城市型

城市型洪水灾害是指发生在城市市区的洪水灾害。城市人口密集，经济发达，高楼林立，地下设施复杂，一旦遭受洪灾，损失惨重，影响深远。

城市型洪水灾害有其特殊性。城市地面不透水面积比大，径流系数大，汇流快、时间短、人渗少，天然、人工两套地下排水系统，暴雨季节常常不能满足地表径流的正常排泄而潴水成灾。2004 年 7 月 10 日，北京遭遇十几年来罕见暴雨，部分城区严重潴水、交通一度瘫痪；2007 年 7 月，重庆市遭受百年不遇特大暴雨，损失惨重。此外，一些傍水而建的城市，还存在河水溃堤入城成灾问题。

我国的城市大多处在江河下游两岸，随着城市化的发展，城市防洪遇到不少新情况、新问题。主要表现在：城市的洪水环境发生了变化，随着城市的发展，城市周边的湖泊、洼地、池塘、河沟不断被填平，原本具有的调蓄洪水的功能丧失殆尽；城市范围不断扩大，一些大城市郊区及开发区发展很快，防洪保护范围也不断扩大，原有的防洪排涝设施远远满足不了快速发展的城市的防洪要求；城市人口急剧上升，经济飞速发展，防洪保护的要求越来越强烈。因此，城市型洪水灾害的防治，是我国当前江河防洪工作的重中之重。

1.1.3 人类活动对洪水灾害形成的影响

洪水致灾是一系列自然因素和社会因素综合作用的结果。自然因素是产生洪水和形成洪灾的主导因素；而洪水灾害的不断加重却是人口增多和社会经济发展的结果。人类活动的影响主要表现在以下方面。

1.1.3.1 植被破坏的影响

地面植被起着拦截雨水、调蓄径流、固结土体、防止土壤侵蚀的作用。随着我国人口的不断增多，人口与土地、资源的矛盾日益突出。山地过垦、林木过伐、草原过牧，以及开矿、修路等人类社会经济活动，造成地面植被不断被破坏，水土流失加剧，大量雨水裹着泥沙直下江河，导致江河、湖泊、水库淤积量增大，洪水位抬高，给周边地区的防洪造成很大危害。我国是世界上水土流失最严重的国家之一。目前水土流失面积为 367 万 km^2，占国土总面积的 38%，每年流失土壤达 50 亿 t。水土流失现象在各大江河流域都不同程度地存在，其中以黄河、长江流域最为严重。因此，治水需先治沙，从源头控制泥沙入河，必须切实停止乱采滥伐，实行封山育林，大力植树造林种草，综合治理水土流失，改善生态环境，减少入河泥沙。自 1998 年长江、松花江大洪水之后，中央和各级政府高度重视"封山植树、退耕还林"工作，近年来水土保持工作成绩显著。但应注意的是，各地发展不平衡，还存在治理速度偏慢，以及边治理、边破坏等现象。

1.1.3.2 围湖造田的影响

河流中、下游两岸的湖泊、洼地起着自动调蓄江河洪水的作用。随着社会发展和人口增长，我国一段时期内，围湖造田、与河争地现象严重，使得江与湖的关系变复杂，人与水的和谐局面被破坏，洪水反复无情地施以报复，湖区百姓不得不年年筑堤，年年防汛，防不胜防，居无宁日。据相关资料统计，仅湘、鄂、赣、皖、苏 5 省围垦湖泊的面积超过 $12000km^2$。围垦的结果，湖泊离解，大湖变小，小湖消亡。与此同时，垦占河滩现象也很严重。河道滩地本是洪水季节或大洪水年的行洪空间，但不少河道的河滩，被人为垦殖和设障。人类与水争地的这些行为，减小了河道行洪断面，增大了水流阻力，影响了泄洪能力，加重了堤防的防洪压力。因此，需还田于湖、还滩于河，逐步恢复洪水的天然蓄泄空间。1998年大水后，党中央、国务院做出的"平垸行洪、退田还湖"决策，正是顺应自然规律、重塑人水和谐共处关系的重大历史举措。自该项工作开展以来，湘、鄂、赣、皖、苏等省沿江滨湖水灾高发地区基本实现了水上战略大"撤退"，其做法大致分为"单退"与"双退"两类情况。"单退"方式是退人不退耕，即平时处于空垸待蓄状态，一般年份或非汛期仍可进行农业生产，在汛期或大洪水年份则破圩滞留洪水；"双退"是退人又退耕，即对严重影响行洪的洲滩民垸坚决平毁。在工程实施地区，社会、经济和生态效益已经显现，新型人水和谐局面初见端倪，长期饱受洪灾之苦的群众基本摆脱水患之忧，过上安居乐业的日子。

1.1.3.3 防洪工程标准低

堤防和水库是对付常遇洪水的两大主要防洪工程设施。堤防是平原地区的防洪保护屏障。目前全国已建江河堤防27万余km。尽管国家已投入大量资金进行整险加固，但主要江河堤防的防洪标准仍然偏低。我国主要江河堤防大部分是在老堤防基础上逐渐加高培厚形成的，由于种种原因，堤防存在以下主要问题：堤身内存在古河道、老口门、残留建筑物、虚土层、透水层等隐患；施工质量较差，部分堤段堤顶高程不足，压实质量未达到设计要求；生物破坏，如南方的白蚁，北方的獾、狐、鼠类，对堤防的破坏作用很大；堤龄老化、年久失修，堤体长期浸润，易于产生液化、沉陷变形，而长期脱水则可能产生裂缝；堤基地质复杂，没有处理或处理不当；重要堤防没有进行渗流稳定分析和采取抗震措施；穿堤建筑物设计施工方面的问题等等。上述问题都将严重影响堤防安全，遇到高峰洪水情，存在引发堤防失事酿灾的危险。

水库可有效地拦蓄洪水。全国已建成大、中、小型水库84000多座,其中不少水库是在20世纪50年代"大跃进"时期和70年代大搞农田基本建设时期建成的。有的"边勘测、边设计、边施工";有的资料不全、设计匆匆、考虑不周、仓促开工,或施工追求速度,质量差、隐患多;有的"重建轻管",年久失修,后遗症多。据相关普查,我国大型水库中,病险库占1/3,中小型水库比例更高。目前许多病险水库仍带病运行,一旦垮坝失事,将对下游造成灭顶之灾。我国的一些水库之所以失事酿灾,多因工程隐患与长期带病运行所致。

因此,防洪工程建设要进一步加强。不完善、不配套、不达标的要尽早解决,已达标而有条件的要提高其标准。堤防工程除险加固的重点是,堤基防渗、堤身隐患处理以及欠高堤段的培厚加高。对于基本达标的大江大河的堤防,特别是临背高差悬殊的堤段,不宜持续单向加高,以控制堤防工程潜在的洪水风险。必须加高时,应审慎决策,且应除险、培厚优先。在新建堤防或对旧堤的除险加固时,要尽力推广使用新技术、新材料、新工艺,以确保工程质量。河道整治要高度重视河势控制。河势控制工程常采用丁坝、矶头与平顺护岸等形式,其主要作用是调控河势与稳定河岸。在主流顶冲、河势多变河段,汛期极易造成工程根部淘刷、根石走失和岸坡滑坍。因此,加强监测是这类工程除险加固工作的重中之重,发现问题应及时补遗补强。水库能有效地蓄纳河道的超额洪水。水库一旦出险,不但不能正常发挥其防洪作用,而且自身安全难保,使得下游河道防洪险上加险。水库有病要早医,不可拖至严重时再草率处置,更不能长期带病运行。近年来,国务院已分期分批对全国的病险水库进行除险加固,首先是大、中型重点病险水库,然后再逐步解决其他水利工程的"先天不足"问题。

1.1.3.4 非工程措施不完善

非工程防洪措施是一种新的防洪减灾概念,其减灾效益可观,发展前景无量。我国引进非工程防洪措施观念相对发达国家较晚。非工程措施的防洪观念，尤其是最本质的即调整社会发展以适应洪水方面的问题，至今尚未得到全社会的普遍认同，在非工程防洪措施中，现阶段我们所吸收的多只限于针对洪水的技术方面的措施，如建立水文气象测报系统、防汛通信系统、决策支持系统等。非工程防洪措施建设不仅是水利部门的事，而是一项跨部门、跨行业、跨地区的工作，涉及到许多学科技术的交叉融合，需要多方面专业人员的协同努力，需要各级政府都将其摆上议事日程、综合协调和分工实施。此外，我国治水法制不健全，在不少地方，群众法律意识淡漠，执法部门有法不依或执法不严现象依然存在，如水利工程和防洪设施时常遭到破坏，河道人为设障司空见惯等，任其下去，极易滋生甚至加重洪水灾害，用法律来规范、约束社会和个体行为显得尤为重要。我国现阶段的非工程防洪措施，还很难满足新时期防洪减灾的要求，其主要表现在：思想认同和理论研究不够；资金投入不足；洪水保险机制未建立；法律、法规不尽完善；执法管理有待加强；建设速度缓慢等。因此，只有得到相关部门的高度重视和通过全社会的努力，才能加速跟上经济社会的发展步伐。

1.1.3.5　蓄滞洪区安全建设不足

蓄滞洪区是江河防洪体系中不可或缺的组成部分。全国现有重要蓄滞洪区97处，居住人口1600多万人。为解决蓄滞洪区内人员的分洪保安问题，已开展了一些蓄滞洪区群众安全救生的规划与建设。但由于人口增加和盲目开发建设，蓄滞洪区内的安全建设设施远不能满足需要，已建成的安全救生设施仅能低标准解决18%的群众的临时避洪问题，大部分人员需要在分洪时临时转移，这就意味着一些名义上的蓄滞洪区，却实际上难以起到蓄滞洪水的作用。此外，大部分蓄滞洪区缺乏进洪设施，只得依靠临时爆堤分洪。因此，许多蓄滞洪区在紧要关头需要做出运用决策时，往往举棋难定，甚至被迫冒险行事。因此，需加大蓄滞洪区安全建设的力度，要严格管理区内人口，鼓励外流，限制内迁，控制自然增长；加大资金投入，切实把安全建设落到实处。

1.1.3.6 城市化发展加快，城市洪涝灾害频繁

城市化是现代社会发展的必然产物。在城市化进程中，城市防洪遇到的新情况、新问题主要有：①城市人口急剧增加，经济发达，财富集中，各种生产、经营活动以及诸多配套设施高度集中，一旦受灾，损失严重，影响深远。②城市范围不断扩大，城市洪水环境发生变化，大量土地甚至河道被占用，众多湖泊、洼地、池塘等被填平，洪水调蓄功能下降。③城市化导致城市雨洪。城市路面大面积硬化，下垫面条件发生变化，不透水地面面积增多，地表雨水入渗率下降，暴雨洪水汇速加快，洪水入河时间提前，河道洪峰流量增大，内涝外洪矛盾突出，水灾频发，损失严重。④城市建设挤占河道滩地，河道行洪、泄洪能力下降，洪水位抬高。⑤地下水开采，引起地面沉降，涝渍问题突出。

城市防洪是我国防洪的重中之重。城市防洪建设应注意以下几点。①防洪规划要统筹兼顾，要从城市发展实际出发，以人为本，因城制宜；要综合考虑防洪与城市交通、旅游、除涝、排污、供水和生态环境等方面建设的结合，处理好堤、路、景、水的关系；规划新建的防洪工程，不仅具有显著的防洪效益，还应兼顾交通、旅游、生态、环境等其他方面的效益。②防洪标准要与城市化发展水平同步提高，特别是一些城市的新开发区，其防洪标准的拟定，应与城市总体发展相协调，且一般不应低于中心城区。③城市建设不与水争地，严禁填湖和挤占河道空间，确保湖泊、洼地的蓄洪空间和河道的泄洪能力。对于在河滩上违规建设的码头、栈桥、房屋等各种阻水建筑物，要坚决依法拆除。有条件的城区，可以专辟一些雨洪调蓄空间，以减轻内涝灾害。如可以考虑利用操场、游乐场、绿地公园等低洼地为临时蓄洪场所。④控制地面沉降，对于因过量抽取地下水而出现明显地面沉降的城市，要限采地下水，控制地面沉降，并采取积极措施，确保地下水水位逐步回升。如实施改水工程，即关闭小水厂，由自来水厂统一供水，或采取地下水回灌工程等补救措施等。

1.2 防洪工程的概念及其作用

1.2.1 概述

防洪是指为防止洪水灾害的发生和最大限度地减轻洪灾损失,确保人民生命财产安全、生态环境不受损害以及经济社会可持续发展所采取的一切手段和措施。

防洪减灾包含工程措施与非工程措施两大类,通过这两类措施的合理配置、协调互补,以及完善的防洪体制的科学运作,构成了当代完整的防洪减灾体系。

工程防洪措施即防洪工程,是指为控制、防御洪水以减免洪灾损失所修建的工程。主要包括水库工程、蓄滞洪工程、堤防工程、河道整治工程等。按功能和兴建目的可分为挡、泄(排)和蓄(滞)几类。通过以上几类防洪工程的合理配置与优化组合,形成完整的江河防洪工程体系。

非防洪工程措施是指通过行政、法律、经济等非工程手段达到防洪减灾目的的措施,是新的防洪思路与措施,主要包括防洪区的科学规划与管理、公民防洪防灾教育、防洪法律法规建设、洪水预报、预警和防汛通信、推行洪水保险、征收防洪基金、防汛抢险、善后救灾与灾后重建等。

工程防洪措施与非工程防洪措施的目的都是防洪减灾。两者的区别在于:工程防洪措施起直接减灾作用,该措施着眼于洪水本身,能直接调控洪水,改变洪水的自然特性(如延时削峰、调整洪量等),因而主要属于工程技术方面的问题;而非工程防洪措施,则不直接控制洪水,该措施主要着眼于洪泛区的合理使用和安全,以及在洪灾发生时尽量减轻其损失,因而具有间接防洪减灾的性质,主要属于规划管理方面的问题。

工程防洪措施与非工程防洪措施相比较而言,前者是古老的、传统的、习用的和投资较大、技术相对成熟的防洪措施;而非工程防洪措施,则是年轻的、新兴的,费省效宏,发展前景广阔的防洪措施。工程防洪措施技术性较强，其管理、维修与调度运行，主要靠专业部门和技术人员去做；非工程防洪措施的政策性较强，不仅需要政府部门领导和业务部门主管，还需要全社会各方面和广大民众的支持与配合。

综上看来，工程防洪措施和非工程防洪措施是江河防洪减灾系统的两个部分，两者的功能各不相同，相互不能替代。在我国未来的防洪减灾工作中，在重视工程防洪建设的同时，要大力增加非工程防洪建设的投入与实施力度，逐步将过去的以工程防洪措施为主、非工程防洪措施为辅的防洪建设思想，转变到工程防洪建设与非工程防洪建设同举并重、科学配置和联合运作方向上来。只有把这两种措施有机地结合起来，取长补短，相得益彰，才能形成完整的江河防洪减灾系统。

1.2.2 水库工程

在河道中、上游修建水库，特别是在干流上修建的控制性骨干水库，可以有效地拦蓄洪水，削减洪峰，减轻下游河道的洪水压力，确保重要防护区的防洪安全。水库有专门用于防洪的水库和综合利用的水库两类。在综合利用水库中，防洪任务往往位居一二。水库的防洪作用，主要是蓄洪和滞洪。由于支流水库对干流中、下游防洪保护区的作用，往往因距防护区较远和区间洪水的加入而不甚明显，因此，在流域性防洪规划中，统一部署干、支流水库群，相互配合，联合调度，常常可以获得较大的防洪效益。

水库的防洪效益巨大。目前我国已建水库 8 万多座，总库容达 4717 亿 m³。其中大型水库 374 座，库容 3425 亿 m³，中型水库 2562 座，库容 709 亿 m³。这些水库在历年防洪中发挥了重要作用。

水库的主要优点是，修建技术难度不大，调度运用灵活，便于凑泄错峰，无愧为下游河道的安全"保险阀"。其主要问题是，投资较大，需要迁移人口、淹没土地以及对生态环境的影响等。

此外，水库还存在其他负面影响。如水库削峰坦化洪水过程，却拉长了下游持续高水位的历时，从而增加了堤防防守的时间；蓄洪必拦沙，库尾常因泥沙淤积而影响通航，或因淤积翘尾巴而抬高上游河道洪水位，从而对防洪不利；下游则因水库蓄水拦沙和下泄水沙条件的改变，而引起可床冲刷带来的河势变化问题。在多沙河流上修建水库，尤其应重视泥沙淤积对上、下游带来的一系列问题，既要防止库区因泥沙淤积产生的不利影响，又要注意在集中排沙期内，小水带大沙，而可能引起下游河道的逐年淤积萎缩。黄河下游自20世纪80年代以后，平滩流量逐渐减小，河床日趋萎缩，与上游水库滞蓄洪水不无一定关系。因此，在水库规划及管理运行中，应高度重视这些问题，力争做到既调水又调沙，科学调度运用水库。

1.2.3　堤防工程

修筑堤防技术上相对简单，可以就地取材，建设费用相对较低，因而筑堤防洪是古今中外广泛采用的一种工程防洪措施。在河道两岸修建堤防后，有利于洪水集中排泄。

堤防是江河防洪工程体系中的主力军，不论大水小水，年年都要工作，因此堤防的负担重、压力大。按长江水利委员会相关资料估计，长江中、下游河道防洪水位抬高1m，泄洪能力可以提高7000m³/s左右，汛期3个月就可以增加泄量500亿m³，相当于1980年防洪规划安排分滞洪总量的70%。又据中国水利报统计，截至1998年8月10日，抵抗"98"在大洪水，堤防工程在全国范围内产生的防洪效益约达7000亿元，其中大堤占85%以上。可见堤防工程的防洪效益不可低估。

需要注意的是，修筑堤防也可能带来一些负面影响。如河宽束窄后，水流归槽，河道槽蓄能力下降，河段同频率的洪水位抬高；筑堤后还可能引起河床逐年淤积使水位抬高，以致堤防需要经常加高，而堤防的持续加高又意味着风险的增大。例如当前荆江大堤临背河高差达到16m；黄河曹岗河段大堤临背河高差达12～13m。这些情况，在堤防工程规划设计和除险加固时必须认真对待。

1.2.4　蓄滞洪工程

处理江河超标准洪水不外乎分、蓄、行、滞等手段。常见有以下几类情况。

（1）分洪入海。如海河流域的子牙新河、独流减河，近年开挖的淮河入海水道等都是直接分洪入海，以减轻干流河道的洪水压力。

（2）分洪入其他河流。当河流某河段的泄洪能力不足而邻近河流的泄洪能力有余时，则可以在该河段上游分洪，经分洪道将超量洪水转移到邻近河流。如沂河左岸彭道口开分洪道入沭河；规划中的"引江济汉"工程，从长江上荆江河段引流入汉江，除主要解决南水北调工程实施后引起的汉江下游生态环境问题外，还具有分减荆江洪水之功能。

（3）分洪回归原河道。当河道某河段因狭窄泄洪能力受限时，可以将超额洪水通过分洪道绕过这一狭窄河段，再回归原河道下游。如淮河干流北岸的蒙洼分洪道，从洪河口分洪绕过蒙河洼地至南照集回归南河干流。

（4）分洪入湖。如荆江在防洪形势需要时，扒开已封堵的调弦口通过华容河分洪入洞庭湖，以削减下荆江河道的洪水流量。

（5）分洪入分蓄洪区。如当汉江下游河道遇超标准洪水时，则开启杜家台分洪闸，将汉江洪水引入杜家台分蓄洪区，经调蓄后泄入长江。此外，在汛期利用河道两侧的滩地或低凹圩垸，即所谓滞洪区行、滞洪水，均可以大大减轻主河道的泄洪压力。

通常所谓的蓄滞洪区，系指在河道周边辟为临时贮存洪水或扩大行洪泄洪的区域。相应的工程措施称为蓄滞洪工程。该工程是各类分（蓄、行、滞）洪工程的总称，是现阶段江河防洪工程体系的重要组成部分。

我国规划的蓄滞洪区，绝大部分在历史上是经常泛滥和自然调蓄洪水的湖泊、洼地。自然状态下，洪水自由进出，对江河洪水起到自然调节作用。大部分蓄滞洪区，平时不过水，运用机会不多，蓄洪、生产相结合，既有利于防洪，也照顾生产，潜在的防洪效益巨大。如长江两岸的分蓄洪区，大多数是原来的"蓄洪垦殖工程"，一般小水，挡在区外，区内发展生产，大水开放运用，相当于空库迎洪，其削减洪水的作用远大于天然湖泊。

在一些重要防护区上游，布置蓄滞洪工程设施，运用时主动灵活，易于控制，对于防止大堤决口、减轻毁灭性灾害，具有重要意义。全国主要江河现有蓄滞洪区 100 多处，总面积约 3 万 km^2，总滞蓄量约 1200 亿 m^3，其中居民约 1500 万人，耕地 200 万 hm^2 左右。

1.2.5　河道整治工程

河道的泄洪能力受多种因素影响，诸如河道形态、断面尺度、河床比降、干支流相互顶托、河道成形淤积体以及人为障碍等。

从防洪方面讲，河道整治的目的是确保设计洪水流量能安全畅泄。通常所采取的工程措施，除修筑堤防外，主要是整治河槽与清除河障。

整治河槽包括拓宽河槽，裁弯取直，爆破、疏浚与河势控制等。拓宽河槽主要是消除卡口，降低束窄段的壅水高度，提高局部河段的泄量以及平衡上、下游河段的泄洪能力。裁弯取直可以缩短河道流程，增大河流比降与流速，提高河道的泄洪流量。爆破或利用挖泥船等机械，消除水下浅滩、暗礁等河床障碍，降低河床高程，改善流态，扩大断面，增加泄流能力。河势控制工程，包括修建丁坝、顺坝、矶头和平顺护岸等工程，以调整水流，归顺河道，防止岸滩坍蚀，控制河势，以利于行洪、泄洪。

清除河障即清除河道中影响行洪的障碍物。河道的滩地或洲滩，一般因季节性上水或只在特大洪水年才行洪，随着人口的增长和社会经济的发展，不少河道的滩地被任意垦殖和人为设障。例如，在河滩上修建各种套堤；种植成片阻水高秆植物；建码头、房舍；筑高路基、高渠堤；堆积垃圾等。所有这些，缩减了过流断面，增大了水流阻力，妨碍了行洪、泄洪，必须依法清除。

除上面介绍的四项防洪工程措施以外，还应指出的是，在流域性防洪系统中，水土保持措施的作用不可忽视。水土保持是水土流失的逆向行为，能有效地控制进入江河的泥沙。因此，这项工作不仅关系到当地的农业生产、生态环境与经济发展，而且直接影响着水库、蓄滞洪区和河道堤防等防洪工程的防洪效益及其可持续利用。只有从源头上拒泥沙于河道之外，才能确保河床不持续淤积抬升和河道的防洪安全。

1.2.6　各类工程防洪措施的功能特点与优化组合

上述各类工程防洪措施各有特点与优势，但也各自存在一定的局限性。堤防工程相对简易，造价不高，但堤线长，需年年防守，防汛任务重，管理、岁修工作量大。随着河床的淤积抬高和防洪标准的提高、堤防需经常培厚加高，防洪风险和防汛压力越来越大。因而堤防工程只宜对付设计标准的常遇洪水，对于超标准洪水，必须有赖于水库或分蓄洪工程蓄纳。

水库防洪操作灵活，调控方便，效益可观。上游有库，下游无忧。但水库的位置及其规模受地形、地质、淹没迁移和工程造价等因素限制。对于综合利用水库，因防洪库容有限，仍有大量洪水排往下游需依靠河道和堤防排泄；此外，水库坝址至防护区的区间洪水，水库自身无能力防御。水库和河道的关系，好比"胃"和"肠"的关系，"胃"在上，拦洪削峰，蓄滞洪水"肠"在下，起排泄洪水的作用。因此，水库与河道、堤防在工作时，需上下协调，相互照应。

设置蓄滞洪区是有效解决超标准洪水的减灾措施，一旦启用，可以快速降低河道洪水位，减轻河道堤防的防洪压力。蓄滞洪区既要为江河防洪服务，又要适应区内居民生存与发展的需要，因此不可轻易运用，更不宜频繁使用。遇到超量洪水，首先要动用水库蓄纳和加强堤防的防守并依靠河道下泄，蓄滞洪区"养兵千日，用兵一时"，只能在万不得已时才偶尔用之。

河道整治有利于洪水排泄，但整治建筑物如丁坝、矶头，可能激起局部水流紊乱，不利于岸坡稳定。修建控导工程和人工裁弯，可能引起上、下游河势的连锁变化，从而造成原有护岸工程失控和新的险情的产生。因此，希望通过河道整治途径解决上游来量与安全泄量不协调的矛盾是有限度的，必要时还需依靠分洪、蓄洪来解决。

综上看来，各类工程防洪措施，各有利弊得失，只有通过扬长避短，优化组合，既独立又协作，才能发挥江河防洪工程体系的整体作用。否则，若不注意发挥各项工程的群体作用，单枪匹马，各自为战，难有大的作为。

现阶段我国主要江河的洪水治理方针，一般是"拦、蓄、分、泄，综合治理"。如黄河的"上拦下排、两岸分滞"；松花江的"蓄泄兼施，堤库结合"；长江的"蓄泄兼筹，以泄为主"及"江湖两利，左右岸兼顾，上、中、下游协调"等原则。通过在上游地区干、支流修建水库拦蓄洪水，并配合采取水土保持措施控制泥沙入河，在中、下游修筑堤防和进行河道整治，充分发挥河道的排泄能力，并利用河道两岸的分蓄洪区分滞超额洪量，以减轻洪水压力与危害。具体规划时，不同河流、不同地区应根据其自然地理条件、水文泥沙特性、洪水洪灾特征、社会经济发展需要和防洪任务要求等有所侧重。

1.3　我国中小型防洪工程存在的问题

我国中小型防洪工程存在如下问题：

（1）防洪基础设施薄弱，工程等级低，质量差。小河流的防洪设施除了少量新中国成立前现存外，绝大多数是 20 世纪 60～70 年代响应号召，依靠地方组织，群众会战的形式新修、恢复、改造和加固建成的小型水库、堤防工程，工程等级低，质量差，防洪标准低，工程安全性差，自工程自竣工之日起，就成了病险水库、堤防工程。许多中小河流，特别是河流沿岸的县城、重要集镇和粮食生产基地的防洪设施少、标准低，甚至很多处于不设防状态，遇到常遇洪水就可能造成较大洪涝灾害。

（2）水土流失、泥沙淤积严重，导致河道萎缩严重。一些中小河流流域水土流失严重，加之不合理的采砂以及拦河设障、向河道倾倒垃圾、违章建筑等侵占河道的现象日渐增多，多年未实施清淤，致使河道萎缩严重，行洪能力逐步降低，对所在地区城乡的防洪安全构成了严重威胁。

（3）河流规划和前期工作滞后。很多中小河流缺乏系统的规划工作，治理项目的前期工作薄弱，基本情况不明，治理目标和任务不明确，同时，随着经济发展和人口增加，河流沿岸的城镇规模日益扩大，社会财富日益聚集，重要粮食生产基地的生产能力将进一步提高，都对防洪保安提出越来越高的要求，已有前期工作不能满足河流治理和管理的需要，难以有效指导近期河流的治理和保护。

（4）投入严重不足。问题日益突出。长期以来，中小河流治理缺乏投资机制和渠道，治理资金严重不足。小型河流多地处山区，经济底子薄，多年来，在防洪工程建设上，主要采取地方组织、集体会战、群众投劳投工方式进行，地方财政无能力、无资金投入基础设施建设；只是近一二年国家才对中小河流的防洪设施建设及小型水库除险加固工程有所投入，但范围较小和投资不大，中小河流面临的问题依然突出。

2 中小型防洪工程地质勘察

2.1 概述

中小型防洪工程，按《中小型水利水电工程地质勘察规范》（SL 55—2005）的规定执行；地质条件复杂，工程规模较大的中型防洪工程，宜按《水利水电工程地质勘察规范》（GB 50487—2008）的规定执行。中小型工程地质勘察宜分为规划、可行性研究、初步设计和技施设计四个勘察阶段，地质条件简单的小型工程，其勘察阶段可适当合并。

中小型防洪工程地质勘察工作应遵循下列原则：①充分了解规划设计意图及工程特点，因地制宜地进行地质勘察；②按照由区域到场地，由一般性调查到专门性勘察的原则进行勘察工作；③以地质测绘为主，优先采用轻型勘探和现场简易试验，综合利用重型勘探，加强资料的综合分析；④抓住主要工程地质问题，充分运用已有经验，重视采用工程地质类比和经验分析方法；⑤重视施工地质工作，加强对不良地质问题的预测和处理研究；积极采用新技术、新方法，不断提高勘察技术水平和勘察质量。

工程地质勘察应按勘察任务书（或勘察合同）进行。勘察任务书应明确：设计阶段、规划设计意图、工程规模、天然建筑材料需用量及有关技术指标、勘察任务和对勘察工作的要求。开展勘察工作之前，应收集和分析工程地区已有的地形、地质资料，进行现场查勘，根据勘察任务书，结合设计方案，编制工程地质勘察大纲。工程场地选择应尽量避开存在严重渗漏和大型滑坡体、崩塌体等重大不良地质问题地段。

小型防洪工程地质勘察，在水库勘察方法上应以收集分析资料和地表地质调查为主，必要时可进行局部地质测绘和勘探，对重要的或地质条件复杂的水库，则应进行地质测绘和必要的勘探。主要建筑物区的勘察深度，应根据地质条件的复杂程度确定。地质条件简单的场地，可只进行剖面地质测绘和必要的物探或坑（槽）探。中小型防洪工程特别是小型防洪工程基岩的物理力学参数，可采用工程地质类比和经验判断方法确定，必要时应进行室内试验或现场试验。各阶段勘察工作结束时，应编制工程地质勘察报告，当地质条件比较简单时，规划阶段可不编制工程地质专题报告，工程地质仅作为规划报告的一章。

2.2 规划阶段工程地质勘察

规划阶段工程地质勘察的主要任务是：①了解规划河流（段）或地区的区域地质、地震概况；②了解各规划方案水库、坝（闸）址（段）区的地质条件和主要工程地质问题，分析建库、坝（闸）的可能性；③了解引水、排水线路的工程地质条件；④了解规划方案中的其他水利工程地质概况；⑤了解各规划方案所需天然建筑材料概况。

2.2.1 区域地质勘察

区域地质勘察的内容主要有：①了解河流（段）或地区的地形地貌特点，特别是阶地发育情况和分布范围，规划河流（段）与邻谷的关系、可溶岩地区喀斯特地貌特征；②了解地层岩性的分布、形成年代，特别是可溶岩层、软弱岩层、膨胀岩（土）、软土、湿陷性黄土、分散性土、冻土等不良工程地质岩（土）体的分布；了解地质构造特征、区域性褶皱，断层的分布、规模、产状、性质；③收集活断层、历史地震及地震动参数等资料；④了解规模较大的滑坡体、崩塌体、蠕变体、泥石流、移动沙丘等分布情况及区域岩体风化特征；⑤了解主要含水层和隔水层的分布情况，特别是喀斯特地下水的出露高程、流量及区域补给、径流、排泄概况。

勘察方法：①收集本区已有的地形、地质资料，结合航（卫）片解译资料进行综合分析，编绘河流（段）或地区的综合地质图，比例尺可选用 1：200000～1：100000；②对可能存在重大工程地质问题的地段进行地质调查。

2.2.2 水库区地质勘察

水库区地质勘察的内容主要有：①了解水库区的基本地质条件；②了解可能导致水库渗漏的可溶岩层及洞穴系统、古河道、贯穿库外的大断裂破碎带、低矮垭口、单薄分水岭、低邻谷等的分布情况和附近泉、井水位及流量；③了解库区规模较大的变形边坡、潜在不稳定岸坡、泥石流、浸没、塌陷和坍岸等的分布范围；④对利用堤防做库岸的平原型水库，了解堤基的稳定性及渗漏情况；⑤了解水库区内主要矿产资源的分布情况。

勘察方法：①收集有关区域地质和航（卫）片解译资料，结合进行路线地质调查，对工程地质条件简单的水库，库区地质图可与区域地质图结合，对工程地质条件复杂的中型水库，宜单独编绘库区地质图，并应对重点地段进行专门工程地质测绘，比例尺可选用 1：100000～1：50000；②对可能存在严重渗漏、大型滑坡体和崩塌体等工程地质问题的地段，必要时可根据需要布置少量勘探工作；③对利用堤防做库岸的平原型水库，应收集有关堤防工程地质资料。

2.2.3 坝（闸）址区勘察

坝（闸）址区勘察的内容主要有：①了解坝（闸）址或平原型水库枢纽围堤地段的地形地貌特征；②了解土基区土体的成因类型、土层结构、土的基本性质、组成物质及特殊土层等的分布情况；③了解岩基区地层岩性、覆盖层的厚度、岩体风化卸荷情况、软弱岩（夹）层产状及其分布规律；④了解坝（闸）址区的地质构造、主要断裂破碎带的分布位置、产状和性质；⑤了解坝（闸）址区的物理地质现象，特别是较大滑坡体、崩塌体、蠕变体等不稳定岩土体的分布范围和规模；⑥了解强透水岩土体、强喀斯特化岩层及溶蚀带、古河道、古冲沟等可能与库外连通的强透水层（带）分布情况。

　　勘察方法：①地质条件简单的坝（闸）址区可进行代表性的剖面地质测绘；②近期开发工程应进行工程地质测绘，峡谷区比例尺可选用 1：5000～1：2000，丘陵平原区比例尺可选用 1：10000～1：5000，测绘范围应包括各比较坝（闸）址及坝（闸）址附近可能渗漏的岸坡地段，当各比较坝（闸）址相距较远时，可分别进行测绘；③各梯级坝（闸）址区应有一条代表性勘探剖面，并宜采用地面物探等轻型勘探方法；④近期开发工程应布置钻探，钻孔布置根据地质条件复杂程度而定，河床、两岸及对规划方案成立影响较大的地质条件复杂地段，应有钻孔控制；⑤坝（闸）址区岩土物理力学参数可用工程地质类比法提供，必要时可进行岩土试验。

2.2.4　引水、排水线路勘察

　　引水、排水线路勘察的内容主要有：①了解线路区地形地貌，特别是较大滑坡体、崩塌体、蠕变体、山麓堆积体、泥石流、移动沙丘等的规模和分布情况；②了解线路区地层岩性、土层和岩层分区分段情况，特别是有无特殊土层及其分布情况；③了解线路区地质构造、主要断裂的分布特征；④了解线路区水文地质条件，特别是可溶岩区的喀斯特发育情况和其他强透水岩土层分布情况；⑤了解影响隧洞成洞和进口、出口稳定的不良地质现象；⑥了解线路区内主要建筑物区的工程地质条件。

　　勘察方法：①在收集区域地质资料的基础上，应进行沿线工程地质调查，重要建筑物和地质条件复杂的地段，可进行剖面地质测绘；②对穿越河流、软基段、深挖方及高填方段、高架渡槽和其他重要建筑物区，可布置勘探；③岩土物理力学参数，可采用工程地质类比法提供。

2.3 可行性研究阶段工程地质勘察

可行性研究阶段工程地质勘察应在选定的规划方案的基础上进行，为选定坝（闸）址、推荐基本坝型、枢纽布置以及引水、排水线路方案进行地质论证。其主要任务是：调查区域地质构造和地震活动情况，对工程区的区域构造稳定性做出评价；初步查明坝（闸）址区和其他建筑物区的工程地质条件，对有关的主要工程地质问题做出初步评价；进行库区地质调查，论证水库的建库条件，并对影响方案选择的库区主要工程地质问题和环境地质问题做出初步评价；对初选的移民迁建新址进行地质调查，初步评价新址区的整体稳定性和适宜性；进行天然建筑材料初查。

2.3.1 区域及水库区地质勘察

区域及水库区勘察的内容主要有：①研究区域地质资料，确定工程区所属大地构造部位，分析区域主要构造对工程区的影响，结合历史地震及断层活动性等资料，对区域及场地的构造稳定性进行评价，提出工程区的地震动参数，初步查明水库区的渗漏条件，主要内容应包括单薄分水岭、低邻谷、强透水岩层（带）、断层破碎带和古河道、第四纪透水层等的分布和水文地质条件，对产生渗漏的可能性及其严重程度做出初步评价，可溶岩区喀斯特发育和分布规律、相对隔水层的厚度、分布和封闭条件，地下水与河水的补排关系，分析可能发生渗漏的形式、途径及严重程度，初步评价对建库的影响及处理的可能性；溶洞水库区和溶洼水库区喀斯特泉水和暗河的分布，水文动态、流量和汇水范围，分析库坝区地表水和地下水流系统的补排关系，初选堵体位置，初步评价建库可能性。②调查库区，尤其是近坝库区的滑坡体、崩塌体等不稳定岩土体和泥石流的分布、规模，初步评价其稳定性及影响，对第四系组成的库岸，应调查河道坍岸的现状和原因，初步分析建库后可能坍岸的范围及规模。③调查可能产生浸没地段的地形地貌、岩土性质、相对隔水层分布和地下水埋深情况，初步预测浸没区的范围，分析引起沼泽化和盐渍化的可能性，浸没评价除应符合《水利水电工程地质勘察规范》（GB 50487—2008）附录 D 的规定外，还应结合各地的具体情况综合考虑。④分析水库蓄水后可能引起的其他环境地质变化，包括水库对重要矿产、居民点、名胜古迹和自然保护区影响，水库诱发地震及塌陷的可能性，因大坝拦水断流引起下游水文地质条件的变化等。

勘察方法：①应收集区域地质、航（卫）片解译资料、历史地震和地震台网观测等资料，编制构造纲要图，综合分析本区的地质构造稳定性；②工程区地震动参数应按《中国地震动参数区划图》（GB 18306—2001）确定，地震动峰值加速度在 0.1g 及以上的地区，地震地质条件特别复杂、所处位置十分重要的中型工程，可复核工程场地地震动参数；③水库区地质测绘比例尺可选用 1：50000～1：10000，测绘范围应包括与渗漏有关的邻谷地段；④平原型水库应包括围堤及邻近地区，典型地段应作剖面地质测绘；⑤对可能影响建库和方案成立的主要工程地质问题应布置勘探剖面，对严重渗漏地段，水文地质勘探剖面应垂直和平行渗漏方向布置，剖面数量可根据渗漏地段长度及地质情况确定，其勘探方法宜以物探为主，辅以控制性钻孔，每一剖面控制性钻孔不宜少于 3 个，孔深宜达到相对隔水层或强喀斯特发育下限，钻孔在蓄水位以下孔段应进行水文地质试验，并保留适量钻孔和其他水文地质点，一起进行不少于一个水文年或一个丰水、枯水季的水文地质观测；⑥对大滑坡体、崩塌体等宜以物探和坑（槽）探为主，按其可能失稳方向布置纵、横勘探剖面，必要时布置少量的洞（井）探、钻探，并可设置变形观测网点；⑦对浸没和坍岸区，勘探剖面应垂直库岸布置，勘探方法可采用物探、坑（井）探、钻探等，勘探点间距可根据地貌单元和水文地质条件布置，勘探点不宜少于 3 个。浸没区勘探坑（孔）应至地下水位以下或进入相对隔水层；⑧岩土试验可结合勘探工作布置进行，岩土物理力学参数应在试验成果的基础上结合工程地质类比法选用。

2.3.2 坝（闸）址区勘察

坝（闸）址区勘察的内容主要有：①对于一般岩基坝（闸）址区，初步查明河谷地形地貌、两岸冲沟和低矮娅口发育状况，及河床深槽、埋藏谷、古河道等的分布情况；初步查明第四纪沉积物的厚度、成因类型、组成物质及分布情况；初步查明地层岩性及其分布，特别是软弱岩层、夹层或透镜体的性状、厚度及分布情况；初步查明地质构造，特别是主要断层、破碎带、缓倾结构面及节理裂隙的分布、性质、产状、规模、充填和胶结情况，并初步分析各类结构面及其组合对坝（闸）基、边坡岩体稳定和渗漏的影响；初步查明岩体风化带、卸荷带的分布规律和厚度，与建筑物有关的滑坡体、崩塌体等的分布范围和规模，并初步分析其稳定性及对工程的影响；初步查明水文地质条件，重点是岩土层的渗透性，相对隔水层的埋深、厚度和连续性，滩岸地下水水位，环境水的腐蚀性。环境水对混凝土侵蚀性的评价应符合《水利水电工程地质勘察规范》（GB 50487—2008）附录 L 的规定。②对可溶岩基坝（闸）址区：除应符合一般岩基坝（闸）址区勘察内容的规定外，尚应重点勘察喀斯特发育规律和分布情况，主要溶洞和渗漏通道的分布、规模、连通和充填情况，并对岩溶塌陷的可能性做出初步评价；岩溶水文地质条件，相对隔水层的分布、厚度及其延续性，初步分析可能产生渗漏的地段、渗漏类型及其严重程度，对处理方案提出建议。③对于软质岩基坝（闸）址区，除应符合一般岩基坝（闸）址区勘察内容的规定外，尚应重点勘察软质岩层的物理力学性状及风化、软化、泥化、崩解、膨胀、抗冻、抗渗等特性；对含石膏等易溶物质成分的软弱岩层，重点是调查其溶蚀和风化特征；初步评价坝基的沉陷和抗滑稳定性；坝（闸）址及消能设施部位岩体的组成情况、完整性，对其抗冲刷及作为坝基的稳定性做出初步评价。因软岩蠕变而引起的边坡失稳情况。④对于土基坝（闸）址区，应调查河谷地形地貌特征、阶地类型及地质结构，初步查明各级阶地的接触关系和古河道、古冲沟、古塘、决口口门、沙丘等的埋藏、分布情况；初步查明各类土层的性质、成因、厚度、分布、层理特征、颗粒组成及主要物理力学性质，重点是工程地质性质不良的特殊上层、夹层或透镜体的分布和特点；对地震动峰值加速度在 0.1g 及以上地区的饱和无黏性土、少黏性土地基振动液化问题进行初步评价。土的液化判别应符合 GB 50487—2008 附录 P 的规定；初步查明透水层及相对隔水层的埋藏条件、渗透及渗透稳定性、含水层类型、各透水层间的水力联系，地下水与地表径流及潮汐的水力联系、补排关系，地下水位及其变幅，地下水水质及土的化学成分等，必要时应研究地下水流向。土的渗透变形评价应符合 GB 50487—2008 附录 G 的规定；初步查明基岩浅埋及利用基岩作防渗依托的坝（闸）址基岩的埋深、风化程度和渗透性。⑤初步进行坝（闸）址工程地质条件评价，对坝（闸）址及基本坝型的选择提出地质方面的建议。

勘察方法：①工程地质测绘比例尺可选用 1：5000～1：1000，测绘范围应包括各比较坝（闸）址枢纽、有关建筑物及其下游冲刷区在内，当各比较坝（闸）址相距较远时，可单独测绘成图。②物探方法应根据坝（闸）址区的地形、地质条件等确定，物探剖面线应结合勘探剖面布置，覆盖型可溶岩坝〔闸〕区、宽敞河谷深厚覆盖层和软质岩基坝（闸）址区宜布置地面物探探测网格，并充分利用钻孔进行综合测试。③各比较坝（闸）址区至少应布置一条代表性勘探剖面，必要时可增加勘探剖面，勘探点的布置在勘探剖面上，应有坑、孔控制，勘探点间距50～150m，河床及两岸坝肩部位应布置钻孔，必要时两岸宜布置勘探平硐；在岩基坝（闸）址代表性勘探剖面上，河床部位的钻孔深度应为 1～1.5 倍坝高，两岸岸坡上的钻孔应进入相对隔水层或稳定的地下水位以下，在可溶岩区，控制性钻孔应深至地下水位以下一定深度。有特殊要求的钻孔，其深度可按实际情况确定，在土基坝（闸）址，每个不同工程地质单元应有钻孔控制，一般钻孔深度宜为 1～1.5 倍坝高或 1～1.5 倍闸底宽度；当坝

（闸）基下分布有深厚软土层或强透水层时，钻孔深度应进入坚实土层一定深度或基岩相对隔水层5～10m。④基岩钻孔应分段进行压水试验，可溶岩区根据需要宜进行连通试验，在土基上的坝（闸）址区钻探时，应分层观测地下水位，主要透（含）水层宜进行抽水试验或注水试验。⑤岩土物理力学参数宜根据物探和室内试验成果，结合工程地质类比法提供。主要土层有效试验组数不宜少于6组，并宜布置原位测试。⑥河水、地下水应取样作腐蚀性分析，评价其对混凝土的腐蚀性。

2.3.3　溢洪道及其他地面建筑物区勘察

溢洪道及其他地面建筑物区勘察的主要内容：①初步查明建筑物区的地形地貌、地层岩性、地质构造、物理地质现象和水文地质条件，特别是风化层、喀斯特洞穴、特殊土层等的分布情况，对地基的稳定性做出初步评价；②初步查明建筑物区边坡的地质结构，地下水活动特点，主要断层、软弱（破碎）夹层和节理裂隙的产状、性质、规模及其延伸情况，初步分析各结构面及其组合对建筑物边坡稳定及地基抗滑稳定的影响；③初步查明建筑物区及邻近的滑坡体、崩塌体、卸荷松动带、喀斯特洞穴和采空区等的分布及规模，对其稳定性和对建筑物的影响进行初步评价；④初步查明建筑物区的水文地质条件，分析基坑开挖涌水、涌砂的可能性，初步评价渗流对地基和边坡稳定的影响；⑤初步查明挡水建筑物地基的渗透性，对地基的渗透稳定性做出初步评价。

勘察的基本要求：工程地质测绘结合坝址区勘察进行，未包括在坝址区的单独测绘。测绘比例尺选用1：5000～1：1000。测绘范围包括建筑物各比较方案及配套建筑物布置地段。勘探剖面线沿建筑物长轴线、溢洪道中心线和溢流堰轴线布置。对工程地质条件简单的场地采用物探或坑（槽）探。覆盖层较厚和工程地质条件复杂的场地，沿勘探剖面线应布置钻探。钻孔数量可根据建筑物要求和地质条件确定，钻孔深度进入拟定最低建基面以下15～20m，遇特殊岩土层适当加深。有防渗要求的建筑物，钻孔应进行水文地质试验，钻孔深度进入相对隔水层 5～10m。岩石物理力学参数可采用工程地质类比法提供，必要时取样进行室内试验。土基上的建筑物场地取样进行室内试验，并结合原位测试，提供物理力学参数。

2.3.4　引水、排水线路勘察

引水、排水线路勘察的内容主要有：①初步查明引水、排水线路沿线地形地貌及喀斯特洞穴，崩塌体、滑坡体、泥石流、古河道、移动沙丘等不良地质现象的分布情况；②初步查明引水、排水线路沿线地层岩性，重点是岩盐，石膏、软土、湿陷性土、膨胀土、分散性土、冻土等不良岩土层的分布、特性及其对渠线和建筑物的影响；③初步查明引水、排水线路沿线地基岩土的渗透性、地下水与地表水的补排关系，环境水和土腐蚀性，土壤盐渍化、沼泽化等问题，土腐蚀性评价应符合《岩土工程勘察规范》（GB 50021—2001）第 12 章的有关规定；④初步查明傍山渠段、高陡边坡渠段和深挖方渠段的边坡形态、地质构造、不良地质现象的分布情况及其对渠道边坡稳定的影响；⑤初步查明高填方渠段、渡槽、倒虹吸管和暗涵、水闸、泵站等较大建筑物地基岩土的基本性质、稳定条件及可能存在的问题。

勘察方法：①收集引水、排水线路区已有地形图、区域地质图、水文地质图、航（卫）片等资料，进行室内综合分析解译；②工程地质测绘比例尺可选用 1∶25000～1∶5000，测绘范围应包括引水、排水线路及其两侧各 200～500m，建筑物场地测绘比例尺可选用 1∶2000～1∶1000；③沿引水、排水线路应全线或分段布置勘探剖面线，宜采用物探、坑（槽）探等方法，地质条件复杂的线路和建筑物区应布置钻孔；④岩土物理力学性质参数可根据室内试验和原位测试成果结合工程地质类比法提供，对特殊土宜进行室内试验分析。

2.3.5　移民迁建新址地质调查

移民迁建新址地质调查的主要内容有：①调查规划区的地形

地貌、地层岩性、地质构造及岩体风化带等分布情况；②调查规划区第四纪松散堆积层的厚度、成因类型及其分布，特别是软弱夹层、膨胀性岩土层及其他不良岩土层的分布情况和厚度；③调查规划区及其附近滑坡体、崩塌体、变形岩体、泥石流、喀斯特及不稳定岸坡等的分布范围和规模，初步分析其对场地稳定性的影响；④调查规划区水文地质条件、地表水文网的分布，生活用水水源、可供开采量及水质情况等。

勘察方法：①应收集区域地质、地震、矿产、航（卫）片及当地气象、水文等资料；②地质调查可结合水库地质测绘进行；③对人口集中的重要集镇新址，宜进行平面或剖面地质测绘，平面测绘比例尺可选用 1：10000～1：2000，测绘范围应包括规划区及对场地稳定性评价相关的地段；④剖面测绘比例尺可选用 1：5000～1：500；⑤对生活用水水源应取样进行水质分析。

2.4　初步设计阶段工程地质勘察

初步设计阶段工程地质勘察应在可行性研究阶段选定的坝（闸）址和建筑物场地的基础上进行，为选定坝线、坝型和其他建筑物位置、枢纽布置和地基处理进行地质论证。其主要任务是：查明水库区水文地质、工程地质条件，对水库渗漏、库岸稳定、浸没和固体径流等问题做出评价，预测蓄水后可能引起的环境地质问题；查明坝（闸）址、引水线路、排水线路和其他建筑物区的工程地质条件并进行评价，为选定坝线、坝型和其他建筑物轴线位置及地基处理方案提供地质资料与建议；查明导流工程的工程地质条件，必要时进行施工附属建筑场地的工程地质勘察和施工与生活用水水源初步调查；对库区移民迁建新址进行勘察，进一步评价新址区的整体稳定性和适宜性；进行天然建筑材料详查。

2.4.1　水库区勘察

2.4.1.1　水库非喀斯特可能渗漏地段勘察

水库非喀斯特可能渗漏地段勘察的内容主要有：①查明相对

隔水层及主要透水层（带）的岩土性质、厚度、产状和延伸分布情况；②查明渗漏层（带）的地下水位、透水性、渗透稳定性，评价因渗漏可能引起的浸没等危害；③查明渗漏地段泉井分布位置、高程及地下水补排关系；④查明天然铺盖层的物质组成、厚度以及渗透特性；⑤估算可能渗漏地段的渗漏量，对防渗处理措施提出建议。

勘察方法：①一般地段可进行剖面地质测绘，地形、地质条件复杂地段应进行专门的水文地质测绘，比例尺可选用 1：10000～1：2000，测绘范围应包括渗漏层（带）的可能入渗、出逸区和渗漏量估算所必需的范围在内；②垂直或平行可能渗漏方向应布置勘探剖面线，剖面线的位置、数量应根据渗漏层（带）类型、产状和渗漏地段宽度而定，并应注意不同地貌单元和水文地质条件的代表性；③宜采用物探方法探测渗漏层（带）的位置，地质条件复杂地段可布置钻探，钻孔的数量和孔距可根据地质情况确定，钻孔深度应进入相对隔水层或当地河流枯水位以下 10～15m；④在设计蓄水位以下的钻孔，应分段或分层进行压水（注水）试验，在第四系透水层中地下水位以下宜进行抽水试验；⑤对钻孔地下水位应进行动态观测。

2.4.1.2　水库喀斯特可能渗漏地段勘察

水库喀斯特可能渗漏地段勘察的内容主要有：①查明喀斯特系统及主要溶蚀带（层）的发育特征、分布规律、形态与规模、充填程度、连通情况及其与河流的关系；②查明地表水点和地表水、地下水网的空间分布及补给、径流、排泄关系；查明相对隔水层的厚度、分布、延续性及其封闭条件；③查明地下水位埋深，地下水分水岭的位置、高程；④查明利用天然铺盖防渗地段的地表天然覆盖层类型、性质，分布范围，厚度变化、渗透性及渗透稳定性；⑤估算渗漏量，对防渗处理的范围和深度提出建议。

勘察方法：①一般渗漏地段工程地质测绘可结合水库地质测绘进行，严重渗漏地段应进行专门的水文地质测绘，比例尺可选用 1：10000～1：2000，测绘范围应包括分水岭两侧可能渗漏通道的进口、出口部位及与渗漏评价有关的地段；②对与渗漏评价有关的主要溶洞、漏斗、落水洞、地下河及喀斯特泉等应测绘其位置、高程、流量和延伸情况；③对强喀斯特或断层破碎带的空间分布、岩体汇水特征、地下水位和强透水带的位置宜采用综合物探方法探查。物探范围和剖面数量可根据地段重要性和喀斯特复杂程度确定；④严重渗漏地段应垂直和平行可能渗漏方向布置勘探剖面，剖面线上的钻孔不宜少于 3 个，其中地下水分水岭最低处附近宜有 1 个钻孔，钻孔深度应进入相对隔水层，或穿过强喀斯特发育下限，或穿过本区常年最低河水位（含邻谷水位）以下适当深度。在深喀斯特或有越流渗漏地区，孔深可根据需要确定；⑤各钻孔在设计蓄水位以下应进行压水试验或注水试验；⑥喀斯特区应进行连通试验，查明喀斯特洞穴间连通情况和地下水补给、径流、排泄条件；⑦应进行地下水位长期观测，对多层含水层的钻孔应分层隔离进行观测，对与渗漏评价有关的地表水点及主要喀斯特水点，应同步进行水位、流量等观测，观测期应不少于一个水文年或一个丰水、枯水季节；⑧在喀斯特地下水流比较复杂地区或在研究喀斯特水形成的地球化学环境时，宜对地表水点、地下水点进行化学分析，试验项目可根据研究目的选定；⑨必要时可进行堵洞试验、地下水氡含量分析、洞隙充填物渗透破坏等专项试验。

2.4.1.3　水库不稳定边坡勘察

水库不稳定边坡勘察的内容主要有：①查明岩质边坡或土石混合边坡的地层岩性、岩体结构、地质构造、岩体风化，卸荷和节理裂隙切割状况，特别是控制性结构面的产状、性质、延伸情况及其组合关系；②查明土质边坡的土体类型、各类土层的分布、厚度、颗粒级配和物理力学性质，库水位以下土体浸水软化崩解特性，河岸水上、水下天然稳定坡角及浪击带稳定坡角，并收集风向、风速资料；③查明库区，特别是近坝库岸已变形边坡的类型、性质、分布范围、规模，控制性结构面产状及其力学性质；④查明边坡地下水的赋存特点和水流活动情况；⑤进行库岸边坡工程地质分类，预测和评价不同库水位的岸坡稳定性和可能变形破坏或坍岸的范围、规模、方式，以及变形失稳后可能产生的影响，并对可能失稳边坡的防治措施和长期观测提出建议。

勘察方法：①工程地质测绘应利用前阶段水库区地质图进行补充复核，近坝库岸不稳定边坡应单独进行工程地质测绘，比例尺可选用 1∶5000～1∶1000，测绘范围应包括与边坡稳定性评价有关的地区；②近坝库区或城镇附近规模较大的不稳定边坡，应平行和垂直边坡可能失稳方向布置勘探剖面线，并在前期勘探工作的基础上补充钻孔、平硐或竖井；③对重点地段或对水库影响较大的不稳定边坡岩土体、滑带土层应进行室内物理力学性质试验，必要时可进行滑移面原位抗剪试验，与坍岸预测计算有关的参数可按工程地质类比法提供；④应进行地下水动态观测，并根据需要建立和完善变形监测网。

2.4.1.4 水库浸没区勘察

水库浸没区勘察的内容主要有：①调查浸没区地形地貌特征，丰水季节地表溃水及其消泄情况；②查明土层成因、物理性质、厚度、颗粒组成和下伏基岩或相对隔水层的埋深；③查明各土层的渗透性、地下水位埋深和变化规律，及地下水的补给、排泄条件；④查明土的毛管水上升带高度、给水度、土壤含盐量、浸没区植物种类和根系深度、建筑物基础型式及埋深，确定产生浸没的地下水临界深度；⑤预测浸没区的范围，对水库浸没引起的盐渍化、沼泽化对农作物、矿产资源、建筑物和交通线路等的危害程度做出评价，对防治措施提出建议；⑥当地面高程低于水库蓄水位时，查明防护区的水文地质、工程地质条件，评价防护区的浸没及防护工程地基的渗透稳定性，对结合防治浸没的处理措施提出建议。

勘察方法：①工程地质测绘比例尺可选用 1∶5000～1∶1000，测绘范围应包括全部可能浸没影响区；②垂直库岸或平行地下水流方向应布置勘探剖面线。剖面线间距农业区宜为1000～

2000m，城镇区宜为 500～1000m，勘探点宜采用钻孔或试坑，每一剖面线上不宜少于 3 个勘探点，在可能浸没区靠近水库设计蓄水位边线附近、建筑物密集区等应有钻孔或试坑控制，试坑深度应达到地下水位，钻孔应进入相对隔水层；③试坑、钻孔应进行注（抽）水试验和地下水位观测；④应通过室内试验和野外试验测定土的渗透系数、毛管水上升高度、土壤含盐量和地下水化学成分等。主要土层的物理性质和化学成分试验组数累计不应少于 5 组；⑤对面积较大的重要浸没区，可根据需要利用勘探剖面上的坑孔建立长期观测网，观测内容应包括地下水位、土壤含盐量、水化学成分等，观测期不应少于一个丰水、枯水季节或一个水文年。

2.4.1.5　溶洼水库和溶洞水库勘察

溶洼水库和溶洞水库勘察的内容主要有：①调查库盆区所属地貌部位及喀斯特地貌特点；②调查库盆区地表、地下水的汇水补给范围，各区段地表、地下水流量变化特征，及洼地、溶洞丰水季节溃水和消泄情况等。论证水库蓄水后与邻近沟谷、洼地及喀斯特泉的补排关系；③查明库盆区主要消水洞穴（隙）的分布位置、性质、规模及与库外连通程度，被掩埋的地面塌坑、溶井和其他消泄水点情况等；④利用库盆覆盖层作天然铺盖防渗时，应查明利用天然铺盖防渗地段的地表天然覆盖层类型、性质，分布范围、厚度变化、渗透性及渗透稳定性；⑤查明堵体部位覆盖层的类型、性质和厚度，喀斯特洞隙发育规律和管道枝杈的连通情况。在利用洞周岩壁挡水时，应调查洞周岩壁的完整情况、有效厚度及其支承稳定性。

勘察方法：①溶洼水库地质测绘比例尺可选用 1∶10000～1∶5000，测绘范围应包括水库邻近的洼地、沟谷以及与渗漏分析有关的地段；②溶洼水库宜采用物探探测覆盖层分布、厚度、隐伏洞穴和强喀斯特异常位置、地下水流向等；③溶洼水库库盆主要消水区应布置勘探剖面线，勘探点宜采用钻孔，钻孔数量可根据实际情况确定，孔深应进入可靠的相对隔水层、强喀斯特发育相对下限或弱喀斯特发育带内，钻孔之间宜进行无线电波透视或地质雷达探测；④溶洞水库地质测绘比例尺可选用1：5000～1：2000，溶洞部分测绘可采取平面和剖面结合的方法，洞外部分测绘范围应包括与渗漏有关的地段，堵体部位测绘比例尺可选用1：1000～1：500；⑤溶洞水库沿堵体的主要防渗部位应布置勘探剖面线，严重渗漏地段应垂直和平行可能渗漏方向布置勘探剖面，剖面线上的钻孔不宜少于3个，其中地下水分水岭最低处附近宜有1个钻孔；钻孔深度应进入相对隔水层，或穿过强喀斯特发育下限，或穿过本区常年最低河水位（含邻谷水位）以下适当深度；⑥对所有钻孔应进行压水或注水试验，并观测钻孔稳定水位，主要渗漏洞穴（含水层、带）应利用钻孔进行连通试验；⑦应分段进行库盆区内的主要地表水流与地下水流流量检测，对流量异常地段，必要时应分别设站进行长期观测，研究其变化特点和渗漏规律；⑧具备堵洞条件的溶洞水库和溶洼水库，必要时可进行堵洞试验，实际观测库水塞高和渗漏变化情况。

2.4.2　坝（闸）址区勘察
2.4.2.1　一般岩基坝（闸）址区勘察

一般岩基坝（闸）址区勘察的主要有：①查明河床及两岸覆盖层的厚度、组成物质及分布情况；②查明坝（闸）址区地层岩性、岩体完整程度及物理力学性质，对砌石坝、混凝土坝坝基，应重点查明软弱岩层、软弱夹层，特别是缓倾角软弱夹层、断层和节理裂隙等的分布、性质、厚度、产状、延续性和组合关系，坝基软弱夹层工程地质分类应符合《中小型水利水电工程地质勘察规范》（SL 55—2005）附录C的规定；③查明坝（闸）址区地质构造和节理裂隙发育特征，查明断层破碎带、节理密集带的具体位置、产状、规模、充填物的性状和透水性，对土石坝坝基，应评价其对防渗体变形及渗透稳定的影响；④对砌石坝、混凝土坝坝基，应评价其对坝基、坝肩稳定的影响；⑤查明岩体风化带和卸荷带的厚度及其性状；⑥查明边坡的稳定状况，对开挖边坡的处理提出建议；⑦查明坝（闸）址区的水文地质条件、岩体渗透性的分级、相对隔水层埋藏深度，提出防渗处理的建议；⑧查明泄流冲刷地段工程地质条件，评价泄流冲刷和雾化对坝基及岸坡稳定的影响；⑨对坝基岩体进行工程地质分类，提出各类岩体的物理力学参数，并对坝基的综合工程地质条件进行评价。

勘察方法：①工程地质测绘比例尺可选用 1：1000～1：500。测绘范围应包括枢纽所有建筑物和对工程有影响的地段。②宜采用地震、声波、孔内电视及综合测井等物探方法探查结构面、软弱带的产状，分布、含水层和渗漏带的位置等。③勘探应符合下列规定：勘探剖面线应根据具体地质情况结合建筑物特点布置，对土石坝宜沿大坝防渗线或坝轴线布置；对混凝土坝应沿坝轴线布置。辅助剖面线可根据建筑物的位置和需要而定。溢流坝段、厂房坝段、过坝建筑物等应有代表性勘探纵剖面。沿勘探剖面线除布置物探、坑（槽）探外，主勘探剖面线的河床及两岸应有钻孔控制，钻孔间距不应大于 50m，钻孔深度进入相对隔水层不应小于 10m。当坝基相对隔水层埋藏较深时，孔深不应小于1 倍坝高或闸底宽度，两岸钻孔孔深应达到河水位以下或枯季地下水位以下。辅助勘探剖面、消能设施部位和存在专门性地质问题的地段应布置钻孔，钻孔深度可根据需要确定。对混凝土坝和砌石坝，两岸坝肩宜有平洞 9 控制，平洞深度应以揭穿岩体强风化带和卸荷带，查明软弱岩层、夹层和其他不利结构面，便于进行岩体现场测试为原则。当坝高大于 70m 或坝型为拱坝时，宜每隔 30～50m 高差布置一层平洞。④钻孔应分段进行压水试验或注水试验，钻进中遇到承压水时，应测定顶板位置、底板位置、初见水位、稳定水位、水温及流量。坝基存在规模较大的胶结较差的顺河断层破碎带和软弱夹层时，宜进行大于设计水头的渗透试验。⑤应取地表水和地下水水样进行水质分析，评价其对混凝土的腐蚀性。⑥岩土物理力学参数应在试验成果的基础上，结合工程地质类比法提供。主要岩石的室内物理力学试验组数累计不应少于 5 组，对拱坝坝肩岩体应进行原位变形试验，试验点数不宜少于 3 点；控制坝基、坝肩抗滑稳定的岩层或软弱结构面应进行原位抗剪（断）试验，试验组数不宜少于2组。⑦必要时应对钻孔地下水位进行长期观测，对可能失稳的边坡应进行变形观测。

2.4.2.2 可溶岩基坝（闸）址区勘察

可溶岩基坝（闸）址区勘察的内容，除应符合一般岩基坝（闸）址区勘察的规定外，尚应重点查明下列内容：①坝基喀斯特形态的类型、特征、分布位置、规模、发育规律，主要溶洞和渗漏通道的空间分布、连通性和充填物的性状、充填程度、渗透稳定性及其对坝基（肩）渗漏与稳定的影响；②坝址水文地质结构类型，喀斯特地下水的赋存特点、水动力特征，喀斯特地下水与河水关系，以及河谷水动力条件；③相对隔水层的岩性组合特征、厚度、延伸分布、受构造破坏情况及顶板、底板附近溶蚀情况，并对相对水层的可靠性做出评价；④进行坝基喀斯特化程度工程地质分区（带），并对建基面选择和防渗处理措施等提出建议。

可溶岩基坝（闸）址区的勘察方法：①工程地质测绘比例尺可选用1：1000～1：500，测绘范围应包括枢纽及附近所有水工建筑物、两岸坝肩及与绕坝喀斯特渗漏有关的范围在内；②主勘探剖面线宜沿坝轴线或防渗线布置，上游、下游和其他建筑物区可布置辅助勘探剖面。在宽敞河谷覆盖型可溶岩坝区，宜利用物探方法进行探查；③主勘探剖面钻孔间距宜为30～50m，河床部位钻孔深度应进入相对隔水层或弱喀斯特化岩层；岸坡部位钻孔深度在平原区宜与河床钻孔深度相同，峡谷区控制性钻孔深度应达到河床底基岩面以下10m，高山峡谷区，岸坡部位可采用洞探，必要时利用探洞布置钻孔；④各孔（洞）间宜进行无线电波透视或地震波穿透及层析成像技术测试；⑤对重要水点和洞隙可进行平洞或井探追索；⑥对主要含水层和洞隙渗漏带，必要时宜进行抽水试验和连通试验。应进行地下水动态长期观测，对多层含水层应分层进行观测。观测点应包括钻孔、井和主要地表水点；⑦对坝基下洞隙内的充填物，宜取样进行物理性质、渗透性和渗透稳定性试验，必要时应进行帷幕灌浆试验。

2.4.2.3 软质岩基坝（闸）址区勘察

软质岩基坝（闸）址区的勘察内容，除应符合一般岩基坝（闸）址区勘察的规定外，尚应重点查明下列内容：①软岩层的物理力学性状及风化、软化、泥化、崩解、膨胀、抗冻、抗渗等特性，研究岩层的成岩条件、岩相变化特征；②坝（闸）址区岩体的组成情况、完整性、变形特征，评价其抗冲刷能力和对坝基稳定的影响；③因软岩或软弱夹层的蠕变可能引起边坡失稳和岩体风化卸荷情况；④进行坝（闸）基岩层风化崩解速度的观测，评价软岩和软弱夹层的工程地质特性及其对工程的影响程度。

勘察方法，除应符合一般岩基坝（闸）址区勘察规定的方法外，尚应符合下列规定：①对混凝土坝和砌石坝，应对河床纵剖面进行勘探，其长度应包括下游抗力岩体和冲刷影响区；②勘探剖面线上应有钻孔控制，必要时可布置竖井，钻孔深度宜为建基面以下 1～1.5 倍坝高或闸底宽度，竖井深度应能满足抗滑和抗冲稳定计算对软岩的取样要求；③钻孔宜采用孔内综合测井或孔内电视探查软弱夹层或结构面的分布规律及特征；④坝（闸）基主要岩石的室内物理力学性质试验组数累计不宜少于 10 组，软弱岩石的软化、冻融、崩解、膨胀等试验不宜少于 6 组，影响坝（闸）基变形的主要岩层原位变形试验不宜少于 2 点，控制坝（闸）基抗滑稳定的岩层或软弱结构面的原位抗剪（断）试验组数不宜少于 2 组，岩石风化崩解速度观测点数量不宜少于 5 点。

2.4.2.4 土基坝（闸）址区勘察

土基坝（闸）址区勘察的内容：①查明场地地形地貌特征、阶地类型及结构、古河道、暗滨、古冲沟、古塘、决口口门、沙丘、地下坑穴、埋藏谷、滑坡体等具体位置、范围及埋探；②查明坝（闸）址区土层分布、成因，并对其进行详细分层，重点查明粉细砂、软土、湿陷性黄土及具有架空结构的碎石类土等特殊土层的分布情况、厚度、结构组成特征及其工程地质性质，分层分段（区）提出物理力学性质参数；③对地震动峰值加速度在

0.1g 及以上地区的饱和无黏性土、少黏性土地基的振动液化做出评价；④查明坝（闸）基透水层、相对隔水层的埋深、厚度、分布范围、地下水位及其变化规律，各透水层（带）的渗透系数及允许水力坡降，调查坝（闸）前库区表层土的性质、分布、厚度、颗粒组成、渗透性及渗透稳定性，研究其作为天然铺盖防渗的可能性；⑤查明岩溶塌陷或土洞、膨胀土胀缩性、地裂缝、滑坡体等不良地质作用及地质灾害的分布情况，评价其对工程的影响；⑥查明基岩浅埋区河床和两岸基岩埋藏和风化深度，基岩面起伏变化情况及防渗线部位基岩透水性。

勘察方法：①工程地质测绘比例尺宜选用 1：2000～1：500，测绘范围应包括坝（闸）址及其附近所有水工建筑物场地、坝肩绕渗部位和下游冲刷淤积区；②沿建筑物轴线或防渗线应布置主勘探剖面线，必要时可布置辅助勘探剖面线，各勘探剖面线宜采用物探方法探查，并应有坑探和钻孔控制；③主勘探剖面上坑、孔间距，丘陵峡谷区坝址不宜大于 50m，平原区坝址不宜大于 100m，可根据地质条件变化加密或放宽孔距，辅助勘探剖面上的坑、孔间距可根据具体需要确定；④当基岩埋深小于 1 倍坝高或 1 倍闸底宽度时，钻孔深度应进入基岩相对隔水层，当基岩埋深很大时，钻孔深度宜为建基面以下 1.5 倍坝高或 1.5 倍闸底宽度。在钻探深度内如遇有对工程不利影响的特殊性土层时，还应有一定数量的控制性钻孔，钻孔深度应能满足稳定、变形和渗透计算要求，对桩基钻孔深度，应进入桩端持力层 4 倍桩径以上；⑤土层的渗透系数和允许渗透比降宜由室内试验结合工程地质类比法提供，对坝（闸）址有影响的主要透水层应进行抽水试验或注水试验，必要时宜进行渗透变形试验，基岩钻孔应进行压水试验；⑥对河水、地下水和土体应取样进行腐蚀性分析，试样数不应少于 3 件；⑦对地震动峰值加速度为 0.1g 及以上的坝（闸）址区的可液化土层，应进行标准贯入等试验；⑧除坑、钻探取样作室内土工试验外，应根据坝（闸）址区地层情况进行触探、旁压、载荷及十字板剪切等原位测试。

2.4.3　溢洪道及其他地面建筑物区勘察

2.4.3.1　溢洪道区勘察

溢洪道区勘察的主要内容：①查明覆盖层、风化层厚度和基岩的埋藏深度，当溢洪道布置在土层上时，应查明软土、膨胀土、湿陷性黄土等不良地基土层的分布及其性状；②查明开挖边坡岩土体的性质、结构特征，特别是断层、节理裂隙密集带、软弱夹层的分布及其空间组合情况；③查明岩土体的透水性和地下水分布情况、泄流冲刷段岩体的强度和完整性程度、冲刷坑边坡的岩体结构和稳定条件，分段提供岩土体的物理力学性质参数，对泄洪闸基、沿线边坡稳定条件和泄流冲刷段抗冲能力进行评价。

勘察的基本要求：①工程地质测绘在前阶段地质测绘的基础上进行补充工作；②测绘比例尺选用 1：1000～1：5000，测绘范围包括从引水渠至下游消能设施部位，以及为论证边坡稳定所需的地段；③勘探剖面线在溢洪道区工程地质分段的基础上结合溢流堰、泄槽和消能建筑物等的轴线布置，溢流堰钻孔深度进入建基面以下 15～25m，并进行压水试验；④在消能设施部位、挑流鼻坎布置钻扎控制，钻孔深度根据需要确定；⑤对影响建筑物稳定的主要岩土层和软弱夹层，取样进行物理力学性质试验，试验组数累计不少于 6 组。

2.4.3.2　其他地面建筑物区勘察

其他地面建筑区勘察的主要内容：①查明地基岩土分层、厚度及其物理力学性质，特别是不良工程地质岩土体的分布、厚度、强度和变形特性；②查明建筑物区断层、破碎带和节理裂隙的产状、性质、分布情况及其组合关系；③查明地基的水文地质条件和渗透特性；④查明建筑物地段的边坡稳定状况，滑坡体、崩塌体的规模、分布情况及其对建筑物的不利影响。

勘察的基本要求：①工程地质测绘比例尺选用 1：2000～1：500；②勘探剖面线结合建筑物轴线布置，剖面线上钻孔的数量和深度可根据具体的地质条件确定；③岩土物理力学性质参数采用工程地质类比法提供，必要时结合勘探坑、孔取样进行室内试验或进行原位测试。

2.4.4 引水、排水线路勘察

引水、排水线路勘察的内容主要有：①查明沿线的地层岩性和岩土体的透水性，特别是强透水层、喀斯特化岩层、易风化崩解岩层、山麓堆积体、湿陷性黄土、膨胀土、软土、冻土等不良工程地质岩土体的分布情况；②查明沿线的地质构造，断层、破碎带、节理裂隙等的分布情况、产状、性质及各结构面的组合关系；③查明傍山渠段、深挖方渠段、高填方渠段地基和边坡的稳定条件，以及边坡不稳定岩土体的分布、规模，分析其对线路的影响；④对丘陵平原区线路应重点查明特殊土的沉陷、膨胀、冻融变形和渗漏问题，分析渗漏对浸没、土壤盐渍化等的影响及风沙沉积可能带来的问题；⑤查明各建筑物地基持力层岩性组成、性质和分布情况，分析地基的强度、变形、渗透特征和开挖边坡稳定条件，调查各建筑物所在溪沟的冲刷深度和覆盖层厚度，确定各建筑物基础的安全埋深；⑥分段评价引水、排水线路工程地质条件，提出岩土层的物理力学性质参数，并对不良地质问题防治和地基处理提出建议。

勘察方法：①工程地质测绘比例尺宜选用 1：5000～1：2000，建筑物区、严重变形边坡和喀斯特发育地段，工程地质测绘比例尺宜选用 1：1000～1：500，测绘范围应包括线路及其两侧各 100～200m，必要时，两侧测绘范围可适当扩大；②沿线路中心线、各工程地质区（段）和建筑物区，应布置勘探剖面线；③地质条件简单的线路段，宜以物探、坑探为主，规模较大、结构复杂的建筑物区和存在特殊地质问题的线路段，应布置钻探，勘探坑、孔的间距和深度可根据需要确定；④对特殊土，可分段（区）分层取样进行室内物理力学性质试验，试验累计组数不宜少于 3 组，必要时宜进行原位测试。

2.4.5 库区移民迁建新址区勘察

库区移民迁建新址区勘察的内容主要有：①调查新址区微地

貌和不同坡度场地的分布情况；②查明地层岩性、地质构造、基岩风化层的厚度，可溶岩地区重点查明喀斯特发育的基本规律、主要溶洞的分布与规模；③查明第四纪覆盖层的组成物质、厚度及成因类型，特别是软弱夹层、亲水（膨胀）性夹层、软土层、可能液化土层等的厚度及分布情况；④查明新址及其附近地区规模较大的滑坡体、崩塌体、潜在不稳定岩土体及坍岸的分布范围、规模和边界条件，并对其稳定性及其他环境地质问题进行预测和评价；⑤查明供水水源、可开采水量和水质情况；⑥评价新址区的整体稳定性，并根据环境地质条件进行建筑适宜程度分区。

勘察方法：①工程地质测绘应结合水库地质测绘进行，重要集镇应单独进行测绘，比例尺可选用 1∶2000，测绘范围应包括与新址场地稳定有关的周围地区；②新址区应布置勘探剖面线，剖面线长度应能控制新址边坡及库岸，勘探方法可采用坑探、槽探或钻探，勘探点的间距和深度可根据具体地质条件确定；③对供水水源应取样进行水质分析，并根据需要对新址区主要岩土层进行物理力学性质试验。

2.5　技施设计阶段工程地质勘察

技施设计阶段工程地质勘察的主要任务是：①根据初步设计审查意见和设计要求，补充论证专门性工概地质问题；②进行施工地质工作；③对施工过程中出现的各种工程地质问题的处理提出建议；④对施工期和运行期工程地质监测的内容、方法、布置方案及技术要求提出建议。

2.5.1　专门性工程地质勘察

专门性工程地质应根据初步设计报告的建议及审查意见以及施工中出现的重大地质问题和设计要求确定，勘察内容主要有：①当存在危及工程安全的不稳定边坡时，勘察内容应包括复核影响边坡稳定的工程地质条件、水文地质条件及失稳边坡的边界条件，复核已有及潜在滑动面的物理力学参数，复核边坡失稳的可能性及其对工程的影响，对边坡监测、防护及处理措施提出建议；②当施工开挖后地质条件有变化时，勘察内容应包括复核坝基岩体的强、弱风化深度、持力层的力学指标，根据断层、节理裂隙及软弱夹层的分布变化情况，复核坝基岩体的抗滑稳定性，当存在渗漏及渗透稳定性问题时，确定渗漏的分布范围、规模、深度及透水岩（土）层渗透特性，评价渗漏及渗透稳定性对工程的影响程度，当存在软土、湿陷性黄土、膨胀土等特殊土层时，复核特殊土层的分布范围、性状及对工程的影响；③对工程影响较大的天然建筑材料应进行复查；④当施工中出现重大地质问题时，应按勘察任务书（或勘察合同）规定的内容进行勘察。

勘察方法：①勘察方法和精度应根据专门性工程地质问题的性质、前期勘察的深度及设计要求确定；②要详细查明新出现的工程地质问题时，应进行工程地质测绘，比例尺宜选用 1：500～1：200，并应根据具体情况布置钻探、物探、洞探和试验等工作；③应结合利用已有的勘探工程和施工开挖工作面收集有关地质资料。

2.5.2 施工地质

施工地质工作的主要任务：①收集、分析、整理施工开挖所揭露的地质现象，检验前期勘察成果，校核、修正岩土物理力学参数；②对可能出现的不良工程地质问题进行预测和预报，对已揭露的不良工程地质问题的处理措施提出建议；③进行施工地质编录、测绘和地质巡视；④参加与地质有关的工程验收；⑤对地质监测及必要的补充地质勘察提出建议；⑥编制施工地质报告。

施工地质工作的方法、内容和技术要求宜按《水利水电工程施工地质勘察规程》（SL 313—2004）的要求执行。地质条件比较简单的工程，其施工地质的取样、试验、监测等工作可根据具体情况适当简化。

开展施工地质工作之前，应编制施工地质工作大纲，大纲中应明确工作范围、工作内容、主要技术要求及提交的资料等。

根据施工开挖揭露的地质情况，应复核地基承载力、抗剪（断）强度、建基面高程、开挖深度及不良地基处理要求；复核围岩工程地质分类及其物理力学性质参数；复核边坡临时及永久开挖坡角、边坡形态。

对施工中可能遇到危及施工或建筑物安全的有关地质现象，应及时进行预测和预报，其重点内容是：①根据基坑开挖所揭露的土层情况，预测软土、湿陷性黄土、膨胀土等特殊土层的分布位置、高程、厚度，及可能发生的边坡滑动、塌陷、基坑涌水、涌砂和地基顶托等不利现象；②预测洞室掘进中可能遇到的重大塌方、碎屑流、突水或其他地质灾害发生的部位；③根据边坡开挖后所揭露的岩土性质和不利结构面的分布情况，预测边坡失稳的可能性及其边界条件，对施工期的监测提出建议。

施工地质编录应随开挖连续进行，主要记录施工过程中遇到的重要地质现象、不良地质问题的处理情况、施工地质重要事件及有关地基、围岩、边坡的处理决定。施工地质人员应参与地基、地下洞室围岩和开挖边坡等的验收，并填写验收文件中的地质结论意见。对在施工开挖中新揭露的重要地质问题的补充勘察，应按专门性工程地质勘察的有关内容执行。施工地质应收集地基加固、防渗处理、边坡处理等施工资料及有关会议纪要、批文、通知等。施工期间应建立施工地质日志，逐日记录与施工地质有关的主要事件。与业主、监理、设计、施工单位的往来函件，均应采用工作联系单的形式。施工地质应详细了解规划设计意图，与设计人员积极配合，做好服务工作。

2.6 病险水库除险加固工程勘察

病险水库除险加固工程勘察分为病险水库安全鉴定勘察和病险水库除险加固设计勘察。除险加固设计勘察阶段与设计阶段相适应。

2.6.1 病险水库安全鉴定勘察

病险水库安全鉴定勘察的对象和范围，包括各建筑物地基及边坡、近坝库岸、地下工程围岩以及土石坝坝体等。这里只详细介绍土石坝、混凝土坝和砌石坝的安全鉴定勘察，其他建筑物去安全鉴定勘察可结合各工程的实际情况，参照实施。安全鉴定勘察的主要任务包括：①全面复查影响工程安全的工程地质和水文地质条件，检查工程运行后地质条件的变化情况；②对坝基、岸坡的工程处理效果和土石坝坝体填筑质量做出地质评价；③初步查明工程区存在的地质病害及其危害程度，为工程安全鉴定分级提供地质资料；④提出工程区的地震动参数。

2.6.1.1 土石坝工程安全鉴定勘察

（1）勘察的主要内容。

1）土石坝坝体勘察内容：①调查坝体填筑土的物质组成、物理力学性质、渗透特性，软弱土体（层）及施工填筑形成的软弱接触带等的厚度和分布情况；②评价填筑土的质量是否满足有关要求；③调查坝体渗漏、开裂、沉陷、滑坡以及其他不良地质现象和隐患的分布位置、范围、特征及处理情况与效果；④调查坝体浸润线分布高程及其与库水位的关系，评价防渗体和反滤排水体的可靠性。

2）土石坝坝区勘察内容：①调查坝体与坝基接触部位的物质组成及其渗透特性，及坝体埋管、输水涵洞的渗漏情况；②调查坝基、岸坡水文地质和工程地质条件，重点是调查坝基、坝肩渗漏情况，并对原防渗效果及渗透稳定性进行初步评价；③调查可溶岩坝基喀斯特发育情况及其对渗漏和坝基的影响；④对湿陷性土层分布地区，调查坝基土体和运行水位侵润线以上的坝体的湿陷情况；⑤调查溢洪道、两岸坝肩及近坝库区天然边坡和人工开挖边坡的稳定状况。

（2）勘察的基本要求。收集已有地质、设计、施工和水库运行中各种监测、险情及病害处理等资料。复核工程区地震动参数、原地质图。如果无前期勘察资料，则需要进行工程地质测绘。比例尺选用 1：2000～1：500。测绘范围包括整个枢纽布置区和近坝库区。采用物探方法探测坝基、坝体隐患的位置和分布。垂直和平行坝轴线布置勘探剖面线，剖面线的数量和勘探点的间距可根据具体情况确定。勘探剖面线上有钻孔控制。坝轴线或防渗帷幕线上钻孔的深度进入相对隔水层，其他剖面上的钻孔深度进入坝基以下 5～10m。坝体或土基钻孔进行注水试验，基岩孔段进行压水试验。坝体填筑土按坝体上游坡、下游坡分区取样进行室内物理力学性质和渗透性试验，每区试验组数不少于 6组。同时在坝基上层取样进行物理力学性质试验，每层试验组数不少于 3 组。在地震动峰值加速度 0.1g 及以上地区，若坝基存在饱和无黏性土、少黏性土层，那么则需要进行标准贯入试验，必要时进行剪切波速测试。

2.6.1.2 混凝土坝、砌石坝工程安全鉴定勘察

（1）勘察的主要内容。了解工程区水文地质和工程地质条件，及坝基、岸坡开挖和不良地质缺陷的处理情况。调查坝基和绕坝渗漏的分布范围、渗漏量的动态变化及其与库水位的关系，检查原防渗体质量，初步分析渗漏的原因和可能的通道。调查可溶岩坝基喀斯特发育情况及其对渗漏和坝基的影响。调查混凝土与基岩接触状况，及对坝基、坝肩稳定不利的断层破碎带、软弱夹层等的分布情况。调查两岸及近坝库区边坡的稳定状况、地下洞室围岩稳定性和渗漏状况。

（2）勘察的基本要求。混凝土坝、砌石坝工程安全鉴定勘察方法需根据工程区地形、地质条件，采用物探方法探测地质病害和隐患的空间分布及位置。沿坝轴线布置勘探剖面线，剖面线上的钻孔宜结合病害部位布置 3～5 个孔，孔深进入相对隔水层或强喀斯特发育下限。各钻孔在进入基岩后，进行压（注）水试验。根据需要对坝体与坝基接触部位取样进行室内物理力学性质试验。

2.6.2 除险加固设计勘察

病险水库除险加固设计勘察是在安全鉴定勘察的基础上，对

土石坝坝体及其他有关地质问题进行详细勘察。

病险水库除险加固工程勘察的主要任务是查明病险水库工程的水文地质、工程地质条件，分析地质病害产生的原因，对加固处理措施提出地质方面的建议；检查土石坝坝体填筑质量，提出有关地质参数；充分利用和深入分析已有工程地质勘察资料、施工和运行期间有关监测资料；对除险加固工程设计所需的天然建筑材料进行详查。

此处只对渗漏及渗透、建筑物及近坝库区不稳定边坡、坝（闸）基及坝肩抗滑稳定、地基沉陷与坝体变形等问题的勘察进行详细介绍说明，溢洪道地基抗滑稳定、边坡及泄流冲刷段边坡稳定问题的勘察内容和方法可参照有关内容实施。

2.6.2.1 渗漏及渗透稳定勘察

（1）勘察的主要内容。

1）土石坝坝体渗漏及渗透稳定勘察主要包括：①坝体填筑土的颗粒组成、渗透性、分层填土的结合情况，填土中砂性土的位置、厚度及分层结合部位的渗透系数；②防渗体的渗透性、有效性及新老防渗体之间的结合情况；③反滤排水棱体的有效性，坝体浸润线分布，坝内埋管的完整性及管内渗漏特征。坝体下游坡渗水、渗漏的部位、特征、渗漏量的变化规律及渗透稳定性；④坝体塌陷、裂缝及生物洞穴的分布位置、规模及延伸连通情况；⑤坝体与山坡结合部位的物质组成、密实性和渗透特性。

2）坝（闸）基及坝肩渗漏及渗透稳定勘察主要包括：①坝基、坝肩施工期未作处理的第四纪松散堆积层、基岩风化层的厚度、性质、颗粒组成及渗透特性；②坝基、坝肩断层破碎带、节理裂隙密集带的规模、产状、延续性和渗透性；③可溶岩区主要漏水地段或主要通道的位置、形态和规模，两岸地下水位及其动态，地下水位低槽带与漏水点的关系；④渗漏量与库水位的相关性，渗控工程的有效性和可靠性，输水涵洞的漏水情况，环境水对混凝土的腐蚀性。

（2）勘察的基本要求。应收集、分析已有地质勘察、施工编录、运行期渗流观测的渗流量、两岸地下水位、坝体侵润线、坝基扬压力、幕后排水、库水位及前期防渗加固处理等资料。工程地质测绘在安全鉴定地质测绘的基础上进行补充修编。比例尺选用 1:1000～1:500。测绘范围包括与渗漏有关的地段。采用电法、地质雷达、电磁波等物探方法探测坝体病害、喀斯特的空间分布、渗漏通道的位置及埋藏深度。沿大坝防渗线和可能的渗漏通道部位布置勘探剖面线，剖面线上有钻孔控制，钻孔间距根据渗漏特点确定。防渗线上钻孔孔深进入相对隔水层；喀斯特区钻孔穿过喀斯特强烈发育带，其他部位的钻孔深度根据具体情况确定。对防渗线上的钻孔进行压（注）水试验。必要时对喀斯特区进行连通试验，查明喀斯特洞穴与漏水点间的连通情况。土石坝坝体结合钻孔分层（区）取原状样进行室内物理力学和渗透试验。喀斯特洞穴充填物需要取样进行室内颗粒组成和渗透试验。检查、编录涵洞漏水点的位置、状况和漏水量。

2.6.2.2　建筑物及近坝库区不稳定边坡勘察

（1）勘察的主要内容。查明变形边坡、潜在不稳定边坡的边界条件、规模、地质结构和水文地质条件。分析不稳定边坡形成原因，并对其失稳后可能对建筑物产生的影响做出评价和预测。对处理措施和长期监测方案提出建议。

（2）勘察的基本要求：收集分析与边坡变形有关的资料。工程地质测绘比例尺选用 1:2000～1:500。测绘范围包括与边坡稳定性分析有关的地段。勘探剖面线平行和垂直滑移方向布置，并在安全鉴定阶段勘探的基础上补充钻孔，必要时补充探洞或竖井。剖面线上的钻孔间距 50～100m，孔深进入稳定岩（土）体。对影响建筑物安全的规模较大滑坡体，取滑带土样进行物理力学性质试验，必要时进行现场抗剪试验。根据需要建立地表监测网（点）。

2.6.2.3　坝（闸）基及坝肩抗滑稳定勘察

（1）勘察的主要内容。查明地层岩性、地质构造，特别是缓倾角软弱夹层、缓倾角节理及其他不利结构面的产状、分布位置、性质、延伸长度、组合关系，确定可能滑动体的边界条件，提出滑动结构面的抗剪强度参数。查明坝基（肩）水文地质条件和排水条件、坝体与基岩接触面（带）特征、调查冲刷坑及抗力体的状况。

（2）勘察的基本要求。收集分析施工期基础处理情况、冲刷坑现状、运行期各种观测资料。工程地质测绘比例尺选用 1：500。测绘范围包括与坝（闸）基、坝肩抗滑稳定分析有关的地段。沿坝轴线及垂直坝轴线方向布置勘探剖面线，剖面线上钻孔间距和位置根据可能滑动面的分布情况确定。钻孔进入可能滑动面以下一定深度，必要时在拱坝坝肩布置探洞。采用工程地质类比法确定滑面的物理力学参数，必要时取样试验。

2.6.2.4 地基沉陷与坝体变形勘察

（1）勘察的主要内容。进一步调查土石坝填筑料的物质组成和密实度及填筑料的强度、变形等性能。查明地基土层结构、性状，重点查明软土、粉细砂等不良土层的分布特征，可溶岩区喀斯特洞穴的分布、充填情况及埋藏深度。查明坝区水文地质特征，特别是产生严重渗漏的具体位置。调查地基处理情况，运行期坝体垂直、水平变位情况及变化规律。查明坝体裂缝分布位置、开度、长度、深度、产状及形成原因。查明土石坝迎水、背水坡滑坡位置、规模和特征，分析其产生的原因。查明土石坝坝面塌陷变形的位置、规模、深度，形成原因及发生时间。查明湿陷性土层的厚度、下限深度，确定湿陷系数、湿陷类型和湿陷等级。调查坝基合拢口清基和旧坝的残留物等情况。调查有关地基沉陷和坝体变形的处理情况。

（2）勘察的基本要求。收集和分析已有的观测资料和应急处理资料。进行工程地质测绘，准确测定变形位置。地质测绘比例尺选用 1：500～1：200。采用电法、面波探测等物探方法调查集中渗漏带、空洞、裂缝等的位置。沿地基沉陷和坝体变形部位布置勘探剖面线，在剖面线上布置坑（槽）探、井探或钻孔控制，勘探点的间距和深度根据具体情况确定。取样进行室内物理力学性质试验。

2.7 天然建筑材料勘察

天然建筑材料勘察工作应按勘察任务书进行。勘察任务书中应明确设计阶段、勘察精度，所需建材种类、数量和特殊要求。天然建筑材料勘察宜按《水利水电工程天然建筑材料勘察规程》（SL 251—2000）的要求执行。根据中小型工程特点和料场的具体条件，对 SL 251—2000 中的某些技术要求可适当简化。当天然建筑材料影响基本坝型时，应在可行性研究阶段的工程地质勘察中进行详查。对外购天然建筑材料的质量，应进行检验复核。

勘察方法：①应收集已开采天然建筑材料料场资料，如继续采用该料场天然建筑材料，应进行复核。②天然建筑材料的勘察应由近到远，先测绘后勘探，综合利用各种勘探手段。③产地的勘探、取样和试验，除应执行 SL 251—2000 中规定的内容外，宜根据中小型工程的特点、具体地质条件和设计要求进行适当调整，并应符合下列规定：第一，选定的块石料产地经判断，岩石强度及质量指标远超过设计要求时，可用工程地质类比法提供岩石物理力学性质参数。构造简单、岩性单一、岩相稳定、裸露地表且风化轻微的产地，勘探网点布置可适当简化。在强风化石料产地或被覆盖的强喀斯特发育区石料勘察时，应适当加密勘探网点。第二，对分布广、表面覆盖少、有用层厚且稳定的砂、砾料产地，经普查判断，储量远超过设计要求时，勘探网点布置可适当简化，若质量亦符合要求且较为稳定时，取样试验工作可适当减少，但每一料场取样不应少于 3 组。第三，当土料的需要量不多，而料场储量丰富且经普查类比其质量符合要求时，勘探取样和试验工作可适当减少。第四，根据需要，对砾质土料、基岩全风化土料、开挖弃渣料等建筑材料的勘察，应按专门编制的任务书进行。第五，应收集外购天然建筑材料质量检验资料，必要时进行勘探检验，并对供料情况进行调查。第六，有关天然建筑材料的储量、质量、开采运输条件等问题，应在各阶段工程地质勘察报告中论述，并附有关图件。当天然建筑材料复杂或其问题成为影响坝型选择的关键时，应编制专门的天然建筑材料勘察报告，报告编写和成果整理应按SL 251—2000 的规定执行。

2.8　中小型水闸工程勘察成果

各阶段工程地质勘察和病险水库除险加固工程勘察工作结束后，应提交工程地质勘察报告，必要时应提交专题研究报告。施工地质工作结束后，应提交竣工地质报告。

工程地质勘察报告应由正文、附图和附件三部分组成。正文应全面论述本阶段勘察工作获取的各项成果，依据地质条件和试验资料进行综合分析，并针对建筑物的特点进行工程地质评价，做到文字简练、条理清晰、重点突出、论证有据、结论明确；附图宜按《水利水电工程制图标准　勘测图》（SL 73—2013）的规定执行，要求图面准确、内容实用，数据可靠、图文相符；附件是报告重要内容的补充文件，应准确、清楚。

竣工地质报告应详尽阐述施工中揭露的地质现象、遇到的地质问题、处理情况及结论意见。对施工期重要的有关技术文件、影像资料和施工记录等，可作为竣工地质报告附件。各阶段工程地质勘察报告、病险水库除险加固工程勘察报告的主要附件，应符合《中小型水利水电工程地质勘察规范》（SL 55—2005）附录F 的规定。各阶段工程地质勘察和病险水库除险加固工程勘察工作完成后，勘察报告正文、附图、附件的纸质文件和电子文件及各种原始资料应按有关规定归档。

2.8.1　工程地质勘察报告
2.8.1.1　规划阶段工程地质勘察报告

规划阶段工程地质勘察报告应包括：①绪言应包括规划意图

和方案、规划河流（段）自然地理概况、以往地质研究程度和本阶段完成的勘察工作量等；②规划河流（段）或地区区域地质概况应包括地形地貌、地层岩性、地质构造、地震和水文地质条件等；③各规划梯级（方案）的工程地质条件可按水库区、坝（闸）址（段）、引水线路、排水线路等章节依次叙述，规划梯级可简述，近期开发工程应包括水库区基本地质条件和对渗漏、岸坡稳定等主要工程地质问题的初步评价，坝（闸）址（段）的地质概况、水文地质条件、主要工程地质条件和问题的初步分析与评价，引水、排水线路沿线基本地质条件，线路上主要建筑物区工程地质条件的初步分析，规划河流（段）或地区各规划梯级（方案）天然建筑材料简述，结论应包括对规划方案和近期开发工程选择提出地质评价与建议、对下阶段勘察工作提出意见等。

2.8.1.2 可行性研究阶段工程地质勘察报告

可行性研究阶段工程地质勘察报告应包括：①绪言应包括工程概况和设计主要指标，勘察工作过程、方法、内容，完成的主要工作量等；②区域地质和水库区工程地质条件应包括地形地貌、地层岩性、地质构造、物理地质现象、水文地质条件等。在论述地质构造时，应指出区域断层的活动性、地震活动性及地震动参数，评价水库区工程地质条件时，应指出存在的主要工程地质问题；③各建筑物区工程地质条件应分别论述各比较坝（闸）址的工程地质条件及坝址选择意见，其他建筑物区的工程地质条件，按溢洪道、地面厂（站）址、地下洞室、引水线路、排水线路等分别论述各比较方案的地质概况、主要工程地质问题和方案选择意见；④移民迁建新址地质条件应简述新址区地形地貌、地层岩性、地质构造、水文地质条件及不良地质现象等，初步评价新址区生活用水水源、水质、各类地质灾害发生的可能性及其危害性；⑤天然建筑材料应包括勘察任务，各料场的基本情况和储量、质量，及开采和运输条件等；⑥结论和建议应包括区域构造稳定和水库区工程地质条件的评价、各建筑物区基本地质特点和主要工程地质条件的评价、下阶段勘察工作重点的建议等。

2.8.1.3 初步设计阶段工程地质勘察报告

初步设计阶段工程地质勘察报告应包括：①绪言应包括工程位置和设计主要指标、主要建筑物布置方案，可行性研究阶段勘察的主要结论和审查意见，本阶段的勘察任务、勘察工作概况和完成的勘察工作量等；②引水、排水线路工程地质分段及说明。线路上建筑物区的工程地质条件和主要工程地质问题评价及处理措施建议；③坝（闸）址工程地质条件应包括选定坝（闸）址的工程地质条件及各比较坝（闸）线主要工程地质问题，分问题依次进行论述，包括工程地质评价、主要勘察结论以及处理措施建议等，并对坝线、坝型、枢纽布置的建议等进行总结性的评价，溢洪道的工程地质条件、主要工程地质问题的评价及处理措施建议，其他附属建筑物区、临时建筑物区工程地质条件和主要工程地质问题评价及处理措施建议；④水库区工程地质条件应包括水库区的地质概况和主要地质问题，对水库区的工程地质条件做出评价等；⑤水库移民迁建新址的地形、地质条件、主要物理地质现象和存在的主要环境地质问题，进行建筑适宜程度分区，并对场址的稳定性做出评价；⑥天然建筑材料应分述各料场勘探和取样情况、储量和质量评价及开采、运输条件等；⑦结论和建议应包括水库区主要工程地质问题评价、各建筑物区的主要工程地质问题评价及处理措施建议、下阶段勘察工作重点的建议。

2.8.1.4 竣工地质报告

竣工地质报告应包括：①绪言应包括工程概况，前期勘察过程、主要工程地质问题及工程地质结论，施工地质工作起止时间、工作项目及完成工作量等；②水库区工程地质条件应包括水库区地质概况，水库渗漏、边坡、淹没及浸没防护、地质灾害防治的施工处理情况等；③建筑物区主要工程地质条件应包括各建筑场地施工揭露的实际工程地质条件、主要工程地质问题的处理措施及评价、地质参数的最终采用情况等；④天然建筑材料应包括天然建筑材料的前期勘察结论，施工开采的实际料场、开采方法、质量、储量等；⑤监测和观测资料应包括施工期岩土体变形监测的内容、方法及资料分析，水文地质的观测情况和成果分析等。⑥结论及建议应包括对各建筑场地的工程地质条件、施工处理措施和质量作概括性的评价，对工程运行期长期监测和观测工作提出建议等。

2.8.1.5 病险水库安全鉴定工程地质勘察报告

病险水库安全鉴定工程地质勘察报告应包括：①绪言应包括工程位置和设计主要指标、主要建筑物布置方案，工程运行中出现的问题，历次除险加固情况，前期和本阶段勘察工作概况及完成工作量等；②病险水库区地质概况应包括地形地貌、地层岩性、地质构造、水文地质条件及地震动参数等；③建筑物区工程地质条件及评价应包括地基的工程地质条件及主要工程地质问题等，土石坝尚应包括填土质盆和存在的问题等；④结论和建议。

2.8.1.6 病险水库除险加固设计工程地质勘察报告

病险水库除险加固设计工程地质勘察报告应包括：①绪言应包括工程概况、主要病险情况、除险加固任务和要求、完成的主要工作项目与工作量等；②病险水库区地质概况应包括地形地貌、地层岩性、地质构造、水文地质条件及地震动参数等；③土石坝坝体质量评价应包括坝体填筑质量，对沉陷、裂缝、滑塌、渗漏等病险原因进行分析论证，对加固措施提出建议等；④病险工程地质条件及评价应包括地质概况，存在的地质病险类型、病险部位、危害程度及产生原因，对处理措施提出建议等；⑤天然建筑材料应包括除险加固拟用的各类天然建筑材料的质量、储量及开采运输条件的评价，原料场的开采使用情况，可利用方量等；⑥结论与建议。

2.8.2 原始资料归档

原始资料是勘察工作过程的实际记录，是后期勘察设计和施工运行期查证的重要档案，要求完整、清楚、准确、无遗漏。各阶段工程地质勘察和施工地质工作完成后，应组织专人将资料汇集、整编、装订，并进行必要的情况归纳和备忘注记。下列资料应由当事人签署，与正式成果一起归档：①各种野外勘察、试验、观测记录和手簿；②孔、平碉、竖井、重要槽坑探、物探点、重要地质点坐标位置及野外记录、勘探剖面起止坐标测量成果；③各种工作底图、实际材料图；④经过整理、注记的重要地质照片、素描图；⑤施工地质日志、备忘录、大事纪要和重要地质技术会议记录；⑥重要地质问题的计算稿和电算程序；⑦有关施工地质的上级批示、联系单和其他技术档案；⑧重要影像资料；⑨重要标本。

2.8.3　资料交付

地质勘察资料，应由勘测设计单位归档保管；并按规定向上级及其他有关单位报送复制资料。施工地质资料按以下规定处理：①全部施工地质技术档案资料由负责施工地质工作的单位长期保管；②应将施工地质报告及附图、专题报告及附图、施工期岩土体变形监测和地下水观测设计书及其成果的复制件、重要标本等，正式移交工程运行管理单位使用和保管；③向承担前期勘测设计的单位报送全套施工地质报告及附图；④按有关规定向上级及其他单位报送施工地质报告及附图；⑤档案资料移交时，应办理正式交接手续，并向主管建设单位报告。

3 中小型防洪工程规划

　　防洪规划是根据防洪标准，为防治洪水而采取一系列治理措施的计划。作为防洪综合治理措施之一的防洪工程的规划，应符合防洪规划的要求。中小河流防洪工程规划编制参照最新发布实施的《防洪规划编制规程》（SL 669—2014）。

3.1　概述

　　制定《防洪规划编制规程》（SL 669—2014）的目的是为了满足编制流域和区域防洪规划的需要，明确规划编制的基本原则、主要任务和技术要求。本规程适用于大江大河及其主要支流、重要中等河流防洪规划，全国、省级及地市级行政区域防洪规划，城市防洪规划的编制。一般河流及地市级以下区域防洪规划，其他规划中与防洪相关的内容可参照执行。

　　编制防洪规划应根据经济社会发展和生态环境保护以及防洪保安的要求，针对流域洪水灾害的成因与特点，以及流域防洪存在的问题，按照全面规划、统筹兼顾、标本兼治、综合治理的原则，确定防护对象、治理目标和任务，构建流域综合防洪减灾体系，制定防洪措施和实施方案。

　　编制防洪规划应统筹协调整体与局部利益，正确处理干支流、上下游、左右岸等地区间的关系，正确处理防洪减灾与其他行业以及水资源综合利用、生态环境保护等之间的关系。

　　防洪规划应当服从所在流域、区域的综合规划；区域防洪规划应当服从所在流域的流域防洪规划。防洪规划要与国民经济发展规划、国土规划、土地利用总体规划相协调；与城市总体规划、水利专业规划相衔接。

编制和修订防洪规划，应坚持实事求是的科学态度，加强调查研究，重视流域基本情况和基本资料的搜集、整理，对以往防洪治理、原规划进行总结分析，充分利用以往规划和有关科研成果，重视采用新技术、新方法进行有关分析计算和方案比较，广泛听取各方面的意见和要求。

防洪规划宜设置近期与远期两个水平年，并以近期为重点。水平年宜与流域综合规划相一致，与国民经济发展规划相衔接。

编制防洪规划，除应遵守本规程外，还应遵守国家和有关部门相关规程、规范、标准的规定。

3.2　基本资料

编制防洪规划应根据规划任务要求，系统搜集、整理有关自然状况、经济社会、洪涝灾害、防洪治涝工程措施和非工程措施建设现状、经济社会发展规划及相关行业（或部门）规划、以往防洪规划及研究等方面的资料和成果。

（1）自然资料包括自然地理、水文气象、水系、河道、湖泊、湿地、自然资源、地形地貌、区域地质以及生态环境等方面资料。作为规划依据的干支流及湖泊主要水文站、水位站、潮位站的系列观测及历史调查资料等，其系列年限应符合有关专业规范的要求。

（2）经济社会资料包括基准年和规划水平年经济社会发展状况和预测情况，主要包括规划区域、防洪区、防洪保护区、蓄滞洪区、行洪区的人口、国民经济、土地利用、城市发展、工业农业发展等经济社会指标。

（3）洪涝灾害资料包括规划区域洪涝灾害（含风暴潮灾害、山洪灾害及冰凌灾害）统计资料和典型大洪水或强降雨造成的灾害损失资料。

（4）防洪治涝工程措施现状资料主要包括规划区域内的堤防、水库、河湖治理工程、蓄滞洪区、蓄涝区、分洪道、排水闸、挡潮闸、排水泵站、排水沟道、涵洞、山洪灾害治理工程、水土流失治理状况等资料。

（5）防洪治涝非工程措施现状资料主要包括防洪与排涝管理，调度预案或方案，监测预警，洪水风险图，相关政策、法规等资料。

（6）经济社会发展规划及相关行业（或部门）规划资料主要包括发展和改革委员会、统计、民政、电力、建设、国土资源、交通、农业、林业、旅游及环保等其他相关行业（或部门）的规划，以及规划区域已编制的地方志等。

（7）以往防洪规划及研究资料包括规划区域以往防洪与治涝规划、相关专题研究成果、大水年防汛总结，现状防洪体系建设情况及存在的主要问题等有关资料；了解防洪规划编制历程、以往对规划关键问题的解决方案等。

（8）对收集的所有资料进行系统整理，进行合理性和可靠程度分析，尤其可靠性较差的有关资料应进行复查核实。

3.3 设计洪涝水

设计洪涝水计算应遵循《水利水电工程设计洪水计算规范》（SL 44—2006）、《水利工程水利计算规范》（SL 104—95）等有关规范的相关规定。防洪规划设计洪水计算应注意以下方面。

（1）要充分分析气候变化和流域下垫面变化对设计洪涝水的影响，考虑规划条件下的水情变化，提出主要控制断面节点的设计洪水成果，包括设计洪水流量过程线、洪（潮）水位过程线、洪峰流量、时段洪量和设计洪水地区组成等。多沙河流要考虑泥沙影响，提出水沙设计成果。

（2）应分析流域暴雨特征、洪水特性，包括雨情特性、天气学特性和统计特性，洪水涨落变化、汛期、年内与年际变化以及洪水地区组成等。

（3）应分析和核定水位流量关系与槽蓄关系，分析水位流量、槽蓄关系发生变动的原因。对于多沙河流，应进行泥沙的几何特性、重力特性和水力特性分析。

（4）设计洪水计算应符合以下要求：①当设计断面上游有调蓄作用较大的水库或设计水库对下游有防洪任务时，应对大洪水的地区组成进行分析，并拟定设计断面以上或防洪控制断面以上设计洪水的地区组成；②干旱半干旱地区的设计洪水计算应考虑流域特殊的自然条件和水文特性；③冰川融雪设计洪水计算应了解降水、冰雪消融和冰川湖溃决等形成洪水的类型、季节特征等，并分析降雨洪水、冰雪消融和冰川湖溃决洪水的变化规律；④多沙河流应根据预测的河道变化规律，按不同水平年分别推求设计水位。

（5）设计涝水包括设计排涝流量和设计排渍流量。计算的设计涝水，应与实测调查资料，以及相似地区计算成果进行比较分析，检验合理性。

（6）潮水位应根据设计要求，分析计算设计高、低潮水位，设计潮水位过程线。对设计潮水位计算成果，应通过多种途径进行综合分析，检验合理性。

（7）对同时受洪水、涝水、潮水威胁的区域，需进行洪、涝和潮遭遇分析，研究遭遇的规律。

3.4 防洪形势分析

防洪形势分析，重点分析以下方面。

（1）分析流域防洪减灾体系建设情况，通过分析规划范围内主要河道泄洪、湖泊调蓄、水库拦蓄、涝区排涝、风暴潮防御等方面的现状，评价流域防洪减灾体系的综合防洪能力；通过分析规划范围内洪涝灾害程度及其影响，评价防洪减灾体系的现状抗灾分析。在有山洪灾害威胁的地区还应分析山洪灾害防治现状，评估现有预警预报系统的有效性。

（2）分析河道堤防、水库、蓄洪区、主要控制性枢纽等防洪工程、主要排涝工程等防洪工程建设，洪水管理等存在影响防洪安全的主要问题；对比防洪工程和防护对象现状防洪能力与《防洪标准》（GB 50201—2014）的差异，分析评价流域防洪减灾体系存在的主要问题。

（3）结合流域、区域经济社会发展规划及相关行业（或部门）规划成果与资料等，分区分析流域内经济社会发展趋势，预测规划水平年主要社会经济指标。

（4）根据流域防洪减灾体系存在的主要问题和经济社会发展趋势要求，分析流域或区域防洪形势。防洪形势分析一般应考虑：①经济社会可持续发展对防洪安全保障的要求；②工程情况、水沙条件、蓄泄关系等情况变化对防洪安全保障的影响；③水资源开发利用、水生态环境保护等方面的综合要求。

（5）对重要防洪保护区，有条件时应尽可能进行洪水风险分析与评价，编制洪水风险图。根据主要洪水风险要素，区分现状、未来等不同情景组合，分析估算不同频率或量级洪水可能波及的淹没范围、淹没程度和造成的灾害损失，还要根据相关技术规范要求或经研究确定洪灾风险程度指标，综合评价区域洪水风险及其危害。

3.5　防洪区划

防洪区划分应根据不同地区自然特点、洪涝水状况、经济社会发展情况、受洪水威胁程度、洪涝灾害情况等，结合洪涝水出路安排和防洪减灾体系总体布局进行。

防洪区可划分为防洪保护区、蓄滞洪区和洪泛区。主要受山地洪水威胁的地区，可根据山洪发生的频次及其危害程度，划分为重点防治区和一般防治区。为流域防洪建设需要，以及为应对处理超标准洪水预留分蓄洪水的场所，可确定必要的规划保留区。防洪区划分应按区划类型明确其地理位置、范围和区内主要社会经济指标。

3.6 防洪标准

3.6.1 防洪标准的确定原则

（1）防洪保护区和各类防护对象的防洪标准，应根据经济、社会、政治、环境等因素对防洪安全的要求，按照《防洪标准》（GB 50201—2014）的有关规定，综合论证确定。降低或提高防洪标准时，应进行不同防洪标准条件下可能减免的洪灾经济损失与所需的防洪费用的对比分析，合理确定。

（2）防洪标准的确定包括防洪保护区及保护对象的防洪标准，江河湖泊河段（或湖区段）的防洪标准和防洪设施的防洪标准。确定防洪标准时，应统筹考虑上下游、左右岸、干支流防洪保护区的关系，协调不同保护对象和防洪减灾体系不同组成部分的防洪标准。

（3）防洪标准一般应以防御的洪水或潮水的重现期表示，特别需要情况下，也可用典型年表示；根据防护对象的不同需要，防洪标准可采用设计一级或设计、校核两级。

（4）对受地形条件以及河流、堤防、道路或其他地物的分隔作用可划分为若干个独立的防洪保护区，应分别确定各防洪保护区的防洪标准。

（5）对于同一防洪保护区受多条河流（或湖泊、海洋）洪水威胁时，可依据不同河流（或湖泊、海洋）洪水灾害的影响范围和轻重程度分别确定其防洪标准。

3.6.2 堤防工程的防洪标准

（1）江河湖海及蓄滞洪区堤防工程的防洪标准，应根据防护对象的重要程度和受灾后损失的大小，以及江河流域规划或流域防洪规划的要求分析确定。

（2）堤防上的闸、涵、泵站等建筑物、构筑物的设计防洪标准，不应低于堤防工程的防洪标准，并应留有适当的安全裕度。

（3）潮汐河口挡潮枢纽工程主要建筑物的防洪标准，应根据水工建筑物的级别按表3.6.1的规定确定。

表 3.6.1　潮汐河口挡潮枢纽工程主要建筑物的防洪标准

水工建筑物级别	1	2	3	4、5
防洪标准［重现期（年）］	≥100	100～50	50～20	20～10

注　潮汐河口挡潮枢纽工程的安全主要是防潮水，为统一起见，本标准将防潮标准统称防洪标准。

（4）对于保护重要防护对象的挡潮枢纽工程，如确定的设计高潮位低于当地历史最高潮位时，应采用当地历史最高潮位进行校核。

3.6.3　水库工程的防洪标准

（1）水库工程水工建筑物的防洪标准应根据其级别按表3.6.2的规定确定。

表 3.6.2　水库工程水工建筑物的防洪标准

水工建筑物级别	防洪标准［重现期（年）］				
	山区、丘陵区			平原区、滨海区	
	设计	校核		设计	校核
		混凝土坝浆砌石坝及其他水工建筑物	土坝堆石坝		
1	1000～500	5000～2000	可能最大洪水（PMF）或10000～5000	300～100	2000～1000
2	500～100	2000～1000	5000～2000	100～50	1000～300
3	100～50	1000～500	2000～1000	50～20	300～100
4	50～30	500～200	1000～300	20～10	100～50
5	30～20	200～100	300～200	10	50～20

注　当山区丘陵区的水库枢纽工程挡水建筑物的挡水高度低于15.0m，上下游水头差小于10.0m时，防洪标准可按平原区滨海区栏的规定确定；当平原区、滨海区的水库枢纽工程挡水建筑物的挡水高度高于15.0m，上下游水头差大于10.0m时，其防洪标准可按山区丘陵区栏的规定确定。

（2）土石坝一旦失事将对下游造成特别重大的灾害时，1级建筑物的校核防洪标准，应采用可能最大洪水（PMP）或10000年一遇；2～4级建筑物的校核防洪标准可提高一级。

（3）混凝土坝和浆砌石坝，如果洪水漫顶可能造成极其严重的损失时，1级建筑物的校核防洪标准，经过专门论证，并报主管部门批准，可采用可能最大洪水（PMP）或10000年一遇。

（4）低水头或失事后损失不大的水库枢纽工程的挡水和泄水建筑物，经过专门论证，并报主管部门批准，其校核防洪标准可降低一级。

3.7　防洪减灾总体规划

3.7.1　总体思路

（1）防洪减灾总体规划的制定要在分析流域洪涝水特点、洪涝灾害特征及其演变趋势的基础上，研究确定流域防洪减灾的目标要求，明确指导思想和原则，提出防洪减灾的总体目标、主要任务和总体布局。

（2）防洪减灾指导思想、原则的确定和防洪减灾体系构建，应符合以人为本、人与自然和谐和可持续发展的要求。

（3）流域和区域防洪减灾目标应根据规划区域的实际情况，权衡防洪保安的需要与实际可能，按不同规划水平年，根据流域防洪任务的轻重缓急，经分析论证后分别拟定。

（4）防洪减灾体系构建要注意处理好以下关系：①统筹防洪减灾与水资源综合利用和生态维护与环境保护的关系，既要注重防洪保安，也要注重促进水资源综合利用与生态环境保护。②统筹协调防洪与避洪的关系，既要合理安排各类工程措施，适当控制利用洪水；也要研究制定洪水风险管理措施，规避和适当承担洪水风险。③统筹协调支流防洪与流域总体防洪治理的关系和干支流防洪治理标准与措施。支流防洪排涝要符合流域洪涝水出路的总体安排，流域防洪治理与体系构建也要为支流防洪治理创造条件。④统筹协调流域防洪与区域防洪治涝的关系，区域防洪排涝要符合流域防洪的总体安排，流域防洪治理与体系构建也要为区域防洪治理创造条件。⑤山洪灾害防治要处理好工程措施与非工程措施的关系，防治结合，以非工程措施为主，合理拟定山洪防治方案，加强山洪灾害的预警预报。⑥城市防洪应依托于流域和区域防洪减灾体系，构建城市和重要经济开发区防洪保护圈和城市涝水外排系统。同时，应重视城市重要基础设施自身防洪保措施，注意协调城市生态环境建设要求。⑦干旱半干旱地区要注意协调防洪与水资源综合利用、水生态环境保护的关系，充分考虑洪水对生态环境的调节措施，或尽可能将洪水向下游尾闾输送，维护和改善下游生态与环境。⑧跨国境河流地区防洪要重视护岸护岛、河势控制措施，稳定江岸和国界，防止国土流失。

3.7.2 洪涝水出路安排

（1）要根据蓄泄兼筹、洪涝并治的原则协调流域洪涝水蓄泄关系，统筹安排洪涝水出路，制定洪涝水处置方案。

（2）要根据流域防洪目标与任务，合理确定江河主要站点防洪控制水位，核定相应断面的行洪能力。

（3）应分析核定目标洪水（设计洪水）的时段洪量和洪峰，按照规划区域地形等条件，研究拦蓄、滞蓄、下泄、分泄洪量的安排方案；①合理确定目标洪水条件下河道最大可能的宣泄、水库拦蓄、蓄滞洪区和洪泛区滞蓄的比例，分析计算超额洪量，研究分泄措施；②估计超标准洪水条件下河道最大可能宣泄洪量、水库及蓄滞洪区拦（滞）蓄量，以及超额洪量，设置临时滞蓄场所，妥善安排超额洪水；③多沙河流应提出泥沙处置安排方案。

3.7.3 总体布局

（1）根据拟定的防洪任务和洪涝水处理安排，重点研究干流和重要支流的控制性枢纽、重要综合利用工程等影响流域防洪全局的战略措施布局，通过方案比选综合确定总体布局方案。选定的方案应尽可能满足各部门、各地区的基本要求，并具有较大的防洪减灾、经济社会与环境的综合效益。

（2）在分析比较各防洪规划方案的效益时，应着重考虑其社会效益，在社会效益相仿的条件下，经济效益和生态与环境效益是比选的主要依据。

（3）采取扩大行洪断面、裁弯取直等整治河道措施提高河道行洪能力时，应根据沿河土质、河势、水沙特性以及生态环境等因素，研究整治后河道的稳定性及可能在防洪、排涝、通航、引水、泥沙冲淤、岸坡稳定、生态环境等方面对上下游、左右岸的影响，并采取妥善的处理措施。

（4）安排分（蓄、滞）洪工程，应根据构建防洪减灾体系的需要，综合确定，并研究工程可能引起的上下游及临近河流河势和洪水位的变化，分析对当地生态与环境的影响。

（5）防洪水库和承担防洪任务的综合利用水库，应根据构建流域防洪减灾体系的需要，结合水库条件，经方案比选后确定。防洪方案中有两个以上承担防洪任务的水库时，应研究各自分担的防洪任务和联合运用原则。综合利用水库承担防洪任务时，应研究防洪与兴利相结合的可能性，提高水库的综合利用效益。

3.8 防洪工程措施规划

3.8.1 堤防工程

（1）堤防工程规划应满足规划区域整体防洪减灾体系的总体布局和任务要求确定，主要是确定堤防标准、堤线总体布置方案、推求建堤后河道的水面线以及确定堤防断面等。

（2）堤防防洪标准和级别应遵循相关技术规范，符合流域综合规划的要求，按照堤防保护范围的经济社会指标，并协调上下游和干支流堤防的关系，综合论证确定。

（3）堤线选择要考虑地形、地质条件，河流或海岸线变迁，施工条件、已有工程状况以及征地拆迁、文物保护、行政区划等因素，经过技术经济比较后综合分析确定。严禁人为侵占河道。

（4）流域防洪控制节点堤防的设计洪水位需通过防洪体系洪水联合调度计算，经多方案比较，合理确定。多沙河流堤防的设计洪水位，应根据预测的河道冲淤变化规律，按不同水平年分别拟定。感潮河段堤防的设计洪水位，应研究洪、潮遭遇规律，合理确定。

（5）应根据相关技术规范的要求，合理确定堤防断面，明确堤防超高、堤防边坡等指标。

3.8.2 河道治理

（1）河道治理要明确治理任务与要求，应在研究河段治理开发与保护存在的问题，调查了解河道治理工程情况及河势变化，分析河床演变规律的基础上，提出河势控制方案，分析确定治导线位置；经方案优化后，提出河道治理的工程方案及相应的工程规模。

（2）应根据需要依据不同的河型采取因地制宜的河道治理措施。河道治理工程措施主要包括：控制、调整河势，修建丁坝、顺坝等河道整治建筑物等。对于堤距过窄或卡口河段，进行退堤、疏浚，扩大河道行洪断面等。河道治理措施要注意与保护河道生态环境相结合，尽量采取适应自然的生态措施。

（3）游荡型河段的治理须与治沙相结合，采取修建调节水沙的水库、修建河道治理工程等综合治理措施，通过减少上游来沙和控制本河段的泥沙淤积，达到调整河势和控制河床变形的目的。

（4）河口的治理应充分考虑河口的水沙特性以及防洪、防潮、航运、淡水资源利用、岸线资源利用及滩涂资源利用等方面的要求，还应充分考虑河口地区环境保护与生态建设的要求。治理工程措施主要包括修建控导工程、挡潮闸及泥沙疏浚等，设置的河工建筑物宜顺应河势、适应河口水沙变化规律。

3.8.3 水库工程

（1）水库工程规划方案应根据整体防洪方案，结合建库条件，明确水库的防洪作用与任务，确定水库的防洪高水位、防洪限制水位及防洪库容等水库特征值。

（2）防洪方案中有两个以上承担防洪任务的水库时，应研究各自分担的防洪任务和联合运用原则。综合利用水库承担防洪任务时，应研究防洪与兴利相结合，提高水库的综合利用效益。

（3）在充分了解洪水特性、洪灾成因及其影响的基础上，根据防洪保护对象的防洪要求，以及可能采取的其他防洪措施，合理确定水库的防洪任务。

（4）根据设计洪水及泄洪设备条件、下游河道安全泄量、水库库容曲线等资料，选择合理的水库调洪方式，采用符合实际的调洪方法进行水库调洪计算，求出所需的防洪库容及相应的防洪控制水位。

（5）对于规划为下游承担防洪任务的水库，应根据下游江河防洪控制点的防洪控制水位、安全泄量和区间洪水组成情况，结合水库本身的防洪要求，研究水库对下游进行补偿调节的防洪调度方式。

（6）规划为下游承担防洪任务的水库须在汛期按防洪要求留足防洪库容；为兼顾发挥水库的供水、发电、灌溉等综合效益，可根据洪水的特性和水情测报系统的预见期，在不降低水库防洪要求的前提下，制定汛期不同时期的分期汛限水位，并考虑后期洪水及气象预报，做好后汛期的蓄水。

（7）由水库群共同承担江河中下游防洪任务时，应研究各水库入库洪水和各区间洪水的地区组成，根据水库特性及综合利用要求等条件，确定水库群防洪联合调度方式。

（8）对多泥沙河流上的水库，其防洪调度方式应根据洪水的洪量、洪峰流量、沙量情况，综合考虑下游河道减淤和水库减淤情况，制定洪水调度措施。洪水调度要有利于水库防洪库容的长期保留。

3.8.4 蓄滞洪区和分洪工程

（1）要在计算防御目标洪水的超额洪量和规划分蓄洪量基础

上，通过综合研究、比较，确定蓄滞洪区及分洪工程的总体布局。

（2）蓄滞洪区及分洪工程的确定应根据整体防洪方案，结合蓄滞洪水及分泄水的条件进行方案比较，综合分析选定。对提出的蓄滞洪区及分洪工程应初步拟定启用原则，研究工程可能引起的上下游及邻近河流洪水位的变化，分析其对生态与环境的影响。

（3）分洪道泄洪能力的核算应考虑洪水较不利的遭遇情况；其走向应根据地形条件，尽可能避开城镇、厂矿、重要交通设施等；应考虑分洪道分泄洪水对下游河道防洪的影响，并采取必要的措施；应明确分洪道的运用条件。

（4）分析防洪工程的防洪能力，根据洪涝水出路安排方案确定蓄滞洪区的启用几率。对于需要设置较多蓄滞洪区的，应根据蓄滞洪区总体布局，按照蓄滞洪区的启用概率和重要性，将蓄滞洪区分为重要、一般和规划保留三类。不同类型的蓄滞洪区应采用不同的建设模式。

（5）蓄滞洪区建设内容主要包括工程建设、安全建设和管理制度建设。工程建设包括蓄滞洪区围（隔）堤工程、进退洪口门工程等；安全建设包括安全区、安全台、转移道路、预警预报等设施建设；管理制度建设包括管理体制、机制、制度、能力建设等内容。

（6）蓄滞洪区的运用方式分为建闸控制运用和扒口运用两种。对建有进洪闸、退洪闸控制的蓄滞洪区，应明确进洪闸、退洪闸调度规则；对无进、退洪设施，需临时扒口运用的蓄滞洪区，应明确扒口的地点、时机和扒口口门宽度。进退口门工程应保证在需要分蓄洪时，能及时有效按设计要求分蓄洪水；洪水过后，能有效退洪，以便及时恢复蓄滞洪区内的生产。

（7）蓄滞洪区围（隔）堤工程应确保在围堤设计标准条件下蓄滞洪区内的防洪安全；在需要分蓄洪时，能有效分蓄洪，保障重点地区的防洪安全。

（8）应合理确定安全区、安全台的人员安置标准以及安置生产半径，在此基础上，制定人口安置规划及安全建设规划。

3.8.5　其他工程及除险加固工程

（1）其他工程是指除上述工程以外的水闸、撇洪渠等防洪工程，规划任务主要是确定规划区域内其他工程的建设任务、规模和数量等。

（2）重要水闸应根据防洪要求，结合洪水特性，确定防洪调度运行方式。

（3）除险加固工程应以安全鉴定结论为依据，统计规划区域病险水库、水闸等工程的规模、数量，结合实际运行情况，分析存在的主要问题。

（4）除险加固规划应坚持经济实效、因地制宜的原则，在现有工程基础上，通过采取综合加固措施，消除病险，确保工程安全和正常使用，恢复和完善水库、水闸等工程应有的防洪减灾和兴利效益。

（5）除险加固应按分级负责建设管理的原则，明确各级部门的职责分工和项目的实施程序与要求。

3.9　防洪非工程措施

3.9.1　防汛指挥系统

（1）防汛指挥系统包括信息采集系统、信息传输和计算机网络、决策支持系统。应分析规划区域防汛指挥方面的不足和存在的问题，结合流域和区域管理的需要，提出防汛指挥系统建设的目标和任务总体方案。

（2）应提出信息采集系统站网布设原则，初步确定分类监测站点的数量与分布。站网布设要在充分考虑现有站点的基础上，尽量实现信息资源的共享。

（3）对于重要防洪设施应布置必要的监控设施。

（4）初步拟定信息传输方式、提出通信网的建设规模。信息传输应采用公共网络为主，部分公共网络不能覆盖的站点，适当建设专用通信网络。

（5）根据防汛决策的需要，确定决策支持系统的组成部分，初步提出各子系统的建设内容。应提出信息安全保障的要求与对策。

3.9.2 防洪管理

（1）防洪管理主要包括洪水调度管理、防洪区管理、防洪工程管理等。

（2）根据统一管理、分级负责的原则，初步提出防洪管理体制与制度建议。

（3）根据流域防洪工程布局，初步拟定流域干流、支流、重要控制枢纽的洪水调度方案，提出编制洪水调度方案的总体要求。重要控制枢纽应初步确定洪水调度原则和调度管理权限。

（4）提出规划划定的防洪保护区、蓄滞洪区、洪泛区管理要求；明确蓄滞洪区、洪泛区管理的主要目的和任务。

（5）有条件的重要蓄滞洪区和洪泛区宜初步进行洪水风险分析或区划，提出分区管理、控制的原则和要求。

（6）初步提出防洪工程管理体制，明确管理权属以及管理机构的设置；初步提出防洪工程管理能力建设内容。

3.9.3 社会管理及公共服务

（1）根据《中华人民共和国防洪法》的要求，初步提出规划同意书的管理权限及管理范围。

（2）根据洪水风险管理的需要，明确洪水风险图管理的目标和任务。

（3）初步提出宣传、信息公开等公共服务的原则和任务。

3.9.4 超标准洪水防御方案制定与应急管理

（1）根据规划区域的洪水防御目标，考虑历史上曾经发生的大洪水状况以及气候变化的可能影响以及不利的组合情况，提出超标准洪水防御的目标与任务。

（2）根据拟定的超标准洪水特征及其地区组成，估计超标准洪水条件下的洪水量及其洪水过程，在充分发挥防洪工程体系的作用，确保流域整体防洪安全和防洪工程自身安全的前提下，分析估算规划区域的超额洪量。

（3）根据超标准洪水发生时产生的超额洪量和防洪保护对象的重要性，以及受灾后对经济社会的冲击程度，通过比选提出采用部分地势低洼且灾害损失较少地区分蓄部分超量洪水的方案以及限制部分地区涝水外排，减少归槽洪水量的方案。以维护流域整体防洪安全，保证重点防洪保护区、重要城市和重要基础设施的安全为目标，提出超标准洪水调度方案。

（4）根据规划区域的特点和管理任务要求，初步提出应急管理预案体系，明确预案编制的任务要求和主要内容。

（5）初步确定应急预案管理的组织构架，明确应急管理机制。

3.10 山洪灾害防治

（1）山洪灾害防治规划主要包括：调查分析山洪灾害发生情况及其危害，研究山洪灾害发生的特点、规律；根据山洪灾害的严重程度，划分重点防治区和一般防治区，编制典型区域山洪灾害危险区分布图；在开展典型区域山洪灾害防治规划的基础上，编制山洪灾害防治总体规划，提出非工程措施和工程措施规划方案。

（2）山洪灾害防治要以减少山洪灾害导致的人员伤亡和财产损失，促进和保障山丘区人口、资源、环境和经济的协调发展为主要目的。

（3）山洪灾害防治规划应坚持"以防为主，防治结合"、"工程措施与非工程措施相结合，以非工程措施为主"的原则，全面规划、统筹兼顾、标本兼治、综合治理，突出重点、兼顾一般。

（4）山洪灾害情况调查分析主要包括，调查研究山洪灾害成因，分析气象、水文、地形地质、自然环境、经济社会与山洪灾害间的关系，掌握山洪灾害的特点及其分布规律；了解现状山洪灾害防治能力，分析现状山洪灾害防治存在的问题，总结山洪灾害防治经验等。

（5）根据形成山洪灾害的降雨、地形地质和经济社会因素分布特点和规律，结合实际发生的山洪灾害情况，划分规划区域山洪灾害重点防治区和一般防治区。

（6）根据山洪灾害分布、成因及特点，结合山丘区经济社会发展对山洪灾害防治的要求，因地制宜地制定山洪灾害综合防治总体规划。

（7）非工程措施主要包括防灾知识宣传教育、监测通信预警系统、防灾预案和救灾措施、搬迁避让、政策法规和防灾管理等。应因地制宜地对各项非工程规划措施进行系统规划，构建山洪灾害防治区群测群防的组织体系。

（8）对受山洪灾害威胁的城镇、大型工矿企业或重要基础设施所在的区域规划必要的工程治理措施，保障重要防洪保护对象的安全。

3.11 城市防洪

3.11.1 城市防洪形势分析

（1）分析城市发展现状，包括城市行政区划、人口、经济社会发展状况；根据城市发展总体规划和国民经济发展规划等预测规划水平年城市发展情况。

（2）分析城市防洪形势，一般包括以下内容：①城市洪涝水来源及其特点，洪涝灾害情况及其危害情况等；②城市下垫面变化情况及人类活动对城市防洪排涝的影响；③城市防洪减灾工程体系现状情况及其防洪减灾能力分析评价；④所在江河流域、区域防洪规划及其对城市防洪、排涝的总体安排；城市总体发展规划和相关专业规划对城市防洪（潮）、治涝的总体要求；⑤根据城市总体规划的要求、流域以及区域防洪排涝安排、城市防洪措施现状，分析现状城市防洪减灾工程体系存在的主要问题以及防洪工程设施和非工程措施存在的主要问题。

3.11.2　规划原则与目标任务

（1）城市防洪规划需遵循以下原则：①以江河流域防洪总体规划和所在区域的防洪规划为依据，按照统筹兼顾、合理布局的原则，充分考虑上下游、左右岸的关系，进行统一规划；②考虑近、远期城市发展要求，密切结合城市建设，合理确定防洪保护范围，按照工程措施与非工程措施相结合的原则，结合城市排水除涝需求，构建城市综合防洪减灾体系；③制定超标准洪水预案，以应对可能发生的超标准洪水。

（2）分析论证不同规划规划水平年城市防洪、治涝、防潮等规划目标，确定城市规划任务。

（3）分析确定城市防洪、治涝标准，受风暴潮影响的滨海或河口城市还应确定风暴潮防御标准。城市防洪标准参照《防洪标准》（GB 50201—2014）确定。对受灾后社会影响大或洪灾损失严重的城市，经过专门论证后，防洪标准可适当提高。

3.11.3　规划总体布局

（1）应根据城市的自然地理条件、社会经济地位、城市规模和类别，以及流域和区域防洪工程总体布局等，合理确定城市防洪工程的设计标准。

（2）应按照因地制宜、以防为主、全面规划、综合治理的原则，经过方案比选和充分论证提出防洪工程总体布局方案。

3.11.4　防洪工程措施

（1）依托流域防洪工程体系，确定城市防洪工程措施，初步确定工程等别和主要建筑物的级别以及设计洪水标准。

（2）结合城市排水系统和排水规划，拟定治涝规划方案和措施，经技术经济比较后，选定治涝工程设施规划方案。

（3）初步选定新建、改建、扩建的主要建筑物的场址；初步确定堤线布置方案和河道治导线方案；初步拟定规划保留区范围；初步明确挖压占地范围、影响人口、补偿措施；初步确定主要防洪工程设施的设计方案。

3.12 沿海地区风暴潮防御

3.12.1 风暴潮特点及防御形势分析

（1）分析规划区域风暴潮及其灾害特点，主要应包括以下内容：①规划区域的自然地理特征，气候因素，天文潮特征；②规划区域内发生风暴潮、天文潮、江河洪水的特点和相互遭遇几率分析；③规划区域内历史上发生的典型风暴潮灾害损失分析；④气候变化对规划区域内的潮位和现有海堤工程的影响分析。

（2）分析规划区域现有防御能力及存在问题，主要应包括以下内容：①防御风暴潮工程措施规模、标准等现状情况，现有工程因灾损毁及修复情况；②防御风暴潮灾害的非工程措施建设现状及存在问题。

（3）应根据保护区域社会经济发展规划和生态环境保护规划以及保护区的功能定位，分析保护区对防御风暴潮灾害的需求。

3.12.2 规划原则与目标

（1）沿海地区风暴潮防御规划制定应遵循以下原则：①坚持以人为本，全面规划，统筹兼顾，综合协调的原则；②坚持以减少人员伤亡，降低灾害损失为目标，工程措施与非工程措施相结合的原则；③坚持把防御台风、天文大潮和江河防洪以及区域排涝结合起来的原则。

（2）应根据保护区社会经济发展需求，结合防御工程建设规模，结合综合保障体系建设等非工程措施，合理确定规划目标。

3.12.3 防潮（洪）标准

（1）规划区域各类保护对象的防潮（洪）标准应按照《防洪标准》（GB 50201—2014）综合分析确定。

（2）应根据规划区域内海岸线特点、地形地质条件和海堤工程堤线布置走向，合理划分保护区范围。根据保护区内保护对象的防潮（洪）要求确定各保护区的防潮标准。

（3）应根据各保护区的防潮（洪）标准，分别确定各段海堤工程的防潮（洪）标准。与河口地区相衔接的海堤工程，其防洪标准应与河堤的防洪标准相协调。

（4）按照总体规划目标，合理确定各规划水平年海堤工程分期建设标准和规模。

3.12.4 工程措施规划

（1）海堤工程规划应与保护区内的市政建设、交通道路、旅游及房地产开发等相关规划统筹协调，合理确定海堤工程总体布局。

（2）海堤工程规划应分析规划区域内岸线地质条件以及滩岸淤积或侵蚀规律和发展趋势，初拟海堤工程堤线布置方案。

（3）规划区内有新建海堤工程时，应论述修建海堤工程后对规划区内的取水、排水的影响并初拟解决方案。

3.13 涝区治理

3.13.1 治理原则与任务

（1）分析涝区的水文特点及涝灾情况、治涝工程现状及主要存在问题。

（2）应在研究涝区自然特点的基础上，分析涝区的主要致涝成因和规律，初步划定治涝分区，提出分区治理原则和任务。

（3）治涝标准应根据涝区水文特点和经济社会发展需要，从经济、社会、环境等方面综合论证选定。标准确定时应注意：①统筹协调局部与整体、干流与支流、上游与下游的治涝标准；②统筹协调涝区治理标准与承泄区防洪标准间的关系。

3.13.2 治涝工程总体布局

（1）结合涝区现有水系沟道、地形特点和蓄排条件，初步确定排水河道、承泄区、蓄涝区及排水方式，初步选定分区治理工程总体布局。

（2）总体布局应根据蓄泄兼筹的原则，对截洪工程、排水河（渠）系、排灌工程、调蓄工程等措施进行综合分析比选。

（3）总体工程布局应协调上下游、相邻区域、干支流排水关系，尽量减少对其他地区的影响。对相邻区域排水造成影响的，应采取相应补救措施。

（4）初步确定主要排水河道的排涝水位和排渍水位。

（5）排涝水位应根据排涝效益和缓排面积经技术经济比较确定；设计排渍水位确定应兼顾控制地下水位和航运的需要。

3.13.3 治涝设施规划

（1）初步确定排涝工程设施的位置、设计规模和主要设计参数。

（2）主要排水河道的治理方案和堤线应经技术经济论证选定。

（3）地势特别低洼无法自排的涝区和堤圩水网地区，需建站抽排时，应充分利用现有湖泊、洼淀、沟塘调蓄涝水。蓄涝区容积应根据集水面积、积水量、排涝站规模以及地形等条件，尽量与灌溉相结合，同时兼顾渔业、环境保护等方面的要求，经技术经济论证选定。

（4）排水闸的规模及特征值应根据所在河段情况、排水量、抢排时间和对降低地下水位等的要求，分析确定。

（5）排涝承泄区的水位，应根据承泄区的条件及排水要求综合分析确定。

3.14 水土保持

3.14.1 一般规定

（1）水土保持规划内容主要应包括：水土流失与水土保持现状分析评价、水土保持目标任务和规模、水土保持分区与总体布局、综合防治规划（预防、治理、监督、监测规划）以及工程管理、重点项目、实施保障等措施内容。

（2）流域和区域防洪规划制定中应以增强林草植被调节径流功能和减少入河湖（库）泥沙为主要目标和任务，在调查明确流域或区域内水源涵养、多沙输沙区域基本情况及其对防洪减灾和生态环境主要危害的基础上对水土保持规划方案做出安排。

（3）水土保持规划方案的制定应符合国家主体功能区规划和生态功能规划的相关要求，以及水土保持区划确定的功能定位要求。水土保持规划方案应与流域或区域山洪灾害规划、生态建设规划、土地利用规划等相协调，处理好水土保持措施与农村生产生活和生态环境改善的关系，做到治理保护和开发利用相结合，经济效益、社会效益和生态效益相结合。

3.14.2 水土流失与水土保持现状调查与分析

（1）涉及水土流失区域的调查主要包括下列内容：①地貌、气象、土壤、植被等自然条件，重点是流域或区域水源涵养区的林草植被现状及保护与建设状况，多沙输沙区的降水、土壤、植被等；②土地利用状况、农村生产生活条件等社会经济条件等；③多沙输沙区域应调查分析各类水土流失形态的分布、数量、强度、成因及特点、危害情况，重点集中产沙区域以及山洪灾害易发区域水土流失状况；④水土保持工作进展情况、治理成效及存在问题，重点与山洪灾害防治、减沙、减淤等相关的水土保持工作情况。

（2）水土流失与水土保持现状分析主要包括下列内容：①分析水土保持在江河下游（湖库）减沙减淤的作用以及在流域防洪中的战略性任务，提出水土流失防治方向与途径；②多沙输沙区的主要水土流失问题及危害，以及与山洪灾害与关系，提出重点需要治理的区域。

3.14.3 水土保持规划方案

（1）水土流失防治目标应根据调查分析的基础，根据国家主体功能、生态功能和水土保持功能定位及其重要性以及防洪减沙的要求，明确防治目标，提出林草植被覆盖率、土壤流失减少量或减沙量等防治目标的指标。

（2）应在水土保持区划的基础上，结合防洪减灾要求进一步划分，提出不同分区的水土保持总体布局。

（3）水土流失防治措施规划应符合下列规定：①根据各级水土流失重点预防区和重点治理区划分，结合防洪减灾要求，提出不同水土保持分区的重点防治区域；②预防规划应针对重点水源涵养区的林草植被的建设与保护，明确相应的位置、范围与面积，提出预防措施，包括封育治理、以风或水电代燃料、建设沼气池和节柴灶、生态移民等措施；③治理规划应针对多沙输沙区，小流域为单元，重点配置坡改梯及坡面水系工程、建设淤地坝或拦沙坝、谷坊等沟道治理措施；④监测规划应根据国家水土保持监测站网布设，结合防洪减灾的需求提出监测目标、任务、站点补充布设等；⑤监督管理重点针对山洪灾害易发区及各级地方人民政府划定泥石流危险区、重点要的水源涵养区，提出监督目标、任务，以及机制体制建设和政策性措施等；⑥根据区域实际情况提出必要科技示范与推广项目与内容。

3.15 环境影响评价

3.15.1 原则规定与规划分析

（1）防洪规划的环境影响评价内容及深度应满足《规划环境影响评价技术导则（试行）》（HJ/T 130—2003）、《江河流域规划环境影响评价规范》（SL 45—2006）等相关规程规范要求。

（2）规划分析应包括以下内容：①分析防洪减灾体系总体安排和堤防、水库、蓄滞洪区等工程布局与国家主体功能区规划、生态功能区划、水功能区划等相关功能区划的协调性，重点分析防洪工程规划与自然保护区等环境敏感区的协调性；②提出规划实施的环境、生态功能制约因素，筛选环境可行规划方案。

3.15.2 环境现状调查与分析

（1）根据《江河流域规划环境影响评价规范》（SL 45—2006）有关技术规定开展规划范围内环境现状调查。

（2）进行环境现状分析，主要应包括：主要环境问题分析；生态完整性与敏感生态问题分析；水土资源开发利用现状分析；水环境质量现状分析等。

（3）拟定防洪规划实施应满足的环境保护目标。

3.15.3 环境影响预测与评价

（1）开展规划方案的环境影响预测与评价，主要应包括水文水资源影响预测与评价；生态影响预测与评价；水环境的影响预测与评价；土地资源的影响预测与评价；社会环境影响预测与评价等。

（2）开展规划方案的环境合理性综合论证分析，包括规划目标与发展定位的环境合理性、规划规模的环境合理性、规划布局的环境合理性、实施时序的环境合理性、环境保护目标与评价指标的可达性等。

3.15.4 环境影响减缓措施与监测跟踪评价

（1）应根据规划方案的环境合理性分析，结合经济社会与环境协调发展的要求，对规划方案的总体布局、规模和实施时序等提出调整建议和减缓不利影响的对策措施总体布局。

（2）规划实施可能产生重大环境影响时，应拟定环境监测和跟踪评价计划。

3.16 投资匡算与实施安排

3.16.1 投资匡算

（1）根据有关技术规范和政策规定确定投资匡算的编制原则、依据及采用的价格水平年。

（2）根据工作基础和任务要求确定投资匡算方法，规划方案制定中可按扩大指标等方法匡算；提出投资主要指标，包括主要单项工程投资等。

（3）根据工程量，匡算工程投资。

3.16.2 近期工程实施意见

（1）按照突出重点、分期治理、远近结合的原则，提出实施安排的总体意见。

（2）依据近期规划目标及主要任务，提出近期工程实施意见。近期工程安排应力求做到：①符合国民经济发展要求，能较好地解决流域内存在的主要防洪问题；②工程所需的资金、物资设备等与同期国民经济发展水平相适应；③移民安置去向明确，有条件解决；④工程的兴建对生态与环境不会带来重大不利影响。

3.17 实施效果评价与保障措施

3.17.1 实施效果评价

（1）防洪规划应进行社会评价、经济评价。

（2）社会评价主要从保障实现区域社会发展目标、促进流域经济和社会协调发展、维护和改善生态环境等方面评价防洪措施的作用，对规划实施产生的社会负面影响应提出对策措施。

（3）防洪规划可只进行国民经济评价，从国家整体角度评价防洪工程方案的合理性。

（4）规划方案中各项工程项目的经济效益应尽可能用货币定量计算，对一些难以用货币定量的经济效益应用文字加以阐明。

3.17.2 保障措施

保障措施一般包括法制保障、组织保障、投入保障和能力保障。法制保障应根据《中华人民共和国防洪法》的要求，提出完善相配套的法规体系和规章制度建设、有关经济政策建议。组织保障应包括加强领导、明确职责、部门协调、体制机制建设和公众参与等。投入保障应包括投资主体划分原则、建立投入保障机制的建议等。能力保障应包括科技创新机制、科研基础设施、科技人才队伍建设和防洪减灾科学研究。

4 中小型防洪工程设计

防洪工程，主要包括水库工程、堤防工程、蓄滞洪工程、河道整治工程等。下面简要介绍各防洪工程的设计要点。

4.1 中小型水库工程设计

4.1.1 水库土石坝设计

4.1.1.1 枢纽布置和坝型选择

（1）坝轴线。坝轴线应根据坝址区的地形地质条件、坝型、坝基处理方式、枢纽中各建筑物（特别是泄洪建筑物）的布置和施工条件等，经多方案的技术经济比较确定。实际中，还应因地制宜地选定，宜采用直线。当采用折线时，在转折处应布置曲线段，但设计地震烈度为8度、9度的地区不宜采用折线。当坝址处存在有喀斯特，大断层或软黏土等不良地质条件时，应研究避开的可能性。

（2）坝型选择。坝型选择应综合考虑坝址区河势地形、坝址基岩、覆盖层特征及地震烈度等地形地质条件，筑坝材料的种类、性质、数量、位置和运输条件，施工导流、施工进度与分期、填筑强度、气象条件、施工场地、运输条件和初期度汛等施工条件，坝高、枢纽布置、坝基处理以及坝体与泄水、引水建筑物等的连接，运行条件和总工程量、总工期和总造价等，经技术经济比较确定。常见的坝型有以下几种。

1）碾压式土石坝。碾压式土坝和碾压式堆石坝，其设计和施工方法基本相同，故统称为碾压式土石坝。碾压式土石坝可大致分为：①均质坝，图4.1.1（a）、（b）、（c）是均质坝的三种代表性形式。其直立排水带亦可以改成向上游倾斜或向下游倾斜的排水带。排水带的作用是降低浸润线，有利于坝坡稳定，以便采用较陡的下游坝坡。②组合式，图4.1.1（d）、（e）、（f）、（g）、（h）是组合式土坝的五种代表性形式。坝壳料可以是砂质砾、砾质砂、砾砂、石、陈质土、风化料等分区组合，但上游区应采用透水性较大的土料，以便迅速降低上游坝壳在库水位降落时的瞬时浸润线，有利于上游坝坡的稳定；③组合式土石坝，图4.1.1（i）、（j）、（k）、（l）、（m）是组合式土石坝的五种代表性形式，亦可以有其他分区组合；④钢筋混凝土心墙或面板、沥青混凝土心墙或面板的土石坝，图4.1.1（n）、（o）、（p）、（q）是四种代表性形式。亦有在上游面用混凝土或沥青渣油混凝土整平后铺钢面板或冷沥青混凝土内夹一层塑料薄膜的。

2）水中填土坝。在坝的填筑面筑畦埂，分成若干畦块，向畦块内灌水深几十厘米，然后向水中填土，填土厚度约为水深的2.5～4倍。由运输工具压实或用拖拉机专门碾压。所用土料宜为结块的但易于湿化崩解的、黄土类土及含砾风化黏性土最适宜。筑这种坝应有充足的水源，每立方米填土需水约1m³。与碾压坝相比，水中填土坝可省去碾压设备，对土料含水量限制不严，小雨可以施工，故填土单价较低，施工速度较快。但填土干容重较低，孔隙压力较高，施工期对坝坡稳定不利。故施工速度也受到一定限制，坝坡较平缓，工程量比碾压式坝大些。对于高坝，应仔细研究，并与碾压式坝作经济比较然后选定。水中填土坝一般采用均质坝。如果坝址有多种土料，亦可采用多种土质坝，在坝壳部位填筑抗剪强度高的砂卵石、风化岩块或开挖基础和泄水建筑物的石渣，而将水中填土限制在心墙或斜墙部位。

3）水力冲填坝：在坝的填筑面上下游边筑围埝，把泥浆输送到围埝形成的沉淀池内，泥浆经脱水固结，形成均匀密实的坝

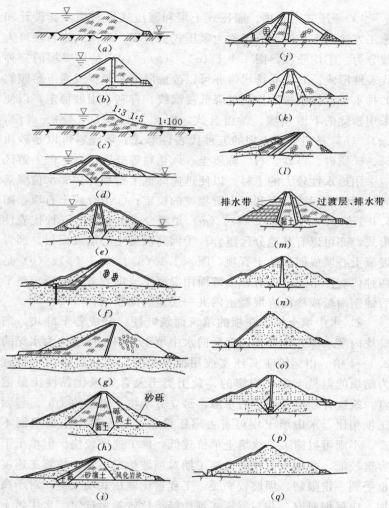

图 4.1.1　碾压式土坝和土石坝坝型图

(a) 黏土、壤土均质坝；(b) 有排水带的均质坝；(c) 粉土、粉砂、砂均质坝；
(d) 黏土、壤土厚心墙坝；(e) 黏土心墙坝；(f) 黏土斜墙坝；(g) 黏壤土
厚斜墙坝；(h) 土心墙多种土质坝；(i) 土斜墙多种土质坝；(j) 黏土斜心
墙土石坝；(k) 土心墙土石坝；(l) 土斜墙土石坝；(m) 有排水槽的土石坝
（坝壳为夹土堆石或风化岩块）；(n) 钢筋混凝土心墙坝；(o) 钢筋混凝土
面板坝；(p) 沥青渣混凝土心墙坝；(q) 沥青渣钢筋混凝土斜墙坝

88

体，称为水力冲填坝。自流式冲填坝是将坝两岸高处的黄土或砾质风化土用水枪冲成泥浆，自流入沉淀池，我国俗称水坠坝。压力输泥管式冲填坝是由铰吸式吸泥船吸取泥浆，用泥浆泵加压经管道输送到沉淀池。自流式冲填坝最适宜的土料是黄土地区黏粒含量在15%以下的轻重粉质砂壤土、轻粉质壤土。黏粒含量在20%以上的中、重粉质壤土，亦可应用。但要有较厚的边埂，并控制冲填速度。黏粒含量在30%以下的砾质黏性土，也适于应用。压力输泥管式冲填坝最适宜的土料是砂、轻砂壤土、砂砾土。图4.1.2为自流式冲填坝及输泥管式冲填坝的坝型。本小节中的土石坝主要指碾压土石坝。

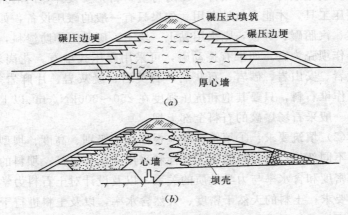

图 4.1.2　填冲坝坝型示意图

（a）坝两头进泥浆冲填坝；（b）坝两边进泥浆滩地分流冲填坝

4.1.1.2　坝筑材料选择与填筑要求

（1）筑坝材料选择。①除腐殖质太多（5%以上）和水溶盐含量太大（8%以上）的土料不宜筑坝外，其他土石料都可筑坝，只要配置在坝的一定部位即可。如对土石料进行筛分、破碎、掺合、重型碾压等处理措施，则可更经济地用于筑坝。②各种土砂石料均可作坝壳材料，但由于其抗剪强度、渗透系数等不同，设计的坝坡坡度亦各不相同。如坝址有多种材料可供选择，则选择抗剪强度高的材料，使坝的工程量小，造价节省。同时要考虑施工设填筑要求备，如有振动碾，就可以选用堆石料。③用于防渗的土料，种类繁多，诸如残积土、坡积土、冰碛土、古河川沉积、近代河滩沉积的土等，都可用作防渗料。近10余年来，由于施工机械和施工工艺的发展，风化岩、含土的砾石、含少量壤上的卵石、黏土层、页岩、泥质砂岩、板岩、风化的岩浆岩等，都可用作防渗料，但需要筛分、破碎、掺合，使级配良好，并用重型碾在适当含水量下压实。在碎石或砾石孔隙中充填土和石粉，其不透水性好，且有较大的破坏渗透比降。筑坝材料的选择，要就地取材，因材设计。④对有些材料，要设计专门的采土和碾压工具，才能有效地利用。如果只有一般的碾压设备，如羊足碾、汽胎碾、夯板，则采用黏土、壤土、砾质土作防渗料，砂砾料作坝壳为宜。如果有振动碾，可采用碾压式堆石。花岗岩、玄武岩、安山岩、砂岩、石灰岩、石英岩、凝灰岩、片麻岩等，都可作堆石料，只要其饱和抗压强度在 $250\sim300kN/cm^2$ 以上即可。一般采石场爆破的石料全部上坝。

（2）填筑要求：①填筑标准应根据坝的级别、高度、坝型和坝的不同部位；土石料的压实特性和采用的压实机具；坝料的填筑干密度和含水率与力学性质的关系，以及设计对土石料力学性质的要求；土料的天然干密度、天然含水率，以及土料进行干燥或湿润处理的程度；当地气候条件对施工的影响；设计地震烈度及其他动荷载作用；坝基土的强度和压缩性以及不同填筑标准对造价和施工难易程度的影响等综合研究确定。②含砾和不含砾的黏性土的填筑标准应以压实度和最优含水率作为设计控制指标。设计干密度应以击实最大于密度乘以压实度求得。③对黏性土进行压实时，1级、2级坝和高坝的压实度应为，98%～100%，3级中、低坝及3级以下的中坝压实度应为 96%～98%，设计地震烈度为8度、9度的地区，宜取上述规定的大值，此外，有特殊用途和性质特殊的土料的压实度宜另行确定。黏性土的最大干密度和最优含水率应按照《土工试验规程》（SL 237—1999）规定的击实试验方法求取。对于砾石土应按全料试样求取最大干密度和最优含水率。④砂砾石和砂的填筑标准应以相对密度为设计控制指标，砂砾石的相对密度不应低于 0.75，砂的相对密度不应低于 0.70，反滤料宜为 0.70，粗粒料含量小于 50％时，应保证细料（小于 5mm 的颗粒）的相对密度也符合上述要求。另外，地震区的相对密度设计标准应符合《水工建筑物抗震设计规范》（SL 203—97）的规定。堆石的填筑标准宜用孔隙率为设计控制指标，土质防渗体分区坝和沥青混凝土心墙坝的堆石料，孔隙率宜为 20％～28％，沥青混凝土面板坝堆石料的孔隙率宜在混凝土面板堆石坝和土质防渗体分区坝的孔隙率之间选择。采用软岩、风化岩石筑坝时，孔隙率宜根据坝体变形、应力及抗剪强度等要求确定，设计地震烈度为 8 度、9 度的地区，可取上述孔隙率的小值。⑤堆石的碾压质量可用施工参数（包括碾压设备的型号、振动频率及重量、行进速度、铺筑厚度、碾压遍数等）及干密度同时控制。堆石碾压时宜加水，加水量宜通过碾压试验确定。对于软化系数较高的硬岩堆石，应通过碾压试验确定是否加水。⑥设计填筑标准应在施工初期通过碾压试验验证，当采用砾石土、风化岩石、软岩、膨胀土、湿陷性黄土等性质特殊的土石料时。对 1 级，2 级坝和高坝，宜进行专门的碾压试验，论证其填筑标准。⑦黏性土的施工填筑含水率应根据上料性质、填筑部位、气候条件和施工机械等情况，控制在最优含水率的－2％～＋3％偏差范围以内。有特殊用途和性质特殊的黏性上的填筑含水率应另行确定。若填筑含水率达到上限值，则应不影响压实和运输机械的正常运行，施工期间土体内产生的孔隙压力不影响坝坡的稳定以及在压实过程中不产生剪切破坏。若填筑含水率达到下限值，则填土浸水后不致产生大量的附加沉降使坝顶高程不满足设计要求、坝体发生裂缝以及在水压力作用下不产生水力劈裂等，此外，应不致产生松土层而难以压实。⑧在冬季负气温下填筑时，应使土料在填筑的过程中不冻结，黏性土的填筑含水率宜略低于塑限；砂和砂砾料的细料部分的含水率宜小于 4％，并适当提高填筑密度。

4.1.1.3　坝体结构

（1）坝体分区和坝坡。①坝体分区设计应遵循就地取材和挖填平衡的原则，坝体各种不同材料应有明确的分区。对各区材料的性质和施工压实要求等应有具体的可供考核、检验和进行质量评定的技术指标。②均质坝宜分为坝体、排水体、反滤层和护坡等区，土质防渗体分区坝宜分为防渗体、反滤层、过渡层、坝壳、排水体和护坡等区。防渗体在上游面时，坝体渗透性宜从上游至下游逐步增大；防渗体在中间时，坝体渗透性宜向上、下游逐步增大。当采用风化料或软岩筑坝时，坝表面应设保护层，保护层的垂直厚度应不小于 1.50m。坝体分区设计应研究围堰与坝体相结合的可能性。③坝坡应根据坝型、坝高、坝的等级、坝体和坝基材料的性质、坝所承受的荷载以及施工和运用条件等因素，经技术经济比较确定。均质坝、土质防渗体分区坝、沥青混凝土面板或心墙坝及土工膜心墙或斜墙坝坝坡，可参照已建坝的经验或近似方法初步拟定，最终应经稳定计算确定。沥青混凝土面板坝的上游坡不宜陡于 1∶1.7。④当坝基抗剪强度较低，坝体不满足深层抗滑稳定要求时，宜采用在坝坡脚压实的方法提高其稳定性。设计地震烈度为 9 度的地区，坝顶附近的上、下游坝坡宜上缓下陡或采用加筋堆石、表面钢筋网或大块石堆筑等加固措施。⑤上、下游坝坡马道的设置应根据坝面排水、检修、观测、道路、增加护坡和坝基稳定等不同需要确定。土质防渗体分区坝和均质坝上游坡宜少设马道。非土质防渗材料面板坝上游坡不宜设马道。根据施工交通需要，下游坝坡可设置斜马道，其坡度、宽度、转弯半径、弯道加宽和超高等，应满足施工车辆行驶要求。斜马道之间的实际坝坡可局部变陡，但平均坝坡应不陡于设计坝坡。马道宽度应根据用途确定，但最小宽度不宜小于 1.50m。⑥若坝基土或筑坝土石料沿坝轴线方向不相同时，应分坝段若坝基土或筑坝土石料沿坝轴线方向不相同时，应分坝段进行稳定计算，确定相应的坝坡。当各坝段采用不同坡度的断面时，每一坝段的坝坡应根据该坝段中最大断面来选择。坝坡不同的相邻坝段，中间应设渐变段。

（2）坝顶超高及其构造。①坝顶在水库静水位以上的超高应按式（4.1.1）确定。②地震区的安全加高还应增加地震沉降和地震涌浪高度，按《水工建筑物抗震设计规范》（SL 203—97）的有关规定确定。如库区内有可能发生大体积塌岸和滑坡而引起涌浪时，涌浪高度及对坝面的破坏能力等应进行专门研究。对特殊重要的工程，安全加高可大于表 4.1.1 规定的数值。③坝顶高程等于水库静水位与坝顶超高之和，应按计算四种运行条件——设计洪水位加正常运用条件的坝顶超高；正常蓄水位加正常运用条件的坝顶超高；校核洪水位加非常运用条件的坝顶超高以及正常蓄水位加非常运用条件的坝顶超高，再按规定加地震安全加高，取其最大值。④当坝顶上游侧设有防浪墙时，坝顶超高可改为对防浪墙顶的要求。但此时在正常运用条件下，坝顶应高出静水位 0.5m；在非常运用条件下，坝顶应不低于静水位。⑤波浪要素应按 SL 203—97 附录 A 计算，设计风速正常运用条件下的1 级、2 级坝，采用多年平均年最大风速的 1.5～2.0 倍，正常运用条件下的 3 级、4 级坝和 5 级坝。采用多年平均年最大风速的1.5 倍，非常运用条件下，采用多年平均年最大风速。⑥坝顶应预留竣工后沉降超离。沉降超高值按相应规定确定。各坝段的预留沉降超高应根据相应坝段的坝高而变化。预留沉降超高不应计入坝的计算高度。⑦坝顶宽度应根据构造、施工、运行和抗震等因素确定。如无特殊要求，高坝的顶部宽度可选用 10～15m。中、低坝可选用 5～10m。坝顶盖面材料应根据当地材料情况及坝顶用途确定，宜采用密实的砂砾石、碎石、单层砌石或沥青混凝土等柔性材料。⑧坝顶面可向上、下游侧或下游侧放坡。坡度宜根据降雨强度，在 2％～3％之间选择，并应做好向下游的排水系统。⑨坝顶上游侧宜设防浪墙，墙顶应高于坝顶1～1.2m。防浪墙必须与防渗体紧密结合。防浪墙应坚固不透水，其结构尺寸应根据稳定、强度计算确定，并应设置伸缩缝，做好止水。位于地震区的土石坝应核算防浪墙的动力稳定性。⑩工程运行要求坝顶设照明设施时，应按有关规定执行。对于高坝，坝顶下游侧和不设防浪墙的上游侧，根据运用条件可设栏杆等安全防护措施。坝顶结构与布置应经济实用，建筑艺术处理应美观大方，并与周围环境相协调。

$$y = R + e + A \qquad (4.1.1)$$

式中　y——坝顶超高；

　　　R——最大波浪在坝坡上的爬高，可按 SL 203—97 附录 A 计算；

　　　e——最大风壅水面高度。m 可按 SL 203—97 附录 A 计算；

　　　A——安全加高，m，按表 4.1.1 确定。

表 4.1.1　　　　　　　　　安全加高 A 值

	坝的级别	1	2	3	4、5
	设计（m）	1.50	1.00	0.70	0.50
校核	山区、丘陵区（m）	0.70	0.50	0.40	0.30
	平原、滨海区（m）	1.00	0.70	0.50	0.30

（3）防渗体。①土质防渗体分区坝的防渗体断面尺寸应根据防渗土料的质量，如允许渗透比降、塑性、抗裂性能等，防渗土料的数量和施工难易程度，防渗体下面坝基的性质及处理措施，防渗土料与坝壳材料单价比值等因素研究确定，设计地震烈度为8度、9度地区应适当加厚。②土质防渗体断面应满足渗透比降、下游浸润线和渗透流量的要求。应自上而下逐渐加厚，顶部的水平宽度不宜小于 3m；底部厚度，斜墙不宜小于水头的 1/5，心墙不宜小于水头的 1/4。防渗体顶部在正常蓄水位或设计洪水位以上的超高，应按表 4.1.2 的规定取值。非常运用条件下，防渗体顶部不应低于非常运用条件的静水位。并应核算风浪爬高高度的影响。当防渗体顶部设有防浪墙时，防渗体顶部高程可不受上述限制，但不得低于正常运用的静水位。此外，防渗体顶部应预

留竣工后沉降超高。③土质防渗体顶部和土质斜墙上游应设保护层。保护层厚度（包括上游护坡垫层）应不小于该地区的冻结和干燥深度，还应满足施工机械的需要。斜墙上游保护层的填筑标准应和坝体相同，其坡度应满足稳定要求。

表 4.1.2　　　　　　　正常情况下防渗体顶部超高　　　　　　　单位：m

防渗体结构形式	超高	防渗体结构形式	超高
斜墙	0.80～0.60	心墙	0.60～0.30

　　（4）反滤层和过渡层。①坝的反滤层必须使被保护土不发生渗透变形，并且渗透性应大于被保护土，能通畅地排出渗透水流，此外，应不被细粒土淤塞失效。土质防渗体（包括心墙、斜墙、铺盖和截水抽等）与坝壳和坝基透水层之间以及下游渗流出逸处，如不满足反滤要求，均必须设置反滤层。②土质防渗体分区坝的坝壳内各土层间，下游坝壳与坝基透水层接触区，与岩基中发育的断层、破碎带和强风化带接触部位，应满足反滤要求，如不满足反滤要求，应设反滤层。③防渗体下游和渗流出逸处的反滤层，除应满足前述要求外。在防渗体出现裂缝的情况下，土颗粒不应被带出反滤层，裂缝可自行愈合。根据材料性能、库水位变化情况等，防渗体上游反滤层材料的级配、层数和厚度相对于下游反滤层可简化。反滤层的级配和层数应按 SL 203—97 附录 B 计算，经过比较选择最合理的方案。1 级、2 级坝和高坝还应经试验验证。反滤层每层的厚度应根据材料的级配、料源、用途、施工方法等综合确定。人工施工时，水平反滤层的最小厚度可采用 0.3m，垂直或倾斜反滤层的最小厚度可采用 0.5m；采用机械施工时，最小厚度应根据施工方法确定。如防渗体与坝壳料之间的反滤层总厚度不能满足过渡要求时，可加厚反滤层或设置过渡层。④设计地震烈度为 8 度、9 度地区的土石坝，峡谷地区的高土石坝，或岸坡坡度有突变的部位，防渗体与岩石岸坡或刚性建筑物接触面附近部位，防渗体由塑性较低、压缩性较大的土料筑成，防渗体与坝壳的刚度相差悬殊以及坝建于深厚覆盖层上

时，应论证是否要加厚防渗体，上、下游侧反滤层。⑤土石坝的过渡层应具有协调相邻两侧材料变形的功能，混凝土面板堆石坝的垫层和堆石之间。沥青混凝土心墙和坝壳之间均应设过渡层。土质防渗体分区坝是否设过渡层应根据防渗体和坝壳材料特性及反滤层厚度综合研究确定。⑥土质防渗体分区坝坝壳为堆石时，过渡层应采用连续级配，最大粒径不宜超过 300mm，顶部水平宽度不宜小于 3.0m，采用等厚度或变厚度均可。在填筑过程中反滤层宜与坝体同时上升，且不应有明显的颗粒分离和压碎现象。选用土工织物作反滤层，宜用在易修补的部位，并应按《土工合成材料应用技术规范》（GB 50290—98）设计。

（5）坝体排水。①土石坝设置坝体排水，以降低浸润线和孔隙压力，改变渗流方向，防止渗流出逸处产生渗透变形，保护坝坡土不产生冻胀破坏。坝体排水必须按反滤要求设计，能自由地向坝外排出全部渗透水，同时要便于观测和检修。②坝体排水的形式包括有，坝体内排水、棱体排水（滤水坝趾）、贴坡式排水和综合型排水。坝体内排水又分为竖式排水，包括直立排水、上昂式排水、下昂式排水等，和水平排水，包括坝体不同高程的水平排水层、褥垫式排水（坝底部水平排水层）、网状排水带、排水管等。综合型排水由上述各种排水形式中的两种或多种综合组成。③选择排水形式时，必须结合坝基排水的需要及形式，根据坝型、坝体填土和坝基土的性质，以及坝基的工程地质和水文地质条件；下游有水、无水、下游水位高低和持续时间，以及泥沙淤积影响；施工情况及排水设备的材料和筑坝地区的气候条件等情况，经技术经济比较确定。④均质坝和下游坝壳用弱透水材料填筑的土石坝，宜优先选用竖式排水，其底部可用褥垫排水将渗水引出。若需要降低坝体内的孔隙压力，可在上、下游坡不同高度设置坝体水平排水层。其设置位置、层数和厚度应根据计算确定，但最小厚度不宜小于 0.30m。⑤棱体排水设计时，顶部高程应超出下游最高水位，超过的高度，1 级、2 级坝应不小于1.0m，3 级、4 级和 5 级坝应不小于 0.5m，并应超过波浪沿坡面的爬高，同时，应使坝体浸润线距坝面的距离大于该地区的冻结深度。顶部宽度应根据施工条件及检查观测需要确定，但不宜小于1.0m。此外，应避免在棱体上游坡脚处出现锐角。⑥贴坡排水设计时，顶部高程应高于坝体浸润线出逸点，超过的高度应使坝体浸润线在该地区的冻结深度以下，1级、2级坝不小于2.0m，3级、4级坝和5级坝不小于1.5m，并应超过波浪沿坡面的爬高，在底脚应设置排水沟或排水体，所用材料应满足防浪护坡的要求。⑦坝内水平排水设计时，由砂、卵砾石组成的水平排水层的厚度和伸入坝体内的长度应根据渗流计算确定，排水层中每层料的最小厚度应满足反滤层最小厚度的要求。网状排水带中纵向排水带（平行于坝轴线）的厚度和宽度及伸入坝体内的深度应根据渗流计算确定。网状排水带中的横向排水带宽度应不小于0.5m，其坡度不宜超过1%，或按不产生接触冲刷的要求确定。当渗流量很大，增大排水带尺寸不合理时，可采用排水管，管周围应设反滤层。坝内水平排水伸进坝体的极限尺寸，对于黏性土均质坝为坝底宽的1/2，砂性土均质坝为坝底宽的1/3；对于土质防渗体分区坝，宜与防渗体下游的反滤层相连接。

（6）护坡及坝面排水。①坝表面为土、砂、砂砾石等材料时应设专门护坡，堆石坝可采用堆石材料中的粗颗粒料或超径石做护坡。②上游护坡形式主要包括堆石（抛石）、干砌石、浆砌石、预制或现浇的混凝土或钢筋混凝土板（或块）、沥青混凝土和其他形式（如水泥土）。下游护坡形式主要包括干砌石、堆石、卵石或碎石、草皮、钢筋混凝土框格填石和其他形式（如土工合成材料）。③护坡的形式、厚度及材料粒径应根据坝的等级、运用条件和当地材料情况，对上游护坡，应根据波浪淘刷、顺坝水流冲刷和漂浮物和冰层的撞击及冻冰的挤压等因素经技术经济比较确定。而对下游护坡，应根据冻胀、干裂及蚁、鼠等动物破坏和雨水、大风、水下部位的风浪、冰层和水流作用等因素经技术经济比较确定。④有条件时，上游护坡宜采用堆石护坡。在波浪较大的坝段和坡面，可采用与其他部位不同的护坡厚度和形式。下游护坡的水上、水下可采用不同的护坡厚度和形式。⑤确定护坡的覆盖范围为，上游面上部自坝顶起，如设防浪墙时应与防浪墙连接，下部至死水位以下不宜小于 2.50m，4 级、5 级坝可减至 1.50m，最低水位不确定时应护至坝脚。下游面应由坝顶护至排水棱体，无排水棱体时应护至坝脚。⑥堆石、干砌石护坡与被保护料之间不满足反滤要求时，护坡下应按反滤要求设置垫层。现浇混凝土或钢筋混凝土、沥青混凝土和浆砌石护坡应设排水孔。寒冷地区的黏性土坝坡，当有可能因冻胀引起护坡变形时，应设防冻垫层，其厚度不小于当地冻结深度。⑦除堆石坝护坡外，应在马道、坝脚和护坡末端设置基座。护坡厚度和粒径应按 SL 203—97 附录 A 的方法计算，其中设计风速应符合前述相关要求。⑧除干砌石或堆石护坡外，均必须设坝面排水。应包括坝顶、坝坡、坝头及坝下游等部位的集水、截水和排水措施。除堆石坝与基岩交坡处外，坝坡与岸坡连接处均必须设排水沟。其集水面积应包括岸坡集水面积在内。⑨坝面排水系统的布置、排水沟的尺寸和底坡应由计算确定。有马道时，纵向排水沟宜与马道一致，并设于马道内侧。竖向排水沟可每 50～100m 设置一条。排水沟可用混凝土现场浇筑或浆砌石砌筑，若用混凝土预制件拼装时，应使接缝牢固、成一整体。

4.1.1.4　坝基处理

坝基（包括坝头）处理应满足渗流控制（包括渗透稳定和控制渗流量）、静力和动力稳定、允许沉降量和不均匀沉降量等方面要求，保证坝的安全运行。处理的标准与要求应根据具体情况在设计中确定。竣工后的坝顶沉降量不宜大于坝高的 1%对于特殊土的坝基，允许总沉降量应视具体情况确定。

坝基中遇到深厚砂砾石层、软黏土、湿陷性黄土、疏松砂土及少黏性土、喀斯特（岩溶）、有断层、破碎带、透水性强或有软弱夹层的岩石、含有大量可溶盐类的岩石和土、透水坝基下游坝脚处有连续的透水性较差的硬盖层以及矿区井、洞时，必须慎重研究和处理。

（1）砂砾石坝基的渗流控制。砂砾石坝基应查明砂砾石的平面和空间分布情况，以及级配、密度、渗透系数、允许渗透比降等物理力学指标。在地震区，还应了解标准贯入击数、剪切波速、动力特性指标等。勘测试验应分别按照《水利水电工程地质勘察规范》（GB 50287—99）、《土工试验规程》（SL 237—1999）进行。

砂砾石坝基渗流控制的措施，应根据坝高、坝型、水库的用途及坝基地质条件，选择几种可能的方案，通过技术经济比较确定。砂砾石坝基渗流控制主要包括，垂直防渗、上游防渗铺盖、下游排水设备及盖重以及经过论证的其他有效措施。垂直防渗可以采用的形式有，明挖回填截水槽、混凝土防渗墙、灌浆帷幕以及上述两种或两种以上形式的组合。下游排水设备及盖重的形式有水平排水垫层、反滤排水沟、排水减压井、下游透水盖重以及反滤排水沟及排水减压井的组合。

能可靠而有效地截断坝基渗透水流的垂直防渗措施，在技术条件可能而又经济合理时应优先采用。对渗漏量损失要求较高的水库、坝基砂砾石层渗透稳定性差，采用铺盖及排水减压措施仍不能保证坝与坝基的渗透稳定、砂砾石坝基深厚，水平层次非常显著，具有强渗漏带情况下，对中、高坝应采用垂直防渗措施。

垂直防渗措施应设在坝的防渗体底部，均质坝可设于距上游坝脚 1/3～1/2 坝底宽度处。垂直防渗措施的底部宜伸入相对不透水层，也可按渗流计算、模拟试验成果确定。必要时可对基岩进行灌浆处理。坝的防渗体、砂砾石覆盖层和基岩内的防渗设施应紧密地连接成一整体。

选择垂直防渗措施时，砂砾石层深度在 15m 以内，宜采用明挖回填黏土截水槽。砂砾石层深度在 80m 以内，可采用混凝土防渗墙。砂砾石层很深时，可采用灌浆帷幕，上层采用明挖回填黏土截水槽或混凝土防渗墙。此外，根据砂砾石层性质和厚度，也可沿坝轴线分段采用不同措施。

截水槽应采用与坝体防渗体相同的土料填筑，其压实度不应小于坝体同类土料，底宽应根据回填土料的允许渗透比降、及土料与基岩接触面抗渗流冲刷的允许渗透比降和施工条件确定。

混凝土防渗墙厚度应根据坝高和施工条件确定，墙顶应做成光滑的楔形，插入土质防渗体高度宜为 1/10 坝高，高坝可适当降低，或根据渗流计算确定，低坝应不低于 2m。在墙顶可设填筑含水率大于最优含水率的高塑性土区。墙底宜嵌入基岩 0.5～1.0m。对风化较深和断层破碎带可根据坝高和断层破碎情况加深。高坝深砂砾石层的混凝土防渗墙，应进行应力应变分析核算墙的应力，为确定混凝土的强度提供依据。防渗墙除应具有所要求的强度外，还应有足够的抗渗性和耐久性。在混凝土内可掺黏土、粉煤灰及其他外加剂。对高坝深厚覆盖层中的混凝土防渗墙宜采用钻孔、物探等方法做强度和渗透性的质量检查。

在砂砾石坝基内建造灌浆帷幕前，宜先按可灌比（M）判别其可灌性：$M>15$ 可灌注水泥浆；$M>10$ 可灌注水泥黏土浆。可灌性应通过室内及现场试验最终确定。可灌比 M 可按下式计算：

$$M = D_{15}/d_{85} \qquad (4.1.2)$$

式中　D_{15}——受灌地层中小于该粒径的土重占总土重的 15%，mm；

　　　d_{85}——灌注材料中小于该粒径的土重占总土重的 85%，mm。

砂砾石坝基灌浆材料宜用粒状材料（水泥、黏土和膨润土等），也可在粒状材料灌浆后，再灌化学灌浆材料。灌浆帷幕的技术可能性和经济合理性应通过现场帷幕灌浆试验论证。试验应确定帷幕的布置（排距、孔距、深度、厚度）、灌浆压力、灌浆材料、水灰比、灌浆设备、灌浆方法、施工工艺等，并应通过检查孔验证是否达到预期的防渗效果。

灌浆帷幕设计时，帷幕厚度 T 可按式（4.1.3）计算：

$$T = H/J \qquad (4.1.3)$$

式中　H——最大设计水头，m；

J——帷幕的允许比降，对一般水泥黏土浆，可采用 $3\sim4$。

对深度较大的多排帷幕，根据渗流计算和已有的工程实例可沿深度逐渐减薄。帷幕的底部深入相对不透水层宜不小于 5m，若相对不透水层较深，可根据渗流分析，并结合类似工程研究确定。多排帷幕灌浆的孔、排距应通过灌浆试验确定，初步可选用 $2\sim3m$，排数可根据帷幕厚度确定。使用的水泥黏土浆最优配比应由试验确定，但其中水泥量应为水泥和黏土总量的 $20\%\sim50\%$（按质量计）。灌浆结束后，对表层未固结好的砂砾石应挖除，在完整的帷幕顶上填筑防渗体，必要时可设置利于结合的齿槽或混凝土垫层。最后，宜用套阀花管法灌浆。

铺盖应与下游排水设施联合作用。对高中坝、复杂地层、渗透系数较大和防渗要求较高的工程应慎重选用。设计铺盖时，长度和厚度应根据水头、透水层厚度以及铺盖和坝基土的渗透系数通过试验或计算确定。铺盖应由上游向下游逐渐加厚，前端最小厚度可取 $0.5\sim1m$，末端与坝身防渗体连接处厚度应由渗流计算确定，且应满足构造和施工要求。铺盖与坝基土接触面应平整、压实。当铺盖和基土之间不满足反滤原则时，应设反滤层。同时采用相对不透水土料填筑，其渗透系数应小于坝基砂砾石层的 $1/100$，并应小于 $i\times10^{-6}$ cm/s，应在等于或略高于最优含水率下压实，也可采用土工膜作铺盖。

当利用天然土层作铺盖时，应查明天然土层及下卧砂砾石层的分布、厚度、级配、渗透系数和允许渗透比降等情况，论证天然铺盖的渗透性，并核算层间关系是否满足反滤要求。必要时可辅以人工压实、局部补充填土、利用水库淤积等措施。对抗渗性差的天然土层宜避免采用。铺盖宜进行保护，避免施工和运用期间发生干裂、冰冻和水流淘刷等。

坝基中的渗透水流有可能引起坝下游地层的渗透变形或沼泽化或使坝体浸润线过高时，宜设置坝基排水设施。坝基排水设施应根据坝基地质情况，并结合坝体排水按下述情况选用：

1) 透水性均匀的单层结构坝基以及上层渗透系数大于下层的双层结构坝基，可采用水平排水垫层，也可在坝脚处结合贴坡排水体做反滤排水沟。

2) 双层结构透水坝基，当表层为不太厚的弱透水层，且其下的透水层较浅，渗透性较均匀时，宜将坝底表层挖穿做反滤排水暗沟，并与坝底的水平排水垫层相连，将水导出。此外，也可在下游坝脚处做反滤排水沟。

3) 对于表层弱透水层太厚，或透水层成层性较显著时，宜采用减压井深入强透水层。

坝基反滤排水暗沟的位置宜设在距离下游坝脚 1/4 坝底宽度以内，坝外的反滤排水沟及排水减压井应设在靠近坝脚处。坝外反滤排水沟宜采用明式，并与排水地面水排水沟分开，避免冲刷和泥沙淤塞。坝基反滤排水暗沟、水平排水垫层及反滤排水沟断面应由计算或试验确定。并作好反滤层。

排水减压井系统设计应包括确定井径、井距、井深、出口水位，并计算渗流量及井间渗透水压力，使其小于允许值。同时出口高程应尽量低，但不得低于排水沟底面，井径宜大于 150mm，进水花管贯入强透水层的深度，宜为强透水层厚度的 50%～100%。花管的开孔率宜为 10%～20%，花管孔眼可为条形和圆形，进水花管外填反滤料粒径 D_{85} 与条孔宽度之比应不小于 1.2，与圆孔直径之比应大于等于 1.0。减压井周围的反滤层应按 SL 203—97 附录 B 的规定进行设计。采用砂砾料或土工织物作反滤均可。采用砂砾料作反滤料时，反滤料的粒径应不大于层厚的 1/5。最后，蓄水后应加强观测，对效果达不到设计要求的地段可加密井系。

下游坝脚渗流出逸处，若地表相对不透水层不足以抵抗剩余水头，可采用透水盖重。透水盖重的延伸长度和厚度由计算或试验确定。

(2) 岩石坝基处理。当岩石坝基有较大透水性、软弱夹层、风化破碎或有化学溶蚀以致通过地层的渗漏量影响水库效益，影响坝体和坝基的稳定或渗透稳定时，应对坝基进行处理。在喀斯特地区筑坝，应根据岩溶发育情况、充填物性质、水文地质条件、水头大小、覆盖层厚度和防渗要求等研究处理方案。

一般的处理方法包括，大面积溶蚀未形成溶洞的可做铺盖防渗；浅层的溶洞宜挖除或只挖除洞内的破碎岩石和充填物，用浆砌石或混凝土堵塞；深层的溶洞，可采用灌浆方法处理，或做混凝土防渗墙；防渗体下游宜做排水设施；库岸边处可做防渗措施隔离以及采用以上数项措施综合处理。

坝基范围内有断层、破碎带、软弱夹层等地质构造时，应根据产状、宽度、组成物性质、延伸长度及所在部位，研究其渗漏、管涌、溶蚀和滑动对坝基和坝体的影响，确定其处理措施。除应按规定做好接触面的表面处理外，还可采用灌浆、混凝土塞和盖板、混凝土防渗墙、铺盖、扩大截水槽底宽、挖除和放缓坝坡等处理措施。在防渗体下游断层或破碎带出露处应设置排水反滤设施。

土质防渗体坝，当其基岩透水性较大时，应做帷幕灌浆，高坝还宜同时进行固结灌浆处理。基岩裂隙宽度大于 0.15～0.25mm，应采用水泥灌浆；裂隙宽度小于 0.15mm 应采用化学灌浆或超细水泥灌浆。化学灌浆宜作为水泥灌浆的加密措施。

受灌地区的地下水流速不大于 600m/d 时，可采用水泥灌浆；大于此值时，可在水泥浆液中加速凝剂或采用化学灌浆，但灌浆的可能性及其效果应根据试验确定。当地下水有侵蚀性时，应选择抗侵蚀性水泥或采用化学灌浆，但应采用低毒或无毒材料，并应对环境污染进行分析。

灌浆帷幕设在坝的防渗体底部的位置应符合前述相关规定。帷幕的钻孔方向宜与岩石主导裂隙的方向正交。当主导裂隙与水平面所成的夹角不大时，宜采用垂直帷幕；反之，则宜采用倾斜式帷幕，其倾斜方向应与主导裂隙的倾斜方向相反，并应结合施工条件确定。

帷幕深度应根据建筑物的重要性、水头大小、地质条件、渗透特性以及对帷幕所提出的防渗要求等综合研究确定，主要考虑的情况包括，坝基下存在相对不透水层，且埋藏深度不大时，帷幕应深入该层至少 5m；当坝基相对不透水层埋藏较深或分布无规律时，应根据渗流分析、防渗要求，并结合类似工程经验研究确定帷幕深度；喀斯特地区的帷幕深度，应根据岩溶及渗漏通道的分布情况和防渗要求确定。

灌浆帷幕的设计标准应按灌后基岩的透水率控制。1 级、2 级坝及高坝透水率宜为 3～5Lu，3 级及其以下的坝透水率宜为 5～10Lu。蓄水和抽水蓄能水库的上库可取低值，滞洪水库等可用高值。基岩相对不透水层透水率的标准同上。

灌浆帷幕宜采用一排灌浆孔。基岩破碎带部位和喀斯特地区宜采用两排或多排孔。对于高坝，根据基岩透水情况可采用两排，多排帷幕灌浆孔宜按梅花形布置，排距、孔距宜为 1.5～3.0m。灌浆压力应根据地质条件、坝高及灌浆试验等确定。

灌浆帷幕伸入两岸的长度可依据下述原则之一确定：

1）至水库正常蓄水位与水库蓄水前两岸的地下水位相交处。

2）至水库正常蓄水位与相对不透水层在两岸的相交处。

3）根据防渗要求，按渗流计算成果确定。

灌浆完成后，应进行质量检查，检查孔宜布置在基岩破碎带、灌浆吸浆量大、钻孔偏斜度大等有特殊情况部位和有代表性的地层部位，其数量宜为灌浆孔总数的 10%。

固结灌浆可沿土质防渗体与基础接触面整个范围布置。根据地质情况，孔、排距可取 3.0～4.0m，深度宜取 5～10m。当没有混凝土盖板时，灌浆压力初步可选用 0.1～0.3MPa；当有混凝土盖板时，初步可选用 0.2～0.5MPa；最终应通过灌浆试验确定。固结灌浆的设计标准宜与帷幕灌浆相同。灌浆后应进行质量检查，检查孔的数量不宜少于固结灌浆孔总数的 5%。

帷幕灌浆和固结灌浆对浆液的要求、灌浆方法、灌浆结束标准等应按照《水工建筑物水泥灌浆施工技术规范》（SL 62—94）的规定进行。当两岸坝肩岩体有承压水或山体较单薄存在岩体稳定问题时，宜做灌浆帷幕和排水幕设施。

（3）易燃化土、软黏土和湿陷性黄土坝基的处理。对地震区的坝基中可能发生液化的无黏性土和少黏性土，应按《水利水电工程地质勘察规范》（GB 50287—99）进行地震液化可能性的评价。对判别可能液化的土层，应挖除、换土。在挖除比较困难或很不经济时，可采取加密措施。对浅层可能液化的土层宜用表面振动压密。对深层可能液化的土层宜用振冲、强夯等方法加密，还可结合振冲处理设置砂石桩，加强坝基排水，以及采取盖重等防护措施。

软黏土不宜作为坝基。经过技术经济论证，采取处理措施后，可修建低均质坝和心墙坝。软黏土坝基的处理措施，宜挖除；当厚度较大、分布较广难以挖除时，可用打砂井、插塑料排水带、加荷预压、真空预压、振冲置换，以及调整施工速率等措施处理。在软黏土坝基上筑坝应加强现场孔隙水压力和变形监测。

有机质土不应作为坝基。如坝基内存在厚度较小且不连续的夹层或透镜体，挖除有困难时，经过论证并采取有效处理措施，可不予清除。

湿陷性黄土可用于低坝坝基，但应论证其沉降、湿陷和溶滤对土石坝的危害，并做好处理工作。湿陷性黄土坝基宜采用挖除、翻压、强夯等方法，消除其湿陷性。经过论证也可采用预先浸水的方法处理。对黄土中的陷穴、动物巢穴、窑洞、墓坑等地下空洞，必须查明处理。

4.1.1.5　坝体与坝基、岸坡及其他建筑物的连接

（1）坝体与坝基及岸坡的连接。坝体与坝基及岸坡的连接必须妥善设计和处理。连接面不应发生水力劈裂和邻近接触面岩石大量漏水，不得形成影响坝体稳定的软弱层面，不应由于岸坡形状或坡度不当引起不均匀沉降而导致坝体裂缝。

若坝体与土质坝基及岸坡的连接，坝断面范围内必须清除坝基与岸坡上的草皮、树根、含有植物的表土、蛮石、垃圾及其他

废料，并将清理后的坝基表面土层压实。断面范围内的低强度、高压缩性软土及地震时易液化的土层，应清除或处理。土质防渗体应坐落在相对不透水土基上，或经过防渗处理的坝基上。坝基被盖层与下游坝壳粗粒料（如堆石等）接触处，应符合反滤要求，如不符合应设置反滤层。

若坝体与岩石坝基和岸坡的连接，坝断面范围内的岩石坝基与岸坡，应清除其表面松动石块、凹处积土和突出的岩石。土质防渗体和反滤层宜与坚硬、不冲蚀和可灌浆的岩石连接。若风化层较深时，高坝宜开挖到弱风化层上部，中、低坝可开挖到强风化层下部，在开挖的基础上对基岩再进行灌浆等处理。在开挖完毕后，宜用风水枪冲洗干净，对断层、张开节理裂隙应逐条开挖清理，并用混凝土或砂浆封堵。坝基岩面上宜设混凝土盖板、喷混凝土或喷水泥砂浆。对失水很快风化的软岩（如页岩、泥岩等），开挖时宜预留保护层，待开始回填时随挖除，随回填，或开挖后用喷水泥砂浆或喷混凝土保护。

土质防渗体与岩石接触处，在邻近接触面 0.5～1.0m 范围内，防渗体应为黏土，如防渗料为砾石土，应改为黏土，黏土应控制在略高于最优含水率情况下填筑，在填土前应用黏土浆抹面。

开挖与土质防渗体连接的岸坡时，岸坡应大致平顺，不应成台阶状、反坡或突然变坡，岸坡上缓下陡时，变坡角应小于20°；岩石岸坡不宜陡于 1∶0.5。陡于此坡度时应有专门论证，并采取相应工程措施；土质岸坡不宜陡于 1∶1.5，另外，岸坡应保持施工期稳定。

土质防渗体与岸坡连接处附近，可扩大防渗体断面和加强反滤层。土质防渗体与混凝土防渗墙的连接，应符合本节中相关要求。

（2）坝体与其他建筑物的连接。坝体与混凝土坝、溢洪道、船闸、涵管等建筑物的连接，必须防止接触面的集中渗流，因不均匀沉降而产生的裂缝，以及水流对上、下游坝坡和坡脚的冲刷等因素的有害影响。

坝体与混凝土坝的连接，可采用侧墙式（重力墩式或翼墙式等）、插入式或经过论证的其他形式。土石坝与船闸、溢洪道等建筑物的连接应采用侧墙式。土质防渗体与混凝土建筑物的连接面应有足够的渗径长度。坝体与混凝土建筑物采用侧墙式连接时，土质防渗体与混凝土面结合的坡度不宜陡于1：0.25，下游侧接触面与土石坝轴线的水平夹角宜在85°～90°之间。连接段的防渗体宜适当加大断面，或选用高塑性枯土填筑并充分压实，且在接合面附近加强防渗体下游反滤层等。严寒地区应符合防冻要求。

埋设坝下涵管时，土质防渗体坝下涵管连接处，应扩大防渗体断面。涵管本身设置永久伸缩缝和沉降缝时，必须做好止水，并在接缝处设反滤层。防渗体下游面与坝下涵管接触处，应做好反滤层，将涵管包围起来。

为灌浆、观测、检修和排水等方面的需要设置的廊道，可布置在坝底基岩上，并宜将廊道全部或部分埋人基岩内。地震区的土石坝与岸坡和混凝土建筑物的连接还应符合《水工建筑物抗震设计规范》（SL 203—97）相关要求。

4.1.1.6　坝的计算和分析

（1）渗流计算。渗流计算包括：①确定坝体浸润线及其下游出逸点的位置，绘制坝体及坝基内的等势线分布图或流网图；②坝体与坝基的渗流量；③坝坡出逸段与下游坝基表面的出逸比降，以及不同土层之间的渗透比降；④库水位降落时上游坝坡内的浸润线位置或孔隙压力以及坝肩的等势线、渗流量和渗透比降。

渗流计算工况主要有：上游正常蓄水位与下游相应的最低水位；上游设计洪水位与下游相应的水位；上游校核洪水位与下游相应的水位和库水位降落时上游坝坡稳定最不利的情况。计算应考虑坝体和坝基渗透系数的各向异性。计算渗透流量时宜采用土层渗透系数的大值平均值，计算水位降落时的浸润线宜用小值平均值。

对 1 级、2 级坝和高坝应采用数值法计算确定渗流场的各种渗流因素。对其他情况可采用公式进行计算。而对地质复杂的情况，可采用反算方法校核和修正各项水文地质参数。岸边的绕坝渗流和高山峡谷的高土石坝应按三维渗流用数值法计算，地质条件复杂时可用模拟试验作相互印证。

土质防渗体分区坝和均质坝库水位降落时，计算上游坝体内的自由水面位置，1 级、2 级坝和高坝应用数值法计算，其他情况可用公式计算。采用公式进行渗流计算时，对比较复杂的实际条件可作简化。渗透系数相差 5 倍以内的相邻薄土层可视为一层，采用加权平均渗透系数作为计算依据。如双层结构坝基下卧土层较厚。且其渗透系数小于上覆土层渗透系数的 1/100 时，可将下卧土层视为相对不透水层。当透水坝基深度大于建筑物不透水底部长度的 1.5 倍以上时，可按无限深透水坝基情况估算。

（2）渗透稳定计算。渗透稳定计算内容包括：①判别土的渗透变形形式，即管涌、流上、接触冲刷或接触流失等；②判明坝和坝基土体的渗透稳定以及判明坝下游渗流出逸段的渗透稳定。渗透变形形式的判别方法应按《水利水电工程地质勘察规范》（GH 50287—99）的规定执行。在没有反滤层保护时，坝体、坝基渗透出逸比降应小于材料的允许渗透比降。

坝基表层土的渗透系数小于下层土的渗透系数，而下游渗透出逸比降同时符合式（4.1.4）时，应设置排水盖重层或排水减压井。

$$J > (G_s - 1)(1 - n_1)/K \tag{4.1.4}$$

排水盖重层的厚度 t 可按式（4.1.5）计算：

$$t = \frac{KJt_1\gamma_w - (G_s - 1)(1 - n_1)t_1\gamma_w}{\gamma} \tag{4.1.5}$$

式中　J——表层土在坝下游坡脚点 a 至 a 以下范围 x 点的渗透比降，可按表层土上下表面的水头差除以表层土层厚度 t_1，得出（见图 4.1.3）；

G_s——表层土的土粒比重；

n_1——表层土的孔隙率；

K——安全系数，取 1.5～2.0；

t_1——表层土的厚度；

γ——排水盖重层的容重，水上用湿容重，水下用浮容重；

γ_w——水的容重。

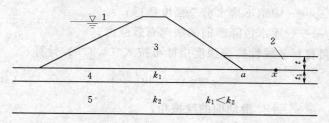

图 4.1.3　坝基结构示意图

1—上游水位；2—排水盖重层；3—坝体；4—坝基表层；5—坝基下层

（3）稳定计算。土石坝施工、建设、蓄水和库水位降落的各个时期不同荷载下。应分别计算其稳定性。控制稳定的有施工期（包括竣工时）、稳定渗流期、水库水位降落期和正常运用遇地震四种工况，应计算的内容有：施工期的上、下游坝坡；稳定渗流期的上、下游坝坡；水库水位降落期的上游坝坡以及正常运用遇地震的上、下游坝坡。应按相关要求区分各工况正常和非常运用条件。

土石坝各种计算工况，土体的抗剪强度均应采用有效应力法按式（4.1.6）计算：

$$\tau = c' + (\sigma - u)\tan\varphi' = c' + \sigma'\tan\varphi' \tag{4.1.6}$$

黏性土施工期同时应采用总应力法按式（4.1.7）计算：

$$\tau = c_u + \sigma\tan\varphi_u \tag{4.1.7}$$

黏性土库水位降落期同时应采用总应力法按式（4.1.8）计算：

$$\tau = c_{cu} + \sigma_c'\tan\varphi_{cu}' \tag{4.1.8}$$

式中　τ——土体的抗剪强度；

c'、φ'——有效应力抗剪强度指标；

σ——法向总应力；

σ'——法向有效应力；

u——孔隙压力；

c_u、φ_u——不排水剪总强度指标；

c_{cu}、φ'_{cu}——固结不排水剪总强度指标；

σ'_c——库水位降落前的法向有效应力。

粗粒料非线性抗剪强度指标可按式（4.1.9）计算：

$$\varphi = \varphi_0 - \Delta\varphi \lg\left(\frac{\sigma_3}{p_n}\right) \qquad (4.1.9)$$

式中　φ——土体滑动面的摩擦角；

φ_0——一个大气压力下的摩擦角；

$\Delta\varphi$——σ_3 增加一个对数周期下 φ 的减小值；

σ_3——土体滑动面的小主应力；

p_n——大气压力。

土质防渗体坝、沥青混凝土面板坝或心墙坝及土工膜斜墙坝或心墙坝，其抗剪强度应采用式（4.1.6）～式（4.1.8）确定。上述坝型中的 1 级高坝，有条件时，粗粒料可用，式（4.1.9）确定的抗剪强度指标验算稳定。混凝土面板堆石坝的粗粒料也应采用式（4.1.9）确定的抗剪强度指标进行稳定计算。

土的抗剪强度指标应采用三轴仪测定。对 3 级以下的中坝，可用直接慢剪试验测定土的有效强度指标；对渗透系数小于 10^{-7}cm/s 或压缩系数小于 0.2MPa^{-1} 的土，也可用直接快剪试验或固结快剪测定其总强度指标。抗剪强度试验的仪器、方法和设计取值应按 SL 203—97 附录 D 规定选用。

黏性填土或坝基土中某点在施工期的起始孔隙压力 u_0 可按式（4.1.10）计算：

$$u_0 = \gamma h \overline{B} \qquad (4.1.10)$$

式中　γ——某点以上土的平均容重；

h——某点以上的填土高度；

$\overline{B}$——孔隙压力系数，按 SL 203—97 附录 C 确定。

对于饱和度大于 80% 和渗透系数介于 $10^{-7} \sim 10^{-5}$ cm/s 的大体积填土，可计算施工期填土中孔隙压力的消散和强度的相应增长。此外，应加强现场孔隙压力观测，校核计算的成果。稳定渗流期坝体和坝基中的孔隙压力，应根据流网确定，计算方法见 SL 203—97 附录 C。

计算水库水位降落期坝体和坝基中孔隙压力时，对无黏性土，可通过渗流计算确定水库水位降落期坝体内的浸润线位置，绘制瞬时流网，定出孔隙压力。

对黏性土，可按 SL 203—97 附录 C 的方法估算，并通过现场观测进行核算。

坝坡抗滑稳定计算应采用刚体极限平衡法。对于均质坝、厚斜墙坝和厚心墙坝，宜采用计及条块间作用力的简化毕肖普（Simplified Bishop）法；对于有软弱夹层、薄斜墙、薄心墙坝的坝坡稳定分析及任何坝型，可采用满足力和力矩平衡的摩根斯顿-普赖斯（Morgenstern - Price）等方法，稳定计算方法见 SL 203—97 附录 D。非均质坝体和坝基稳定安全系数的计算应考虑安全系数的多极值特性。滑动破坏面应在不同的土层进行分析比较，直到求得最小稳定安全系数。

采用计及条块间作用力的计算方法时，坝坡抗滑稳定的安全系数。应不小于表 4.1.3 规定的数值。混凝土面板堆石坝用非线性抗剪强度指标计算坝坡稳定的安全系数可参照表 4.1.3 规定取值

表 4.1.3　　　　坝坡抗滑稳定最小安全系数

运用条件	工程等级			
	1	2	3	4、5
正常运用条件	1.50	1.35	1.30	1.25
非常运用条件 1	1.30	1.25	1.20	1.15
非常运用条件 2	1.20	1.15	1.15	1.10

用不计条块间作用力的瑞典圆弧法计算坝坡抗滑稳定安全系数时，对1级坝正常运用条件最小安全系数应不小于1.30，其他情况应比上表规定的数值减小8%。而采用滑楔法进行稳定计算时，若假定滑楔之间作用力平行于坡面和滑底斜面的平均坡度，安全系数应符合表4.1.4的规定；若假定滑楔之间作用力为水平方向，安全系数应符合瑞典圆弧法计算要求。

由土工膜做成的斜墙土石坝。除应进行沿有关部位的坝坡和坝基稳定分析外。并应沿土工膜和土的接触带进行稳定分析。抗震稳定计算应按《水工建筑物抗震设计规范》（SL 203—97）有关规定执行，如不按可靠度又采用拟静力法计算时，其稳定安全系数可按瑞典圆弧法和滑楔法确定。

（4）应力和变形计算。对土石坝应进行沉降分析是指，估算在土体自重及其他外荷作用下，坝体和坝基竣工时的沉降量和最终沉降量，计算方法见 SL 203—97 附录 E。1级、2级高坝及建于复杂和软弱地基上的坝应采用有限元计算坝体及坝基或其他相衔接的建筑在土体自重及其他外荷载作用下和各种不同工作条件下的应力、变形。地震区土石坝的动力分析应按 SL 203—97 的规定进行。

坝顶竣工后的预留沉降超高，应根据沉降计算、有限元应力应变分析、施工期观测和工程类比等综合分析确定。据沉降计算结果，应推算出坝体各部位的不均匀沉降量和不均匀沉降梯度，初步判断发生裂缝的可能性。还应根据有限元应力、变形计算结果，分析坝体是否发生塑性区及其范围、拉应力区及其范围、变形及裂缝、防渗体的水力劈裂等。并在上述两种计算结果基础上综合研究是否会发生裂缝以及应采取抗裂措施等。

应力、变形计算宜采用非线性弹性应力应变关系分析，也可采用弹塑性应力应变关系分析。对于黏性土的坝体和坝基，宜考虑固结对坝体应力和变形的影响。有限元计算的参数宜由试验测定，并结合工程类比选用。试验用料的力学特性应能代表实际采用的筑坝材料，试验条件和加载方式宜反映坝体的施工、运行条件。

有限元计算应按照施工填筑和蓄水过程，模拟坝体分期加载的条件，并应反映坝体不连续界面的力学特性。当计算的竣工后坝顶沉降量与坝高的比值大于 1% 时，应在分析计算成果的基础上，论证选择的坝料填筑标准的合理性和采取工程措施的必要性。

在施工过程中，应对沉降、孔隙压力、总应力和位移等项目的原型观测和施工质量检测资料及时进行分析，校核和修正计算参数，参考工程类比成果，判断计算成果的正确性和合理性，并论证是否需要采取工程措施或修正设计。

4.1.2 水库溢洪道设计
4.1.2.1 溢洪道型式及布置

（1）溢洪道的型式。①溢洪道有许多种型式。按其所在的位置，可分为河岸式及河床式，按泄水方式，可分为开敞式及封闭式（井式），按有无闸门，可分为控制式及自由式。在没有合适的溢洪道位置的情况下，还可以开凿泄洪洞泄洪。②小型水库多采用开敞式河岸溢洪道。也有采用河床式溢洪道的，即在河床中修建混凝上滚水坝、浆砌石滚水坝或过水土坝等。③开敞式河岸溢洪道又分为正堰式及侧堰式两种型式。前者溢流堰轴线大致与溢流方向垂直，后者，溢流堰沿河岸等高线布置，溢流前沿与坝轴线大致垂直。④溢洪道的位置和型式，应根据库区和坝址区的地形、地质条件和经济比较来选择。如库区有马筱形山凹地段，最适宜布置正堰式溢洪道。⑤小型水库多建在河流坡度较陡的山区，回水范围不大，在库区内很难找到马鞍形山凹地段。这时，如坝的一侧为平缓山坡，可在坝端设置正堰式溢供道。如坝的两端山坡陡峻，布置正堰式溢洪道开挖址很大时，可考虑采用侧堰式溢洪道。为了增加侧堰的泄流址，溢流堰可向坝的上游延伸。其侧槽可开挖成窄深式陡槽，以减少工程量。如坝址区山岩陡峭，不适于采用河岸式溢洪道时，可结合坝型选择，考虑采用河床式溢洪道，即将坝或其一段，建成滚水坝。此外，还可将输水洞的断面加大，承担一部分或全部泄洪任务。

（2）溢洪道的布置。溢洪道由进水渠、溢流堰、陡槽、消能设备及尾水渠等组成。有时因地形和地质条件的影响，在溢流堰与陡槽之间设置一段缓坡明渠。溢洪道最好建在岩基上，其轴线应尽量缩短，并力求顺直。如必须转弯时，弯段最好设在缓坡明渠上，其曲率半径应不小于渠底宽度的 5 倍。①进水渠应尽量缩短，以减少水头损失。进水口离坝身应大于 20～30m，建成喇叭口型式。进水渠中的流速控制在 1～1.5m/s 为宜，最大不应超过 3m/s，以免冲刷渠底。必要时，于溢流堰前设置一段砌石或混凝土铺盖，以保护渠底。进水渠挖成反坡较好。对于宽顶堰，其渠底应比堰顶低 $1/5H$（H 为堰上水头）左右。进水渠的边坡必须稳定。一般新鲜岩石的边坡，可采用 1：0.1～1：0.3；风化岩可采用 1：0.5～1：1.0 土坡可采用 1：0.5～1：3.0。如根据工程地质分析，边坡有坍塌危险时，应修建挡土墙或护坡进行防护。为了使水流平顺，进水渠与溢流堰用导流墙连接。导流墙多做成圆形直立面，r 形直立面或 r 形扭曲面的，并向上游延伸 3～5 倍的堰上水头。导流墙与边墩用缝分开，各自独立工作。②溢流堰是溢洪道的控制段。如地形较高，且基岩较深不易挖到时，可采用宽顶堰。如地形较低，基岩不深，覆盖层易于全部挖除时，可采用曲线型或拆线型实用堰。溢流堰应与两岸山体良好连接。如溢流堰的一端紧接土坝，应设置混凝土边墙，并用插入墙伸入土坝坝体中，以免水流沿土坝与边墙之间渗漏。如地形条件允许，正堰式溢洪道的溢流堰，应尽量与大坝布置在一条线上，这样，可减少工程量，管理和交通也较方便。如溢流堰下接缓坡明渠，有时需要设置消能工程，以进行第一次消能。最好采用消力槛而不用消力池，以免经常积水，造成危害。侧堰式溢洪道的溢流堰呈厂字形，其横头部分不长，可以溢流或不溢流，主要由溢流堰的侧堰泄洪。侧堰沿等高线布置，其长度根据需要可向坝的上游延伸。侧槽可以采用等宽的，或采用逐渐扩散的断面，以减少开挖深度。侧堰式溢洪道的主要优点是：可沿等高线布置，能适应较陡的山坡地形，开挖工程量较少。其缺点是：水流方向需转 90°弯，比较紊乱，增大局部流速，容易造成冲刷破坏。故侧槽最好设在坚固岩石地基上，如地质条件不好时，应加强衬砌。③陡槽段的坡度根据地形和地质条件来确定，可采用全段一致的坡度，或分段采用不同的坡度。有时也可用多级跌水来代替陡槽。陡槽坡度一般都大于临界坡度，水流湍急，如果建在风化岩或者土基上，必须做好衬砌。陡槽前后端一般都设置渐变槽，其前端渐变槽的收缩角为 20°～30°，末端渐变槽的扩散角最好不要超过 15°，以保证水流稳顺。陡槽末端渐变槽，亦可作为扩散式消力池的一部分。陡槽两侧可用挡土墙或护坡保护，挡土墙或护坡的高度应超出水面，并留有一定超高，顶上设置平台及排水沟。挡土墙或护坡以上的山坡，应削成稳定坡度，如高度超过 8～10m 时，也应设置平台及排水沟。④消能设备。陡槽末端与消能设备相连接。消能型式应根据地形、地质条件来选择，既要不危及周围建筑物的安全，又要尽量节省工程量。常用的消能型式有消力池和挑流鼻坎等。为了保证坝体安全，消能设备离下游坝脚宜超出 50～60m。节省土石方工程量，陡槽应尽量抬高，故其末端与消力池底可能有一跌差，一般可采取垂直连接，或以抛物线段连接。如条件许可，陡槽末端直接触及消力池底更好。

当尾水位较低时，为了产生淹没式水跃，消力池要挖得很深，使开挖和衬砌工程量增加很多，施工也较困难。在这种情况下，可考虑采用消力槛或综合式消力池消能。如陡槽末端为坚硬岩石地基，又临近天然冲沟或河道，下游不需要保护时，可采用挑流鼻坎消能，以节省工程量和投资。挑流鼻坎坎顶一般应高出尾水位 1～2m，以免尾水影响挑流射程。有时由于布置需要，也有将鼻坎置于尾水位以下的。挑流鼻坎最好通过水工模型试验确定。有些小型水库，由于未设置消能工程，或施工质量较差，以致溢洪道出口被冲毁，甚至危及坝体安全。

尾水渠：如消能设备不在原河道处，则应修建一段尾水渠，以与下游天然河道连接。否则，经溢洪道下泄的洪水乱流，容易冲刷坝脚及下游农田。尾水渠应尽量沿山麓布置，这样仅需在一侧筑堤，可减少工程量，且少占农田。如基岩埋藏很深，溢洪道也可建在软基上。但必须采取可靠的工程措施，如减小单宽流量，放缓陡槽坡度，做好护砌工程，注意防冻和加强排水等，以确保安全。为了减轻溢洪道的消能防冲工程措施，小型水库应该采用较小的单宽流量，在土基上最好不超过 $8 \sim 10 \mathrm{m}^3/(\mathrm{s} \cdot \mathrm{m})$，在风化岩基上不超过 $10 \sim 15 \mathrm{m}^3/(\mathrm{s} \cdot \mathrm{m})$。溢洪道应尽量与输水道分别建在河道的两岸，以免施工和运用期的互相干扰。如必须建在河道的同一侧时，应用导流墙隔开。

4.1.2.2 溢流堰的水力计算

小型水库的溢洪道，有的不设置闸门，当洪水超过堰顶时，即自行溢流，置了闸门，在汛期也全部开启。故小型水库溢流堰可按溢流情况计算。

(1) 溢流堰的型式。常见的溢流堰有宽顶堰、折线形实用堰和曲线形实用堰等。宽顶堰堰顶是水平的，假设顺水流方向的长度为 δ，堰上水头为 H，δ 一般在 $3 \sim 10H$ 之间。当 $\delta < 2.5H$ 时，即属于实用堰。折线形实用堰实际上是梯形堰，其上游面一般为直立或略微倾斜，下游为 $1:0.7 \sim 1:2.0$ 的坡面。曲线形实用堰，堰顶剖面可以是真空的或非真空的。因小型水库溢流堰高度比较小，一般可采用非真空剖面。此外，还有一种驼峰堰的堰型，其堰高较小，如同宽顶堰，适于建在较高的地形处，但与宽顶堰比较，其流量系数较大。

(2) 正堰的水力计算。

1) 自由式堰流。溢流堰的泄流能力按式（4.1.11）计算：

$$Q = m\varepsilon B \sqrt{2g} H_0^{3/2} \tag{4.1.11}$$

式中　Q——泄流量，m^3/s；

　　　H_0——计及行近流速的水头，m；

　　　m——流量系数；

　　　ε——侧收缩系数；

　　　B——堰的溢流宽度，m；

g——重力加速度，9.81m/s。

在式（4.1.11）中，$H_0 = H + \dfrac{V_0^2}{2g}$，其中 H 为溢流堰上水头，单位为 m；V_0 为行近流速，单位为 m/s。如 V_0 不大，$\dfrac{V_0^2}{2g}$ 一项可以忽略不计。

侧收缩系数按式（4.1.12）计算：

$$\varepsilon = 1 - 0.2\left[\frac{K + (n-1)K_0}{nb}\right]H_0 \qquad (4.1.12)$$

式中　n——闸孔数口；

　　　b——每孔净宽，m；

　　　K——两侧边墩前缘的形状系数；

　　　K_0——中间闸墩前缘的形状系数。

因两侧边墩前缘常做成斜角形成半圆形，故可取 $K=0.7$。系数 K 可据图 4.1.4 及表 4.1.4 选取，表中 hn 为下游水位超过堰顶的深度，见图 4.1.4（a）。如无中间闸墩，式（4.1.12）中 $K_0=0$。

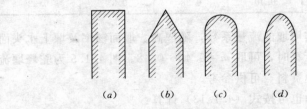

（a）　　（b）　　（c）　　（d）

图 4.1.4　闸墩前缘型式

表 4.1.4　　　　　系　数　K_0

闸墩形状	hn/H_0					
	≤0.75	0.80	0.85	0.90	0.95	1.00
图 4.1.4（a）直角	0.80	0.88	0.92	0.98	1.00	1.60
图 4.1.4（b）斜角	0.45	0.51	0.57	0.63	0.69	0.70
图 4.1.4（c）半圆形	0.45	0.51	0.51	0.63	0.69	0.70
图 4.1.4（d）流线形	0.25	0.32	0.39	0.46	0.53	0.60

宽顶堰的流量系数 m 与堰顶前缘形状有关，各种情况下的 m 值，见表4.1.5。梯形堰流量系数随堰上水头 H，堰顶宽度 δ 及下游而坡度而不同，其值见表4.1.6，并参考图4.1.4 (b)。

表 4.1.5 宽顶堰流量系数

堰顶情况	m	$M=m\sqrt{2g}$
圆形入口、堰顶光滑	0.36	1.60
圆形入口	0.35	1.55
钝角入口	0.33	·1.48
直角入口	0.32	1.42

表 4.1.6 梯形堰流量系数

断面型式	H/δ			
[图 4.1.4 (b)]	>2	$2-1$	$1-\frac{1}{2}$	$<\frac{1}{2}$
$\mathrm{ctg}\theta_2=1$	0.42	0.40	0.37	0.33
$\mathrm{ctg}\theta_1=2$	0.40	0.38	0.35	0.32

曲线形实用堰的流量系数，随堰高、堰面糙率及堰上水头而不同。初步计算时，可取 $m=0.45\sim0.48$。图4.1.5为驼峰堰流量系数的试验资料，可供参考。

泄流能力也可按式（4.1.13）计算：

$$Q=qMH^{3/2} \tag{4.1.13}$$

$$q=\frac{Q}{B}$$

$$M=m\sqrt{2g}$$

式中　q——单宽流量，$\mathrm{m^3/(s \cdot m)}$；

　　　M——第二流量系数。

对于不同的 M 值，绘出 $H_0\sim q$ 关系曲线，如图4.1.5所示。已知 H_0 及 M，可由该曲线查出 q 值，而后即可算出 Q 值或

B 值。

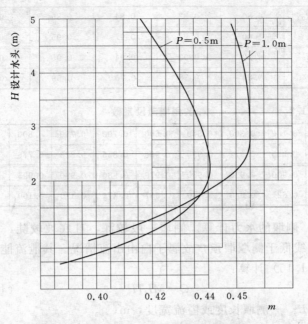

图 4.1.5　驼峰堰流量系数 m 曲线图

2）淹没式堰流。当溢流堰以下接缓坡明渠，且渠中水位超过堰顶时，则可能产生淹没出流情况。这时堰的泄流能力按下式计算：

$$Q = m\varepsilon\sigma B\sqrt{2g}H_0^{3/2} \tag{4.1.14}$$

式中　σ——堰流系数；

其余符号意义同前。

即淹没出流的泄流能力可按自由出流泄流能力乘以淹没系教求得。

计算时，应先判别是否属于淹没出流。但为简化计算，对小型水库的溢流堰，可不进行判别，如下游水位超过堰顶时。即可直接由表 4.1.7 或表 4.1.8 查出系效 σ 的值。

表 4.1.7 　　　　　　　　　　宽顶堰淹没系数

hn/H_0	0.80	0.82	0.84	0.86	0.88
σ	1.00	0.99	0.97	0.95	0.90
hn/H_0	0.90	0.92	0.94	0.95	0.98
σ	0.84	0.78	0.70	0.59	0.40

表 4.1.8　　　　　　　　　　实用堰淹没系数

hn/H_0	0.100	0.300	0.500	0.600	0.700	0.750	0.800	0.850
σ	0.995	0.972	0.935	0.906	0.855	0.823	0.776	0.710
hn/H_0	0.900	0.930	0.950	0.970	0.980	0.990	0.995	1.000
σ	0.621	0.540	0.470	0.357	0.274	0.170	0.100	0

3）侧堰的水力计算。侧堰一般较深，且底坡较陡，侧槽中的水面线低于侧堰堰顶，故属于自由出流情况。其泄流能力可按式（4.1.15）计算：

$$Q = MLH_0^{3/2} \qquad (4.1.15)$$

式中　L——侧堰长度或溢流宽度，m；

　　　M——第二流量系数，一般可取 $M=1.6$。

除用式（4.1.15）计算外，也可由图 4.1.6 中的 $H_0 \sim q$ 曲线查出单宽流量 q，然后由式 $L=\dfrac{Q}{q}$ 求出 Q 或 L 值。

4.1.2.3　陡槽的水力计算

（1）渐变槽计算。为了使水流平顺，在溢流堰与陡槽之间可用渐变槽连接。设渐变槽起始断面Ⅰ-Ⅰ至末端断面Ⅱ-Ⅱ的距离为 L，收缩角为 θ，起始断面与末端断面的宽度各为 B 及 b，见图 4.1.7，可用式（4.1.16）计算：

$$L = \frac{B-b}{2\tan\dfrac{\theta}{2}} \qquad (4.1.16)$$

为了使溢流堰安全泄洪而不受尾水阻碍，渐变槽底坡坡度 i 成大于临界坡度 i_k。在这种情况下，渐变槽起始断面的水深

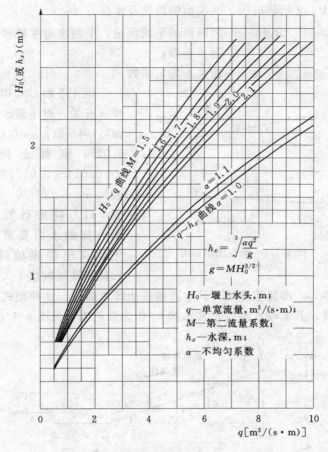

图 4.1.6　矩形断面 $H_0 \sim q$ 与 $q \sim h_x$ 曲线图

$h_1 = h_k, h_k$ 为临界水深。

末端断面水深 h_2 可用能量守恒见式（4.1.17）计算：

$$h_1 + \frac{\alpha V_1^2}{2g} + iL = h_2 + \frac{\alpha V_2^2}{2g} + h_f \qquad (4.1.17)$$

$$h_f = \frac{\overline{V}^2}{C^2} \frac{L}{R}$$

式中　　　　　　h_f——连断面间的能量损失，m；

V_1、V_2 及 h_1、h_2——两端面的流速及水深;

$\overline{V}$、$\overline{R}$ 及 $\overline{C}$——两断面的平均流速、平均水力半径和平均谢才系数;

α——流速不均匀系数。

谢才系数 C 与渠底糙率 n 有关。对于浆砌石护面,可取 $n=0.020\sim0.025$;混凝土护面,$n=0.014\sim0.017$;凿岩表面 $n=0.030\sim0.040$。

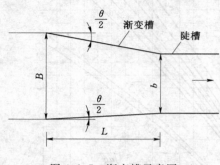

图 4.1.7 渐变槽示意图

(2)陡槽计算。根据已知的水力要素,首先计算出临界坡降 i_k,如陡槽底坡坡度 i 大于临界坡降 i_k,即属于陡坡,其水面曲线为降水曲线。这种型式的水面曲线,其末端水深以正常水深 h_0 作为渐近线,见图 4.1.8。

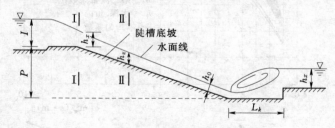

图 4.1.8 陡槽降水曲线图

陡槽水力计算,主要是计算水面曲线,以便确定边墙或衬砌高度,其计算步骤如下:

1)计算临界水深 h_k 和临界坡降 i_k。

2)计算陡槽长度 L_s 和正常水深 h_0。

3)绘制陡槽中水深和水面曲线。

4)计算陡槽流速。

各断面的水深确定以后，即可计算各断面的流速。如流速大于护砌材料的允许不冲流速，则应加强衬砌，应进行人工加糙，或减缓底坡坡度。

5）计算掺气高度。陡坡中水流湍急，水中掺入空气，将使水面增高，其增高值称为掺气高度。掺气高度随流速增加而增大，当流速 $V \leqslant 20\text{m/s}$ 时，掺气高度可按下式计算：

$$h_B = \frac{Vh}{100} \tag{4.1.18}$$

当流速 $V > 20\text{m/s}$ 时，则：

$$h_B = \frac{V^2}{200h} \tag{4.1.19}$$

式（4.1.18）、式（4.1.19）中 h 为不考虑掺气时的水深。

考虑掺气影响之后，陡槽护砌高度 H 按下式计算：

$$H = h + h_B + \Delta$$

式中　Δ——安全超高，正常情况下取 1.0m；非正常情况下取 0.7m。对岩石地基可适当减小。

6）人工加糙。在陡槽上设置阻水槛、阻水墩或埋设块石等，以增加底板的糙率，称为人工加糙。加糙的陡槽，流速减小水深增加，从而减轻了下游消能设备的消能工作，但却增加了边墙或护砌高度。人工加糙，一般是在流量较小的情况下采用。如流量很大时，由于加糙可能引起振动，对结构物的稳定不利，故不宜采用。人工加糙的型式较多，比较简单有矩形横条阻水槛和错列布置的阻水墩。

4.1.2.4　消能计算

消能的型式有多种，本书中介绍两种主要的消能型式：挑流式消能和底流式消能。

（1）挑流式消能。

1）挑流射程计算。挑流消能水力设计，应对各级流量进行系列计算。挑流水舌外缘挑距可按式（4.1.20）计算，计算见图 4.1.9。

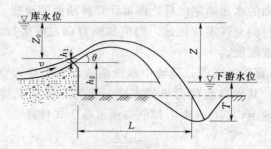

图 4.1.9　挑流水舌抛距及冲刷坑示意图

$$L = \frac{1}{g} \left[v_1^3 \sin\theta\cos\theta + v_1\cos\theta \sqrt{v_1^2\sin^2\theta + 2g(h_1\cos\theta + h_2)} \right]$$

(4.1.20)

式中　L——自挑流鼻坎末端算起至下游河床床面的挑流水舌外
　　　　　缘挑距，m；

　　　θ——挑流水舌水面出射角，近似可取用鼻坎挑角，(°)；

　　　h_1——挑流鼻坎末端法向水深，m；

　　　h_2——鼻坎坎顶至下游河床高程差，m，如计算冲刷坑最
　　　　　深点距鼻坎的距离，该值可采用坎顶至冲坑最深点
　　　　　高程差；

　　　v_1——鼻坎坎顶水面流速，m/s，可按鼻坎处平均流速 v
　　　　　的 1.1 倍计。

关于鼻坎平均流速 v，可按下列方法计算：

按流速公式计算，适用范围 $S < 18q^{2/3}$：

$$v = \phi\sqrt{2gZ_0}$$

(4.1.21)

$$\phi^3 = 1 - \frac{h_f}{Z_0} - \frac{h_j}{Z_0}$$

(4.1.22)

$$h_f = 0.014 S^{0.767} Z_0^{1.5}/q$$

(4.1.23)

式中　v——鼻坎末端断面平均流速，m/s；

　　　Z_0——鼻坎末端断面水面以上的水头，m；

　　　ϕ——流速系数；

　　　h_f——泄槽沿程水头损失，m；

h_j——泄槽各项局部水头损失之和，m，可取 $h_j/Z_0=0.05$；

S——泄槽流程长度，m；

q——泄槽单宽流量，$m^3/(s \cdot m)$。

按推算水面线方法计算：鼻坎末端水深可近似利用泄槽末端断面水深，按推算泄槽段水面线方法求出；单宽流量除以该水深，可得鼻坎断面平均流速。

2) 鼻坎高程、挑角及反弧半径 R。挑流鼻坎高程应通过比较选定，在保证能形成自由挑流情况下，可略低于下游最高水位。挑流鼻坎挑角，应经比较选定，可采用 $15°\sim35°$。当采用差动式鼻坎时，应合理选择反弧半径、高低坎宽度比、高程差及挑角差。亦可视需要采用通气孔等减蚀措施。

挑流鼻坎段反弧半径 R 可采用反弧最低点最大水深 h 的 $6\sim$ 12 倍。对于泄槽底坡较陡、反弧段内流速及单宽流量较大者，反弧半径宜取大值。

3) 冲刷坑深度。冲刷坑最大水垫深度按式（4.1.24）计算：

$$T - kq^{1/2}Z^{1/4} \tag{4.1.24}$$

式中 T——自下游水面至坑底最大水垫深度，m；

q——鼻坎末端断面单宽流量，$m^3/(s \cdot m)$；

Z——上、下游水位差，m；

k——综合冲刷系数，见表 4.1.9。

表 4.1.9　　　　　　　　岩基冲刷系数 k 值

	类别	I	II	III	IV
节理裂隙	间距（cm）	＞150	50～150	20～50	＜20
	发育程度	不发育。节理（裂隙）1～2组，规则	较发育。节理（裂隙）2～3组，X形，较规则	发育。节理（裂隙）3组以上，不规则，呈X形或米字形	很发育。节理（裂隙）3组以上，杂乱，岩体被切割成碎石状
	完整程度	巨块状	大块状	块（石）碎（石）状	碎石状

	类别	I	II	III	IV
岩基构造特征	结构类型	整体结构	砌体结构	镶嵌结构	碎裂结构
	裂隙性质	多为原生型或构造型，多密闭，延展不长	以构造型为主，多密闭，部分微张，少有充填，胶结好	以构造或风化型为主，大部分微张，部分张开，部分为黏土充填，胶结较差	以风化或构造型为主，裂隙微张或张开，部分为黏土充填，胶结很差
k	范围	0.6～0.9	0.9～1.2	1.2～1.6	1.6～2.9
	平均	0.8	1.1	1.4	1.8

注 适用范围：水舌入水角 30°～70°。

安全挑距、水舌入水宽度、允许最大冲坑深度的确定，应以不影响鼻坎基础、两岸岸坡的稳定及保证相邻建筑物的安全为原则。冲刷坑上游坡度，应根据地质情况确定，宜在 1：3～1：6 之间选用。同时，还应考虑贴壁流和跌流的冲刷及其防护措施。

（2）底流式消能。

1）等宽矩形断面消力池，水平护坦上的水跃形态如图 4.1.10 所示。

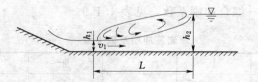

图 4.1.10　水平光滑护坦水跃示意图

自由水跃共轭水深按下式计算：

$$h_2 = \frac{h_1}{2}(\sqrt{1+8Fr_1^2}-1) \qquad (4.1.25)$$

$$Fr_1 = v_1 / \sqrt{gh_1} \qquad (4.1.26)$$

式中　Fr_1——收缩断面弗汝德数；

h_1——收缩断面水深，m；

v_1——收缩断面流速，m/s。

水跃长度 L 可按下式计算：

$$L = 6.9(h_2 - h_1) \tag{4.1.27}$$

式（4.1.25）适用范围：$Fr_1 = 5.5 \sim 9.0$。

2）渐扩式矩形断面消力池。

水跃共轭水深可按下式计算：

$$h_2 = \frac{h_1}{2}(\sqrt{1 + 8Fr_1^2} - 1)\sqrt{\frac{b_1}{b_2}} \tag{4.1.28}$$

式中 Fr_1——收缩断面弗汝德数；

b_1、b_2——跃前、跃后断面宽度。

扩散式消力他水跃长度可采用按式（4.1.27）所计算出的自由水跃长度的 0.8 倍。

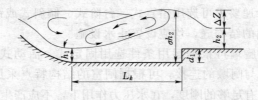

图 4.1.11　下挖式消力池水跃示意图

3）等宽矩形断面下挖式消力池的水跃形态如图 4.1.11 所示，池深，池长可用下式计算：

$$d = \sigma h_2 - h_1 - \Delta Z \tag{4.1.29}$$

$$\Delta Z = \frac{Q^2}{2gb^2}\left(\frac{1}{\varphi^2 h_1^2} - \frac{1}{\sigma^2 h_2^2}\right) \tag{4.1.30}$$

$$L_k = 0.8L \tag{4.1.31}$$

式中 d——池深，m；

σ——水跃淹投度，可取 $\sigma = 1.05$；

h_2——池中发生临界水跃时的跃后水深，m；

h_i——消力池出口下游水深，m；

ΔZ——消力他尾部出口水面跌落，m；

Q——流量，m^3/s；

b——消力池宽度，m；

φ——消力池出口段流速系数，可取 0.95；

L——自由水跃的长度，可按式（4.1.27）计算。

4.1.2.5 溢流堰及上部结构

溢流堰的结构设计应包括：结构型式选择和布置、荷载计算及其组合、稳定计算、结构计算、细部设计以及提出材料强度、抗冻、抗渗等指标及施工要求，特别是混凝土施工温度控制要求的内容。

溢流堰可采用分离式或整体式。分离式适用于岩性比较均匀的地基，整体式适用于地基均匀性较差的情况。分离式底板，必要时应设置垂直水流向的纵缝，缝的位置和间距应根据地基、结构、气候和施工等条件确定。分离式底板的横缝（顺水流向），根据应力传递要求可选用铅直式、台阶式、倾斜式或键槽式。控制段范围内的结构缝，均应设置止水设施。

闸室的胸墙可根据运用条件选用固定式、活动式或混合式。固定式胸墙与闸墩的连接，可根据闸室的结构特点采用简支或固端。胸墙应有足够的刚度，在水压力作用下，不应产生过大变形。

荷载组合见表 4.1.10。

表 4.1.10 荷 载 组 合 表

荷载组合	计算情况	荷载										说明
		1	2	3	4	5	6	7	8	9	10	
		自重	静水压力	扬压力	波浪压力	动水压力	土压力	淤沙压力	冰压力	地震荷载	其他	
基本组合	完建情况	√	—	—	—	—	√	—	—	—	√	必要时，可考虑地下水产生的扬压力
	正常蓄水位情况	√	√	√	√	√	√	√	—	—	√	

荷载组合	计算情况	荷载										说明
		1	2	3	4	5	6	7	8	9	10	
		自重	静水压力	扬压力	波浪压力	动水压力	土压力	淤沙压力	冰压力	地震荷载	其他	
基本组合	设计洪水位情况	√	√	√	√	√	√	√	—		√	按正常蓄水位计算静水压力、扬压力
	冰冻情况	√	√	√	—		√	√	√	—	—	
特殊组合	施工情况	√	—	—	—		√	—	—	—	√	应考虑施工过程中各个阶段的临时荷载
	检修情况	√	√	√	√	—	√	√	—		√	按正常蓄水位组合（必要时可按设计洪水位组合或冬季低水位条件）计算静水压力、扬压力及波浪压力
	校核洪水位情况	√	√	√	√	√	√	√	—	—		
	地震情况	√	√	√	√		√	√		√		按正常蓄水位组合计算静水压力、扬压力及波浪压力。有论证时可另作规定

注 正常蓄水位情况考虑排水失效，可按特殊组合计算。

作用在控制段上的荷载，按《水工建筑物抗震设计规范》（SL 203—97）附录 F 进行计算。

堰（闸）基底面的抗滑稳定安全系数按下列抗剪断强度公式计算：

$$K = \frac{f'\sum W + c'A}{\sum P} \qquad (4.1.32)$$

式中　K——按抗剪断强度计算的抗滑稳定安全系数；

　　　f'——堰（闸）体混凝土与基岩接触面的抗剪断摩擦系数；

　　　c'——堰（闸）体混凝土与基岩接触面的抗剪断凝聚力；

　　　$\sum W$——作用于堰（闸）体上的全部荷载对计算滑动面的法向分量；

　　　$\sum P$——作用于堰（闸）体上的全部荷载对计算滑动面的切向分量；

　　　A——堰（闸）体与基岩接触面的截面积。

当堰（间）地基内存在不利的软弱结构面时，其抗滑稳定需作专门研究。当堰（闸）承受双向（顺水流和垂直水流方向）荷载时，还应验算其最不利荷载组合方向的抗滑稳定性。堰（闸）沿基底面的抗滑稳定安全系数不得小于表 4.1.11 规定的值。

表 4.1.11　　　　　　　抗滑稳定安全系数 K

荷载组合		按抗剪断强度公式计算的安全系数 K
基本组合		3.0
特殊组合	(1)	2.5
	(2)	2.3

注　地震情况为特殊组合（2），其他情况的特殊组合为特殊组合（1）。

堰（闸）基底面上的垂直正应力，在运用期和施工期应满足不同的要求。运用期，在地震情况除外的各种荷载组合情况下，堰（闸）基底面上的最大垂直正应力 σ_{max} 应小于基岩的允许压应力（计算时分别计入扬压力和不计入扬压力）；最小垂直正应力

σ_{min}应大于零（计入扬压力）。在地震情况下可允许出现不大于 0.1MPa 的垂直拉应力。此外，在计算双向受力情况时，基底面上可允许出现不大于 0.1MPa 的垂直拉应力。双向受力并计入地震荷载时基底面可允许出现不大于 0.2MPa 的垂直拉应力。而在施工期，堰（闸）基底面上的最大垂直正应力 σ_{max} 应小于基岩的允许压应力；堰（闸）基底面下游端的最小垂直正应力 σ_{min} 可允许有不大于 0.1MPa 的拉应力。

溢流堰体上游面的铅垂方向最小正压应力（计入扬压力）应大于零，否则应配置钢筋。堰（闸）断面的应力分布用材料力学法分析，若结构和受力均对称时，按单向偏心受压公式计算。若结构不对称或受力不对称，可按双向偏心受压公式进行计算。

闸墩及其底板应根据闸室的结构型式和运用条件进行以下四种情况的稳定和应力分析：闸墩两侧工作闸门全关闭、闸墩一侧工作闸门关闭，另一侧闸门全开启泄洪、闸墩一侧工作闸门关闭，另一侧检修闸门关闭、其他不利的运用条件。

分离式底板应校核其抗浮稳定性，必要时应采取排水和锚固等措施。对于闸墩上的闸门槽和弧门铰支座应进行强度核算。对闸室的上部结构，应进行强度、配筋、变形和限裂计算，有抗震要求的尚应进行抗震设计。对于大型和受力条件复杂的中型工程的控制段的结构设计，应根据具体情况选用多种方法进行分析比较，必要时宜进行结构模型试验，验证各部位的应力状态。

4.1.3 水库坝下涵管设计

4.1.3.1 坝下涵管的布置

（1）涵管的位置选择。坝下涵管是水库运用最频繁的建筑物，因此要求运用灵活、安全可靠。在选择涵管的位置时，首先应注意基础的地质条件，一般要求将涵管放在岩基上，如不可能时，也应选择压缩性小、土质均匀而稳定的基础。若基础产生不均匀沉陷，则容易造成涵管裂缝、漏水、甚至涌出泥沙威胁坝体的安全。当坝高超过 10～15m 时，就应将涵管放在岩基上。若坝高不超过 10m，且土质均匀而坚实，也可以考虑放在软基上，但应从结构上加强，亦即校核涵管的纵向强度，把涵管底板加厚，并配置一定数目的纵向钢筋涵管的轴线应当与坝轴线垂直，并使涵管成为直线，避免转弯。这样涵管线路短，水流畅顺，施工方便。涵管纵向坡度一般为 1/100～1/200。其进口高程，需根据下游灌区引水高程的要求，河道的泥沙情况，以及施工导流等因索来确定。在一般情况下，进口底高程应当比原河床高出 2m 左右。涵管出口的消力池应布置在坝脚以外，不允许将消力池放在坝体范围内。

（2）涵管的结构形式的确定。常用的涵管的结构形式有现场浇注的钢筋混凝土矩形涵洞、预制的钢筋混凝土圆管和盖板式浆砌石矩形涵洞。

中小型水库的涌管如按下游用水量进行设计时，其断面往往较小。当涵管高度小于 1.0～1.2m 时，在施工上和管理维修上都不方便，因此常把涵管断面加大，以利施工和运用中的操作。涵管断面增大后，放水时可用闸门调节流量。如要求涵管泄放较大的流量时，则涵管断面大些更为灵活。如果涵管的结构和施工质量都很好，基础又不至于产生不均匀沉陷时，亦可按照泄量所需要的涵管断面尺寸修建，即不增大涵管断面尺寸，但应考虑一定的检修措施。

对于塘坝工程，因其坝高较小，可考虑采用预制钢筋混凝土圆管，或采用浆砌石拱涵，其内径可根据需要确定。如利用阀门启闭，比较方便。

（3）涵管进口型式的布置。

1）竖井式及塔式。把闸门井设在坝体内的型式叫竖井式，把闸门井设在上游坝脚附近的型式叫做塔式。

塔式的布置往往受冰冻影响，在地震区容易遭受破坏，因此，它不如竖井式运行简单可靠，且竖井式不需修建工作桥。竖井多为矩形钢筋混凝土结构，上部有启闭机室，启闭机室周围有平台，并设置栏杆。竖井内装设平板工作闸门和检修闸门。工作闸门下游应设通气孔。

坝下涵管进水口的垂直高度应大于 1.5 倍涵管高度，一般应设置拦污栅。进口处下端应做一道齿墙，其深度须根据地质条件确定，一般应大于 0.5～1.0m。进口顶部的挡墙应高出坝坡 1.0m 左右。进口两侧要有横墙插入坝体，其长度应大于 2m。涵洞进口前常设一段明槽，应做翼墙，翼墙顶应高出坝坡 0.8m 左右，翼墙与洞口内壁之间最好留有空隙，其宽度可为 0.3～0.5m。翼墙的基础很重要，应认真处理好，避免由于翼墙倾倒而影响运用。

涵管出口应在坝脚外 2～3m 处，同样须做齿墙，挡墙和横墙，其尺寸可参照进口的要求进行确定。出口后的消力池深度及长度由水力计算确定，如修建扩散式消力池，其边墙扩散率一般为 1∶6 左右。消力池底板末端应加设齿墙，其深度应大于 1.5m，边墙末端应有横墙插入渠堤，该横墙基础应与消力池末端齿墙基础相同。与消力池联结的渠道首端，须做一段长为 5～10m 的浆砌石或干砌石护面。

塘坝工程的坝下涵管，其进出口构造，可参照上述情况确定，也可适当简化。当坝铰低时，其竖井的结构可采用浆砌石，做成圆形，在运用管理上如无特殊要求，也可不设检修门。

2）闸阀式。阀门设置的位置有两种：一是阀门设在上游竖井内。用螺杆通至操纵室，工作人员上面操作；另一是阀门设在下游坝坡上。这种布置不另加螺杆，可直接操作阀门。前一种布置也可在阀门前，加平板检修门。后一种布置，阀门前的涵管为压力流，且管路较长，遇有问题，需放空水库才能进行检修。

对于塘坝或小（2）型水库，如涵管基础为岩石，涵管结构和施工质量都很好，可以采用坝后阀门式的布置。因这种布置形式简单，操作方便。

3）深孔式。深孔式进口位于上游坝面坡脚处，闸门设在孔口顶部，其形式为转动门或斜拉门，可用钢丝绳与坝顶启闭机连接。这种形式比较简单，容易操作，但放水量不易控制，检修也不方便，更换钢丝绳需水下作业。在多泥沙河道上还有淤积问题。当坝下涵管为无压流时，在进水孔的下方须设置消力井，其尺寸由水力计算确定。

4）斜卧式。斜卧式进口也叫分级卧管式，一般在斜卧管上以垂直高度 0.3～0.6m 为一级，设置进水孔，运用时随着水位下降逐级打开。卧管末端用消力池与坝下涵管连接，坝下涵管为无压流。

斜卧管采用钢筋混凝土或浆砌石结构。卧管的轴线与坝轴线基本平行，而与坝下涵管轴线相垂直。卧管的基础应选择在地质条件良好的山坡上，以免基础产生不均匀沉陷而使卧管断裂。卧管坡度一般为 1：2～1：3，不宜太陡或太缓。在卧管底板上每隔 8～12m 设一道齿墙，以增加卧管的稳定性。

斜卧式的布置，可以取用库中温度较高的表面水，对农作物生长较为有利。在冬季需注意冰冻对卧管的影响，防止因冰冻而使卧管破坏。为便于工作人员操作闸门和防止发生事故，应加设栏杆等安全措施。塘坝或较小的小型水库可以采用这种形式，但多泥沙河流不宜采用。

4.1.3.2 坝下涵管的水力计算

（1）无压流坝下涵管的水力计算。

1）涵管中的流态。

无压流也叫明流。当涵管进口附近的水深 h_1 小于管高 h_m 时，管内就产生无压流，水流在涵管内为自由水面，如图 4.1.12 所示。

对于以明流直接从水库进水的涵管，当其长度很长，并月底坡 i 小于临界坡度 i_k 时，可采用收缩水深 $h_c = h_0$（图 4.1.12），此处 h_0 可认为是涵管中均匀流动的水深。若 h_0 大于临界水深 h_c，则管内的水面曲线为 b_1 型降水曲线，因此出口水深 h_2 小于正常水深 h_0。

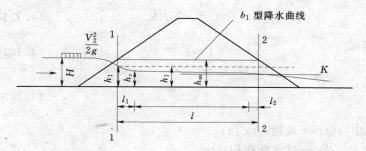

图 4.1.12 $h_1 > h_m$ 时涵管内水流流态示意图

对于斜卧式引水和深孔式引水的情况，均需在坝下涵管的首端设置消能工程，当涵管内水深小于管高时，就属于无压流，对这种情况，可认为是均匀流。因而涵管出口的水深 h_2 可近似的采用 h_0。对于在涵管前端设置竖井。并装有平板闸门用以调节流量。当闸门为部分开启时，闸门后涵管中的流态亦为无压流，且呈闸下射流状态，如图 4.1.13。故当 $i < i_k$，$h_0 > h_k$ 时，其水面曲线为 C_1 型壅水曲线。

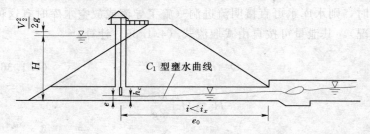

图 4.1.13 $i < i_k$，$h_0 > h_k$ 时涵管内水流流态示意图

为保证涵管内具有自由水面的流态，须使管中的水深小于管高的 3/4，若管内水深超过 $0.75 \sim 0.85$ 倍的管高时，水流状态有可能向半有压流或有压流转化。此外，为使管中的流态保持无压流，还要避免下游水位淹没涵管出口。

2）无压流涵管的泄量计算。当涵管在首端有消能设备，且管高大于水深时，涵管的泄量可按明渠流公式计算，即：

$$Q = \omega C \sqrt{iR} \qquad (4.1.33)$$

$$C = \frac{1}{n} R^{1/6} \qquad (4.1.34)$$

$$R = \frac{\omega}{\chi} \qquad (4.1.35)$$

式中　　Q——流量，m^3/s；

　　　　ω——过水断面积，m^2；

　　　　n——糙率；

　　　　i——涵管坡度；

　　　　R——水力半径，m；

　　　　χ——湿周，m。

糙率 n 可通过查找不同材料的糙率表得到。为了便于工程应用一般会根据实验和计算建立不同型式的涵管中水深与流量的关系曲线。

当坝下涵管（或隧洞）首端没有消能工程，在库水位低于洞顶时，则水库水可直接明流进洞（施工导流或放空水库时有这种情况），其泄量可按自由式堰流式（4.1.36）计算：

$$Q = m\varepsilon b \sqrt{2g} H_0^{3/2} \qquad (4.1.36)$$

$$H_0 = H + \frac{V_0^2}{2g}$$

式中　　Q——流量，m^3/s；

　　　　H——上游水深，m，一般可近似取 $H = H_0$；

　　　　b——宽度，m；

　　　　m——流量系数（对八字形进口可取 $m = 0.35$）；

　　　　ε——侧收缩系数，对单孔涵洞由式（4.1.37）计算。

$$\varepsilon = 1 - 0.2K \frac{H_0}{b} \qquad (4.1.37)$$

式中　　K——岸墙型式系数，按表 4.1.12 选用。

表 4.1.12   **不同型式岸墙的 K 值**

入口形状	示意图	K
直角		1.00
斜角	45°	0.70
半圆形		0.70
线形		0.40

3）无压流涵管出口与下游渠道的衔接。涵管出口的流态，视下游水位高低，分为非淹没出流（见图 4.1.14）和淹没出流（见图 4.1.15）两种。当涵管坡度 $0 < i < i_k$，且符合式（4.1.38）时，即为非淹没出流，反之则为淹没出流。

$$h_n \leqslant (1.2 \sim 1.25)h_k \text{ 或者 } h_n \leqslant (0.75 \sim 0.77)H_0$$

$$(4.1.38)$$

式中 h_n——涵管出口处水深，m；

          h_k——临界水深，m；

          H_0——上游总水头，m。

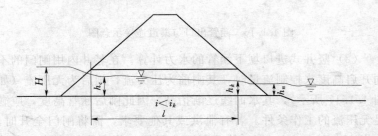

图 4.1.14   非淹没出流示意图

对于首端有消能设备的无压流坝下涵管，虽然流量较小，但为了防止水流对渠道的冲刷，从构造上应在涵管出口与渠道之间做一消力池，其尺寸与流量关系可查水力计算手册。为了计算方

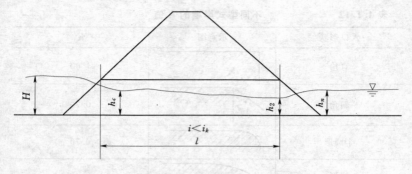

图 4.1.15 淹没出流示意图

便，常绘制渠道的流量与水深关系曲线。若渠道底宽大于涵管出口宽度时，可用扩散式边墙与渠道连接（图 4.1.16）。

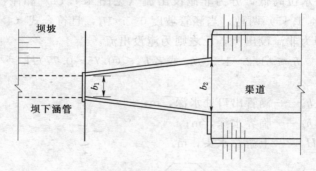

图 4.1.16 涵管出口与渠道连接示意图

（2）竖井式进口坝下涵管的水力计算。在竖井内用闸门的不同开启高度来控制流量时，其闸前为压力流，闸后为无压流（如图 4.1.17 所示），其水面线逐渐抬高，因此闸后涵管高度，应满足无压流的工作条件。若有泄洪或其他要求，需将闸门全开时，并当 $H > (1.2 \sim 1.3) h_m$ 的情况下，涵管内将产生压力流。在结构设计上，应考虑这种情况。

1）泄量计算。当闸门全开时，其泄量按式（4.1.39）、式（4.1.40）计算

$$Q = \mu\omega\sqrt{2gH} \qquad (4.1.39)$$

$$\mu = \frac{1}{\sqrt{1+\sum\xi}} \qquad (4.1.40)$$

式中　μ——流量系数；

　　　ω——涵管出口断面面积，m^2；

　　　H——库水位与涵管出口洞顶的高程差，m。

$\sum\xi = \xi_{进口} + \xi_{门槽} + \xi_{摩阻}$，$\xi_{进口}$ 和 $\xi_{门槽}$（局部水头损失系数）可取 0.3。

$$\xi_{摩阻} = \frac{2gl}{C^2R}（沿程摩阻损失系数）$$

$$C = \frac{1}{n}R^{1/6}$$

式中　l——管长，m；

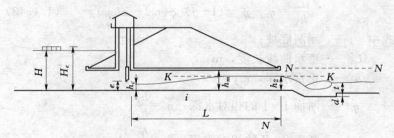

图 4.1.17　竖井式进口坝下涵管示意图

闸门局部开启时，呈闸下出流，可按式（4.1.41）计算：

$$Q = \varphi b h_c\sqrt{2g(H_0 - h_c)} \qquad (4.1.41)$$

式中　Q——流量，m^3/s；

　　　φ——流速系数，一般取 0.95；

　　　b——闸孔宽度，m；

　　　h_c——闸后收缩水深（m）。

$H_0 = H + \dfrac{\alpha V_0^2}{2g}$，一般行进水头 $\dfrac{\alpha V_0^2}{2g}$ 可忽略不计，单位为 m。

闸门开启高度 e 为：

$$e = \frac{h_c}{\varepsilon} \tag{4.1.42}$$

式中 ε——垂直收缩系数，通常取 $0.62\sim0.65$。

2）出口水深 h_2 计算。当闸下出流呈射流状态，若 $i < i_k$，水深 $h < h_k < h_0$ 时，其水面曲线为从闸后水深 h_c 开始的 C_1 型壅水曲线。此曲线以闸后水深 h_c 为 h_1，向下游逐渐增加；以临界水深 h_k 为渐近线，曲线末端为一水跃，再与正常水深 h_0 相连接。因此，出口水 h_2 不应超过临界水深 h_k，这样 C_1 曲线末端的水跃就发生在洞外。计算时先假设出口水深 $h_2 < h_k$，用变速流公式计算壅水曲线长度 L_0，若 $L_0 > L$（L 为实际洞长），则 C_1 曲线末端水跃就在洞外发生。若 h_2 已接近 h_k，而求得的 $L_0 < L$，说明水跃在洞内产生，应避免产生这种情况。

壅水曲线长度按变速流公式计算，即：

$$\frac{iL_0}{h_0} = \eta_2 - \eta_1 - (1 - \bar{j})[\varphi(\eta_2) - \varphi(\eta_1)] \tag{4.1.43}$$

式中 i——涵洞底坡；

L_0——壅水曲线长度，m；

h_0——正常水深，m；

η_1——断面 I-I 的相对水深，$\eta_1 = \dfrac{h_1}{h_0}$；

η_2——断面 II-II 的相对水深，$\eta_2 = \dfrac{h_2}{h_0}$；

$\bar{j}$——涵管内的动能变化值，按式（4.1.44）计算。

$$\bar{j} = \frac{\alpha i}{g} \bar{C}^2 \frac{\bar{B}}{\bar{\chi}} \tag{4.1.44}$$

其中系数 α 可取 $1.0\sim1.1$。$\bar{C}$、$\bar{B}$ 及 $\bar{\chi}$ 分别相应于平均水深 $\bar{h} = 0.5(h_1 + h_2)$ 的阻力系数、洞宽和湿周。

$\varphi(\eta_1)$、$\varphi(\eta_2)$ 与 η_1、η_2 及水力指数 X 有关。

水力指数 X 计算式（4.1.45）为：

$$X = 2 \frac{\lg \dfrac{\bar{K}}{K_0}}{\lg \dfrac{\bar{h}}{h_0}} \tag{4.1.45}$$

$$\overline{K} = \overline{\omega C} \sqrt{R} \qquad (4.1.46)$$

$$K_0 = \omega_0 C_0 \sqrt{R_0} \qquad (4.1.47)$$

式中　$\overline{K}$——相对于平均水深 $\overline{h}$ 的流量模数，由式（4.1.46）计算；

　　　　K_0——相对于正常水深 h_0 的流量模数，由式（4.1.47）计算。

为了确定出口水深 h_2，需先计算水面曲线长度。计算时取 $h_1 = h_c$，h_2 须经试算求得。应注意当假设 h_2 数值时，要使 $h_2 < h_k$，经算出的 L_0 值，若大致等于闸后的涵管长度 L 时，则认为满足要求，反之应重新布置。

3）出口与下游渠道的连接。

a. 矩形消力池。在图 4.1.18 中，出口断面 I-I 的比能 T_0 按式（4.1.48）计算：

$$T_0 = P + h_2 + \frac{\alpha V_2^2}{2g} \qquad (4.1.48)$$

式中　P——明槽末端底高程与尾渠底高程之差。

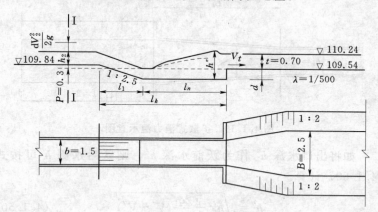

图 4.1.18　矩形消力池示意图

然后计算比值 $q^{3/2}/T_0$，再由水力计算手册查出 $h'/q^{3/2}$ 和 $h''/q^{3/2}$ 数值，则可立即算出跃前水深 h' 和跃后水深 h''。

若下游水深为 t 则：

当 $h'' < t$ 时，为淹没式水跃，可不设消力池。

当 $h'' > t$ 时，为远驱式水跃，需设置消力池。

消力池长度为： $L_k = (5 \sim 6)h''$

消力池深度为： $d = 1.25(h'' - t)$

对于流量较小的情祝，可直接把出口水深 h_2 作为跃前水深 h'。跃后水深 h'' 按式（4.1.49）计算：

$$h'' = \frac{h'}{2}\left(\sqrt{1 + \frac{8\alpha q^2}{gh'^3}} - 1\right) \qquad (4.1.49)$$

b. 扩散式消力池。对中小型水库的涵洞，采用扩散式消力池比较有利。可由涵洞出口宽度 b_1 直接扩散至渠道宽度 b_2（见图 4.1.19）。其扩散段长度等于 L_k。

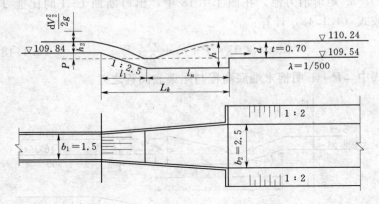

图 4.1.19　扩散式消力池示意图

如将出口水深 h_2 作为跃前水深 h'，则跃后水深 h'' 可按式（4.1.50）计算。

$$h'' = \sqrt{h'^2 + \frac{2q_1}{g}(V' - V'')} \qquad (4.1.50)$$

若 $h'' > t$，则需要设置消力池，反之可不设。消力池深度 $d = 1.25(h'' - t)$，消力池长度 $L_k = (4 \sim 7)h''$。

4.2 中小型堤防工程设计

堤防工程的建设，应统一标准和技术要求，做到技术先进、经济合理、安全适用，使堤防工程能有效地防御洪、潮水危害。本节主要对中小型堤防工程（2～5级）的各类新建、加固、扩建、改建工程的设计进行介绍。

堤防工程的设计，应以所在河流、湖泊、海岸带的综合规划或防洪、防潮专业规划为依据。城市堤防工程的设计，还应以城市总体规划为依据。在设计时，应具备可靠的气象水文、地形地貌、水系水域、地质及社会经济等基本资料。而堤防加固、扩建设计，还应具备堤防工程现状及运用情况等资料。

堤防工程设计应满足稳定、渗流、变形等方面要求堤防工程设计，应贯彻因地制宜、就地取材的原则，积极慎重地采用新技术、新工艺、新材料。

4.2.1 堤防工程的级别及设计标准

4.2.1.1 堤防工程的防洪标准及级别

堤防工程防护对象的防洪标准应按照《防洪标准》（GB 50201—2014）确定。堤防工程的防洪标准应根据防护区内防洪标准较高防护对象的防洪标准确定。堤防工程的级别应符合表 4.2.1 的规定。

表 4.2.1　　　　　　　　　堤防工程的级别

防洪标准［重现期（年）］	<100，且 ≥50	<50，且 ≥30	<30，且 ≥20	<20，且 ≥10
堤防工程的级别	2	3	4	5

遭受洪灾或失事后损失巨大，影响十分严重的堤防工程，其级别可适当提高；遭受洪灾或失事后损失及影响较小或使用期限较短的临时堤防工程，其级别可适当降低。采用高于或低于规定级别的堤防工程应报行业主管部门批准；当影响公共防洪安全

时，应同时报水行政主管部门批准。

海堤的乡村防护区，当人口密集、乡镇企业较发达、农作物高产或水产养殖产值较高时，其防洪标准可适当提高，海堤的级别亦相应提高。

蓄滞洪区堤防工程的防洪标准应根据批准的流域防洪规划或区域防洪规划的要求专门确定。

堤防工程上的闸、涵、泵站等建筑物及其他构筑物的设计防洪标准，不应低于堤防工程的防洪标准，并应留有适当的安全裕度。

4.2.1.2 安全加高值及稳定安全系数

(1) 堤防工程的安全加高值应根据堤防工程的级别和防浪要求，按表 4.2.2 的规定确定。

(2) 无黏性土防止渗透变形的允许坡降应以土的临界坡降除以安全系数确定，安全系数宜取 1.5～2.0。无试验资料时，无黏性土的允许坡降可按表 4.2.3 选用，有滤层时可适当提高。特别重要的堤段，其允许坡降应根据试验的临界坡降确定。

表 4.2.2　　　　　　　堤防工程的安全加高值

	堤防工程的级别	2	3	4	5
安全加高值 （m）	不允许越浪的堤防工程	0.8	0.7	0.6	0.5
	允许越浪的堤防工程	0.4	0.4	0.3	0.3

表 4.2.3　　　　　　　无黏性土允许坡降

渗透变形 型式	流土型			过渡型	管涌型	
	$C_u<3$	$3{\leqslant}C_u{\leqslant}5$	$C_u>5$		级配连续	级配不连续
允许坡降	0.25～ 0.35	0.35～ 0.50	0.50～ 0.80	0.25～ 0.40	0.15～ 0.25	0.10～ 0.15

注　1. C_u 为土的不均匀系数。

　　2. 表中的数值适用于渗流出口无滤层的情况。

土堤的抗滑稳定安全系数不应小于表 4.2.4 的规定。

144

表 4.2.4 土堤抗滑稳定安全系数

堤防工程的级别		2	3	4	5
安全系数	正常运用条件	1.25	1.20	1.15	1.10
	非正常运用条件	1.15	1.10	1.05	1.05

（3）滨海软弱堤基上的土堤的抗滑稳定安全系数，当难以达到规定数值时，经过论证，并报行业主管部门批准后，可以适当降低。

（4）防洪墙抗滑稳定安全系数，不应小于表 4.2.5 的规定。

表 4.2.5 防洪墙抗滑稳定安全系数

地基性质		岩基				土基			
堤防工程的级别		2	3	4	5	2	3	4	5
安全系数	正常运用条件	1.10	1.05	1.05	1.00	1.30	1.25	1.20	1.15
	非正常运用条件	1.05	1.00	1.00	1.00	1.15	1.10	1.05	1.05

（5）防洪墙抗倾稳定安全系数，不应小于表 4.2.6 的规定。

表 4.2.6 防洪墙抗倾稳定安全系数

堤防工程的级别		2	3	4	5
安全系数	正常运用条件	1.55	1.50	1.45	1.40
	非正常运用条件	1.45	1.40	1.35	1.30

4.2.2 基本资料

4.2.2.1 气象水文

中小型堤防工程（2～5 级）设计应具备气温、风况、蒸发、降水、水位、流量、流速、泥沙、潮汐、波浪、冰情、地下水等气象、水文资料。同时，中小型堤防工程设计应具备与工程有关地区的水系、水域分布、河势演变和冲淤变化等资料。

4.2.2.2 社会经济

（1）中小型堤防工程设计应具备堤防保护区及堤防工程区的

社会经济资料。其中堤防工程保护区的社会经济资料应包括下列内容：①面积、人口、耕地、城镇分布等社会概况；②农业、工矿企业、交通、能源、通信等行业的规模、资产、产量、产值等国民经济概况；③生态环境状况；④历史洪、潮灾害情况。

（2）堤防工程区的社会经济资料应包括：①土地、耕地面积，人口、房屋、固定资产等；②农林牧副、工矿企业、交通通信、文化教育等设施；③文物古迹、旅游设施等。

4.2.2.3 工程地形

中小型堤防工程不同设计阶段的地形测量资料应符合表4.2.7的规定。

表 4.2.7　　　　　　　堤防工程各设计阶段的测图要求

图别	工作阶段或设计阶段	比例尺	图幅范围及断面间距	备　注
地形图	选线	1：10000～1：50000	—	砂土堤基背水侧应宽些。如临水侧为侵蚀性滩岸，应扩至深乱或侵蚀线外
	定线	1：1000～1：10000	自堤中心线向两侧带状展开各100～300m	
纵断面图	初步设计	竖向1：100～1：200　横向1：10000～1：50000		堤线长度超过100km时，横向比例尺可采用1：50000～1：100000
横断面图	初步设计	竖向1：100　横向1：500～1：1000	每50～200m一个断面，测宽200～500m	曲线段断面间距宜缩小。横断面宽度超过500m时，横向比例尺可采用1：2000。老堤加固横向比例尺亦可采用1：200

对于新建中小型堤防工程而言，应提供堤中心线的纵断面

图；对于加固、扩建工程，应同时提供堤顶及临、背堤脚线的纵断面图。

4.2.2.4 工程地质

（1）2级和3级堤防工程设计的工程地质及筑堤材料资料，应符合《堤防工程地质勘察规程》（SL 188—2005）的规定。4级和5级堤防工程设计的工程地质及筑堤材料资料，可适当简化。有条件时也可引用附近地区工程相关资料。

（2）堤防工程设计应充分利用已有的堤防工程及堤线上修建工程的地质勘测资料。并应收集险工地段的历史和现状险情资料，查清历史溃口堤段的范围、地层和堵口材料等情况。

（3）2～5级堤防工程地质勘查技术及相关要求详见本书第2章有关内容。

4.2.3 堤线布置及堤型选择

4.2.3.1 堤线布置

（1）堤线布置应根据防洪规划，地形、地质条件，河流或海岸线变迁，结合现有及拟建建筑物的位置、施工条件、已有工程状况以及征地拆迁、文物保护、行政区划等因素，经过技术经济比较后综合分析确定。

（2）堤线布置应遵循下列原则：①河堤堤线应与河势流向相适应，并与大洪水的主流线大致平行。一个河段两岸堤防的间距或一岸高地一岸堤防之间的距离应大致相等，不宜突然放大或缩小；②堤线应力求平顺，各堤段平缓连接，不得采用折线或急弯；③堤防工程应尽可能利用现有堤防和有利地形，修筑在土质较好、比较稳定的滩岸上，留有适当宽度的滩地，尽可能避开软弱地基、深水地带、古河道、强透水地基；④堤线应布置在占压耕地、拆迁房屋等建筑物少的地带，避开文物遗址，利于防汛抢险和工程管理；⑤湖堤、海堤应尽可能避开强风或暴潮正面袭击。海涂围堤、河口堤防及其他重要堤段的堤线布置应与地区经济社会发展规划相协调，并应分析论证对生态环境和社会经济的影响。必要时应作模型试验。

4.2.3.2 河堤堤距的确定

新建的 2~5 级河堤的堤距应根据流域防洪规划分河段确定，上下游、左右岸应统筹兼顾。河堤堤距应根据河道的地形、地质条件，水文泥沙特性，河床演变特点，冲淤变化规律，不同堤距的技术经济指标，综合权衡有关自然因素和社会因素后分析确定。

在确定河堤堤距时，应根据社会经济发展的要求，现有水文资料系列的局限性、滩区长期的滞洪、淤积作用及生态环境保护等，留有余地。当受山嘴、矶头或其他建筑物、构筑物等影响，排洪能力明显小于上、下游的窄河段，应采取展宽堤距或清除障碍的措施。

4.2.3.3 堤型的选择

堤防工程的型式应按照因地制宜、就地取材的原则，根据堤段所在的地理位置、重要程度、堤址地质、筑堤材料、水流及风浪特性、施工条件、运用和管理要求、环境景观、工程造价等因素，经过技术经济比较，综合确定。

根据筑堤材料，可选择土堤、石堤、混凝土或钢筋混凝土防洪墙、分区填筑的混合材料堤等；根据堤身断面型式，可选择斜坡式堤、直墙式堤或直斜复合式堤等；根据防渗体设计，可选择均质土堤、斜墙式或心墙式土堤等。

同一堤线的各堤段可根据具体条件采用不同的堤型。在堤型变换处应做好连接处理，必要时应设过渡段。

4.2.4 堤基处理
4.2.4.1 一般要求

堤基处理应根据堤防工程级别、堤高、堤基条件和渗流控制要求，选择经济合理的方案。堤基处理应满足渗流控制、稳定和变形的以下要求。

（1）渗流控制应保证堤基及背水侧堤脚外土层的渗透稳定。

（2）堤基稳定应进行静力稳定计算。按抗震要求设防的堤防，其堤基还应进行动力稳定计算。

（3）竣工后堤基和堤身的总沉降量和不均匀沉降量应不影响堤防的安全运用。

（4）对堤基中的暗沟、故河道、塌陷区、动物巢穴、墓坑、窑洞、坑塘、井窖、房基、杂填土等隐患，应探明并应采取处理措施。

4.2.4.2 软弱堤基处理

（1）软黏土、湿陷性黄土、易液化上、膨胀土、泥炭土和分散性黏土等软弱堤基的物理力学特性和抗渗强度及可能对工程产生的影响，应进行研究。

（2）软黏土堤基的处理措施：对浅埋的薄层软黏土宜挖除；当厚度较大难以挖除或挖除不经济时，可采用铺垫透水材料加速排水和扩散应力、在堤脚外设置压载、打排水井或塑料排水带、放缓堤坡、控制施工加荷速率等方法处理。垫层、排水井、压载等的计算应按本章堤基处理计算的相关要求进行。

（3）软黏土堤基当采用铺垫透水材料加速软土排水固结时，其透水材料可使用砂砾、碎石、上工织物，或两者结合使用。在防渗体部位，应避免造成渗流通道。

（4）在软黏土堤基上采用连续施工法修筑堤防，当填筑高度达到或超过软土堤基能承载的高度时，可在堤脚外设置压载。一级压载不满足要求时可采用两级压载，压载的高度和宽度应由稳定计算确定。

（5）软黏土堤基可采用排水砂井和塑料排水带等加速固结，排水井应与透水垫层结合使用。

（6）在软黏上层下有承压水时，应防止排水井穿透软土层。

（7）在软黏土地基上筑堤可采用控制填土速率方法。填土速率和间歇时间应通过计算、试验或结合类似工程分析确定。

（8）在软黏土地基上修筑重要的堤防，可采用振冲法或搅拌桩等方法加固堤基。

（9）在湿陷性黄土地基上修筑堤防，可采用预先浸水法或表面重锤夯实法处理。在强湿陷性黄土地基上修建较高的或重要的堤防，应专门研究处理措施。

（10）有抗震要求的堤防，应按《水工建筑物抗震设计规范》（SL 203—97）的有关规定执行。

（11）对于必须处理的可液化的土层，当挖除有困难或挖除不经济时，可采取人工加密的措施处理。对于浅层的可液化土层，可采用表面振动压密等措施处理；对于深层的可液化土层，可采用振冲、强夯、设置砂石桩加强堤基排水等方法处理。

（12）泥炭土如无法避开而又不可能挖除时，应根据泥炭土的压缩性采取相应的措施，有条件时，应进行室内试验和试验性填筑。

（13）膨胀土堤基，在查清膨胀土性质和分布范围的基础上，可采用挖除、围封、压载等方法处理。

（14）分散性黏土堤基，在堤身防渗体以下部分应掺入石灰，石灰掺量应根据土质情况由试验确定，其重量比可采用 2%～4%，均质土堤处理深度可采用 0.2～0.3m；心墙或斜墙土石堤在防渗体下可采用 1.0～1.2m。在非防渗体部位可采用满足保护分散性黏土要求的滤层。

4.2.4.3 透水堤基处理

（1）浅层透水堤基宜采用黏性上截水槽或其他垂直防渗措施截渗。截水槽底部应达到相对不透水层，截水槽宜采用与堤身防渗体相同的土料填筑，其压实密度不应小于堤体的同类土料。截水槽的底宽，应根据回填土料、下卧的相对不透水层的允许渗透坡降及施工条件确定。

（2）相对不透水层埋藏较深、透水层较厚印尚水侧有稳定滩地的堤基宜采用铺盖防渗措施。铺盖的长度和断面应通过计算确定。计算时，应计算下卧层及铺盖本身的渗透稳定。当利用天然弱透水层作为防渗铺盖时，应查明天然弱透水层及下卧透水层的分布、厚度、级配、渗透系数和允许渗透坡降等情况，在天然铺盖不足的部位应采用人工铺盖补强措施。在缺乏做铺盖土料的地方，可采用土工膜或复合土工膜，在表面应设保护层及排气排水系统。

（3）深厚透水堤基上的重要堤段，可设置黏土、土工膜、固化灰浆、混凝土、塑性混凝土、沥青混凝土等地下截渗墙，截渗墙的深度和厚度应满足堤基和墙体材料允许渗透坡降的要求。

（4）特别重要的堤段需要在砂砾石堤基内建造灌浆帷幕时，应通过室内及现场试验确定堤基的可灌性。对于粒状材料浆体可灌性差的堤基，可采用化学浆材灌浆，或在粒状材料施灌后再灌化学浆材。采用灌浆帷幕时，可按《水工建筑物水泥灌浆施工技术规范》（DL/T 5148—2001）的有关规定执行。

4.2.4.4 多层堤基处理

（1）多层堤基处理措施可采用堤背水侧加盖重、排水减压沟、排水减压井等措施。处理措施，可单独使用，也可结合使用。

（2）表层弱透水层较厚的堤基，宜采用盖重措施处理。盖重宜采用透水材料。计算方法见本章堤基处理计算部分。

（3）表层弱透水覆盖层较薄的堤基如下卧的透水层基本均匀，且厚度足够时，宜采用排水减压沟。排水减压沟可采用明沟，也可用暗沟。暗沟可采用砂石、土工织物、开孔管等。

（4）弱透水覆盖层下卧的透水层呈层状沉积，各向异性，且强透水层位于地基下部，或其间夹有黏土薄层和透镜体，宜采用排水减压井，应根据渗流控制要求和地层情况，结合施工等因素，合理确定井距和井深。

（5）排水减压沟、排水减压井的平面位置宜靠近堤防背水侧坡脚。

（6）设置排水减压沟、排水减压井后，应复核堤基及渗流出口的渗透坡降。当超过允许渗透坡降，应采取其他防渗和反滤等措施。防渗、反滤可用天然材料或土工膜、土工织物等。

4.2.4.5 岩石堤基的防渗处理

（1）岩石堤基，当有下列情况之一的，应进行防渗处理。强风化或裂隙发育的岩石，可能使岩石或堤体受到渗透破坏的，或因岩溶等原因，渗水量过大，可能危及堤防安全的。

（2）当岩石堤基强烈风化可能使岩石堤基或堤身受到渗透破坏时，防渗体下的岩石裂隙应采用砂浆或混凝土封堵，并应在防渗体下游设置滤层。非防渗体下宜采用滤料覆盖。

（3）岩溶地区，在查清情况的基础上，应根据当地材料的情况，填塞漏水通道，必要时，可加设防渗铺盖。

（4）岩石堤基上的堤段当设置灌浆帷幕时，可按《水工建筑物水泥灌浆施工技术规范》（DL/T 5148—2001）的规定执行。

4.2.5 堤身设计

4.2.5.1 一般要求

（1）堤身结构应经济实用、就地取材、便于施工，并应满足防汛和管理的要求。

（2）堤身设计应依据堤基条件、筑堤材料及运行要求分段进行。堤身各部位的结构与尺寸，应经稳定计算和技术经济比较后确定。

（3）土堤堤身设计应包括确定堤身断面布置、填筑标准、堤顶高程、堤顶结构、堤坡与戗台、护坡与坡面排水、防渗与排水设施等。防洪墙设计应包括确定墙身结构型式、墙顶高程和基础轮廓尺寸及防渗、排水设施等。

（4）通过故河道、堤防决口堵复、海堤港汊堵口等地段的堤身断面，应根据水流、堤基、施工方法及筑堤材料等条件，结合各地的实践经验，经专门研究后确定。

4.2.5.2 筑堤材料与土堤填筑标准

（1）土料、石料及砂砾料等筑堤材料的选择应符合下列规定。

1）土料：均质土堤宜选用亚黏土，黏粒含量宜为 15％～30％，塑料指数宜为 10～20，且不得含植物根茎、砖瓦垃圾等杂质；填筑土料含水率与最优含水率的允许偏差为±3％；铺盖、心墙、斜墙等防渗体宜选用黏性较大的土；堤后盖重宜选用砂性上。

2）石料：抗风化性能好，冻融损失率小于1%；砌墙石块质量可采用50~150kg，堤的护坡石块质量可采用30~50kg；石料外形宜为有砌面的长方体，边长比宜小于4。

3）砂砾料：耐风化、水稳定性好；含泥量宜小于5%。

4）混凝土骨料应符合国家现行标准《水利水电工程天然建筑材料勘察规程》（SL 251—2000）的有关规定。

（2）下列土不宜作堤身填筑土料，当需要时，应采取相应的处理措施。

1）淤泥或自然含水率高且黏粒含量过多的黏土。

2）粉细砂。

3）冻土块。

4）水稳定性差的膨胀土、分散性土等。

（3）采取对土料加工处理或降低设计干密度、加大堤身断面和放缓边坡等措施时，应经技术经济比较后确定。

（4）土堤的填筑密度，应根据堤防级别、堤身结构、土料特性、自然条件、施工机具及施工方法等因素，综合分析确定。

（5）黏性土土堤的填筑标准应按压实度确定。压实度值应符合下列规定：①2级和高度超过6m的3级堤防不应小于0.92；②3级以下及低于6m的3级堤防不应小于0.90。

（6）无黏性土土堤的填筑标准应按相对密度确定，2级和高度超过6m的3级堤防不应小于0.65；低于6m的3级及3级以下堤防不应小于0.60。有抗震要求的堤防应按《水工建筑物抗震设计规范》（DL 5073—2000）的有关规定执行。

（7）溃口堵复、港汊堵口、水中筑堤、软弱堤基上的土堤，设计填筑密度应根据采用的施工方法、土料性质等条件并结合已建成的类似堤防工程的填筑密度分析确定。

4.2.5.3 堤顶高程

（1）堤顶高程应按设计洪水位或设计高潮位加堤顶超高确定。设计洪水位按国家现行有关标准的规定计算。设计高潮位应按本章设计潮水位计算部分进行。堤顶超高应按式（4.2.1）计算确定。其中 2 级堤防的堤顶超高值不应小于 2.0m。

$$Y=R+e+A \tag{4.2.1}$$

式中　　Y——堤顶超高，m；

　　　　R——设计波浪爬高，m，可按本章波浪计算确定；

　　　　e——设计风雍增水高度，m，可按本章波浪计算确定，对于海堤，当设计高潮位中包括风奎增水高度时，不另计；

　　　　A——安全加高，m，按表 4.2.2 确定。

（2）流水期易发生冰塞、冰坝的河段，堤顶高程除应按式（4.2.1）计算外，尚应根据历史凌汛水位和风浪情况进行专门分析论证后确定。

（3）当土堤临水侧堤肩设有稳定、坚固的防浪墙时，防浪墙顶高程计算应采用式（4.2.1），但土堤顶面高程应高出设计静水位 0.5m 以上。

（4）土堤应预留沉降量。沉降量可根据堤基地质、堤身土质及填筑密实度等因素分析确定，宜取堤高的 3%～8%。当有下列情况之一时，沉降量应按第 4.8.3 小节的规定计算：①土堤高度大于 10m；②堤基为软弱土层；③非压实土堤；④压实度较低的土堤。

4.2.5.4　土堤堤顶结构

（1）堤顶宽度应根据防汛、管理、施工、构造及其他要求确定。2 级堤防不宜小于 6m；3 级及以下堤防不宜小于 3m。

（2）根据防汛交通、存放料物等需要，应在顶宽以外设置回车场、避车道、存料场，其具体布置及尺寸可根据需要确定。

（3）根据防汛、管理和群众生产的需要，应设置上堤坡道。上堤坡道的位置、坡度、顶宽、结构等可根据需要确定。临水侧坡道，宜顺水流方向布置。

（4）堤顶路面结构，应根据防汛、管理的要求，并结合一堤身土质、气象等条件进行选择。

（5）堤顶应向一侧或两侧倾斜，坡度宜采用 2%～3%。

（6）因受筑堤土源及场地的限制，可修建防浪墙。防浪墙的结构，可采用干砌石勾缝、浆砌石、混凝土等。防浪墙净高不宜超过 1.2m，埋置深度应满足稳定和抗冻要求。风浪大的海堤、湖堤的防浪墙临水侧宜做成带反浪曲面。防浪墙应设置变形缝，并应进行强度和稳定性核算。

4.2.5.5 堤坡与戗台

（1）堤坡应根据堤防等级、堤身结构、堤基、筑堤土质、风浪情况、护坡型式、堤高、施工及运用条件，经稳定计算确定。2 级土堤的堤坡不宜陡于 1∶3.0。海堤临水侧应按其防护型式，确定其坡度。

（2）戗台应根据堤身稳定、管理、排水、施工的需要分析确定。堤高超过 6m 者，背水侧宜设置戗台，戗台的宽度不宜小于 1.5m。

（3）风浪大的海堤、湖堤临水侧宜设置消浪平台，其宽度可为波高的 1～2 倍，但不宜小于 3m。海堤消浪平台的高程，可为设计高潮位或略低于设计高潮位。对重要的海堤，其消浪平台的高程和尺寸，应经试验确定。消浪平台应采用浆砌大块石、竖砌条石、现浇混凝土等进行防护。

4.2.5.6 护坡与坡面排水

（1）护坡应坚固耐久、就地取材、利于施工和维修。对不同堤段或同一坡面的不同部位可选用不同的护坡型式。

（2）临水侧护坡的型式应根据风浪大小、近堤水流、潮流情况，结合堤的等级、堤高、堤身与堤基土质等因素确定。通航河流船行波作用较强烈的堤段，护坡设计应考虑其作用和影响。背水侧护坡的型式应根据当地的暴雨强度、越浪要求，并结合堤高和土质情况确定。

（3）2 级土堤水流冲刷或风浪作用强烈的堤段，临水侧坡面，宜采用砌石、混凝土或土工织物模袋混凝土护坡。2 级堤防背水坡和其他堤防的临水坡，可采用水泥土、草皮等护坡。

（4）砌石护坡的结构尺寸应按《堤防工程设计规范》GB

50286—2013 附录 B.4 的相关规定进行计算。高度低于 3m 的 2 级堤防或 3 级及以下堤防，可按已建同类堤防的护坡选定。

（5）水泥土、砌石、混凝土护坡与土体之间必须设置垫层。垫层可采用砂、砾石或碎石、石渣和土工织物，砂石垫层厚度不应小于 0.1m。风浪大的海堤、湖堤的护坡垫层，可适当加厚。

（6）水泥土、浆砌石、混凝土等护坡应设置排水孔，孔径可为 50～100mm。孔距可为 2～3m，宜呈梅花型布置。浆砌石、混凝土护坡应设置变形缝。

（7）砌石与混凝土护坡在堤脚、俄台或消浪平台两侧或改变坡度处，均应设置基座，堤脚处基座埋深不宜小于 0.5m，护坡与堤顶相交处应牢固封顶，封顶宽度可为 0.5～1.0m。

（8）海堤临水侧的防护可采用斜坡式、陡墙式或复合式结构，并应根据堤身、堤基、堤前水深、风浪大小以及材料、施工等因素经技术经济比较确定。陡墙式宜采用重力挡·土墙结构，其断面尺寸应由稳定和强度计算确定。砌置深度不宜小于 1.0m，墙与土体之间应设置过渡层，过渡层可由砂砾、碎石或石渣填筑，其厚度可为 0.5～1.0m。复合式护坡宜结合变坡设置平台，平台的高程应根据消浪要求确定。

（9）风浪强烈的海堤临水侧坡面的防护宜采用混凝土或钢筋混凝土异型块体，异型块体的结构及布置可根据消浪的要求，经计算确定。重要堤段应通过试验确定。

（10）高于 6m 的土堤受雨水冲刷严重时，宜在堤顶、堤坡、堤脚以及堤坡与山坡或其他建筑物结合部设置排水设施。

（11）平行堤轴线的排水沟可设在戗台内侧或近堤脚处。坡面竖向排水沟可每隔 50～100m 设置一条，并应与平行堤轴向的排水沟连通。排水沟可采用预制混凝土或块石砌筑，其尺寸与底坡坡度应由计算或结合已有工程的经验确定。

4.2.5.7 防渗与排水设施

（1）堤身防渗的结构型式，应根据渗流计算及技术经济比较合理确定。堤身防渗可采用心墙、斜墙等型式。防渗材料可采用黏土、混凝土、沥青混凝土、土工膜等材料。堤身排水可采用伸入背水坡脚或贴坡滤层。滤层材料可采用砂、砾料或土工织物等材料。

（2）堤身的防渗体应满足渗透稳定以及施工与构造的要求。

（3）堤身的防渗与排水体的布设应与堤基防渗与排水设施统筹布置，并应使两者紧密结合。

（4）防渗体的顶部应高出设计水位 0.5m。

（5）土质防渗体的断面，应自上而下逐渐加厚。其顶部最小水平宽度不宜小于 lm，底部厚度不宜小于堤前设计水深的 1/4。砂、砾石排水体的厚度或顶宽不宜小于 1.0m。

（6）土质防渗体的顶部和斜墙的临水侧应设置保护层。保护层的厚度不应小于当地冻结深度。

（7）沥青混凝土或混凝土防渗体可采用面板或心墙等型式。防渗体和填筑体之间应设置垫层或过渡层。

（8）土工膜与土工织物用作土石堤的防渗与排水材料时，其性能应满足强度、渗透性和抗老化等要求。表面应加保护。

4.2.5.8　防洪墙

（1）城市、工矿区等修建土堤受限制的地段，宜采用防洪墙。防洪墙宜采用钢筋混凝土结构。当高度不大时，可采用混凝土或浆砌石结构。

（2）防洪墙应按《堤防工程设计规范》（GB 50286—98）第 8 章规定进行抗倾、抗滑和地基整体稳定计算。地基应力应满足地基允许承载力的要求。地基承载力不足时，应对地基进行加固。

防洪墙应满足强度和抗渗要求。结构强度计算应按《水工混凝土结构设计规范》（SL 191—2008）的有关规定执行。基底渗流轮廓应满足地基渗透稳定要求。

防洪墙基础埋置深度应满足抗冲刷和冻结深度的要求。

防洪墙应设置变形缝，钢筋混凝土墙缝距宜为 15～20m，混凝土及浆砌石墙宜为 10～15m。地基土质、墙高、外部荷载、墙体断面结构变化处，应增设变形缝。变形缝应设止水。

4.2.6 堤岸防护

4.2.6.1 一般要求

（1）堤岸受风浪、水流、潮汐作用可能发生冲刷破坏的堤段，应采取防护措施。

（2）堤岸防护工程的设计应统筹兼顾，合理布局，并宜采用工程措施与生物措施相结合的防护方法。

（3）根据风浪、水流、潮汐、船行波作用、地质、地形情况、施工条件、运用要求等因素，堤岸防护工程可选用下列型式：①坡式护岸；②坝式护岸；③墙式护岸；④其他防护型式。

（4）堤岸防护工程的结构、材料应符合下列要求：①坚固耐久，抗冲刷、抗磨损性能强；②适应河床变形能力强；③便于施工、修复、加固；④就地取材，经济合理。

（5）堤岸防护长度，应根据风浪、水流、潮汐及堤岸崩塌趋势等分析确定。

（6）堤岸顶部的防护范围，应符合下列规定：①险工段的坝式护岸顶部应超过设计洪水位 0.5m 及以上；②堤前有窄滩的防护工程顶部应与滩面相平或略高于滩面。

（7）堤岸防护工程的护脚延伸范围应符合下列规定：①在深乱逼岸段应延伸至深乱线，并应满足河床最大冲刷深度的要求。②在水流平顺段可护至坡度为 1:3～1:4 的缓坡河床处；③堤岸防护工程的护脚工程顶部平台应高于枯水位 0.5～1.0m。

（8）堤岸防护工程与堤身防护工程的连接应良好。

（9）防冲及稳定加固储备的石方量，应根据河床可能冲刷的深度、岸床土质情况、防汛抢险需要及已建工程经验确定。河床可能最大冲刷深度应按 GB 50286—98 附录 B.4 节相关规定计算。

4.2.6.2 坡式护岸

（1）坡式护岸的上部护坡的结构型式，应符合本章第4.2.5.6 节的有关规定。下部护脚部分的结构型式应根据岸坡情况、水流条件和材料来源，采用抛石、石笼、沉排、土工织物枕、模袋混凝土块体、混凝土、钢筋混凝土块体、混合型式等，经技术经济比较选定。

（2）抛石护岸应满足下列要求：①抛石粒径应根据水深、流速、风浪情况，按 GB 50286—98 附录 B.4 节有关规定计算或根据已建工程分析确定；②抛石厚度不宜小于抛石粒径的 2 倍，水深流急处宜增大；③抛石护岸坡度宜缓于 1：1.5。

（3）柴枕护脚应满足下列要求：①柴枕抛护其上端应在多年平均最低水位处，其上应加抛接坡石。柴枕外脚应加抛压脚大块石或石笼等；②柴枕的规格根据防护要求和施工条件，枕长可为 10～15m，枕径可为 0.5～1.0m，柴、石体积比宜为 7：3，柴枕可为单层抛护，也可根据需要抛两层或三层。

（4）柴排护脚应满足下列要求：①采用柴排护脚，其岸坡不应陡于 1：2.5，排体上端应在多年平均最低水位处；②柴排垂直流向的排体长度应满足在河床发生最大冲刷时，在排体下沉后仍能保持缓于 1：2.5 的坡度；③相邻排体之间应相互搭接，其搭接长度宜为 1.5～2.0m。

（5）土工织物枕及土工织物软体排可根据水深、流速、岸床土质情况采用单个土工织物枕抛护，3～5 个土工织物枕抛护及土工织物枕与土工织物垫层构成软体排型式防护，并应符合下列要求：①土工织物材料应具有高强度、抗拉、抗磨、耐酸碱等性能，孔径应满足防渗、反滤要求；②当护岸土体自然坡度陡于 1：2.0，坡面不平顺有大的坑洼起伏及块石等尖锐物时不宜采用土工织物枕及土工织物软体排护岸；③土工织物枕、土工织物排的首部应在多年平均最低水位以下；④土工织物软体排垂直流向的排体长度应满足在河床发生最大冲刷时，排体随河床变形后坡度不陡于 1：2.5。

（6）土工织物软体排垫层顺水流向的搭接宽度不宜小于 1.0m，并采用顺水流方向上游垫布压下游垫布的搭接方式。

（7）铰链式混凝土板土工织物排应满足下列要求：①排首应

位于多年平均最低水位处；②混凝土板厚度应根据水深、流速经压载防冲稳定计算确定；③顺水流向沉排宽度应根据沉排规模、施工技术要求确定；④土工织物垫层的搭接宽度可采用 1.5～2.0m；⑤沉排排首可用钢链挂在固定的堤顶桩墩上，排尾端可加压重混凝土板。

4.2.6.3 坝式护岸

（1）坝式护岸布置可选用丁坝、顺坝及丁、顺坝相结合的"厂"字形坝等型式。坝式护岸按结构材料、坝高及与水流、潮流流向关系，可选用透水、不透水；淹没、非淹没；上挑、正挑、下挑等型式。

（2）坝式护岸工程应按治理要求依堤岸修建。丁坝坝头的位置应在规划的治导线上，并宜成组布置。顺坝应沿治导线布置。

（3）丁坝的平面布置应根据整治规划、水流流势、河岸冲刷情况和已建同类工程的经验确定，必要时，应通过河工模型试验验证。丁坝的平面布置应符合下列要求：①丁坝的长度应根据堤岸、滩岸与治导线距离确定；②丁坝的间距可为坝长的 1～3 倍，处于治导线四岸以外位置的丁坝及海堤的促淤丁坝的间距可增大；③非淹没丁坝宜采用下挑型式布置，坝轴线与水流流向的夹角可采用 30°～60°，强潮海岸的丁坝，其坝轴线宜垂直干强潮流方向。

（4）不透水丁坝，可采用抛石丁坝、土心丁坝、沉排丁坝等结构型式。丁坝坝顶的宽度、坝的上下游坡度、结构尺寸应根据水流条件、运用要求、稳定需要、已建同类工程的经验分析确定，并应符合下列要求：①抛石丁坝坝顶的宽度宜采用 1.0～3.0m，坝的上下游坡度不宜陡于 1∶1.5；②土心丁坝坝顶的宽度宜采用 5～10m，坝的上下游护砌坡度宜缓于 1∶1。护砌厚度可采用 0.5～1.0m，重要堤段应按 GB 50286—98 附录 B.4 节计算分析确定；③沉排叠砌的沉排丁坝的顶宽宜采用 2～4m，坝的上下游坡度宜采用 1∶1～1∶1.5；④护底层的沉排宽度应加宽，其宽度应能满足河床最大冲刷深度的要求；⑤土心丁坝在土与护坡之间应设置垫层，根据反滤要求，可采用砂石垫层或土工织物垫层，砂石垫层厚度宜大于 0.1m，土工织物垫层的上面宜铺薄层砂卵石保护。

（5）在中细砂组成的河床或在水深流急处修建不透水坝式护岸工程宜采用沉排护底，坝头部分应加大护底范围，铺设的沉排宽度应满足河床产生最大冲刷的情况下坝体不受破坏。

（6）对不透水淹没丁坝的坝顶面，宜做成坝根斜向河心的纵坡，其坡度可为 1%～3%。

4.2.6.4 墙式护岸

（1）对河道狭窄、堤外无滩易受水流冲刷、保护对象重要、受地形条件或已建建筑物限制的塌岸堤段宜采用墙式护岸。

（2）墙式护岸的结构型式，临水侧可采用直立式、陡坡式，背水侧可采用直立式、斜坡式、折线式、卸荷台阶式等型式。墙体结构材料可采用钢筋混凝土、混凝土、浆砌石等，断面尺寸及墙基嵌入堤岸坡脚的深度应根据具体情况及堤身和堤岸整体稳定计算分析确定。在水流冲刷严重的堤段，应加强护基措施。

（3）墙式护岸在墙后与岸坡之间可回填砂砾石。墙体应设置排水孔，排水孔处应设置反滤层。在风浪冲刷严重的堤段，墙后回填体的顶面应采取防冲措施。

（4）墙式护岸沿长度方向应设置变形缝，分缝间距：钢筋混凝土结构可为 20m，混凝土结构可为 15m，浆砌石结构可为 10m。在堤基条件改变处应增设变形缝，并作防渗处理。

（5）墙式护岸墙基可采用地下连续墙、沉井或桩基，结构可采用钢筋混凝土或少筋混凝土，其断面结构尺寸应根据结构应力分析计算而确定。

4.2.6.5 其他防护型式

（1）可采用桩式护岸维护陡岸的稳定、保护堤脚不受强烈水流的淘刷、促淤保堤。

（2）桩式护岸的材料可采用木桩、钢桩、预制钢筋混凝土桩、大孔径钢筋混凝土管桩等。

（3）桩的长度、直径、入土深度、桩距、材料、结构等应根据水深、流速、泥沙、地质等情况通过计算或已建工程运用经验分析确定。

（4）桩的布置可采用 1～3 排桩，按需要选择丁坝、顺坝、"厂"字形坝型。排距可采用 2～4m。同一排桩的桩与桩之间可采用透水式、不透水式。透水式桩间应以横梁联系并挂尼龙网、铅丝网、竹柳编篱等构成屏蔽式桩坝。桩间及桩与堤脚之间可抛块石、混凝土预制块等护桩护底防

（5）具有卵石、砂卵石河床的中、小型河流在水浅流缓处可采用马搓坝。马搓坝可采用木、竹、钢、钢筋混凝土杆件做马搓支架。根据水深、流速、防护要求不同，可选择填筑块石或土砂、石等构成透水或不透水的马搓坝。

（6）有条件的岸、滩应采取植树、植草等生物防护措施，可设置防浪林台、防浪林带、草皮护坡等。防浪林台及林带的宽度，树的行距、株距应根据水势、水位、流速、风浪情况确定并应满足消浪、促淤、固土保堤等要求。

（7）用于堤岸防护的树、草品种应根据当地的气候、水文、地势、土壤等条件及环保要求选择，并应满足枝叶繁茂、扎根深及抗冲、抗淹、抗盐性能强等要求。

4.2.7 堤防稳定计算

4.2.7.1 渗流及渗透稳定计算

（1）河堤、湖堤应进行渗流及渗透稳定计算，计算求得渗流场内的水头、压力、坡降、渗流量等水力要素，进行渗透稳定分析，并应选择经济合理的防渗、排渗设计方案或加固补强方案。海堤的渗流计算宜根据实际情况决定。

（2）土堤渗流计算断面应具有代表性，并应进行下列计算。①应核算在设计洪水或设计高潮持续时间内浸润线的位置，当在背水侧堤坡逸出时，应计算出逸点的位置、逸出段与背水侧堤基表面的出逸比降；②当堤身、堤基土渗透系数 $K \geqslant 10^{-3}$ cm/s 时，应计算渗流量；③应计算洪水或潮水水位降落时临水侧堤身内的

自由水位。

（3）河、湖的堤防渗流计算应计算下列水位的组合。①临水侧为设计洪水位，背水侧为相应水位；②临水侧为设计洪水位，背水侧为低水位或无水；③洪水降落时对临水侧堤坡稳定最不利的情况。

（4）海堤或感潮河流河口段的堤防渗流计算应计算下列水位的组合：①以设计潮水位或台风期大潮平均高潮位作为临海侧水位，背海侧水位为相应的水位、低水位或无水等情况；②以大潮平均高潮位计算渗流浸润线；③以平均潮位计算渗流量；④潮位降落时对临水侧堤坡稳定最不利的情况。

（5）进行渗流计算时，对比较复杂的地基情况可作适当简化，并按下列规定进行：①对于渗透系数相差 5 倍以内的相邻薄土层可视为一层，采用加权平均的渗透系数作为计算依据；②双层结构地基，当下卧土层的渗透系数比上层的渗透系数小 100 倍及以上时，可将下卧土层视为不透水层；表层为弱透水层时，可按双层地基计算；③当直接与堤底连接的地基土层的渗透系数比堤身的渗透系数大 100 倍及以上时，可认为堤身不透水，仅对堤基按有压流进行渗透计算，堤身浸润线的位置可根据地基中的压力水头确定。

（6）渗透稳定应进行以下判断和计算：①土的渗透变形类型；②堤身和堤基土体的渗透稳定；③进行堤防背水侧渗流出逸段的渗透稳定。

（7）土的渗透变形类型的判定应按《水利水电工程地质勘察规范》（GB 50287—2006）的有关规定执行。

（8）背水侧堤坡及地基表面逸出段的渗流比降应小于允许比降；当出逸比降大于允许比降，应设置反滤层、压重等保护措施。

4.2.7.2 抗滑稳定计算

（1）抗滑稳定计算应根据不同堤段的防洪任务、工程等级、地形地质条件，结合堤身的结构型式、高度和填筑材料等因素选择有代表性断面进行。

（2）土堤抗滑稳定计算可分为正常情况和非常情况。

1）正常情况稳定计算应包括下列内容：设计洪水位下的稳定渗流期或不稳定渗流期的背水侧堤坡；设计洪水位骤降期的临水侧堤坡。

2）非常情况稳定计算应包括下列内容：施工期的临水、背水侧堤坡；多年平均水位时遭遇地震的临水、背水侧堤坡。

（3）多雨地区的土堤，应根据填筑土的渗透和堤坡防护条件，核算长期降雨期堤坡的抗滑稳定性，其安全系数可按非常情况采用。土堤抗滑稳定计算可采用瑞典圆弧滑动法。当堤基存在较薄软弱土层时，宜采用改良圆弧法。土堤抗滑稳定计算应符合 GB 50286—2013 附录 B.6 节的规定，其抗滑稳定的安全系数不应小于表 B-3 规定的数值。

（4）土的抗剪强度应根据各种运用条件选用，并应符合 GB 50286—2013 附录 B.6 节中表 B-3 的规定。

（5）作用在防洪墙上的荷载可分为基本荷载和特殊荷载两类。①基本荷载：应包括自重；设计洪水位时（或多年平均水位）的静水压力、扬压力及风浪压力；土压力；冰压力；其他出现机会较多的荷载；②特殊荷载：应包括地震荷载；其他出现机会较少的荷载。

（6）防洪墙设计的荷载组合可分为正常情况和非常情况两类。正常情况由基本荷载组合；非常情况由基本荷载和一种或几种特殊荷载组合。根据各种荷载同时出现的可能性，选择不利的情况进行计算。防洪墙的抗滑和抗倾稳定安全系数计算应符合本书第 B.6 节的有关规定。其安全系数不应小于表 4.2.5 和表 4.2.6 规定的数值。

（7）防洪墙在各种荷载组合的情况下，基底的最大压应力应小于地基的允许承载力。土基上的防洪墙基底的压应力最大值与最小值之比的允许值，黏土宜取 1.5～2.5；砂土宜取 2～3。岩基上的防洪墙基底不应出现拉应力。土基上的防洪墙除计算堤身或沿基底面的抗滑稳定性外，还应核算堤身与堤基整体的抗滑稳定性。

4.2.7.3　沉降计算

沉降量计算应包括堤顶中心线处堤身和堤基的最终沉降量。根据堤基的地质条件、土层的压缩性、堤身的断面尺寸和荷载，可将堤防分为若干段，每段选取代表性断面进行沉降量计算。堤身和堤基的最终沉降量，可按式（4.2.2）计算：

$$S = m \sum_{i=1}^{n} \frac{e_{1i} - e_{2i}}{1 + e_{1i}} h_i \qquad (4.2.2)$$

式中　S——最终沉降量，mm；

　　　n——压缩层范围的土层数；

　　　e_{1i}——第 i 土层在平均自重应力作用下的孔隙比；

　　　e_{2i}——第 i 土层在平均自重应力和平均附加应力共同作用下的孔隙比；

　　　h_i——第 i 土层的厚度，mm；

　　　m——修正系数，一般堤基取 1.0，对于海堤软土地基可采用 1.3～1.6。

堤基压缩层的计算厚度，可按式（4.2.3）的条件确定：

$$\frac{\sigma_z}{\sigma_B} = 0.2 \qquad (4.2.3)$$

式中　σ_B——堤基计算层面处土的自重应力，kPa；

　　　σ_z——堤基计算层面处土的附加应力，kPa。

实际压缩层的厚度小于式（4.2.3）计算值时，应按实际压缩层的厚度计算其沉降量。

4.2.8　堤防各类建筑物、构建物的交叉、连接

4.2.8.1　一般要求

（1）与堤防交叉的各类建筑物、构筑物宜选用跨越的型式。需要穿堤的建筑物、构筑物应合理规划并应减少其数量。

（2）与堤防交叉、连接的各类建筑物、构筑物，应根据自身的结构特点、运用要求、堤防工程的级别和结构等情况选择安全

合理的位置和交叉、连接结构型式。

（3）与堤交叉、连接的各类建筑物、构筑物不得影响堤防的管理和防汛运用，不得影响防汛安全。

（4）位于淤积性江河、湖、海的堤防穿堤和跨堤建筑物、构筑物的设计应按设计使用年限计及淤积影响。

4.2.8.2 穿堤建筑物、构筑物

（1）穿堤的各类建筑物、构筑物的底部高程应高于堤防设计洪水位，当在设计洪水位以下时，应设置能满足防洪要求的闸门或阀门，并能应在防洪要求的时限内关闭。压力管道和各类热力管道需要穿过堤防时，必须在设计洪水位以上通过。

（2）当堤防工程扩建加高时，必须对穿堤的各类建筑物、构筑物按新的设计条件进行验算，当原有的建筑物、构筑物需要保留利用时，必须符合下列要求：①能满足防洪要求；②运用工况良好；③能满足结构强度要求；④外周的覆盖土层能满足设计要求的厚度和密实度；⑤穿堤管道的接头良好；⑥穿堤管道外周与堤防连接处能满足渗透稳定要求。当不能满足上述要求时，应加固、改建或拆除重建。

（3）有通航要求的水闸，可设置通航闸孔，其位置应按照过闸安全和管理方便的原则确定。

（4）有过鱼要求的水闸可结合岸墙和翼墙的布置设置鱼道。有农业灌溉引水和林业过木等其他过闸要求时，可结合堤防工程的总体规划合理布置。

（5）穿堤的各类建筑物与土堤接合部应能满足渗透稳定要求，在建筑物外围应设置截流环或刺墙等，渗流出口应设置反滤排水。

（6）穿堤的闸、涵、泵站等建筑物、构筑物的设计应满足下列要求：①位置应选择在水流流态平顺、岸坡稳定，不影响行洪安全的堤段；②采用整体性强、刚度大的轻型结构；③荷载、结构布置对称，基底压力的偏心距小；④结构分块、止水等对不均匀沉降的适应性好；⑤减小过流引起的震动；⑥进出口引水、消

能结构合理可靠；⑦水闸边墙与两侧堤身连接的布置应能满足堤身、堤基稳定和防止接触冲刷的要求。

（7）穿堤建筑物宜建于坚硬、紧密的天然地基上。其基础应沿长度方向、地基条件改变处设置变形缝和止水措施。穿堤建筑物周围的回填土干密度不应低于堤防工程设计的要求。修建穿堤工程，不宜采用顶管法施工。当需要采用顶管法施工时，应选择土质坚实的堤段进行，沿管壁不得超挖，其接触面应进行充填灌浆处理。

（8）公路、铁路、航运码头或港口与堤防工程交叉的陆上交通闸，闸底板高程应尽量抬高。闸门结构及启闭型式可结合运用情况和技术经济比较选定。

4.2.8.3　跨堤建筑物、构筑物

（1）桥梁、渡槽、管道等跨堤建筑物、构筑物，其支墩不应布置在堤身设计断面以内。当需要布置在堤身背水坡时，必须满足堤身设计抗滑和渗流稳定的要求。

（2）跨堤建筑物、构筑物与堤顶之间的净空高度应满足堤防交通、防汛抢险、管理维修等方面的要求。

（3）土堤交通坡道和临堤航运码头与堤防连接时，不应降低堤顶高程，不应削弱堤身设计断面。设在临水侧的坡道应与水流方向一致，顺堤轴线方向傍堤坡修筑。上堤的人行或禽、畜坡道可采用砌石阶梯式或土石混合斜坡式，坡道路面应设置排水设施。

（4）当码头或港口与堤防交叉时，其交通宜采用跨堤式布置。

4.2.9　堤防工程的加固、改建与扩建

4.2.9.1　加固

（1）已建堤防的堤身或堤基隐患严重，或洪水期发生过较大险情，经安全鉴定认为堤的断面尺寸、强度及稳定性不能满足防汛安全要求的，均应进行加固。

（2）堤防安全鉴定，应对堤防的安全状况做出评价，并应提

出需要加固的堤段范围和可能采取的加固措施。

（3）加固设计应按不同堤段存在问题的特点分段进行。

（4）加固设计应广泛搜集已有的勘测、设计、施工和工程观测、隐患探测、险情调查等资料，按照本章的有关要求，进行必要的补充勘测试验研究及抗滑、渗流稳定的复核工作，经技术经济比较提出不同堤段的加固方案。

（5）堤身出现局部滑塌，宜开挖重新填筑压实，必要时可放缓堤坡。

（6）当堤身存在较大范围裂缝、孔洞、松土层或堤与穿堤建筑物结合部出现贯穿裂缝时，应开挖并回填密实，对难以开挖部分宜采用充填灌浆进行加固。高度5m以上且填筑质量普遍不好的土堤，宜采用劈裂灌浆进行加固。灌浆的主要技术参数宜通过现场试验确定。当需结合灌浆消灭白蚁时，可在浆液中掺入适量的灭蚁药物。

（7）堤身断面不能满足抗滑或渗流稳定要求或堤顶宽度不符合防汛抢险需要的堤段，可用填筑压实法或机械吹填法帮宽堤身或加修俄台。

（8）当堤身渗径不足且帮宽加哉受场地限制时，可在临水坡增建黏土或其他防渗材料构成的斜墙，也可采用黏土混凝土截渗墙、高压定喷墙、土工膜截渗，必要时，在堤背水坡脚加修砂石或土工织物排水。

（9）修建于透水地基或双层、多层地基上的堤防，经渗流计算，堤防背水坡或堤后地面渗流出逸比降不能满足第4.2.7.1节的要求或者洪水期曾出现过严重渗漏、管涌或流土破坏险情时，应按照第4.2.4.3、4.2.4.4的有关规定采取加固措施，并应符合下列要求：①堤基两侧地面的天然黏性土层因近堤取土遭受破坏，应采用黏性土回填加固；②堤基覆盖层较薄时，可在背水侧堤脚外设置减压沟或埋设塑料微孔排水管，其位置、深度和断面尺寸应由计算确定；③堤基下卧的透水层不深时，宜采用垂直截渗墙加固；④覆盖层较厚且下卧强透水层较深的堤基，可在背水堤脚外适当的位置设置减压井，其井径、井深和井距等，应由计算确定，减压井井管和滤网材料的选择，应满足防腐蚀和防止化学淤堵的要求；⑤当堤背水侧地面需施加盖重时，可采用压实填筑法或吹填法。其盖重材料宜采用透水性大于堤基覆盖层的透水土料，盖重范围应由计算并结合已发生险情的实际部位综合分析确定。

（10）遭受强风暴潮或洪水严重破坏的堤防，应及时加固修复。因块石重量偏小、或砌筑厚度不足而遭受破坏的砌石护坡，加固时，应采用坚硬大块石并加大砌体厚度，新老砌体应牢固结合。堤脚遭受淘刷或堤基、堤坡坍滑的堤段，可采用土石填塘固基或加修镇压平台、放缓边坡等措施进行加固。

（11）防洪墙的加固措施应根据原有墙的结构型式、河道情况、墙后道路及施工条件等进行技术经济比较后确定，并应符合下列要求：①墙基渗径不足，宜在临水侧加修铺盖或垂直截渗墙；②墙的整体抗滑稳定不足，可在墙的临水侧或背水侧增设齿墙，也可加修阻滑板，或在墙基前沿加打钢筋混凝土桩或钢板桩；③墙身断面强度不足，应加固墙体。需在原砌石墙临水面加贴钢筋混凝土墙面时，应将原墙面凿毛并应插设锚固钢筋；加固钢筋混凝土墙体时，应将老墙体临水面碳化层凿除，新加钢筋与原墙体钢筋应焊接牢固，新加混凝土层厚，不应小于 0.20m；④墙体及基础变形缝止水破坏失效的，应修复或重新设置。

（12）堤岸防护工程应根据水流淘刷深度、风浪作用大小、工程结构型式和破坏程度及时进行修复、加固，并应符合第4.2.6 节的有关规定。

4.2.9.2 改建

（1）当现有堤防有下列情况时，经分析论证，可进行改建：①堤距过窄或局部形成卡口，影响洪水的正常宣泄；②上流逼岸，堤身坍塌，难以固守的；③海涂淤涨扩大，需调整堤线位置的；④原堤线走向不合理；⑤原堤身存在严重问题难以加固的；⑥其他有必要进行改建的。

（2）改建堤段应按新建堤防进行设计。当改建堤段与原有堤段相距较近且筑堤材料和工程地质条件等变化不大时，其设计可适当简化。

（3）改建堤段应与原有堤段平顺连接，改建堤段的断面结构与原堤段不相同时，两者的结合部位应设置渐变段。

4.2.9.3 扩建

（1）现有堤防的堤高不能满足防洪要求时，应进行扩建。

（2）土堤及防洪墙的加高方案应通过技术经济比较确定，并应进行抗滑稳定、渗透稳定及断面强度验算，不能满足要求时，应结合加高进行加固。

（3）上堤宜采用临水侧帮宽加高。当临水侧滩面狭窄或有防护工程时，可采用背水侧帮宽加高，堤弯过急段可两侧或一侧帮宽加高。靠近城镇、工矿区或取土占地受限制的地方，宜采取在土堤堤顶加修防浪墙或在堤脚加挡土墙的方式加高。

（4）砌石或混凝土防洪墙加高应符合下列要求：①墙的整体抗滑稳定、渗透稳定和断面强度均有较大裕度者，可在原墙身顶部直接加高；②墙的整体抗滑稳定或渗透稳定不足而墙身断面强度有较大裕度者，应加固堤基、接高墙身；③墙的稳定和断面强度均不足者，应结合加高全面进行加固，无法加固的，可拆除原墙重建新墙。

（5）堤防扩建，对新老堤的结合部位及穿堤建筑物与堤身连一接的部位应进行专门设计。经核算不能满足要求时，应采取改建或加固措施。

（6）土堤扩建所用的土料应与原堤身土料的特性相近，当土料特性差别较大时，应增设过渡层。扩建所用土料的填筑标准不应低于原堤身的填筑标准。

（7）堤岸防护工程的加高应按 GB 50286—2013 附录第 B.4 节有关规定对其整体稳定和断面强度进行核算，当不能满足要求时，应结合加高进行加固。

4.3 中小型蓄滞洪区设计

蓄滞洪区设计依据《蓄滞洪区设计规范》（GB 50773—2012）的规定执行。该规范制定的目的是为了规范蓄滞洪区设计，指导蓄滞洪区建设，保障蓄滞洪区正常运行。该规范适用于流域综合规划和防洪规划确定的蓄滞洪区的设计。蓄滞洪区的防洪与蓄滞洪安全建设，应确保蓄滞洪运用时居民生命安全，启动应及时有序，并应服从区内社会经济发展；应服从所在江河流域的综合规划、防洪规划。蓄滞洪区防洪工程和安全设施建设，应根据蓄滞洪区类别和区内风险等级合理安排。蓄滞洪区工程设计，应因地制宜，并应积极采取新技术、新工艺、新材料。蓄滞洪区的设计，除应符合该规范外，尚应符合国家现行的有关标准的规定。中小型蓄滞洪区设计参照该规范执行。

4.3.1 概述

4.3.1.1 蓄滞洪区风险等级

（1）蓄滞洪区设计，应根据蓄滞洪区的地形地貌和蓄滞洪水的淹没情况进行风险评价，并应划分风险等级；蓄滞洪面积较大、地形复杂时，应进行风险分区，并应绘制风险图。

（2）蓄滞洪区的风险度可根据启用标准、淹没水深和淹没历时，按式（4.3.1）分析计算：

$$R = 10\Phi H / N \tag{4.3.1}$$

式中　　R——风险度；

　　　　H——蓄滞洪区内不同风险分区蓄滞洪淹没平均水深；

　　　　N——运用标准（重现期，年）；

　　　　Φ——淹没历时修正系数，取 1.0～1.3。

（3）蓄滞洪区的风险等级，可根据蓄滞洪区不同的风险度，按表 4.3.1 划分，并应结合实际情况综合分析确定。

表 4.3.1   蓄滞洪区的风险等级

风险度 R	风险等级
$R \geqslant 1.5$	重度风险
$0.5 \leqslant R < 1.5$	中度风险
$R < 0.5$	轻度风险

4.3.1.2 建筑物级别与设计标准

（1）蓄滞洪区堤防工程的级别和设计洪水标准，应根据蓄滞洪区类别、堤防在防洪体系中的地位和各堤段的具体情况，按批准的流域防洪规划的要求分析确定。

（2）安全区围堤工程的级别和设计洪水标准，应根据其防洪标准分析确定，且不应低于所在蓄滞洪区围堤的级别和设计洪水标准。

（3）蓄滞洪区的分洪、退洪控制工程，以及涵闸、泵站等穿堤建筑物级别和设计洪水标准，应按所在堤防工程的级别与建筑物规模相应级别两者的高值确定。

（4）蓄滞洪区堤防和安全区围堤的设计水位，应根据确定的设计洪水标准，结合各堤段防洪和蓄滞洪的具体情况分析确定。

（5）蓄滞洪区围堤安全加高应按现行国家标准《堤防工程设计规范》GB 50286 的有关规定执行；安全区围堤安全加高不宜低于相应蓄滞洪区围堤安全加高。

（6）设置在蓄滞洪区围堤内的安全台，设计水位应按蓄滞洪区设计蓄滞洪水位分析确定；设置在蓄滞洪区围堤临江河、湖泊一侧的安全台，设计水位应按所在堤段堤防设计洪水位确定。

（7）安全楼设计水位应根据所在蓄滞洪区的设计蓄滞洪水位确定。

（8）蓄滞洪区安全台台顶安全加高取值可采用 0.5～1.0m，台顶超高应按《堤防工程设计规范》（GB 50286—2013）的有关规定执行，且不宜小于 1.5m。

（9）蓄滞洪区堤防的抗滑稳定安全系数，应按《堤防工程设计规范》（GB 50286—2013）的有关规定执行。

（10）蓄滞洪区安全台台坡的抗滑稳定安全系数，不应小于表 4.3.2 的规定。

表 4.3.2   安全台台坡的抗滑稳定安全系数

安全系数	正常运用条件	1.15
	非正常运用条件	1.05

（11）蓄滞洪区内部水系堤防的防洪标准，可根据其防洪保护对象的重要性，按《防洪标准》（GB 50201—2014）的有关规定执行。

（12）蓄滞洪区农田排涝标准，应按《灌溉与排水工程设计规范》（GB 50288—99）的有关规定执行。安全区的排涝标准，应根据安全区所在地的具体情况分析确定，宜适当高于蓄滞洪区农田排涝标准。

4.3.1.3　蓄滞洪区安全建设标准

（1）安全区的面积宜按安全区永久安置人口人均占用面积 $100 \sim 150 m^2$ 的标准分析确定。有特殊要求或出于安全区堤线合理利用有利地形，安全区永久安置人口人均占用面积需突破 $150 m^2$ 的标准时，应经分析论证后确定，且安全区相应减少蓄滞洪容积不宜超过 5%。

（2）安全台台顶面积宜按其永久安置人口人均占用面积 $50 \sim 100 m^2$ 的标准分析确定。仅用于居民临时避洪的安全台，台顶面积可按 $5 \sim 10 m^2 /$ 人标准分析确定。

（3）安全楼应按安置人口人均拥有安全层面积 $5 \sim 10 m^2$ 的标准确定；有条件时，安全楼人均安全层面积可适当增加。

（4）转移设施的建设标准应满足规划转移的居民和重要财产能够在蓄滞洪水前有序撤离到安全地带的要求；路网密度可根据实际交通量和撤离强度分析确实。

4.3.2　基本资料

蓄滞洪区设计中，应根据设计要求对蓄滞洪区的自然和社会经济等基本情况进行认真调查研究。对收集的各类资料应进行分析整理和可信度评价。

4.3.2.1 水文气象

（1）蓄滞洪区设计中，应收集蓄滞洪区和邻近地区的降水、风向、风速、气温、蒸发和冰情等气象资料。

（2）蓄滞洪区设计中，应收集蓄滞洪区所在流域江河水系和湖泊、洼地的分布，水文测站的布设和观测情况，以及流域洪水特性。

（3）蓄滞洪区设计中，应收集蓄滞洪区所在河段和主要水文控制站的洪水、水位、流量、流速、泥沙等水文资料。

4.3.2.2 地形资料

（1）蓄滞洪区设计所需的地形资料，应根据不同设计阶段和工程项目的需要，按表4.3.3确定。

（2）蓄滞洪区堤防、分洪闸、退洪闸、排涝泵站等建筑物设计所需的工程地质资料，应按《水利水电工程地质勘察规范》（GB 50487—2008）的有关规定执行；安全台设计所需的地质资料，可参照《堤防工程设计规范》（GB 50286—2013）和《堤防工程地质勘察规程》（SL 188—2005）的有关规定执行。

（3）结合现有堤防修建安全区或安全台时，应收集现有堤防的历史和现状资料。

表 4.3.3　　　　　　　　蓄滞洪区设计地形资料

工程项目	设计阶段	图别	比例尺	备注
蓄滞洪区总体布置	各阶段	地形图	1:10000～1:50000	—
蓄滞洪区堤防	符合《堤防工程设计规范》（GB 50286—2013）的有关规定			
分洪口、退洪口控制工程	项目建议书、可行性研究	地形图	1:1000～1:2000	—
	初步设计	地形图	1:200～1:500	—
堤线、安全台	项目建议书、可行性研究	地形图	1:2000～1:5000	—
	初步设计	地形图	1:1000～1:2000	—

工程项目	设计阶段	图别	比例尺	备注
转移道路	项目建议书、可行性研究	地形图	1：10000	—
		横断面图	可根据实际需要确定	断面间距200～500m，地形变化较大的地段适当加密
		纵断面图		—
	初步设计	地形图	1：2000～1：10000	新修的道路宜施测1：2000、现有道路改扩建可采用1：10000
		横断面图	可根据实际需要确定	断面间距100～200m，地形变化较大的地段适当加密
		纵断面图		—

4.3.2.3　蓄滞洪区基本情况

（1）蓄滞洪区设计应收集下列社会经济基础资料。

1）蓄滞洪区内的行政区划、土地面积、人口及其分布情况、耕地、国内生产总值、工业产值、农业产值、固定资产总值及财产分布情况、当地居民的生产生活方式等。

2）蓄滞洪区现有的水利工程、电力、交通、通信等基础设施和主要企事业单位的规模及其分布等资料。

3）蓄滞洪区建设的历史，历年运用情况及历史洪灾损失情况等，以及现有防洪工程、安全设施以及工程管理方面的资料。

（2）蓄滞洪区设计应收集下列生态环境资料：

1）蓄滞洪区生态环境状况及存在问题。

2）蓄滞洪区河湖水体水质状况、污染物排放状况和水功能区划情况等。

3）蓄滞洪区重要水生生物的种类和分布情况等资料。

4）蓄滞洪区植被、水土流失等情况。

5）蓄滞洪区河岸、湖岸景观、湖泊湿地状况和保护要求等资料。

（3）蓄滞洪区设计应收集下列规划资料：

1）蓄滞洪区所在地区经济社会发展规划、土地利用规划、村镇建设发展规划和交通发展规划等资料。

2）蓄滞洪区所在地流域或区域防洪治涝规划等资料。

3）蓄滞洪区生态环境保护规划，水利血防规划等资料。

4.3.3 蓄滞洪区工程布局

4.3.3.1 一般规定

（1）蓄滞洪区设计，应根据所在流域防洪总体规划以及蓄滞洪区的类别和风险等级，对蓄滞洪区防洪工程和蓄滞洪安全建设设施合理布局。

（2）蓄滞洪区的防洪工程和安全建设，应充分利用现有的工程设施和安全设施。

（3）蓄滞洪区内重要的基础设施，应根据其相应的防洪标准确定其防洪自保措施，并应保障蓄滞洪水时可安全正常运行。

（4）蓄滞洪区工程布局应与所处地理位置生态环境保护要求相适应。

4.3.3.2 防洪工程

（1）蓄滞洪区堤防、分区隔堤、分洪控制工程、退洪控制工程的布置，应根据蓄滞洪区防洪和蓄滞洪运用的要求，结合地形、地质条件等因素，经综合分析比选，合理确定。

（2）蓄滞洪区堤防工程应利用现有堤防；确需调整堤线时，应充分论证。

（3）面积较大的蓄滞洪区，可根据分区运用需要修建隔堤。隔堤的堤线应根据蓄滞洪区地形地质条件等，结合行政区划综合分析，合理布设；隔堤级别不宜高于所在蓄滞洪区围堤。

（4）分洪口、退洪口位置，应根据地形、地质、水流条件等综合分析选定；分洪口、退洪口宜选在江河、湖泊的凹岸地势较低、地质条件较好、进（出）流水流平顺的位置。口门轴线与河道洪水主流方向交角不宜超过 30°。

（5）当地形和运行条件允许时，分洪口门、退洪口门可结合共用。

（6）分洪控制工程的型式，应根据蓄滞洪区的类别、启用概率、分洪流量大小等因素合理确定；可采用分洪闸、修建裹头临时爆破和简易溢流堰等型式，并应符合下列规定：

1）启用概率高于 10 年一遇的蓄滞洪区，宜采用建分洪闸的分洪控制型式。启用概率低于 10 年一遇的蓄滞洪区，且地位十分重要，经分析论证确有必要时，也可采用建分洪闸的型式。

2）启用概率低于 10 年一遇的一般蓄滞洪区或蓄滞洪保留区，可采取结合修建裹头临时爆破的分洪控制型式。

3）蓄滞洪区分洪流量和蓄滞洪量较小时，可采用简易溢流堰的分洪控制型式。

4.3.3.3　排涝工程

（1）蓄滞洪区排涝工程规划应符合现行《灌溉与排水工程设计规范》（GB 50288）的有关规定，并应与分洪、退洪控制工程相协调。

（2）蓄滞洪区中安全区的排涝工程应与蓄滞洪区排涝系统统一规划、相互协调，并应结合使用。

（3）安全区的排涝系统应满足蓄滞洪期间单独运行的要求。

（4）安全区的排涝工程应根据安全区地形地貌、城镇（或村镇）发展规划，结合现有排涝体系进行合理布局。

4.3.3.4　安全建设

（1）蓄滞洪区安全建设，应根据防洪、蓄滞洪区建设等有关规划，分析确定蓄滞洪区内需就地避洪、临时转移和外迁安置的人口数量和分布。

（2）蓄滞洪区的安全建设，应在蓄滞洪区类别和风险评价的基础上，结合区内地形、地质条件以及居民的意愿，采取居民外迁、就地避洪、临时转移等模式合理安排，并应符合下列规定：

1）重度风险区，宜采取居民外迁或就地避洪等方式进行永久安置。

2）中度风险区，宜采取就地避洪与临时转移相结合的方式进行安置。

3）轻度风险区，宜采用撤离转移、临时安置为主的方式进行安置。

（3）蓄滞洪区内安全区，宜结合围堤、隔堤，设置在地势较高、人口相对集中的集镇或村庄，并应有利于对外交通、供电、供水和居民外出从事生产活动；安全区内安置的居民点与主要生产场所的距离不宜超过 3～5km。安全区应避开分洪口门和洪水行进的主流区域。

（4）安全台宜建在地势较高、地质条件较好、土源丰富的地带；有条件时应结合堤防工程、河道疏浚工程修建。安全台应避开分洪口门、急流、崩岸和深水区。安全台的布置应有利于对外交通、供电、供水以及台上居民生产生活。安全台上安置的居民点与主要生产场所的距离不宜超过 3～5km。

（5）距离防洪安全地区较远、居住分散、不宜建设安全区和安全台的区域，可采取建设安全楼的方式避洪。

（6）安全楼宜建在地势较高、地质条件较好的地带。安全楼应避开分洪口、退洪口以及洪水行进的主流区。

（7）转移道路应根据居民点分布情况、转移人数、转移时间、转移方向、现有道路情况，按 4.3.1.3 第（4）条的规定合理布设；必要时，应布设相应的转移桥梁、码头等设施。

4.3.4 蓄滞洪区防洪工程设计

4.3.4.1 蓄滞洪区围堤及穿堤建筑物设计

（1）蓄滞洪区围堤设计，除应符合现行国家标准《堤防工程设计规范》GB 50286 的有关规定外，还应满足蓄滞洪区的特殊技术要求，并应符合下列规定：

1）蓄滞洪区围堤堤顶高程应根据围堤外河设计水位和蓄滞洪设计水位两者之高值加堤顶超高分析计算确定。

2）蓄滞洪区围堤临河（湖）侧边坡及堤基稳定，应分析蓄滞洪运用时区内处于设计蓄滞洪水位、外河处于低水位的不利挡水工况。

（2）运用概率较高的蓄滞洪区，必要时围堤内坡可根据防冲刷的要求采取相应的护坡措施。

（3）蓄滞洪区涵闸等穿堤建筑物，除应符合现行国家标准《堤防工程设计规范》（GB 50286—2013）的有关规定外，还应符合下列规定：

1）应分析区内水位高于外河水位时可能出现的最不利工况情况下闸身和闸基的稳定。

2）必要时，应满足双向挡水的要求。

（4）各类压力管道、热力管道和天然气管道需要穿过堤防时，应在设计蓄滞洪水位和设计洪水位以上穿过，并应避开分洪口和退洪口。

4.3.4.2 分洪控制工程设计

（1）蓄滞洪区分洪口门的设计分洪流量应按所在江河防洪总体要求，根据设计洪水、河段控制水位或安全泄量计算确定。

（2）在湖泊、河网地区，当设计洪水过程难以计算或未明确安全泄量时，可采用规划蓄滞洪量除以蓄满历时，确定蓄滞洪区分洪口设计分洪流量。

（3）分洪控制工程的规模及孔口尺寸，应满足确定的设计分洪流量和蓄满历时的要求，并应综合各种可能影响分洪量的因素分析确定。

（4）分洪闸闸底、闸顶高程及孔口尺寸，应根据设计分洪流量，闸上下游水位，闸址地形、地质及分洪区地形等条件，通过水力计算和技术经济比较确定。

（5）对于有在规定时间内满足蓄洪量要求的蓄滞洪区，应进行过闸流量过程演算以及蓄满历时验算，并应分析确定分洪闸孔口尺寸。

（6）分洪闸闸上水位计算，应分析上游有无分叉河道，主泓是否顺直以及是否受其他河流、湖泊水位涨落影响等情况。

（7）分洪闸闸下水位可通过水量调蓄计算分析确定。下游有引洪道的分洪闸，闸下水位可按推求水面线的方法分析确定。

（8）水流流态复杂的大型分洪闸，应进行水工模型试验，验证进出口水流流态、流速分布、分洪流量、消能效果以及口门上下游的冲淤情况等。

（9）分洪闸设计应符合国家现行标准《水闸设计规范》（SL 265）的有关规定，并应符合分洪建筑物的特殊要求，同时应符合下列规定：

1）分洪闸上游进水部分宜布置成喇叭口形与闸室同宽相接。两侧进水条件基本一致时，可采用对称布置；当进水方向与河道中心线夹角较大时，可采用非对称布置。两侧应设导墙或护坡，导墙高度应低于闸室高度，并不应影响闸的过流能力；进水口两侧地势较高时，可采用护坡型式。

2）闸室结构可根据分洪和运行要求，选用开敞式，胸墙式或双层式等结构型式，宜采用开敞式。当地基条件较好时，闸室底板宜采用分离式，地质条件较差或为软弱地基时，闸室底板宜采用整体式，且底板宜适当加厚。对于多孔闸，沿垂直水流方向应做分缝处理，岩基上的分缝长度不宜超过 20m，土基上的分缝不宜超过 35m。

3）闸顶高程应根据挡水和分洪比较确定。挡水时闸顶高程不应低于设计分洪水位加波浪计算高度与安全超高值之和，且不应低于相邻挡水建筑物的挡水标准；分洪时，闸顶高程不应低于设计洪水位（或校核洪水位）与安全超高值之和。分洪闸安全超高下限值应符合表 4.3.4 的规定。闸顶高程的确定，还应分析所在河流河道演变所引起的水位变化因素。必要时，可适当升高或降低闸顶高程。

4）闸门的结构型式和控制设备的选择，应满足分洪调度的要求。外河（湖）水位变化较大，且枯水位位于闸底板以下时，可不设检修门。

5）有交通要求的分洪闸，闸顶公路桥桥面宽及荷载设计标准应与与之相连的堤防堤顶公路标准相适应。

6）多泥沙河流上分洪控制工程设计，应分析外河（湖）泥沙淤积对分洪口泄水能力的影响。

表 4.3.4　　　　　　　　分洪闸安全超高下限值

运行情况		分洪闸级别			
		1	2	3	4
挡水时	设计分洪水位（或最高挡水位）	0.5	0.7	0.3	0.4
进水时	设计洪水位	1.8	1.0	0.7	0.5
	校核洪水位	1.0	0.7	0.5	0.4

（10）采用修建裹头临时爆破扒口的分洪控制工程，应符合下列规定：

1）分洪扒口口门形状宜呈喇叭形，口门下游扩散角宜小于上游扩散角。

2）应对扒口两侧大堤进行裹护，口门两侧裹护范围应根据水流对两侧大堤的冲刷影响分析确定。

3）分洪口流速较小时，宜采用抛石裹护；流速较大时，宜采用浆砌石或高喷灌浆裹护。

4）采用抛石裹护结构型式时，抛石单块重量、粒径应根据流速计算分析确定。

5）采用浆砌石裹头结构型式时，浆砌石厚度应大于500mm，砂浆强度不应低于 M7.5。

6）采用高喷灌浆裹护结构型式时，高喷体宜贯穿整个大堤横断面，上部高程应位于分洪水位以上 0.5m，下部高程应深入堤基计算冲刷深度 1m 以下，且宜以一定倾角偏向两侧。

4.3.4.3 退洪控制工程设计

（1）退洪控制工程孔口尺寸应根据设计蓄滞洪水位及蓄滞洪运用后区内恢复生产对排水时间的要求，选择符合设计标准的退洪口下游典型年水位过程进行排水演算，并应结合地形地质条件及其他综合利用需要，综合比较合理确定。

（2）具有反向进洪功能的退洪闸，上下游两侧均应满足消能防冲的要求。

（3）多沙河流上退洪控制工程设计，应分析退洪口上、下游泥沙淤积对退洪口泄水能力的影响。

4.3.4.4 排涝泵站设计

（1）蓄滞洪区内排涝泵站设计应符合现行国家标准《泵站设计规范》（GB 50265—2010）的有关规定，并应结合蓄滞洪区的特点合理布置，保证主要建筑物和设备在蓄滞洪期间的防洪安全。

（2）蓄滞洪区已建泵站应根据蓄滞洪区蓄滞洪水位和启用概率，结合泵站的具体情况，经分析比较，选用合适的保护方式，可采取修建月堤、设备抬升、临时转移等保护措施。

（3）站址高程相对较高、地质条件较好的骨干泵站，宜采用月堤方式保护，并应符合下列要求：

1）月堤宜布置在泵站进水池以外，应根据地形、地质条件、泵站主要建筑物布局，经分析比较合理确定月堤堤线。

2）月堤跨越泵站进水渠时，宜建涵闸等控制工程，平时保持排水渠系畅通，蓄滞洪区启用时封闭。

3）月堤宜与泵站进水渠垂直相交。

（4）如由于地形、地质条件所限，修建月堤比较困难时，可采取将电动机临时抬升、变压器整体抬高的保护方案；抬升高度宜超过设计蓄滞洪水位 1.5m 以上，并应配置设施设备，设施设备的配备应符合下列要求：

1）配置的起吊设备的容量应满足起吊单台电动机重量的要求；泵房相关的构件应满足相应的承重要求。

2）应配置有存放机电设备的搁置设施。

（5）单机容量不大、易于拆装转运、附近有安全存放地点的排涝泵站，可采用主要机电设备临时转移的方式保护。

（6）承蓄多沙河流洪水的蓄滞洪区泵站，其进水建筑物设计应分析蓄滞洪后泥沙淤积对泵站运行的影响。

4.3.5 蓄滞洪区安全设施设计
4.3.5.1 安全区设计

（1）安全区的设计和建设应确保防洪安全；蓄滞洪后应能保障居民的基本生活条件。

（2）安全区的围堤利用现有堤防时，应对存在隐患堤段进行加固处理。

（3）安全区围堤堤顶宽度，应根据堤防稳定、管理、交通及居民生活等方面的要求分析确定；安全区围堤堤顶有交通要求时，堤顶宽度不宜小于 6m，并应根据条件进行硬化。

（4）安全区围堤迎水侧应根据风浪大小、水流情况，结合堤身土质，选择合适的护坡型式；安全区围堤背水坡宜采用草皮护坡。

（5）安全区围堤两侧应根据居民交通需要，结合现有道路情况合理布设人行坡道和车道。人行坡道的间距不宜大于 1000m，宽度不宜小于 2m，台阶高度可采用 16~18cm；车道坡度不应陡于 1∶10，宽度可采用 6~8m。

（6）必要时，安全区围堤堤顶可结合防浪墙修建防鼠墙，防鼠墙的墙面应光滑，高度不应小于 0.8m。

（7）安全区围堤跨越沟渠、道路时，应通过研究，合理调整现有沟渠、道路，或布置必要的交叉建筑物。

（8）安全区围堤与交通道路交叉时，交通道路可采用上堤坡道；也可修建交通闸门，蓄滞洪时应临时封堵。交叉建筑物型式应根据具体情况分析比较确定。

（9）安全区应新建必要的泵站。安全区的排涝流量应根据当地的暴雨特性、汇流条件，按确定的排涝标准分析计算确定，并应根据情况计入生活污水量和围堤渗入水量。

（10）安全区应结合城镇（村镇）发展要求，规划建设居民生产生活必需的交通、供水、电力、通信等基础设施，并应符合下列要求：

1）供水应符合安全区内供水对象相应的饮用水标准对水质、水量的有关规定；供水设施及规模应满足蓄滞洪时应急供水要求。

2）应建设必要的对外交通。

3）供电、通信系统的建设，应能满足在蓄滞洪期间区内居民用电和通信的基本需求，必要时应设置备用电源。

4.3.5.2 安全台设计

（1）安全台的设计和建设应确保防洪安全，并应满足蓄滞洪运用期间台上居民的基本生活条件，同时应便于台上居民非蓄滞洪运用时正常生活。

（2）安全台建设应遵循因地制宜、就地取材、少占耕地的原则，台身及台面布置应根据地形地质条件、拟安置居民住房和基础设施的布局要求、居民生活习惯等因素分析确定。

（3）筑台土料选用黏性土时，压实度不应小于 0.9；筑台土料选用无黏性土时，相对密度不应小于 0.6。

（4）筑台土料为无黏性土时，宜采用黏性土对安全台进行盖顶、包边，盖顶厚度和包边的宽度可分别取为 0.5m 和 1.0m。

（5）设在蓄滞洪区围堤内的安全台，台顶高程应按设计蓄滞洪水位加台顶超高确定；设在蓄滞洪区围堤外临江河、湖泊一侧的安全台，台顶高程应按所在堤段堤防设计洪水位加台顶超高确定。新建安全台应预留沉降超高。

（6）安全台台坡应根据安全台台基地质条件、筑台土质、风浪情况等，按运用条件，经稳定计算综合分析确定。

（7）安全台台身高度超过 6m 时，宜设置戗台，其宽度不宜小于 2m。

（8）安全台临水侧应根据风浪大小、水流情况，结合安全台台身土质，选择合适的护坡型式。位于重度风险区内的安全台，宜采用砌石、混凝土护坡或抗冲刷能力强的生态护坡；其他风险区安全台可采用水泥土、草皮等护坡型式。安全台护坡范围宜从台脚护至台顶或与包边相接。

（9）安全台台顶、台坡、台脚处应合理布设排水沟。沿台顶、台脚周边应设水平向排水沟；沿台坡坡面可每隔100～200m设1条竖向排水沟。竖向排水沟应与水平向排水沟连通，排水沟宜采用混凝土或砌石结构衬砌。

（10）安全台台基应满足渗流控制和稳定等有关规定。

（11）有抗震要求的安全台，应按《水工建筑物抗震设计规范》（DL 5073—2000）的有关规定执行。

（12）安全台建设应结合新农村建设要求，安排必要的交通、供水、排水、供电、通信、卫生等基础设施。

（13）安全台应设置上台坡道和踏步。上台坡道应与蓄滞洪区内现有道路连接，坡度不宜陡于1：10，路面可采用混凝土或沥青混凝土结构。台坡踏步宜根据安全台的长度每200～500m设置1处。

（14）安全台供水应符合供水对象相应的饮用水标准对水质、水量的有关规定；供电设施的建设应符合《农村电力网规划设计导则》（DL/T 5118）的有关规定。

4.3.5.3　安全楼设计

（1）安全楼设计除应符合《蓄滞洪区建筑工程技术规范》（GB 50181—93）的有关规定外，并应符合本规范的有关规定。

（2）安全楼近水面安全层底面高程应按设计水位加安全超高确定。安全超高应按下式计算，且不应小于1.0m：

$$Y = d_s + h_m + 0.5 \tag{4.3.2}$$

式中　Y——安全超高，m；

　　　d_s——风增减水高度，m，当其值小于零时，取为零；

　　　h_m——波峰在静水面以上的高度，m。

（3）安全楼荷载应分析洪水荷载与其他荷载的最不利组合。

（4）安全楼设计水位以下的建筑层应采用耐水材料；设计蓄

滞洪水位以下部分的布局应有利于洪水的进退。

（5）安全楼应在略高于近水面安全层室外设置可供系扣船缆的栓柱。

（6）安全楼应留有便于在蓄洪期间与外界接触的台面和通至近水面安全层的室外安全楼梯，楼顶应采用居民容易到达的平顶结构。

4.3.5.4 撤离转移设施设计

（1）撤离转移设施设计应满足蓄滞洪运用前居民安全、及时有序撤离的要求。

（2）撤离转移道路的规模和路线布设，应根据蓄滞洪区内村庄分布情况、人口安置总体规划方案、撤离转移人数和撤离转移方向、洪水传播时间等因素分析确定。

（3）撤离转移干道的断面、路基应符合《公路工程技术标准》（JTGB 01—2014）的有关规定；路面宜采用混凝土或沥青混凝土等耐淹路面。

（4）撤离转移道路跨越河、沟时，应修建必要的桥、涵。

（5）需要通过水上撤离转移时，应规划建设必要的渡口；渡船可利用现有船只或临时调用。

4.3.6 蓄滞洪区工程管理设计

4.3.6.1 一般规定

（1）蓄滞洪区工程管理设计应根据蓄滞洪区类别及蓄滞洪工程建设内容，合理确定蓄滞洪区工程管理体制、管理机构和人员编制，并应根据工程管理的需要制订相应的管理措施和管理制度。

（2）蓄滞洪工程应结合现有管理资源设立专门的管理机构。

（3）管理机构的设置应明确管理机构及隶属关系、管理内容、人员编制、管理费用。

（4）蓄滞洪区应根据工程规模和运用要求，配建相应的管理设施；并应与主体工程同步建设。

4.3.6.2 管理范围及设施设备

（1）蓄滞洪区各类建设物工程的管理范围和保护范围，应根据蓄滞洪区的具体情况确定，并应符合下列规定：

1）堤防工程的管理范围和保护范围，可按《堤防工程管理设计规范》（SL 171）的有关规定，并结合各地实际情况分析确定。堤防护堤地范围对其他用地面积影响较大时，宜从紧控制。

2）安全台、避水台的管理范围不宜超高台脚排水沟外 5m，保护范围可取为管理范围以外 50～100m。

3）进退洪闸等建筑物的管理范围和保护范围，可按标准《水闸工程管理设计规范》（SL 170）的有关规定执行。

4）转移道路的管理范围和保护范围可按同等级别公路的有关规定确定。

（2）蓄滞洪区防洪工程和安全设施，可按《堤防工程管理设计规范》（SL 171）和《水闸工程管理设计规范》（SL 170）的有关规定，配备必要的观测设施、设备。

（3）蓄滞洪区工程管理单位应根据定编人数及管理任务配备必要的设施设备和交通工具。

（4）安全区应根据防汛抢险的需要，留有储备土料、砂石料等防汛抢险物料的堆放场所。

（5）蓄滞洪区防洪工程和安全设施应设置必要的碑、牌。每个乡镇及基层管理单位均应设置宣传牌，撤离转移路口应设置导向牌，安全台、分洪口、退洪口等应设置标志牌以及其他警示标牌、桩号标牌等。

4.3.6.3 通信预警系统

（1）蓄滞洪区应设置能够迅速将分洪指令传达到蓄滞洪区内有关单位、各家各户的通信预警系统。

（2）蓄滞洪区通信预警系统应充分利用各地已有的防汛指挥系统。

（3）蓄滞洪区宜利用当地公共通信网络，建设县、乡（镇）、村三级，覆盖蓄滞洪区工程管理、防汛重点单位，以及社会相关部门的通信预警系统。

（4）蓄滞洪区通信预警系统可由预警反馈通信系统、计算机网络系统和警报信息发布系统构成。

（5）通信预警系统的设备应技术先进、性能稳定、运行可靠、维护方便，并应与当地通信网络的技术手段相协调。

4.3.6.4　应急救生

（1）蓄滞洪区应配置救生衣（圈）、抢险救生舟、中小型船只等救生器材，并应统一存放管理。

（2）蓄滞洪区救生器材的配备标准，可按《防汛物资储备定额编制规程》（SL 298—2004）的有关规定执行。

4.3.6.5　疫情控制

（1）蓄滞洪区设计时，应根据当地传染病历史和可能发生的传染病疫情，配合卫生部门制定传染病疫情控制预案，并应提出相应的预防措施，应急方案等对策措施。

（2）血吸虫病疫区和毗邻疫区的蓄滞洪区防洪工程和安全建设设计，应符合水利血防工程设施设计的有关规定。

4.4　中小型河道整治工程设计

4.4.1　概述

河道整治是在总体规划的基础上，通过修建整治建筑物或采用其他整治手段（如疏浚、爆破等），对不利于人类生产生活及人居生态环境建设甚至有破坏作用的河道演变进行控制。

我国劳动人民在治河的长期实践中，在采用各种工程措施进行河道整治方面积累了丰富的经验。如沿江河两岸修筑堤防，阻挡洪水泛滥；采用护岸工程防止河岸崩塌；采用控导工程调整河势；采用挖泥（人工和机械，陆上和水下）、爆破等手段，开辟新河道（开挖人工运河）、整治旧河道（浚深）及人工裁弯取直等。归纳起来，河道整治工程措施可分为两大类：一类是在河道上修筑整治建筑物；另一类是疏浚或爆破。这两类措施有时分别使用，有时结合使用，并且有所侧重。

河道整治的任务是：以防洪为目的的河道整治，主要是调整不利河势，稳定主流，以利于防洪工程的安全，防止堤防冲决造成的洪水泛滥。

为了防洪和开发利用水资源，需对河流进行综合治理。如在中下游河道修建堤防，防止洪水漫溢；确定防洪标准，必要时在河道两岸修建分洪工程，分泄堤防不能安全下排的洪水；在上中游修建水库，调节流量过程；进行水土保持，减少进入河道的泥沙，以缓解下游河道的淤积速度；等等。河道整治是其中的一种措施，它不改变河道的流量和输沙量，主要是控导主流，调整和稳定河势。整治措施还包括疏浚河道、裁弯取直等。为了满足防洪要求，有时还要修建分洪区和利用圩垸蓄洪。

以防洪为主要目的整治工程，首先需在总体规划的基础上做好防洪河道整治规划，再根据河道整治规划，对各河段进行整治工程布置，防洪的河道整治工程有堤防、疏浚河槽、裁弯等。河道整治工程必须与水土保持、干支流水库、分洪工程等配合起来，共同完成防洪任务。

4.4.2　防洪对河道整治的要求

河道防洪任务的完成要依赖于流域内广大面积上的水土保持，上、中游的防洪水库，河道本身的整治以及分洪工程等。河道防洪不能单靠河道整治。

（1）泄洪断面。每一河段要确定防洪标准和设计洪水，要有足够的泄洪断面，能通过该河段的设计洪水流量，承受设计洪水水位。设计洪水流量要根据在上游水土保持条件和水库调洪作用下可能下泄的洪水流量和保护河段的重要性而定。如下泄的洪水流量过大，河道难于通过，必要时设分洪区和利用湖泊围垦圩垸来分蓄洪。此外，根据（防洪法）要求，严禁在河道滩地上修圩垸和碍流建筑物。对于已建的圩垸，要平圩行洪。

（2）泄流顺畅。河道应较为顺畅，无过分弯曲的河段，也无过分束窄的河段。一般河道总是弯曲的，但如过分弯曲或束窄，会在伏秋汛时泄洪不畅，抬高洪水位；而在凌汛时，阻塞冰块宣泄，形成冰坝，抬高洪水位。两者都对防洪不利。此外，在过分弯曲河段和过分束窄河段，水流冲刷力增大，将冲刷河岸和堤防。

（3）河势要比较稳定。河道水流是处在不断地变化之中，水流尤其是主流的变化常给防汛带来许多问题，例如在主流变化过程中会造成大量坍塌滩地，至堤防处就有决口之忧，必须进行防护。塌至滩区村庄会造成村庄落河。大洪水时洪水将漫滩，村庄居民必须及时转移至安全地区。主流的变化还会给引水、桥渡、航运等带来困难。在主流变化的过程中，为保堤防等建筑物的安全，必须及时进行防护，若主流得不到控制，处于大幅度的变化状态，将会大大增加防护工程的长度，使已有的工程失去原有的防护作用。

（4）必要的保护。在河道的某些地段，如在河道凹岸，由于水流冲击和环流作用，造成河岸崩塌；如有堤防，造成堤防溃决，危及两岸农田，居民点和城镇，须采用河工建筑物加以防护，一般称之为险工。

4.4.3 河道整治设计依据
4.4.3.1 设计流量和设计水位

河道整治规划中所涉及的特征流量和相应的特征水位有3个，如图 4.4.1 所示。

（1）洪水设计流量及设计水位。洪水设计流量由相应的防洪标准确定，习惯上用某一频率的流量或重现期来确定。防洪标准根据被保护对象的重要程度及财产的价值来确定。城市的防洪标准按表 4.4.1 确定，乡村的防洪标准按表 4.4.2 确定。目前我国城市和乡村的防洪标准尚未达到表列的要求，要增加投入，以尽量达到表列的要求。洪水超过防洪标准时，要有分洪区和湖泊围垦的圩垸分蓄洪。其他如工矿企业、桥梁部门的情况也要视建筑物的重要性确定防洪标准。通过保证率或重现期算得设计洪水流量后，再根据河槽断面情况求得相应的设计洪水位。在规划中都

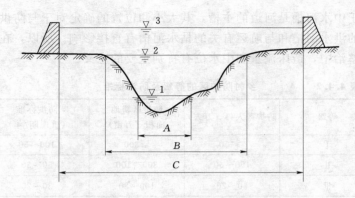

图 4.4.1　河道的特征水位示意图

1—枯水位；2—中水位；3—最高洪水位；

A—枯水河槽；B—中水河槽；C—洪水河槽

要考虑一定的工程使用期，确定规划水平年，对于多沙河流，河道冲淤迅速，尚需计算至规划水平年时的冲淤值，进而所确定的设计洪水位才能保证建筑物的安全。除此之外，设计洪水流量和设计洪水位还用来校核各种整治建筑物的安全，包括结构强度和地基可能冲刷深度等。为此，还需要确定发生洪水时整治建筑物附近的水流流速。

表 4.4.1　　　　　　　　城市的等级及防洪标准

等级	重要性	非农业人口（万人）	防洪标准（重现期/年）
Ⅰ	特别重要的城市	≥150	≥200
Ⅱ	重要的城市	150～50	200～100
Ⅲ	中等城市	50～20	100～50
Ⅳ	一般城镇	≤20	50～20

（2）造床流量及相应水位。河道中一般两侧为洪水河滩，中间为河槽。在设计中，常采用平滩流量作为造床流量，相应的水位称为造床水位或中水位，一般用来设计中水河槽断面和相应的治导线。虽然造床流量和水位与防洪和航运没有直接关系，但是

由于中水河槽是河道的主槽，其大小和位置的确定对于与防洪有关的洪水河槽和与航运有关的枯水河槽有直接影响。所以，在河道整治中，造床流量和中水位有特别重要的意义。

表 4.4.2 乡村防护区的等级及防洪标准

等级	防护区人口（万人）	防护区耕地面积（万亩）	防洪标准（重现期/年）
Ⅰ	≥150	≥300	100～50
Ⅱ	150～50	300～100	50～30
Ⅲ	50～20	100～30	30～20
Ⅳ	≤20	≤30	20～10

（3）枯水设计流量及相应水位。枯水设计流量根据航道的重要性而定，用相当于某一保证率的流量，一般采用 $90\% \sim 95\%$。对于航运条件特别困难的河道，可适当降低保证率。这一流量和相应的枯水位用来作为设计枯水河槽断面及治导线的依据。这样的枯水河槽是为航运服务的。枯水位也是设计无坝取水工程的重要控制数据。

（4）水位的确定方法。上述三种水位的确定，当河道处于自然状态时，一般通过水文观测资料加以整理后获得。当河道受整治建筑物的影响很大时，一般通过水力计算来获得。对于重要的工程还要进行河工模型试验。当河道河床演变较大时，还要进行河床变形计算。对于重要的工程还要进行河道泥沙模型试验来获得。

4.4.3.2 河槽横断面

（1）洪水河床横断面。设计洪水时，水流漫滩的时间较短，且滩地流速较小，水流挟带的泥沙淤积在滩地上，水流对河滩的造床作用不显著。如黄河水流挟沙量较大，每年平均淤高约几厘米。因此，洪水河床作为一个整体而言，其形态不取决于洪水流量，即河床宽度和深度之间没有一定的河相关系。设计洪水河床断而主要从能宣泄洪水流量来考虑，其断面形状如图 4.4.2

所示。

（2）中水河槽横断面。实测资料表明，对于冲积平原的河道，在造床流量下的中水河槽断面形状受河相关系式的控制（图4.4.2）。在此情况下的平均流速 v(m/s) 和造床流量 Q(m³/s)分别为

$$v=\frac{1}{n}h^{2/3}J^{1/2} \tag{4.4.1}$$

$$Q=Bhv \tag{4.4.2}$$

式中　n——河槽糙率；

　　　h——平均水深，m；

　　　J——河槽水面纵坡降；

　　　B——平均河宽，m。

进一步可求得

$$h=\left(\frac{Qn}{\xi^2 J^{1/2}}\right)^{3/11} \tag{4.4.3}$$

$$B=\xi^2 h^2 \tag{4.4.4}$$

由于顺直河道和弯曲河段的河相系数 ξ 不同，因此顺直河段和弯曲河段的 h 和 B 也不同。系数 ξ 应根据水文观测资料整理得出。

中水河槽平均水深 h 与最大水深 h_{max} 的关系，可用式（4.4.5）表示（图4.4.2）

$$h_{max}=\phi h \tag{4.4.5}$$

式中　ϕ——系数，根据实测资料确定，顺直河段和弯曲河段也各有不同。

（3）枯水河槽横断面。枯水河槽断面设计一般只考虑过渡段即浅滩段横断面的设计。枯水平均水深 h_m 与通航水深 h_{cy} 的关系可用式（4.4.6）表示（图4.4.2）

$$h_{cy}=fh_m \tag{4.4.6}$$

式中　f——系数，对于正常浅滩，$f>1$，对于交错浅滩，$f<1$。f 值应根据整治河道上实测资料求得。

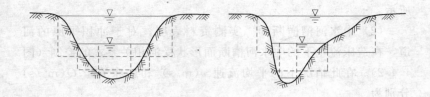

图 4.4.2　河道的中水河槽和枯水河槽断面

流速公式
$$v = \frac{1}{n} h_n^{2/3} J^{1/2} \qquad (4.4.7)$$

流量公式
$$Q_m = B_m h_m v \qquad (4.4.8)$$

进一步可求得

$$B_{ta} = \frac{f^{5/5} Q_m n}{h_{cy}^{5/3} J^{1/2}} \qquad (4.4.9)$$

给定通航水深 h_{cy} 后，已知枯水流量 Q_m，糙率 n，水面坡降 J 和系数 f，即可求得过渡段应该控制的河宽 B_m，由于枯水河槽是在造床流量作用下形成的，枯水流量对河槽的改造不显著，不能引用相应的河相关系式。

4.4.4　治导线

治导线也称整治线，是指河道经过整治以后在设计流量下的水边线平面轮廓。治导线描述的是一种道路。由于影响河道流路的因素太多，变化太快，这种流路不是一成不变的。随着时间的推移，弯道段会上下移动，直河段会左移右靠。治导线通常用两条平行线表示，对于分汊河段，以主汊为主，欲保留的支汊也可用两条平行线表示。在同一边界条件下，弯道段河宽小于直河段河宽，且两者之比也是一个变数。真正反映河道流路的是主流通过的动力轴线，在直河段动力轴线居中，而在弯曲段动力轴线靠近凹岸，靠近的程度也不易定量确定。流路在空间上受边界条件变化的制约，在时间上受来水和来沙变化的影响。目前河道整治还是以经验为主的学科，用两条平行线组成的治导线来表示控导的中水流路和枯水流路，既可满足河道整治的实际需要，又便于确定整治建筑物的位置，在河道整治中被广为采用。

4.4.4.1　中水治导线

（1）治导线形式。治导线要能较好地满足国民经济各部门的要求。治导线多为曲线，在曲线与曲线之间连上短的直线。

（2）需绘中水治导线和枯水治导线。由于洪水漫滩时滩地水线流缓，水边线的位置如何，对河床演变和水流形态的影响不大，所以一般不绘制洪水治导线。按照整治目的和要求在整治规划中要绘制中水治导线及枯水治导线（图 4.4.3）。中水治导线必须保证能通过设计的造床流量，其流路大体与洪水流路一致。这样的现象会使局部的河道发生很大变形，对河道稳定很不利。

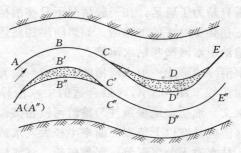

图 4.4.3　治导线示意图
ABCDE，A′B′C′D′E′—中水治导线；
ABCDE，A″B″C″D″E″—枯水治导线

（3）中水治导线的重要性。中水流路治导线在河道整治中是十分重要的。这可从整治中水河槽与整治洪水河槽、枯水河槽的关系中看出。

1）中水河槽与洪水河槽。洪水河槽整治除要求足够的过洪能力外，还要求有一条较为稳定的洪水深泓流路，使防守有重点，以免冲塌堤防和严重抢险。枯水河槽整治主要是为了解决通航和引水问题。从引水角度出发，要求在枯水期主流稳定，且取水口靠河，以保证取水。从通航的角度出发要求在两个弯道之间

的直线过渡段具有要求的航深，通过浅滩整治来满足通航对水深的要求。中水河槽的水深大、糙率小、过流能力强，它是决定河道形态、对河流起决定作用的河槽。通过整治稳定中水河槽，就易于在各种水流条件下取得河道整治的效益。

2）中水河槽与枯水河槽。由于中水塑造河床的能力强，枯水时动能小，塑造河床的能力弱，枯水河床多在中水河床内变化。每年洪水期过后，非汛期河势变化较小，正是这种原因所致。中水对枯水河槽有很大的制约作用。航道整治的实践表明，枯水期增加几厘米水深要比中水期增加几分米水深付出的代价大得多。若能使枯水流路与中水流路保持基本一致，就有利于浅滩段水深的改善。由于整治建筑物的工作条件在中水时远比枯水时为困难，如果只是为了航运，在一般情况下只整治枯水河槽，对中水河槽只是在必要时才稍加整治。如果防洪和航运都需要整治时，才同时整治中水河槽和枯水河槽。

（4）中水治导线形式。中水河槽的治导线一般为中间用短直线连接的反向曲线（图4.4.4），最合适的中水治导线，应从模仿本河道上水文、地质、地理条件与整治河段相类似的典型河湾得来。典型河湾应具有以下特点：曲率半径大，水流平顺，凹岸冲刷不严重，枯水时无分汊现象；深槽较长，浅滩较短，水深相差不大，水面比降较为均匀；过渡段断面接近对称抛物线形状，浅滩沙埂方向与水流轴线近于垂直、上下游深槽无交错现象。这种治导线具有余弦曲线形式，在弯曲顶点的曲率半径最小，$R=R_0$；两边曲率半径逐渐增大，至过渡段处，$R \to \infty$，见图4.4.4（a）。曲线形式由式（4.4.10）给出。

$$y = y_0 \cos \frac{\pi x}{2x_0} \qquad (4.4.10)$$

其中

$$y_0 = R_0 \tan \frac{\varphi}{2}$$

$$x_0 = \frac{\pi}{2} R_0 \tan \frac{\varphi}{2}$$

式中　φ——弯段中心角。

上述余弦曲线在实际工作中一般都近似地用复合圆弧曲线来代替，图 4.4.4（b）所示为一种复合圆弧曲线形式。

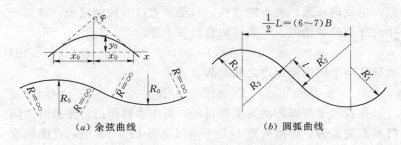

（a）余弦曲线　　　　　　　　（b）圆弧曲线

图 4.4.4　河道中水河槽治导线图

（5）河湾形态。在整治流量、设计水位、设计河宽确定之后，治导线的形式取决于河湾形态关系。在一般情况下，通过弯曲半径 R，中心角 φ，直河段长 l，河湾间距 L，弯曲幅度 P 及河湾跨度 T 来描述河湾形态。各符号的意义见图 4.4.5（图中近似以中心线代替主流路）。

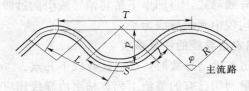

图 4.4.5　河湾形态符号示意图

流量是决定河湾形态的主要因素，流量与河宽又成一定的指数关系，因此，这些河湾要素都与河宽有一定的关系。这些关系受地形、地质、水沙等条件的影响，不同的河流或同一条河的不同河段，其关系都不相同。这些关系往往是通过实测资料的统计分析求得，也可借鉴条件相似的河流的河湾形态关系。

河道流量愈大，河湾曲率半径愈大。当缺少模范河湾资料时，可取河湾曲率半径 R 为：

$$R = KB \qquad\qquad (4.4.11)$$

式中　B——直段河宽；

K——系数，一般可取 $3\sim9$。

治导线两反向曲线之间的直线段不能过短，以免在过渡段断面产生反向环流；也不能过长，以免加重过渡段的淤积，甚至产生犬牙交错状边滩。一般可取直线长 l 为：

$$l=(1\sim3)B \qquad\qquad (4.4.12)$$

治导线两个同向弯顶点之间距离 T 为：

$$T=(12\sim14)B \qquad\qquad (4.4.13)$$

在黄河下游以防洪为主要目的，对中水河槽进行整治时的河湾形态关系为：河湾间距 L 是平槽河宽 B 的 $5\sim8$ 倍，弯曲幅度 P 是平槽河宽 B 的 $1\sim5$ 倍，河湾跨度 T 为平槽河宽 B 的 $9\sim15$ 倍，直河段长度 l 是平槽河宽 B 的 $1\sim3$ 倍，弯曲半径 R 一般为河宽 B 的 $3\sim6$ 倍。

4.4.4.2　枯水治导线

枯水治导线是在上述确定中水治导线的基础上制定的（图 4.4.3）。其中有些部分如深槽凹岸部分与中水治导线重合，然后根据中水治导线形式，自凹岸下游将治导线引向过渡段，其河宽及弯曲半径均较中水治导线为小。

4.4.4.3　确定治导线的注意事项

确定河道整治治导线时，还应注意以下几点。

（1）尽量利用已有的整治工程。枯水治导线还应尽量利用边滩和河心洲。

（2）布置治导线，特别是枯水治导线，要避免洪水漫滩以后河滩水流方向与河槽成较大交角，以免枯水河槽在洪水时淤积。

（3）尽量利用河道自然发展趋势加以引导。

（4）布置治导线时力求左右兼顾，上下游呼应。

（5）应尽量满足各经济部门对河道整治的要求，当各部门的要求相互矛盾时，按整治的主要目的确定。

4.4.4.4　拟定治导线的步骤

确定治导线在河道整治中是很重要的，整治建筑物的大小和造价与治导线的关系极为密切，是做好河道整治工程的关键所在。治导线的拟定是一项相当复杂的工作，没有丰富的治河经验很难拟定出一条符合实际情况的治导线。其拟定的一般方法和步骤如下。

（1）由整治河段进口开始逐弯拟定，直至整治河段的末端。

（2）第一个弯道要根据来流方向、现有河岸形状及导流方向拟定。若凹岸有工程，可根据来流及导流方向选取能充分利用的工程段，绘出弯道处凹岸治导线，并尽可能地利用现有工程或滩岸线。按设计河宽缩短弯曲半径，绘制与其平行的另一条线。

（3）拟定第二个弯道的弯顶位置，并绘出第二个弯道的治导线。

（4）用公切线把第一、第二两个弯道连接起来，其公切线即为两个弯道间的直线段。

（5）依次作出第三个弯道，直至最后一个弯道。

（6）进行修改。检查、分析各弯道形态、上下弯关系、控制河势的能力、弯道位置兼顾国民经济各部门的程度等，并进行必要修改。一条切实可行的治导线需经过若干次的调整才能确定。

（7）初步拟定治导线后，还要与天然河道进行对比分析，通过比较弯道个数、河湾形态、弯曲系数、导流能力、已有工程的利用程度来论证治导线的合理性。

4.4.5　河势规划

河势就是指一条河流或一段河道的基本流势，有时也称为基本流路。河势规划的任务就是在分析研究本河段河床演变规律及水沙运动基本特性的基础上，综合考虑国民经济各部门的不同要求，因势利导，制定出比较合理的基本流路。当然，这种流路的形成与稳定，要通过沿河两岸所布设的整治工程措施来实现。

4.4.5.1　河势规划的内容和编制步骤

河势规划具体到一条河流或一条河流的上、中、下游诸河段，应该包括对整条河流或某个较长河段的河势控导规划和一些重点部位的局部整治工程规划。两者相辅相成，前者指导后者；而后者又具体保证着前者的实现。在内容上，前者主要从宏观上进行可行性研究论证，提出对上下游、左右岸通盘考虑的整治线，把有利于各个方面的河势稳定下来。而局部的整治工程规划，则要求更为具体和详细，包括对河势控导及改造调整的整治工程设计。

（1）河势规划的内容。

1）河道特性的分析。要想制定出比较符合客观实际的河势规划，首先必须对所要规划河流或河段的河道特性进行深入的分析研究。分析包括河流地貌特征及沿河地质构成、水文、泥沙和河道演变规律等，同时要综合研究它们之间的内在联系，尤其要找出影响本河段河势变化的关键因素。需要强调的是，在分析中首先要特别注意河道两岸节点及其变化对流路的影响。其次，支流入汇、湖泊顶托以及河道侵蚀基准面的升降、上游水利枢纽工程对水沙的调节等，对河道特性及演变有较大影响，亦应根据实际情况，进行比较深入的分析。

2）河道整治的任务和要求。包括论证国民经济发展对本河道进行河势规划的必要性和可行性，以及各部门对规划的基本要求。

3）河势规划的原则和目的。综合各方面提出的要求，分清主次，安排远期和近期治理目标，提出本河段河势规划的基本原则，以及为实现这一目标所进行的总体布置和开发程序。

4）河势规划的设计依据。包括设计水位流量、治导线、河槽设计断面等。其中以治导线的确定最为重要和复杂，应反复研究论证，进行多种方案比较，提出既符合河道自然演变规律，又能最大限度地满足各个部门要求，照顾各方利益的最佳方案。

5）河道整治工程措施。根据已确定的治导线，规划设计出整治工程的布局，具体工程的位置、尺寸，结构设计，施工顺序及工程概算。

6）河势控制的效益论证。

（2）河势规划的编制步骤。

1）明确河道整治的目的。初步了解国民经济各部门对本河道的要求、目前状况及症结所在，以便使得规划工作方向明确，有的放矢。

2）收集资料。收集范围视规划内容而定，一般应包括下述几个部分。

a. 社会经济资料。国民经济各部门的现状和规划，以及在各个发展阶段对河道的要求。这些要求应该有具体指标，如防洪所要求的防御洪水标准（水位、流量）；航运的客货运量、流向、船队吨位、最小航深、航宽、港埠位置；沿河农田灌溉和城市引水量等。另外，对流域规划中所提出的其他水利措施，治河工程所需建筑材料的类别、产地和运输条件等，亦应全面收集。

b. 水文泥沙资料。包括河流在天然状态下和上游修建水利枢纽后的水文泥沙资料，这可从沿河水文站及河道观测部门收集。内容主要有水位、流量、比降、流速、糙率、悬移质含沙量及粒配、推移质输沙率及粒配、床沙组成等，并着重收集洪水和枯水期的有关资料。

c. 河道资料。各个时期所施测的河道地形图（包括水下）、河势图、河道固定断面图、河床和河岸沿线地质勘探资料。

d. 现有工程资料。已建河道整治工程竣工图纸及运行资料，沿河桥渡、管线、港埠、取水口等工程的主要技术指标。

需要指出的是：上述资料除查阅有关部门的档案文献资料和汇集整理以往成果外，最重要的还是进行野外现场查勘，尤其是洪水时期的查勘，只有这样才能对河势有直接的感受和掌握。查勘中，应注意调查访问和组织座谈，必要时，还可进行一些项目的补充观测。

3）资料整理分析。对收集到的各种资料应及时整理分析，并审查其可靠性，去伪存真，然后按照拟定的内容开展规划设计工作。在规划设计阶段，根据工作进展，还需作一些资料的补充和完善，对某些比较特殊、尚无十分把握的重大问题，往往还需要进行河工模型试验或现场试点。

4.4.5.2　河势规划的原则

（1）全面规划，综合治理。规划中一方面要兼顾各部门、上下游、左右岸的利益，使得水资源充分利用；另一方面一定要分清主次，权衡利弊，保证首要任务的实现。

（2）因势利导，重点整治。河道是处在不断演变发展过程之中的，通过对河道历史实测资料的分析，总会找到一两个出现概率较大，且能基本满足各方面要求的流路类型。河势规划的任务，就是通过工程措施，将这种有利的流路控制稳定下来。在实际工作中，可能遇到下面三种情况。

1）河道目前河势基本上符合这种流路，或者仅需要对局部河段作一些改善，此时应抓住时机，进行人为的固定。

2）目前河势尚不符合上述流路，存在一定距离，但通过分析论证，河势正向有利的方面发展，此时可略为等待或采取一些简单的临时工程措施，促使其发展，然后再进行固定。

3）目前河势正向相反方向发展，并有进一步恶化的趋势，此时应选择关键地段，采取积极措施，控制其变化，人为地引导河势向有利方向转化，待到一定时机，再进行全河段控制。

这些做法的中心思想就是规划必须顺应河势，因势利导，不可违背河道演变的自然规律，强堵硬挑。前者可收到事半功倍之效，而后者则往往事倍功半，甚至引起河势进一步恶化，造成人力、物力的极大浪费和不必要的治河纠纷。

河势规划是要求对整段河道的全线控制，而整治工程很难也无必要做到沿河布设。重要的是，在规划中选择好一些重点控导工程。这些关键点应当是靠流概率最大，对下游河势变化起重要控制作用并对经济生产有重大影响的部位，它可以是对天然节点的利用和改善，也可以是通过修筑整治工程而形成的人工节点。需要指出的是，这些节点工程必须上下呼应，左右配合，工程布设的范围、尺寸，一定要符合河势规划中总的控导意图。

（3）整治工程有一定的控导长度和强度，做到技术上可靠、经济上合理。治河工程常年经受着水流巨大的冲击，加之作为工程基础的河床、河岸又都存在着冲淤变化，上游来水来沙带有很大的随机性。这就要求在规划中所布设的整治工程，首先应具有一定的控导长度，适应顶冲点上提下挫的变化，发挥整体导流作用。大量的工程实践证明，对局部河段进行孤立的挑流护岸是无益的。其次，河工建筑物本身，也必须具备足够的强度和柔韧性能，才能适应河床的变化。

治河工程量大面广，在工程材料及结构型式上，应尽量就地取材，降低造价，保证工程需要。例如土、石、梢料、草袋等是我国传统的河工材料，曾得到广泛使用，取得了很好的效果。近一二十年来，随着化学工业的蓬勃发展，高分子聚合材料如尼龙编织布在治河工程中得到了迅速应用。另外如混凝土、钢筋混凝土及其预制构件，在城市和厂矿防护工程中也被普遍采用。规划中，应根据工程的重要性和材料来源，通过比较，恰当选用。

人们曾试图采用理论与数学的概念解决治河工程的设计与施工问题，但很多情况表明，这样并不是足够可靠的，还必须根据经验与观察作出判断，并加以修正。因此，在规划河势控导工程时，要特别强调因地制宜，最好的指导，可能是本河流或同类河道上的成功经验。

4.4.5.3 不同河型的河势规划要点

不同类型的河道，具有不同的河道演变特性，因此河势规划的内容和方法也就有所不同。下面对几种常见的河型在规划中应遵循的原则和基本内容，作一些简要介绍。

（1）弯曲型河道的河势规划。

1）整治线。一般来讲，弯曲型河道的水流结构和泥沙运动都比较简单，河床演变规律也较明确。具有适当弯曲度的连续河弯，河道比较稳定，河势也易于控制，基本上能满足各个部门的要求。因此，当河弯发展为正常弯道时，即弯曲半径 R，中心角 φ，过渡段长度 l，弯顶距（河弯跨度）L，摆幅 P，弯曲率 S 等平面几何尺度比较适宜时，应及时采取护岸工程将其固定下来。当个别河弯发展不够理想，例如出现锐弯，并有可能进一步恶化时，应采用一些控导工程进行改善。对于这两种情形的弯曲型河段，其河势规划的原则和内容，主要是根据造床流量拟定本河段的中水整治线，即在造床流量下的水边线。在确定整治线时，一定要遵循因势利导的原则，除考虑本河弯发展趋势外，还要考虑上下游河势、现有护岸工程和沿河节点的分布，以及有关建筑物的位置、方向，力求整治后的河岸线能平顺衔接，获得平稳的水流和稳定的河床，满足各方面的要求。

整治线的平面尺度即弯道要素的确定，首先应从分析本河段河道平面外形入手，找出其出现概率较大，出现后也能保持更长时间的一些弯道形态，以此来作为河势规划的重要参考。例如，美国密西西比河对近 1500km 范围内的 179 个河弯的弯曲半径和中心角进行频率分析，尽管变化很大，但较多的弯道的曲率半径变化范围为 1000～2500m，中心角约为 30°～100°。其次，可参考表 4.4.3 所列的一些经验公式。表中公式反映了河弯尺度与流量的函数关系，有些虽无流量 Q 因子，但河槽宽度 B 本身仍与流量大小有关。有的学者如阿尔图宁认为稳定河弯应该是一个变半径的复合弧线，曲率半径自进口至弯顶逐渐减小，然后自弯顶至出口又逐渐加大。根据对黄河、渭河的整治实践，这种河弯有利于进口迎流与出口送流，对主流线变化的适应性较强。埃及在尼罗河整治中亦采用了这种做法，认为弯道应是一个曲率变化的抛物线形，且凸凹岸的最大曲率点不应相互对应，即不在同一径向线上，凸岸弯道的顶点应在凹岸最大弯度点的下游，距离为 D（图 4.4.6），且得出如下经验公式：

上埃及 $\qquad D = 550 - 15R^2; R = 7000m$ (4.4.14)

赖希德河 $\qquad D = 450 - 15R^2; R = 6000m$ (4.4.15)

杜姆亚特河 $\quad D = 260 - 15R^2; R = 4000m$ (4.4.16)

式中 $\quad D$——沿凸岸弯道中心线量测的凹岸与凸岸顶点的距离，m。D 若为负数，表示不需移动，两岸为同心圆。

另外，对于弯道平面尺度，还有以下经验公式

弯顶距 $\qquad L = (12 \sim 14)B$ (4.4.17)

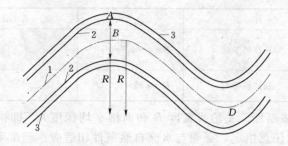

图 4.4.6　尼罗河弯道整治线示意图

1—尼罗河主流线；2—河岸；3—河堤

摆幅 $\qquad P=(4\sim5)B$ (4.4.18)

过渡段长度 $\qquad l=(1\sim3)B$ (4.4.19)

需要强调指出的是：整治线所规范的水流总的方向，应避免与河岸或堤防出现角度。

表 4.4.3 弯道半径计算公式

类别	作 者	公 式	备 注
I	米洛维奇	$R>2.33B$	R—弯曲半径； B—过渡段平滩河宽
	钱宁	$R=3B$	
	阿尔图宁	$R_1=(7\sim3)B,$ $R_2=(5\sim6)B,$ $R_3=3.5B$	R_1—紧接过渡段处； R_2—中间部分； R_3—弯顶处
	阿甘蒂斯科尼斯	$R=(8\sim13)B$	
	加布列希特	$R=(4\sim7)B$	
	黄河水利委员会	$R=(2\sim5)B$	
	里普莱	$R=40\sqrt{\Omega}$	Ω—河床过水面积
II	黄河水利委员会	$R=165\dfrac{Q^{0.33}}{\varphi}$	Q—造床流量； φ—弯道中心角，以弧度计

类别	作 者	公 式	备 注
II	长江科学院	$R = 3.14 \dfrac{Q^{0.73}}{\varphi^{1.5}}$	
	长江科学院	$R = 6.35 \times 10^{-4} Q^{0.56}$	

2) 横断面。整治线宽度 B 和河槽平均深度 h，即横断面尺度，不能任意给定，必须与水流自然条件相适应。经常采用的方法见 4.4.2 节中的相关部分。

需要说明的是，计算所得的河槽宽度 B，严格地讲仅适用于直线河段。对于弯道段，两岸之间距应该是河槽曲率的函数，其宽度在弯道的顶部应该达到最大，并随曲率的减小而减少。弯曲河段最大宽度的确定，通常是在上述计算所得 B 值中增加一修正值 ΔB。不同的河流有不同的 ΔB，应通过对规划河道实测资料的对比分析，找出其关系。

3) 控导工程。在进行了上述中水整治线（又称治导线）及河槽断面设计之后，首先应该根据水流顶冲点上提下挫的范围，定出守护位置及长度，并布置控导工程。黄河下游弯道守护长度的经验是在弯顶以上。在工程型式及施工顺序上，应以有利于实现所规划的整治线为原则。例如，对于河身较窄的河段，应以护脚护岸工程为主，不宜修建丁坝一类建筑物，防止水流条件恶化，特别是通航河段，更应慎重。再如弯道下移，将会引起不良后果时，则应首先控制弯道下部出口；相反如弯顶下移，将导致河弯更接近所拟定的整治线时，可不急于守护，待发展到有利形势时再进行守护。其次，一个河段的改善，也往往需要自上而下的调整，控制好上游河势，下游河弯才能稳定，因此在施工顺序上以自上而下为好。当然在特殊情况下，对于下游急剧崩塌的河弯，根据需要，也可采取临时性守护措施。对于较宽的河道，或者岸线远离整治线以及有局部锐弯的河道，亦可采用一些较低、较短的丁坝群，进行逐步改善调整。

4）人工裁弯。弯曲型河道由于河槽不断地凹冲凸淤，河道平面形态变得蜿蜒曲折，形如九曲回肠，并经常发生自然裁弯。图 4.4.7 为渭河下游近几十年来的裁弯情况，从图 4.4.7 中可以看出，裁弯后，一弯变化引发多弯变化，主流大幅度摆动，崩岸长度和强度明显增大。结果原有险工被淤脱溜，新险工不断出现。在此种情况下，若单纯用护岸工程，是无法控制和稳定住河势变化的。因此，为了防洪、灌溉、航运等方面的需要，经常需要进行人工裁弯。对于这类河道的河势规划，重点是进行裁弯可行性的研究，并作出人工裁弯工程的规划设计。

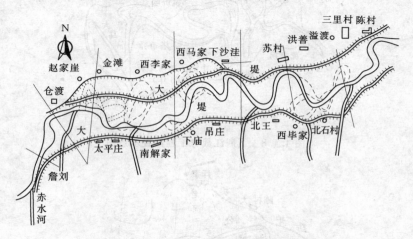

图 4.4.7　渭河下游河道自然裁弯图

人工裁弯在国外已有较长历史，早在 19 世纪，匈牙利蒂萨河曾裁弯 112 处，在 1200km 河长范围内缩短河长 455km。美国密西西比河从 1933 年开始，在 538km 范围内裁弯 13 处，缩短河长 186km，1941～1942 年又继续裁弯 3 处，存在的问题是因经费不足，护岸工程没有按设计完成，回弯严重，致使效益降低。另外，前苏联也曾在库拉河、顿河等河道上进行过裁弯，由于他们在裁弯区无重要建设及工程农田，不考虑护岸，结果是裁了弯，弯了再裁。我国于中华人民共和国成立初期在包头黄河上裁弯 3 处；1945～1948 年为避免弯顶险工，在南运河上裁弯 22 处，1958 年又继续裁弯 49 处，共缩短河长 71km；20 世纪 60 年代末，在长江下荆江河段进行了中洲子、上车湾两处人工裁弯，1972 年汛期又发生了沙滩子自然裁弯（图 4.4.8），3 处合计缩短河长 78km；1974 年，为解决防洪问题，在渭河下游进行了仁义裁弯（图 4.4.9），缩短河长 9km。至于各地为了治河造地，在中小河流上所进行的裁弯取直，更是举不胜举。

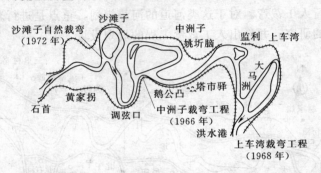

图 4.4.8　下荆江裁弯工程位置示意图

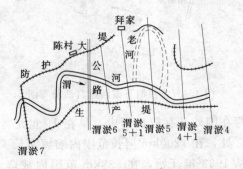

图 4.4.9　仁义裁弯工程位置示意图

　　表 4.4.4 为我国近年来在下荆江及渭河下游所进行的几处较大规模的人工裁弯工程简况。实践证明，人工裁弯是根本改善蜿蜒型河道河势的重要措施。只要事前详细规划设计，周密研究，裁弯后在防洪、航运及农业生产方面均会收到明显效益。例如下

荆江 3 处裁弯后，在长江 1981 年特大洪水（宜昌站 72000m³/s）期间，上荆江沙市河段因裁弯洪水位降低 0.5m，相当于扩大河道泄洪量 4500m³/s，避免了运用荆江分洪区。另据航运部门资料，由于航程缩短，自 1967 年以来，8 年累计节省营运费 1658 万元，同时减少了 3 处碍航浅滩，航道得以改善。渭河仁义裁弯后，上游水面比降由 0.116% 增大到 0.187%，引河口门上游 5.2km 处的陈村水位站常水位（200m³/s），两年合计下降 2.9m，洪水位（4230～4320m³/s）下降 0.67m。当然，人工裁弯工程也存在一些问题，主要是新河控制工程不能及时跟上，回弯迅速。例如下荆江裁弯目前回弯 20km，占原缩短河长的 1/4。其次是对上下游河势变化考虑欠周，以致出现了新的险工。有时为防止崩塌而投入的护岸工程费用大大超过了裁弯工程，并形成被动局面。这些情况，在国外裁弯工程中也普遍存在。因此，有必要特别强调人工裁弯工程的全面规划，对新河老河、上游下游通盘考虑，使之今后的裁弯工程更趋完善。至于与河争地，盲目地裁弯取直的活动，违背河流自然规律，多以失败而告终，应引以为戒。

表 4.4.4　　　　　　　　　　我国几处人工裁弯工程情况

名　称	中洲子	上车湾	仁　义
老河长 L_1	36.7	32.7	12.0
引河长 L_Y	4.3	3.5	3.05
裁弯比 K	8.5	9.3	3.93
引河弯曲半径 R(m)	2500	2000	1870
引河宽 B(m)	30	30	15
引河深 H(m)	6	13～6	5.5
引河与老河断面面积之比	1/30	1/17～1/25	1/19
引河进口夹角 θ_1(°)	28～30	20～30	17.5
引河出口夹角 θ_2(°)	28～30	20～30	30

名　　称	中洲子	上车湾	仁　义
地质	表层 6m 厚黏土下层为中细沙	表层 0～5m 厚黏土下层为中细沙	为水库新淤积物表层粉沙土，下部中细沙，黏土少见
效益	与沙滩子自然裁弯一起缩短长江航程 78km，上游 113km 处的沙市洪水下降 0.5m		上游 5.2km 处陈村站常水位下降 2.9m，洪水位下降 0.67m

（2）游荡型河道的河势规划。

1）游荡型河道存在的问题。游荡型河道演变的特点是河道宽浅，洲滩密布，汊道众多，主流摆动迁徙频繁，且摆幅十分剧烈，在我国以黄河下游孟津至高村河段最为典型（表 4.4.5）。该河段由于泥沙淤积严重，洪水猛涨猛落，河床组成物质松散，两岸缺乏控制工程，河势摆动范围最大达 7km，平均 3～4km，在一次洪峰中每天平均移动 100m 以上。图 4.4.10 为花园口河段 1954 年洪水前后主流位置的变化，两者完全易位，犹如麻花的两股。

表 4.4.5　　　　　黄河下游水道特征

河段名称	河型	长度（km）	宽度（km）			平均比降（%）	弯曲率	河道面积（km²）		
			堤距	河槽	主槽			河槽	滩地	全河道
孟津—郑州铁桥	游荡	91	4～10	1～3	1.4	0.265	1.16	127.2	556.5	683.7
郑州铁桥—东坝头	游荡	120	5～14	1～3	1.44	0.203	1.10	173	983.4	1156.4
东坝头—高村	游荡	64	5～20	1.6～3.5	1.30	0.172	1.07	83.2	590.3	673.5
高村—陶城埠	过渡性	146	1～8.5	0.5～1.6	0.75	0.148	1.28	106.6	639.8	746.4
陶城埠—渔洼	弯曲性	350	0.45～5	0.4～1.2	-0.65	0.101	1.20	216.0	712	928.0
渔洼—河口	河口段	64								
合计		835	0.5～20					706.0	3432	4188

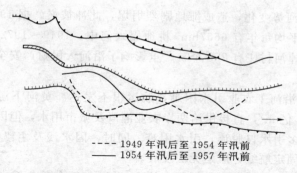

图 4.4.10　黄河花园口河段 1954 年洪水后主流位置示意图

　　黄河下游游荡型河段河势急剧变化，所造成的主要问题如下。

　　a. 河势突变，出现"横河"，大溜顶冲堤岸，危及黄河大堤的安全。"横河"产生的原因，一是滩岸被淘刷坐弯时，在弯道的下首遇到黏土层或亚黏土层，其抗冲能力较强，水流受阻，迫使主流急转，形成横河；二是在洪水急剧消落过程中，由于溜势上提，往往在河弯下段很快淤出新滩，水流在弯道和滩嘴的作用下，形成横河；三是汊流横出的游荡型河段，有时一斜向支汊发展成为主汊，形成横河。凡是受横河顶冲的险工或滩岸，淘刷严重，往往造成重大险情。根据多年实践经验，横河出险多发生在洪水落水期，流量 3000～4000m³/s。

　　b. 滩区滚河，主流直冲平工堤段，若抢守不及，就会造成大堤决口。黄河下游河道而积的 1/3 为河槽，2/3 为滩地，滩槽相互依存，槽定才能固滩，滩固大堤才能安全，高滩深槽有利于防洪排沙。但是由于 1958 年以来沿河修筑了很多生产堤，使之漫滩机会减少，形成了新的临背差，出现了"悬河中的悬河"，这样生产堤一旦溃决，水流直冲大堤，威胁堤防安全。加之沿河滩地存在着较大的横比降（长垣县滩地横比降 0.3%～0.5%，为河道纵比降的 2～3 倍），以及沿堤串沟，很容易形成主流改道。

c. 河势变化，造成滩地剧烈坍塌，此冲彼淤。据 1976 年前统计，平均每年有 6667hm² 耕地塌入河中，1949～1972 年陶城埠以上掉河村庄有 256 个，严重影响了沿河人民财产安全和工农业生产。

d. 沿河工农业引水困难，航运很不发达。黄河下游每年引水约 80 亿 m³，直接供给两岸农业灌溉及城市用水，但因河势多变，很多引水口脱流，引水困难。同时，因水浅及主泓的多变，很难有固定航线，航运无法发展。

为了保护黄河下游堤防，从 19 世纪末开始修建了一些险工，1960 年前后，试修过一些控导工程；1970 年以后，首先在高村至陶城埠过渡性河段，有计划地修建了大量控导河势工程，并初步完成了东坝头至高村游荡型河段的布点工程。

黄河下游的河道整治工程主要由险工和控导工程两部分组成，如图 4.4.11 所示。在经常临水的危险堤段，为防止水流淘刷堤防，依托大堤修建的丁坝、坝垛、护岸工程，叫做险工。为了保护滩岸，控导有利河势，稳定中水河槽，在滩岸上修建的丁

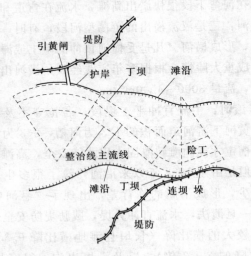

图 4.4.11　险工和控导工程示意图

坝、坝垛和护岸工程，则叫做控导护滩工程，简称控导工程。这种做法也为一般游荡型河段所常采用，其原因是由于这类河道的洪、枯流量相差悬殊，以及河床因主流摆动而形成的宽滩窄槽基本特性所决定。为了安全行洪，必须留有足够的过洪断面，所以堤距一般较大；为了控制主流的变迁，稳定主槽，则必须在滩区岸线修筑必要的控导河势工程，且不能影响正常行洪。前者可以说是洪水整治，后者则是中水整治。

2）黄河游荡型河段的河势规划。下面将简介黄河下游游荡型河段的河势规划及治理效果，以作为这类河段河势规划的参考。

a. 整治原则和方法。整治原则是以防洪为主，在确保大堤安全的前提下，兼顾护滩、护村，以及引水和航运的要求。

在治理方法上，做到险工和控导工程的相互配合，稳定中水河槽，控导主流，以利于排洪、排沙入海。具体工程措施遵循因势利导的原则，以坝护湾，以湾导溜。控导工程以短丁坝（或坝垛、护岸）、小间距为主，护岸工程结构采用缓坡型式，建筑材料根据黄河冲淤变化大的特点，以土、石、柳枝为主，就地取材，且便于抢险加固。

b. 中水整治标准及治导线规划。中水河槽的整治流量采用黄河下游河道实测多年平均平滩流量 $5000 \mathrm{m}^3/\mathrm{s}$。据花园口站 1950～1981 年的分析，$5000 \mathrm{m}^3/\mathrm{s}$ 以下的输沙和排洪量占到总量的 78.5％和 86.8％，因此只要改善中水河槽，就可以在很大程度上承担起排洪、排沙的任务，实现刷槽淤滩的目的。

整治河宽则采用实测多年平均的主槽河宽，直河段主槽河宽 B 分别为：孟津白鹤至东坝头 1200m，东坝头至高村 1000m，高村至孙口 800m，孙口至陶城埠 600m，陶城埠以下 500m。

治导线的形式，基本上有两种类型：一是连续均匀弯道；二是陡弯式，即开始的弯道半径较小，后接一个较长的直线段（5～10km），再接下一个河弯。

根据多年实测资料的分析，河弯曲率半径 R，采用下式计算

$$R=\frac{A}{\varphi^n} \tag{4.4.20}$$

式中 R——曲率半径，m；

A——常数，取 $2900\sim3300$；

φ——中心角，rad；

n——指数，一般取 $2.2\sim2.65$。

曲率半径 R 与直河段长度 l，以及与整治河宽 B 的关系，一般采用下列数值

$$R=(2\sim5)B \tag{4.4.21}$$

$$l=(1\sim3)B \tag{4.4.22}$$

治导线制定步骤大致如下。

第一，概化基本流路。根据历年河势图进行分析归纳，黄河下游一般有两个以上的基本流路。

第二，规划治导线。按照因势利导、充分利用现有工程的原则，参照河弯形态关系，规划出几种治导线，以资分析比较。

第三，论证弯道行河的概率。将规划的治导线与历史河势进行对比，统计各个方案弯道行流的概率，按照整治原则选择靠河概率最大，且对实现整治目标最有利的方案为实施治导线。

对一些重要河段，还应进行河工模型试验，验证规划方案的正确性，并对有关参数进行适当修正。黄河下游规划治导线河弯靠河概率如表 4.4.6 所列，说明多数规划河弯靠河概率还是比较大的。需要说明的是：随着河道整治工程的修建，也可能使一些河弯的靠河概率有所增加，但由于黄河水沙情况多变，对不同水沙条件下河道摆动规律的认识仍然不够，因此在工程实践中还要根据河势的变化，对规划治导线进行必要的修改。

c. 治理效果。经过河势规划和整治后，效果显著，其中东坝头至高村游荡型河段，仅在完成工程布点后，多年平均游荡范围由 2200m 减到 1600m，年主流摆动距离由 670m 减到 410m。高村至陶城埠过渡性河段，过去主流摆动频繁，并且河湾顶部下

移，弯曲程度增加。整治工程完成后，水流归顺，流路单一，如图 4.4.12 所示。主槽位置趋于稳定，断面最大摆动范围由整治前的 5400m 减到 1400m，平均摆动范围由 1800m 减为 560m，年平均摆动强度由 425m 减至 181m，同时河床断面变得较为窄深，河相系数 $\sqrt{B}/H$ 由 12～45 减到 7～21。平滩流量时的平均水深由 1.47～2.77m 增加为 2.05～3.73m，弯曲系数由整治前的 1.252～1.443，变为整治后的 1.293～1.346，变化越来越小。该河段有向弯曲性河道转变的趋势。

表 4.4.6　　　　　　规划治导线靠河概率统计表

河段	河湾数	1949～1983 年靠河概率（%）	其中分时段靠河概率（%）		
			1949～1960 年	1960～1972 年	1972～1983 年
铁谢—郑州铁桥	19	40.5	25.8	56.3	56
郑州铁桥—东坝头	23	48.9	42.7	47.1	55
东坝头—陶城埠	37	67.0	39.3	57.1	92

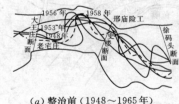
（a）整治前（1948～1965 年）

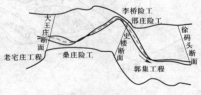
（b）整治后（1975～1982 年）

图 4.4.12　老宅庄至徐码头河段整治前后主流线经验示意图

由于中水河槽日渐稳定，下游现有 68 座引黄涵闸和 53 处虹吸的引水基本有了保证，每年引水 80 多亿 m^3，灌溉面积 100 万 hm^2。同时还改善了航运条件。

（3）分汊型河道的河势规划。分汊型河段一般在其上下游均有节点控制，汊道分流区的主流比较稳定，演变特征为主，支汊道的交替兴衰，但周期较长，在长江中下游主支汊移位短者四五十年，长则一百多年。因此，相对来讲这类河道的河势是比较稳定的。

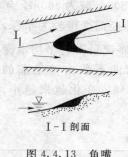

图 4.4.13 鱼嘴
工程示意图

当汉道分流对沿岸国民经济各部门都有利，河势也比较稳定时，可采用护岸及鱼嘴工程将汉道进出口固定下来。上下鱼嘴（见图 4.4.13）是在江心洲首部和尾部修建的分水堤，其外形在上鱼嘴沿程放宽，前端没入水下，顶部沿流程升高，直至与江心洲首部平顺衔接，其结构可按导流坝设计，多用干砌或浆砌块石修筑。图 4.4.14 为世界著名的四川都江堰引水工程，江心垒砌的分水鱼嘴起到了外江、内江之间分配流量的作用，而且保证内江引水为弯道的凹岸，使之更多的泥沙排向外江，达到正面引水、侧面排沙的目的。

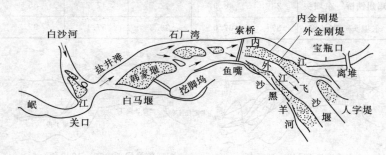

图 4.4.14 都江堰引水工程示意图

分汉河段的河势规划，应着重研究上游河势与本河段河势变化的关系，例如上游一岸的严重崩退或者边滩的淤长，以及上游汉道段的主支汉易位，都会造成主流线的改变，以致影响到本汉道两汉分流、分沙比的变化。根据分析，首先应稳定上游河势，利用工程措施调整水流。至于本河段的河势控制，则应根据发展趋势和国民经济的需要，采用稳定主、支汉分流比，堵汉并流，塞支强干等各种方案。应当指出，根据分汉河道的水力特性，每一汉（无论是主汉还是支汉）的河宽及过水断面均小于单一河段，但各汉之和却又大于单一河段，因此，在采取堵汊并流措施时，应保证所留汊道有足够的过流断面与输沙能力，且对上游洪水位不能有较大的抬升。对于大江大河更应慎重从事，稍有疏忽，将会带来不利后果。下面拟就长江武汉河段为例，介绍其河势规划的要点。

长江武汉河段上起沌口下至阳逻，长约48km，首尾均有节点控制，中部左右两岸又有龟、蛇两山钳制，河宽束窄为1100m，如图4.4.15所示。按照河床演变特点，以龟、蛇二山为界，可分为上下两段，上段为顺直分汊河型，江中右侧有白沙洲及潜洲，将水流分为两汊，右汊为支汊，分流比约10%，历年变化不大。另外在河道左岸存在有汉阳边滩，1957年建长江大桥前，边滩滩形狭长，可延伸至汉江入汇口附近。建桥后，由于桥墩阻水，桥下河床的局部冲刷，使汉阳边滩被阻滞于大桥上游，并向武昌江岸横向展宽，枯水期约占河宽的2/3，航道不能居中通过大桥，而从汉阳急转武昌深槽。下段从龟、蛇山至阳逻，长约32km，为微弯分汊型。该段上部顺直，武汉关附近河宽1300m，下部有天兴洲两汊分流，最大河宽约4000m，汊道段右侧有青山矶、左侧有谌家矶限制了河槽的左右摆动幅度。

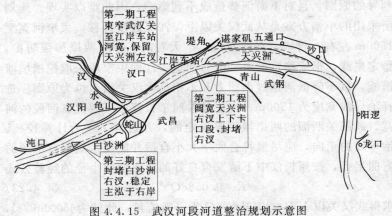

图4.4.15　武汉河段河道整治规划示意图

本河段近百年来河势变化的特点，是以龟、蛇两山束窄断面为共轭点，上下游主流线经历了南北交替摆动的过程，从而使两岸滩槽也相应变化。20 世纪初，龟、蛇两山以上主流摆向左岸的结果，使其以下主流摆向右岸。大桥建成后，汉阳边滩的展宽，加速了主流的南移，武昌深槽不断刷深，汉口一侧逐渐淤浅，并形成汉口边滩，使汉口港埠失去了以往主流近岸的有利条件，进而也促使下段天兴洲左汊的衰退、右汊的发展。至 70 年代末，左汊除高水期仅分流 30％外，枯水期基本断流，自汉江口门以下经武汉关至江岸作业区，边滩与天兴洲连成一片，每年枯季港口作业区靠挖泥维持。面天兴洲右汊的迅速发展，江面也急剧展宽，达 1300m 以上，并在汊道内形成青山边滩，影响武钢泵站的运行。如不尽快进行河势控制，任其自然演变，汉口港淤积问题将长期存在，并会进一步恶化，武钢生产和大桥安全也将受到很大影响。

为解决武汉河段的河势规划问题，有关部门进行了大量的分析论证和试验研究，提出了稳定分汊河道和改造为单一河道两种治理途径，并作了方案比较。若保持稳定的两汊分流，并增大天兴洲左汊枯期分流比，使主流靠近汉口，就必须在右岸武昌深槽修建大量的挑流工程，形成新的武昌岸线，工程浩大，违背因势利导的原则，且对下游河势造成不利影响，因此难以实现。规划所采用的单槽方案是从武汉关以下，江堤逐步外移，束窄河宽至 1500m 左右，封堵天兴洲左汊，扩大右汊，并对两岸加强防护，稳定岸线，形成稳定的单一微弯河道。江面束窄段采取挖槽填滩措施，以不降低河槽过洪能力和不抬高武汉关洪水位为原则。选择治导线宽度为 1500m，主要是参照了长江中下游优良河段的河宽、武汉关断面的两岸堤距来确定的，并进行了水力计算校核。治导线的走向，应尽量符合曲率大小合适并能使水流保持平顺的弯曲半径，按照长江中下游发育良好的弯道弯曲半径的经验公式

$$R = 0.0588Q^{0.51} \tag{4.4.23}$$

求得武汉关以下 $R = 13.9$km（Q 为平滩流量，此处为 45000m³/s），

并以此作为下限控制，规划中采用约 15.5km，与实际值 14.5km 十分接近。考虑到实施河道整治工程时，水流与河床必须要有一个相互调整适应的过程，为了确保在这个过程中不抬高本河段的洪水位，工程分两期进行。第一期主要是挖填武汉关至江岸三角形地带，并扩浚天兴洲右汊的卡口河段。工程实施后，左汊在高水期仍能分泄部分流量。第二期工程为继续扩浚右汊至设计断面，然后适时封堵左汊。

（4）顺直型河道的河势规划。顺直型河道是天然冲积性河流的一种基本河型，其他各类河型在其演变发展的历史长河中，往往也要经历这一阶段，同时在各类河型的局部河段或者衔接部位，也多存在某些顺直河型的演变特点和规律。表 4.4.7 列出了几条河流中不同河型河段的统计，可以看出顺直型河段占有一定的比重。

表 4.4.7　　　　　　部分河流不同河型河段统计

河　　流	长度 (km)	顺直段		弯曲段		分汊段	
		长度 (km)	占比 (%)	长度 (km)	占比 (%)	长度 (km)	占比 (%)
北江（韶关—河口）	253	69.5	27.5	37	34.4	96.5	38.1
长江（宜昌—武汉）	644	271	42.1	279	43.3	94	14.6
浠水（水校—河口）	56.9	26.9	47.3	28.5	50.1	1.5	2.6

尽管顺直型河道具有比较顺直的单一河槽特征，但在这类河道的河槽内，仍存在着依附两岸的交错边滩，因此，其深泓线在平面和纵剖面上均呈一波状曲线。中、洪水时，水流趋直，枯水时主流弯曲。其演变特点是交错边滩在水流作用下，不断平行下移，滩槽易位。所以深槽与浅滩位置不能稳定下来，对航运不利。另外，随着边滩的移动，就有可能对沿岸取水口、港埠码头的正常运行构成威胁。因此说，虽然顺直的单一河道平面外形比较稳定，但主流并非稳定，那种希望把天然河道整治成上下顺直渠槽的做法，从稳定河势的角度来看，并不可取，也难以实现。

对于顺直型河道的河势规划，要着重研究边滩移动规律。当河势向有利方面发展时，因势利导，及时将边滩控制稳定下来。边滩稳定后，在横向环流的作用下，河弯将继续发展，边滩也进一步淤长，当基本形成具有适度弯曲的连续河弯时，再将凹岸一侧守护起来，这样整个河段的河势也就会稳定下来。

稳定边滩的工程措施，多采用淹没式丁坝群，坝顶高程均在枯水位以下，且一般为正挑或上挑式，这样有利于坝档落淤，促使边滩的淤长。在多泥沙河道上，也可采用编篱、杩槎等简易措施，防冲落淤。图 4.4.16 为莱茵河（Rhine）一顺直型河段采用低丁坝群固定边滩的工程实例。工程完成后，河槽断面得到了相应的调整，整个河段都比较稳定。

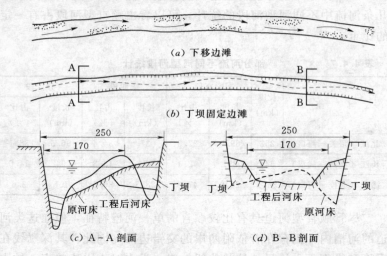

（a）下移边滩

（b）丁坝固定边滩

（c）A－A 剖面　　　　　　　　　（d）B－B 剖面

图 4.4.16　莱茵河固定边滩工程示意图（单位：m）

4.4.6　河道整治建筑物设计

4.4.6.1　概述

（1）河道整治建筑物的类型。河道整治建筑物可以从不同的角度分类。

按照建筑材料和使用年限，河道整治建筑物可分为轻型（或临时性）和重型（或永久性）的整治建筑物。凡用竹、木、苇、梢料等材料修建的，抗冲及抗腐朽性弱的，使用年限短的，称为轻型整治建筑物；凡用石、土、金属、混凝土等材料修建的，抗冲和抗腐朽性强的，使用年限长的，称为重型整治建筑物。

按照建筑物与水位的关系，可分为淹没和非淹没的整治建筑物。在洪水、中水、枯水期均不淹没的建筑物，称为非淹没整治建筑物；在洪水、中水或枯水期均淹没的建筑物，称为淹没整治建筑物。淹没建筑物也称为潜坝。

按照整治建筑物干扰水流的情况，可分为透水整治建筑物、非透水整治建筑物和环流整治建筑物。透水整治建筑物对水流的作用弱，但可以缓流落淤；非透水建筑物对水流的作用强，其挑流、导流、堵塞水流的作用大，但常导致大的局部冲刷；环流整治建筑物，也称导流装置，它可激起人工环流，干扰泥沙运动，从而控制河床的淤积状态。

按照整治建筑物的外形和作用，又可把整治建筑物分为堤防、丁坝、顺岸（或护岸）及镇坝四种。

（2）对河道整治建筑物的基本要求。河道整治建筑物应具有足够的抗冲性，能抵抗水流冲击，还能抵抗冰的破坏和大石块的冲击作用。在水压力作用下，应具有足够的强度和抗滑及抗倾覆的稳定性。地基要有足够的承载力，而且能够保持渗透稳定。整治建筑物还应具有一定的柔性，以适应基础变形而不致破坏建筑物的强度。建筑物还应便于施工和维修。

抗水流冲击性能可用允许拖拽力 $\delta = \rho g h J$ 或允许流速 v 来表征，其中 ρ 为水的密度，g 为重力加速度，h 为水深，J 为水面比降。

建筑物的强度和抗滑、抗倾稳定性，对于挡水的大堤和分洪闸等是很重要的。

地基的承载能力要保证不发生破坏，不发生过大的变形。地基的渗透稳定要防止发生管涌和流土的破坏。

建筑物的柔性由填筑在建筑物中的块体，如石块、石笼、梢捆、沉排、框架等来保证。当基础受到淘刷后，建筑物易于变形，随之把冲刷坑充填覆盖，建筑物基础和周围应采用堆石保护。

4.4.6.2　整治建筑物的材料和构件

河道整治建筑物需要大量的建筑材料，因此主要利用当地材料，如土料、卵砾石、石料、梢料、木料、绳索等，还有混凝土、钢筋混凝土、浆砌块石、沥青、沥青混凝土、金属材料等。要尽量少用后几种外来材料。近年来，在重要河流上的永久性整治建筑物应常用浆砌块石、混凝土等非当地材料。还有的用这些材料做成构件，用以修建整治建筑物。

4.4.6.2.1　整治建筑物的材料

（1）土料。一般用壤土、砂壤土、黏壤土、黏土等来筑堤和压埽。一般不用粉土和砂土，因为用其筑堤强度低，易渗流破坏；用其压埽，极易下漏，又易被水流冲刷。

砾石、碎石、卵石等一般用来作排水材料，也可用来压埽。这些材料不能用来筑堤，因其透水性太大。

（2）石料。粒径 20～30cm，重 30～50kg 的耐水和耐冻的块石是常用的石料。用来护坡和修建整治建筑物，也用来压埽。也有用尺寸（0.3m×0.3m×0.8m）～（0.25m×0.25m×0.8m），重 130～190kg 的条石，修建重要的永久性整治建筑物。

在水利枢纽工程中，应尽量利用基坑或泄洪渠开挖出的石渣，以代替开采石料，节省投资。三峡水利枢纽工程用基坑开挖出来的石渣填筑上游防淤堤，有的石渣尺寸很大。

（3）梢料。常用的梢料有：①树梢，以柳梢最好，较柔软而耐久，水下易于抓底，且能缓溜落淤，如柳梢缺乏，也可用杨、榆、桑等杂树梢。梢料用来做埽工；②苇料，要粗大长直，可经5 年不腐烂，可与树梢混合使用，用来做埽工；③秸料，性质柔软，能缓和水流，但容易腐烂，不能耐久，用来做临时性埽工；④红、白荆条，可用来编制篮筐，较耐久，装石块后抛护坝根，也可用来护坡；⑤软草，如稻草、谷草、苦豆子等，易腐烂，用以塞埽根，垫埽眉，都是临时性的。

（4）木料。一般用作桩和签桩。长 3m 以下的称短桩，3m 以上的称长桩。签桩长度在 1.5m 以下。短桩一般用柳木，长桩一般用杨、榆、松等木料。桩的梢径为 10~20cm，顶径为 15~30cm，签桩可细些。

（5）绳索。有竹缆、麻绳、棕绳、铁丝缆等，较耐久。临时性绑扎可用苇缆、草绳等。

（6）其他建筑材料。近年来，混凝土、钢筋混凝土、浆砌块石、沥青和沥青混凝土等，愈来愈多地用于修建整治建筑物。其标号视整治建筑物需要的强度而定，一般标号不高，但要求耐久、耐冻。在缺少混凝土骨料时，可用水泥土，把水泥和沙土加水拌和，制成条块，待水泥土凝固后，用于修筑整治建筑物，水泥土强度较混凝土低，但能耐久。

金属材料有钢丝索、铁钉、螺栓、铁线、两爪钉、钢筋等。

4.4.6.2.2 整治建筑物的构件

（1）梢捆和梢枕。梢捆是用直径 2~3mm 的软铁丝或新砍下的细枝条捆扎整束的柳梢或苇料或秸料层卷洞而成的，有单束的梢捆和双束的梢捆，有内部填石块的重梢捆，有刺猬状的梢捆，它是一种有木橛按螺旋线伸出的重梢捆，它可以加强梢捆与河床之间或梢捆相互之间的联系。

梢枕是重型梢捆的一种形式，是用柳梢或苇料或秸料铺成层，再在其上压卵石、石块或土料，卷成圆柱状，最后用铁丝捆扎而成。

（2）梢料排和梢捆排。梢料排是用梢料铺成相互垂直的层，可有若干层，在上、下面夹以由弹性梢索所构成的网，用穿过梢料排的软铁丝捆扎在一起。弹性梢索是一种很长的轻梢捆，厚 10~13cm，用细柳枝制成。梢料排的厚度为 0.45~0.80m。

梢捆排是用一系列轻梢捆代替梢料层，铺梢捆时本列梢捆要与前列梢捆垂直，梢捆排的厚度为 0.7~1.5m。

梢料排和梢捆排的平面尺寸按照需要确定，长宽可达数十米，如 30m×75m。用梢料排或梢捆排做成沉排时，在沉排上做成编篱方格，其尺寸为 2m×2m，用石块压沉。

（3）钢筋混凝土（或沥青）沉排。用钢筋混凝土板制成，钢筋混凝土板的尺寸 120cm×30cm×8cm，大的可达 400cm×80cm×10cm，用直径为 5～6mm 的铁丝或用伸出板子的钢筋露钩把板子连在一起。

沥青沉排用河砂（66%）、黄土（22%）和沥青（12%）拌合成混合料，沥青要加温到 110℃，制成厚 4～5cm 的板，用 5cm×10cm 方格的钢丝网加筋。沥青沉排和钢筋混凝土板都可以用钢筋钩连起来，用卷成圆筒，放在船上，然后铺放在岸坡和河床上。

辅助系缆船停泊在护岸段上游，300m 远处，主要系缆船与辅助系缆船相连，其停泊位置能使沉排自下游向上游沉放，并逐步移动，使沉排一道一道地沉放到岸坡和河床，沉排船经常与主要系缆船相连，在沉排船舱面上装置有导木，伸垂在船舷以外，向河岸倾斜，沉排沿导木下滑，下沉到岸坡和河床。沉排船与装沉排筒的驳船同时驶向河岸，沉排缆索一端系在岸边的木桩上，沉排船沿主要系缆船离开河岸，沉排下沉。截断船面上系在沉排一端的缆索，一个沉排沉放完毕。主要系缆船用绞盘向辅助系缆船靠近一个沉排宽度（板长），沉排船再驶向河岸，开始第二个沉排的铺放。一直进行到主要系缆船靠近辅助系缆船为止。再用拖船把辅助系缆船向上游再移动 300m，按上述程序继续铺放沉排。美国密西西比河广泛采用钢筋混凝土板沉排保护河岸。

（4）马槎和竹笼。用木料或竹料做成三足或四足支架，用竹笼填卵石或石料压重，在其上游一侧用编篱覆盖，由于荷重作用和足部河床的淘刷，马槎下陷到河床砂卵石中，保证马槎的稳定。竹笼用嫩竹做成圆筒，中间填卵石。都江堰用马槎有悠久历史，岷江枯水期用马槎来挡水，汛期马槎被冲掉，不妨碍泄洪。

（5）木柜。用圆木或方木做成木柜，柜壁有密实的，也有透水的。在需要不透水的结构时，采用填壤土的密实木柜；在不需要不透水的结构时，采用填砂土的密实木柜。在需要有足够重量以加强结构稳定性时，采用填石料的透水木柜。木柜用木料较多，我国整治工程中很少采用，但也有用木柜修筑围堰的实例。

（6）铅丝网式结构。用直径 2～4mm 的铅丝，编成网眼为 6～12cm 的网格，网眼尺寸取决于铅丝笼所装卵石或石块的尺寸。用网片做成六面体铅丝笼，高 1m，宽 1～1.5m，长 3～5m，笼中用卵石或石块装填。铅丝编笼也是六面体，平面尺寸为 (2m×3m)～(3m×4m)，高度 0.4～0.5m。铅丝圆筒笼直径为 0.7～1.0m，长 2～3m。这些笼都用块石或卵石装填。

（7）钢筋混凝土四面体。当地缺少修筑整治建筑物材料时，可采用钢筋混凝土部件做成的透水四面体，中间填石块。我国只有在防止水流强烈冲刷时才采用。有时还采用实体混凝土四面体，每边尺寸约 1.5m，用于防水流强烈冲刷，如溃口截流和围堰截流。

4.4.6.3　平顺式护岸结构形式

4.4.6.3.1　概述

（1）防护工程分类。堤防、丁坝、顺坝（护岸）等整治建筑物都需要保证临河坡（有时包括部分背河坡）在水流作用下的稳定安全，因此需修建护岸工程。护岸工程可以是平顺式的护脚护坡形式，也可以是短丁坝或矶头的形式。护岸工程的结构形式取决于部位的重要程度、工作环境、承受水流作用的情况、当地材料的特性等因素。但在修建之后都需具有保护坝坡（或岸坡、或堤坡）安全的功能。不同的河流中水持续时间的长短相差很大，有的河流中水持续时间很长（多为南方河流），水量丰沛；有的河流中水持续时间短，大部分时间处于枯水期，这些情况在选定工程结构时都应予以重视。

河岸防护工程在布局、型式、结构、材料等方面多种多样，各具不同特点，需根据具体情况分析研究采用。防护工程按型式一般分为以下几类。

1）坡式护岸，也称为平顺护岸，用抗冲材料直接铺敷在岸坡及堤脚一定范围内，形成连续的覆盖式护岸。它对河床边界条件改变较小，对近岸水流的影响也较小，是一种常见的、需要优先选用的型式。我国长江中下游水深流急，总结经验认为最宜采用平顺护岸型式。我国许多中小河流堤防、湖堤及部分海堤均采用平顺坡式护岸，收到了很好的效果。

2）坝式护岸，依托堤身、滩岸修建丁坝、顺坝导引水流离岸，防止水流、风浪、潮汐直接侵袭、冲刷堤岸，保证堤防安全，是一种间断性的有重点的护岸型式。并且它有调整水流作用，在一定条件下常在一些河堤、海堤防护工程中被采用。我国黄河下游，因泥沙淤积，河床宽浅，主流游荡、摆动频繁，常出现水流横向、斜向顶冲堤防造成威胁的情况，因此，较普遍地采用丁坝、垛（短丁坝、矶头）以及坝间辅以平顺护岸的防护工程布局，保护堤防安全。长江河口段江面宽阔、水浅流缓，也多采用丁坝、顺坝保滩促淤，保护堤的安全。

3）墙式护岸，顺堤岸设置，具有断面小、占地少的优点，但要求地基满足一定的承载能力。墙式护岸多用于城市堤防及部分海堤。

4）桩式护岸。我国过去海堤采用较多，如钱塘江堤采用木桩或石桩有悠久历史。黄河下游近年来修筑了钢筋混凝土试验桩坝。美国密西西比河中游还保留不少木桩堆石坝。

5）其他防护型式。包括坡式与墙式相结合的混合型式坝、马槎坝、生物工程等。海堤防护常采用上部坡式、下部墙式或上部墙式、下部坡式的组合形式。生物工程有活柳坝、防浪林、植草防护等。

以上工程型式分类不是绝对的，各类之间相互有一定交叉，如坝式护岸在坝的本身护坡部分可以采用坡式，也可采用墙式，坝式护岸也采用桩丁坝、桩顺坝、活柳坝等，墙式护岸也可采用桩墙式等。

（2）平顺式护岸分类。平顺式护岸可分为以下三层。

1）在中水位（或枯水位）以下的为下层工程，主要是护坡和护底。护底正是为了保护枯水位以下护坡的安全，经常处于水下工作状态，须在水下施工，且遭受水流冲刷较为严重，易被冲坏，要求能够适应河床变形。

2）在中水位（或枯水位）以上、洪水位以下的为中层工程，在水上的时间长，可以在陆上施工，建筑材料要能适应时干时湿的变化，具有较强的抗腐朽性。

3）在洪水位以上的为上层工程，除被雨水冲蚀外，不与水接触，均可在陆上施工。由于各层的条件和要求不同，防护建筑物的结构和材料也不同。

护岸建筑物并不是沿河道全线修建。当河槽流速不大时，一般不做护坡及护底建筑物，如在顺直河段，只有在流速大、河岸会遭受破坏时才修建护坡及护底建筑物，如河道凹岸急流紧靠岸边的部位。

4.4.6.3.2 下层护坡护底建筑物

下层工程常年处于水下，受流情况复杂，结构损坏不容易发现，抢修困难，并且下层是上层及中层的基础，一旦破坏将直接危及中层及上层的安全。因此，必须认真选定护坡下层结构，保证施工质量，为护坡整体安全打下基础。

下层护坡护底建筑物必须在水下施工，并具有较强的适应河床变形的能力。主要有以下几种结构形式：散抛石、沉梢枕、沉梢排、铅丝笼填石、钢筋混凝土柔性板护坡和沥青及沥青混凝土板护坡。

（1）散抛石。

1）特点。采用抛石护坡护底的优点是在水流的作用下，河床被淘刷坍塌成各种不规则的冲刷坑，已有的护坡护底块石可以随着冲刷坑的发展及时自由沉蛰，以免因冲刷坑的发展加大而影响整个护坡的安全，并且可以随时补充抛石，恢复已坍塌下蛰的块石；缺点是易被水冲走，且用石料较多。所以抛石保护只用于局部受严重冲刷河床易变形的部位。抛石宜用各种大小石块掺合抛下，这样可充分利用采石场开采出的石块，又可防止抛石下部泥沙经石块间空隙被吸出。

2）应满足的条件。抛石数量根据坡脚（或岸脚）的水下地形而定。护坡的抛石厚度不小于抛石粒径的 2 倍，一般不小于 0.5m，水深流急处宜增大。坡脚部分可抛铺成梯形断面。抛石护岸坡度宜小于 1：1.5。还应考虑有一部分石块陷入泥沙。

抛石粒径应根据水深、流速、风速情况，按规范规定计算或根据已建工程分析确定。

在水流作用下，防护工程护坡、护脚块石保持稳定的抗冲粒径（折算粒径）可按式（4.4.24）计算

$$d = \frac{v^2}{C^2 2g \frac{\gamma_s - \gamma}{\gamma}} \tag{4.4.24}$$

$$d = \left[\frac{6V}{\pi}\right]^{1/3} = 1.24 \sqrt[3]{V} \tag{4.4.25}$$

式中　d——折算粒径，m，可按球形折算；

　　　V——石块体积，m^3；

　　　v——水流流速，m/s；

　　　g——重力加速度，$g = 9.81 m/s^2$；

　　　C——石块运动的稳定系数，水平底坡 $C = 0.9$，倾斜底坡 $C = 1.2$；

　　　γ_s——石块的重度，可取 $\gamma_s = 2.65 kN/m^3$；

　　　γ——水的重度，$\gamma = 1 kN/m^3$。

抛石地点应在护坡地点的上游，其距离为

$$L = 0.4 \frac{hv_0}{(10W)^{1/6}} \tag{4.4.26}$$

式中　L——抛石地点在护岸地点上游的水平距离，m；

　　　h——水深，m；

　　　v_0——石块在水平河底上的起动流速，cm/s，$v_0 = 4.6d^{1/3}h^{1/6}$；

　　　W——石块的自身重力，kN。

（2）沉梢枕。沉梢枕的抗冲流速可达 3m/s，一般适用于水

深 1.5～2.0m 的情况，不大于 1.5m 的情况也同样适用，它是一种很好的水下护坡结构。为了充填沉枕之间的空隙，在沉枕上面和外坡常加抛块石。沉放的方法是在岸边将沉枕顺流推入水中，沉枕入水以后，自动滚到稳定位置。

沉梢枕护脚应满足下列要求：

1）沉梢枕抛护体的上端应在多年平均最低水位处，其上应加抛接坡石。沉梢枕外脚应加抛压脚大块石或石笼等。

2）沉梢枕的规格。根据防护要求和施工条件，枕长可为 10～15m，枕径可为 0.5～1.0m，柴、石体积比宜为 7:3。柴枕可为单层抛护，也可根据需要抛 2 层或 3 层。

（3）沉梢排。沉梢排的整体性、柔韧性和抗冲性能好，能抵抗 4～5m/s 的流速，能适应河床变形，是水下护坡较好的结构形式。沉梢排由石块压沉。沉排一般适用于水深 1.5～2.0m 的护坡，对大于 2.0m 的护坡也适用。

柴排护脚应满足下列要求：

1）采用柴排护脚，其岸坡不应陡于 1:2.5，排体上端应在多年平均最低水位处。

2）柴排垂直流向的排体长度应满足在河床发生最大冲刷时，排体下沉后仍能保持小于 1:2.5 的坡度。

3）相邻排体之间应相互搭接，其搭接长度宜为 1.5～2.0m。

（4）铅丝笼填石。铅丝笼填石用于护坡和护脚，抗冲流速可达 5m/s。更坚固的护坡是用铅丝笼网片填石砌墙。墙与岸坡之间的空隙，在洪水期被泥沙逐步淤填或用人工回填。

（5）钢筋混凝土柔性板护坡。近年来，在国外广泛采用钢筋混凝土柔性板形式，适用于流速 3～5m/s，个别情况下可达 7m/s。在铺放前，要先在岸坡上铺好砾石垫层，岸脚河床也要铺钢筋混凝土板保护。

（6）沥青和沥青混凝土板护坡。适用于流速大于 2m/s 的河岸。它具有很好的柔性，相对来说造价较低。这些板都要用钢丝网加固。在铺放前先对岸坡进行平整，去掉草根、树根，并施加药物，以免植物生长。护坡要做护脚。沥青混凝土板应互相重叠1～2m，在高出水面线部分用锚固桩固定，桩入土深1.5～2.0m。沥青混凝土板在河道一侧的终端要用20cm×20cm的混凝土条压重。

4.4.6.3.3　中层护坡

中层护坡位于水流的变动区，是水流流速在护坡处最大的区域，同时还受风浪的作用。因此，除要求材料有较强的抗腐蚀性外，其构件也需具有较强的抗冲能力。对于北方河流存在的冬季河道结冰问题，护坡还应具有抗冰块冲击的性能。

（1）种草和草皮。当河道水流流速不大时，可采用植草护坡，根据气候和土壤条件选择草的品种。在沙质岸坡上应先铺一层腐殖土，厚12～15cm，抗冲流速0.8m/s。如用草皮覆盖，则抗冲流速为0.9～1.0m/s；用木橛将草皮固定，抗冲流速可提高到1.1m/s；用密植木橛或铅丝网固定草皮时，抗冲流速可提高到1.5～1.7m/s。

（2）砌石。砌石可以干砌，也可以浆砌。干砌强度较低，抗冲流速也较低，约3～4m/s，但易适应河床变形。浆砌块石整体性强，抗冲流速较大，约5～6m/s，如表面光滑，则可达10m/s以上。但其刚性大，不易适应河床变形。砌石护坡应先铺砾石垫层，使坡面平整，且起反滤作用，以防岸坡土壤被冲洗出来。对干砌块石，垫层应较厚。

干砌石块的粒径可按式（4.4.24）和式（4.4.25）计算，或用下式估算

$$d \approx \frac{1}{4}(2h) \quad (\text{m}) \tag{4.4.27}$$

式中　$2h$——波浪高度，m。

浆砌块石的粒径可稍小，因为有水泥砂浆把石块胶结成整体。砌石厚度为0.2～0.6m，如用0.6m，一般砌两层石块。

在波浪作用下，斜坡堤干砌块石护坡的护面厚度 t 可按下式计算

$$t = K_1 \frac{\gamma}{\gamma_b - \gamma} \frac{H}{\sqrt{m}} \sqrt[3]{\frac{L}{H}} \quad (\text{m}) \qquad (4.4.28)$$

式中　K_1——系数，对一般干砌石可取 0.266，对砌方石、条石取 0.225；

　　　γ_b——块石的重度，kN/m^3；

　　　γ——水的重度，kN/m^3；

　　　H——计算波高，m，当 $h/L \geqslant 0.125$ 时，取 $H_{4\%}$；当 $h/L < 0.125$ 时，取 $H_{13\%}$（h 为堤前水深）；

　　　L——波长，m；

　　　m——斜坡坡率，$m = \cot\alpha$，α 为斜坡坡角，（°）。

　　式（4.4.28）适用于 $1.5 \leqslant m \leqslant 5.0$ 的条件。

　　当采用人工块体或经过分选的块石作为斜坡堤的护坡面层时，在波浪作用下单个块体、块石的质量 M 及护面层厚度 t 可按下式计算

$$M = 0.1 \frac{\gamma_b H^3}{K_D \left[\dfrac{\gamma_b}{\gamma} - 1 \right]^3 m} \qquad (4.4.29)$$

$$t = nc \left[\frac{M}{0.1\gamma_b} \right]^{\frac{1}{3}} \qquad (4.4.30)$$

式中　M——主要护面层的护面块体、块石个体质量，t；若护面由 2 层块石组成，则块石质量可在 $0.75 \sim 1.25M$ 范围内，但应有 50% 以上的块石质量大于 M；

　　　γ_b——人工块体或块石的重度，kN/m^3；

　　　γ——水的重度，kN/m^3；

　　　H——设计波高，m，当平均波高与水深的比值 $\overline{H}/h < 0.3$ 时，宜采用 $H_{5\%}$；当 $\overline{H}/h \geqslant 0.3$ 时，宜采用 $H_{13\%}$；

　　　K_D——稳定系数，可按表 4.4.8 确定；

　　　t——块体或块石护面层厚度，m；

　　　n——护面块体或块石的层数；

c——系数，可按表 4.4.9 确定。

表 4.4.8　　　　　　　　　　　稳 定 系 数 K_D

护面类型	构造型式	K_D	备注
块石	抛填 2 层	4.0	
块石	安放（立放）1 层	5.5	
方块	抛填 2 层	5.0	
四脚锥体	安放 2 层	8.5	
四脚空心方块	安放 1 层	14	
扭工字块体	安放 2 层	18	$H \geqslant 7.5\text{m}$
扭工字块体	安放 2 层	24	$H < 7.5\text{m}$

表 4.4.9　　　　　　　　　　　系 数 c

护面类型	构造型式	c	备注
块石	抛填 2 层	1.0	
块石	安放（立放）1 层	1.3～1.4	
四脚锥体	安放 2 层	1.0	
扭工字块体	安放 2 层	1.2	定点随机安放
扭工字块体	安放 2 层	1.1	规则安放

（3）埽工护坡。下层护坡护底及中层护坡均可采用埽工。黄河上常用埽工来保护险工凹岸。

埽工做法有两种：把梢捆或梢枕铺放为与水流方向平行的，称为顺厢埽；梢捆或梢枕除底坯平行于水流方向铺放外，其余各坯皆与水流方向垂直（埽两端除外）铺放的，称为丁厢埽。顺厢埽和丁厢埽都可用于护坡。

这些埽工绝大部分在汛期抢险做成。只要物料准备充足，可在较短的时间内厢修好很大的体积，这在抢险中是很有效的。缺点是使用的梢料，在水上部分容易腐朽，不能耐久。但黄河上河势变化快，靠大流的位置经常发生变化，尤其是在中华人民共和国成立以前，在出险部位时常变动的情况下使用埽料做埽工御流还是很适宜的。

（4）钢筋混凝土面板护坡。中层护坡也可用钢筋混凝土面板，可以分块，用钢筋连接，使护坡具有柔性。面板下在坡面上应做砾石垫层，表面平整以放置面板。钢筋混凝土面板护坡在水上施工。

混凝土板作为土堤护面时，满足混凝土板整体稳定所需要的护面板厚度 t 可按下式确定

$$t = \eta H \sqrt{\frac{\gamma}{\gamma_b - \gamma} \frac{L}{Bm}} \qquad (4.4.31)$$

式中　t——混凝土护面板厚度，m；

　　　η——系数，对开缝板可取 0.075；对上部为开缝板、下部为闭缝板可取 0.10；

　　　H——计算波高，m；

　　　γ_b——混凝土板的重度，kN/m^3；

　　　γ——水的重度，kN/m^3；

　　　L——波长，m；

　　　B——沿斜坡方向（垂直于水平线）的护面板长度，m；

　　　m——斜坡坡率，$m = \cot\alpha$，α 为斜坡的坡角，（°）。

4.4.6.3.4　上层护坡结构

对于洪水位以上风浪能够波及到的部分，在修建中层护坡时应一起施工完成。在风浪波及不到的部分，主要是防止雨水的冲刷及地下水的侵蚀，在岸坡整体稳定的前提下，上层护坡结构简单，坡面可栽树、种草或铺草皮保护，如有必要应开挖排水沟或铺设排水管，并修建排水沟，将水分段集中排出。

4.4.6.4　建筑物结构

河道整治建筑物有堤防工程、丁坝、顺坝、潜坝、锁坝、潜坝等，对于防洪工程，常用的是堤防工程、丁坝、顺坝等，其他建筑物主要用于航道整治中。

4.4.6.4.1　堤防工程

参照第 4.2 节"中小型堤防工程设计"的有关内容。

4.4.6.4.2 丁坝

（1）概念。丁坝是一端与河岸相接，另一端伸向河槽的坝型建筑物，在平面上与河岸连接起来形如丁字。丁坝能把水流挑离岸边。丁坝有上挑、正挑和下挑之分。

丁坝是河道整治中最常用的建筑物之一。丁坝长度在水流方向上的投影长度与河宽相比一般很小，主要靠沿治导线布设的丁坝群的作用来改变水流的方向，控导水流离开堤岸并送流到预定的方向。仅在个别情况下建造很长的丁坝。对于很短的丁坝，又称为垛、堆、矶头或盘头等。

（2）几何要素。

1）丁坝顶部高程。保护堤防的丁坝的顶部高程略低于堤坝高程，为非淹没式的。

为了控导水流、保护滩地面在滩地边上修建的丁坝，其坝顶高程一般与滩坎齐平或按中水位确定，洪水期为淹没丁坝。

调整枯水河槽、整治航道的丁坝，其坝顶高程略高于枯水位，枯水位以上即被淹没。

2）丁坝长度。丁坝的长度应根据堤岸、滩地与治导线距离确定。丁坝长度决定于岸边至治导线的距离，如尚未作出系统的整治规划，则应兼顾上下游和两岸要求，按有利于导引水流的原则确定坝长，一般坝长不宜大于 50～100m。如离岸较远，可修土顺坝作为丁坝生根的场所，此顺坝在黄河下游称之为连坝。

3）丁坝纵坡。淹没丁坝的坝顶应有自坝根至坝头的 1/100～1/300 纵坡，以使被整治河段的横断面面积随着水位上升面逐渐增加，随着水位的下降而逐渐减小，不致因横断面面积急剧变化而引起河床发生急剧的变化。此外，坝顶倾斜能促使水流集中在治导线范围内。丁坝坝头附近，会产生较自然情况为大的流速，可能要冲刷坝头和地基。

4）坝头边坡。丁坝坝头迎河边坡愈陡，冲刷愈剧烈。为此把迎河边坡系数放平到 3～5，同时还铺设垫底沉排。

5）丁坝方向。丁坝轴线与水流方向的夹角对坝头和坝间冲淤有很大影响，下挑丁坝坝头前的水流较上挑丁坝为平静，冲刷坑较小、较浅，对航行也较有利。但是整治航道的丁坝是淹没的，淹没下挑丁坝过坝水流造成横向环流朝向河槽，使丁坝之间发生冲刷；淹没上挑丁坝过坝水流造成横向环流朝向河岸，使丁坝之间发生淤积。因此，淹没丁坝宜修筑成上挑式，而非淹没丁坝宜修筑成下挑式。在有潮汐影响或有倒灌可能的河段，淹没丁坝宜修筑成正挑式。上挑丁坝的轴线与水流的夹角一般为 95°～105°，下挑丁坝轴线与水流的夹角一般为 60°～65°，如图 4.4.17 所示。

(a) 下流淹没丁坝　　　　(b) 上挑淹没丁坝　　　(c) 淹没丁坝底部回流

图 4.4.17　淹没丁坝之间的冲刷和淤积

对于淹没丁坝之间的淤积和冲刷可用图 4.4.16 来说明。对于下挑淹没丁坝，见图 4.4.17 (a)，当水流越过坝身后，在坝身下游发生底部回流。而坝后流速 v 可分为垂直于坝的 v_1 和平行于坝的 v_2。v_2 指向河槽，与底部回流结合产生环流，指向河槽，因而把泥沙带向河槽，发生冲刷。反之，对上挑淹没丁坝，见图 4.4.17 (b)，丁坝之间发生淤积。

在整治工程中采用上挑、正挑还是下挑丁坝，要考虑多种因素，而不是单按丁坝间的冲淤情况来决定。如黄河河道整治修建的丁坝都是下挑式的。这是因为现在进行的河道整治是以防洪为主要目的的，河床的可动性强，洪水时坍塌迅速且尺度大，主要应考虑丁坝坝头及迎水面的安全，下挑丁坝前的冲刷坑较浅，因此尽管是按中水设计的坝顶高程，仍采取下挑形式。另外，黄河的含沙量高，洪水过后只要不是水流顶冲，坝垛之间都会淤积抬高。

对于淹没丁坝之间的淤积和冲刷可用图 4.4.16 来说明。对于下挑淹没丁坝,见图 4.4.17 (a),当水流越过坝身后,在坝身下游发生底部回流。而坝后流速 v 可分为垂直于坝的 v_1 和平行于坝的 v_2。v_2 指向河槽,与底部回流结合产生环流,指向河槽,因而把泥沙带向河槽,发生冲刷。反之,对上挑淹没丁坝,见图 4.4.17 (b),丁坝之间发生淤积。

在整治工程中采用上挑、正挑还是下挑丁坝,要考虑多种因素,而不是单按丁坝间的冲淤情况来决定。如黄河河道整治修建的丁坝都是下挑式的。这是因为现在进行的河道整治是以防洪为主要目的的,河床的可动性强,洪水时坍塌迅速且尺度大,主要应考虑丁坝坝头及迎水面的安全,下挑丁坝前的冲刷坑较浅,因此尽管是按中水设计的坝顶高程,仍采取下挑形式。另外,黄河的含沙量高,洪水过后只要不是水流顶冲,坝垛之间都会淤积抬高。

6) 丁坝间距。一座孤立的丁坝对河岸和河床必然是不利的,因为虽然水流挑向河槽,但丁坝上下游水流情况都将恶化,发生冲刷,所以往往以丁坝群的形式出现。

下挑丁坝的丁坝间距,应达到保证两坝间不发生冲刷,又能发挥每个丁坝的作用。为达到这两个要求,应能使绕过上个丁坝的水流经扩散后到达下个丁坝有效长度的末端,以免发生冲刷。丁坝的有效长度 l_p,采用丁坝实有长度的 2/3,即:

$$l_p = \frac{2}{3}l \tag{4.4.32}$$

据实验资料,水流扩散角 $\beta \approx 9.5°$,即 $\cot\beta \approx 6$。按照图 4.4.18 所示的几何关系,并引入式 (4.4.32) 可得:

$$
\begin{aligned}
L &= l_p\cos\alpha_1 + l_p\sin\alpha_1\cot(\beta + \alpha_2 - \alpha_1) \\
&= \frac{2}{3}l\cos\alpha_1 + \frac{2}{3}l\sin\alpha_1\frac{6\cot(\alpha_2 - \alpha_1) - 1}{\cot(\alpha_2 - \alpha_1) + 6} \\
&= \frac{2}{3}l\cos\alpha_1 + \frac{2}{3}l\sin\alpha_1\frac{6\cot\alpha_3 - 1}{\cot\alpha_3 + 6}
\end{aligned} \tag{4.4.33}
$$

图 4.4.18 中的 α_1 为丁坝的方位角。对于清水河流、水流方向与堤线或岸线方向交角较小的河段,方位角较大,坝的间距也

较大。一般在较顺直的河段坝的间距取坝长的 3～4 倍，而在凹岸一般取坝长的 1.0～2.5 倍。在多沙的堆积性河床上，水流流向变化快，有时水流以近于垂直的方向冲向堤岸，因此只能采用小的方位角，如在黄河下游，近年来修建的丁坝，方位角多采用30°～45°，坝的间距大体与坝长相当。对于正挑丁坝及上挑非淹没丁坝，丁坝间距要比下挑丁坝间距稍小。

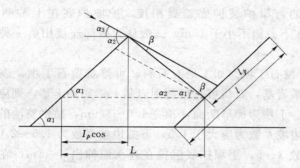

图 4.4.18　坝的间距与坝长的几何关系

当原有的丁坝间距较大时，可在原有丁坝间适当修建少数较短的丁坝，以保证河岸不受冲刷，并减弱坝间回流以加速淤积。

7）工程线。丁坝群的坝头连线工程线应为与河道治导线一致的平缓曲线，以使水流平顺，并使各丁坝受力均匀。一处工程上段的坝头连线还要适当向后退离治导线，以适应河势上提时的流势。丁坝坝头流速、丁坝间水流流态和河床冲淤情况，可用河工模型试验来求得。

（3）丁坝结构形式。

1）沉梢排丁坝。在地基上铺一层厚 0.35～0.45m 的沉梢排，丁坝用压石梢排铺成梯形断面，铺到与最低水位齐平，坝顶用抛石覆盖，抛石体表面为干砌石或浆砌石。丁坝梯形断面上游边坡系数一般为 1.0，下游边坡系数为 1.0～1.5。丁坝坝顶宽度一般为 2.0～4.0m。坝顶两边做成圆柱形，以利溢流，并使丁坝坚固。

坝头附近流速大，易被冲刷，必须加大边坡系数至 3～5，做好表面砌石。还要加大护底沉排的尺寸，上游侧不小于 5m，下游侧不小于 8m。

丁坝坝根与河岸相接，如河岸土壤易被冲刷或渗透系数较小，在河岸挖槽，将坝根嵌入其中；如河岸土壤不易被冲刷或渗透系数较大，则不宜嵌入河岸，可将丁坝的护坡护底工程与丁坝上下游的河岸护坡护底工程相接，护坡护底在上游侧不小于 10m，在下游侧不小于 15m。一般认为根部连接用后一种方式较为安全。

2）抛石丁坝。如工地有石料，可修筑抛石丁坝，表面砌石块。如系岩基，石块可直接抛到岩基上；如是土基，则应做垫底沉梢排。丁坝为梯形断面，顶宽 1.0～3.0m，枯水整治的淹没丁坝上游边坡系数为应大于 1.5，下游边坡系数为 1.5～2.0，头部边坡系数 3～5。丁坝护底沉排在迎水面伸出 3～5m，在背水面伸出 5～10m，在头部伸出不小于 5m。

抛石丁坝根部与河岸相接，其护坡护底与河岸的护坡护底相连，如（1）中所述。近年来，对于地基已沉降多年、较为稳定的丁坝基，已有采用浆砌块石丁坝的，它较为坚固耐冲，维修少，现正在逐步推广应用。

3）土心丁坝。为了节省石料，可用土料修筑丁坝坝心。一般先用石块堆成丁坝上、下游两边的棱形体或用梢排铺成的两道棱形体，然后利用挖泥船挖出的泥土填在两道棱形体之间。在丁坝坝面和坡面铺填符合反滤层原则的砂砾石，上面铺砌石块保护，护砌厚度 0.5～1.0m。坝顶宽 5～10m，迎水面边坡系数为 2.0～2.5，背水面边坡系数为 2.5～3.0。坝头全部用抛石筑成，边坡系数为 4～5。坝头垫底梢排伸出 5～8m，丁坝上游梢排宽 3～5m，下游梢排宽 5～8m，以保护河床。丁坝的护坡护底与上下游河岸的护坡护底连接，要做好坝根与河岸连接。也可做成非淹没土心丁坝。土心丁坝一般用于河道流速较小的整治工程。

4）土石丁坝。土石丁坝主要是为节省石料，充分利用当地材料——土，达到节约投资的目的。其结构形式如图 4.4.19 所示。这种形式在黄河上被普遍采用作为护滩边的丁坝，它由坝基、护坡、护根三部分组成。这种丁坝坝顶是按中水设计的。由于超过中水的时间短，实际上采用了非淹没建筑物的结构形式，即对坝顶、背水坡不用石料或柳石结构裹护，而修成土的，一旦洪水漫顶就会遭到一定程度的破坏，因此在洪水到来前在坝顶采用压柳等方法防护，并在洪水过后进行修复。

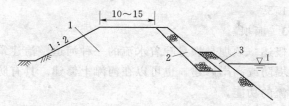

图 4.4.19　土石丁坝的结构示意图（单位：m）
1—坝体；2—护坡；3—护根（根石）；Ⅰ—枯水位

　　坝体也称土坝体，一般由壤土筑成，它占据了坝断面的绝大部分，顶宽 10～15m，背河边坡 1：2，临河边坡与护坡的内坡相同。护坡按照结构形式可分为以下三种。

　　a. 乱石护坡，沿坝基迎水面散抛乱石，顶宽 0.7～1.0m，内坡为 1：0.7～1：1.2，外坡为 1：1.0～1：1.5。

　　b. 扣石护坡，其沿子石，即护坡的最外一层石料，按垂直于坡面砌筑，内部腹石要填筑紧密，顶宽 0.7～1.0m，内坡为 1：0.7～1：1.0，外坡为 1：1.0～1：1.3。

　　c. 砌石护坡，它实为一个挡土墙，护坡的沿子石为水平砌筑，后面密填腹石。按砌筑形式又可分为干砌和浆砌两种。在 20 世纪 50 年代，黄河曾采用过顶宽 1.0m，外坡 1：0.3～1：0.4，内坡垂直，后改建为顶宽 1.0～2.5m，内坡 1：0.2～1：0.4。

　　习惯上还按护坡形式将丁坝分为乱石坝、扣石坝和砌石坝。由于砌石坝不适应黄河上每隔数年就需要加高一次的特点，近年来不再新建砌石坝。

5）根石。根石也称为护根，是在丁坝新建后，随着冲刷坑的加深逐渐加筑而成的。

黄河下游实际探测到的最大根石深度为23.5m。根石台顶宽1.0～2.0m，其坡度，在枯水位以上部分内坡与护坡的外坡相同，外坡坡度为1：1.1～1：2.0；在枯水位以下内坡很不规则，是水流冲刷后填充起来的，外坡也不规则，平均坡度为1：1.1～1：1.3。

4.4.6.4.3 顺坝

（1）概述。顺坝是坝身顺着水流的一种河道整治建筑物。它可以沿着堤防或高岸修建，也可以在河滩上修建。具有防止水流淘刷和导流的功能。

沿堤防或高岸修建的护岸，实际上就是方向顺着水流的顺坝。由于其利用了已有的堤身或高岸，故只需在迎水面修筑好护坡及护底即可，堤身或高岸也兼有坝身的作用。它们都是非淹没的。

在河滩上修建的顺坝，其上游坝根与河岸相接，下游坝头与河岸相接或留有缺口。它除束窄河床外，还能引导水流向稳定的方向流动，可以改善水流流势。

（2）顺坝种类。如用顺坝来整治枯水河床，以改善航道，则其坝顶要略高于枯水位。如用顺坝整治中水河床，则其坝顶高程要与河滩滩唇齐平。这两种顺坝是淹没的。如用顺坝来整治或束窄已有的洪水河床，其坝顶略高于洪水位，是非淹没的。应用较多的是整治枯水河床的顺坝。淹没顺坝坝顶从坝根到坝头应略有倾斜，其比降略大于水流比降，使顺坝淹没时自坝根至坝头逐渐过大。

（3）格坝。淹没顺坝与河岸之间的地段，在洪水时期能落淤，但有时会产生纵向水流，引起冲刷。为了避免发生纵向水流，在顺坝与河岸之间可修建格坝，其间距为长度的1～3倍，如图4.4.20（a）所示。对于不淹没顺坝，可以开缺口，在中水时就可使泥沙进入顺坝后面而淤积，如图 4.4.20 (b) 所示。

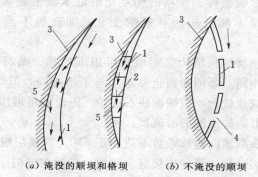

(a) 淹没的顺坝和格坝　　(b) 不淹没的顺坝

图 4.4.20　顺坝和格坝布置的示意图
1—廊坝；2—格坝；3—河岸；4—缺口；5—纵向水流

（4）顺坝的布置。顺坝修筑在河道治导线上以束窄河床。起导流作用的顺坝，多修建在急弯、河汊、凹岸末端等处。图 4.4.21 (a) 所示为顺坝修建在从深槽过渡到浅滩脊的地方，以增大浅滩处水深，使水流冲刷浅滩，顺坝把河岸曲线一直延伸到浅滩脊为止，坝根与河岸护坡下端相接。如图 4.4.21 (b) 所示为顺坝修建在支流入口处，使两股水流平缓地衔接起来。

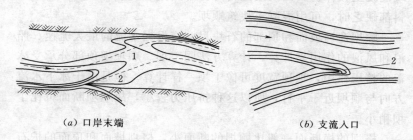

(a) 口岸末端　　　　　　　　　(b) 支流入口

图 4.4.21　导流顺坝布置示意图
1—治导线；2—导流顺坝

顺坝的布置和尺寸要用水工模型试验确定。顺坝和丁坝都有束窄河床、控制治导线的效能，但各有其优缺点。丁坝的优点是可根据需要延长或缩短，以适应治导线的变化；其缺点是坝头水流不平顺，影响航行。顺坝的优点是附近水流平顺，有利于航行；其缺点是不能适应治导线的变化，如布置不当，须拆去重建。

（5）顺坝材料和结构。顺坝也可用沉梢排、抛石和土来修筑，也丁坝相同。顺坝断面也基本上与丁坝相同，但可稍小些。顺坝迎水面流速较大，应铺砌块石保护。淹没顺坝坝顶溢流，坝顶应铺砌块石，做成圆肩溢流顶。

顺坝坝头顺河向边坡系数不应小于 3.0。顺坝坝根与河岸相接，应像丁坝一样，紧密连接好。顺坝也应做在沉梢排上，沉排要伸出迎水坝脚以防冲刷。顺坝迎水面护底应与上游河岸的护底连接。淹没顺坝的背水面也应护坡、护底。顺坝后面的河岸用一般护坡保护，以免发生大的冲刷。在坝根附近与河岸之间的空间，最好用土充填，这部分河岸不需加保护，只保护填土表面即可。

格坝结构与丁坝结构相同，格坝与顺坝连接的地方，坝顶高程应与顺坝坝顶一致。

桥渡处的非淹没顺坝常设计成土坝形成，坡面用抛石、砌石或混凝土板保护。当缺乏土料时，可用抛石筑顺坝。当土料、石料都缺乏时，可用混凝土块筑顺坝。

顺坝迎河坡面和顶部的石块尺寸应根据水流的最大流速、船浪和风浪的作用来计算，计算方法同丁坝。顺坝坝顶部分承受冰盖的挤压作用，坝顶宽度可像丁坝一样计算。但是由于冰下水流方向与顺坝近于平行，所以这种挤压力较小，故顺坝断面可比丁坝稍小。

格坝的横断面一般比顺坝的断面小，格坝坡面和顶面的护石尺寸应根据洪水时的最大流速来选定。

5 中小型防洪工程施工

中小型防洪工程包括水库工程、堤防工程、蓄滞洪工程、河道整治工程等。蓄滞洪工程侧重规划和设计的合理性，而水库工程、堤防工程、河道整治工程则存在较为复杂的施工技术问题。本章重点介绍水库工程、堤防工程、河道整治工程的施工要点。

5.1 水库工程施工

中小型防洪工程中的水库工程多采用土石坝。这里主要介绍碾压式土石坝施工的关键技术。中小型水库工程的土石坝施工参照（DL/T 5129—2001）《碾压式土石坝施工规范》执行。

5.1.1 概述

中小型水库工程的土石坝施工，其土石坝的级别应按照《防洪标准》（GB 50201—2014）、《水利水电工程等级划分及洪水标准》（SL 252—2000）中的有关规定确定。按《碾压式土石坝设计规范》（SL 274—2001）的规定按坝高划分为高、中、低坝。

（1）施工单位应根据合同文件、监理工程师签发的施工图纸，《碾压式土石坝施工规范》（DL/T 5129—2001）及有关现行标准，编制施工组织设计和施工技术措施，报监理工程师审批后，作为组织施工的依据。

（2）应积极推广使用通过试验和鉴定的各项新技术、新工艺、新材料、新设备。

（3）应根据工程规模、进度和质量等要求，结合具体情况，选择适应的机型，尽量使其配套成龙，提高机械化施工水平，并应加强机械设备的管理和维修，使其保持良好的状态。

（4）土石坝施工除应符合本标准外，尚应符合现行国家和行业标准的规定。

5.1.2 测量

（1）根据 DL/T 5129—2001，对于施工测量有以下规定：开工前，在监理工程师主持下，勘测设计单位应将勘测设计阶段引用和测设的平面控制点、高程控制点、主要建筑物轴线方向桩和起点、坝址附近地形图等有关测量资料向施工单位交底，现场交接各类控制点，并对坝区原设控制点进行复查和校测，并补充不足或丢失部分。原测量控制网精度不符合 DL/T 5129—2001 的要求，或妨碍建筑物施工以及受爆破震动影响，均应重新测设施工控制网。

（2）根据勘测阶段的控制点成果，施工单位须建立满足施工需要的坝区施工控制网，对三等以上精度的控制网点以及坝轴线标志点，应设置强制归心观测墩，并应报请监理工程师复测审核。施工控制网以坝体控制为主，同时须满足重要建筑物的控制要求。

在坝轴线两端、坝体以外，不受施工、滑坡或爆破等影响的适当地点，测设永久性标石，并标明桩号，架设标架。

（3）平面控制的测设精度规定如下：坝轴线长度不小于500m 的 1 级、2 级坝首级控制网应符合三等测角网精度要求，坝轴线、副线应符合四等测角网精度要求，坝轴线长度小于500m 的 1 级、2 级坝以及 3 级坝，其首级控制网应符合四等测角网精度要求，坝轴线、副线的测设应符合五等测角网精度要求；4 级、5 级坝可按五等测角网精度要求。测角网可用相应等级的测边网、边角网代替。三、四、五等平面控制网，可用相应等级的导线网代替。各等级平面控制网主要技术要求应符合《水利工程施工测量》（DL/T 5173—2003）的有关规定。

（4）首级高程控制的测设精度规定如下：1级、2级坝应符合三等，3级坝应符合四等，4级、5级坝应符合五等水准测量精度要求。高程控制网应与国家水准网相连接。各等级水准测量的主要技术要求应符合《水利工程施工测量》（DL/T 5173—2003）的有关规定。

（5）高程控制测量可利用光电测距三角高程测量技术，结合平面控制测量，将平面控制网布设成三维控制网。替代三、四、五等水准的光电测距三角高程测量，可采用单向、对向和隔点设站法进行。

（6）坝体周围设置的平面和高程控制点，必须分别编号，绘制平面图标示。控制点必须妥善保护，定期校核（每年可复测1～2次）。建网一年后或大规模土石开挖结束后，必须进行一次复测；发现控制点有位移迹象时，须及时复测。标桩破坏、遗失，应立即补设。若坝区遭受烈度5度以上地震时，对全测区的控制点应全面校测，并沿用原有编号，不得任意修改。

（7）平面和高程控制点（包括观测用的起测基点和工作基点）的位置应符合下列要求：

1）在建筑物轮廓线以外，不妨碍施工，引测方便。

2）不会被水淹没的基岩、平地或平缓的坡地。

3）不受爆破、开挖施工影响和不发生崩塌、无岩溶影响、不风化破碎的岩石。

4）不发生隆起、沉降、蠕变和不受冻融影响的土层。

（8）施工放样应以预加沉降量的土石坝断面为标准。

（9）开工前，应施测坝基原始纵横断面，放定坝脚清基（考虑富裕宽度）及填筑起坡的边线。零点桩号从左岸开始，施工桩号应与设计采用的桩号一致。施测时，可按下列要求进行：

1）纵断面测量。沿轴线按设计图设置里程桩，一般宜用整数。桩距以20～50m为宜。坝端岸坡、渐变段和地形变化较大地段，桩距可适当加密，并相应施测横断面。高坝或坝宽较大时，应加测平行坝轴线的纵断面。

2）横断面测量。施测范围以超出坝基（包括铺盖）上下游边线 20～50m 为宜。如坝轴线为圆弧曲线，则横断面应为径向。

在坝体填筑过程中，必须对各种坝料进行测量放线，并将填筑边线测量结果绘在断面图中。

横断面图比例尺，若供填筑坝体收方及作为竣工资料用，以 1：200 为宜；若为便于测边放桩，则宜采用 1：500。

3）开始填筑前，应测绘清基地形图和横断面，按清基完成后的地形设填筑起坡桩。为防止填土时掩埋标桩，距清基边界桩和填筑起坡桩以外一定距离，可加引桩。

4）坝体削坡前应定出放样控制桩，削坡后应施测断面，并与相应的设计断面比较。

（10）坝区开挖和坝体填筑施工过程中，应定期进行纵横断面进度测量，各类填筑料界限应加以区分，并将施测成果绘制成图表，应按《水利工程施工测量》（DL/T 5173—2003）的相关公式计算出有效方量。

（11）每个施工阶段结束时，宜测设坝址附近施工区域地形图一次，为下一阶段施工提供资料。

（12）各项测量工作施工单位应有专人负责，监理工程师及时检查。坝区所设控制网点，须经校测检查无误后方可引用；施工过程中坝体各部放完的样桩，亦须不定期抽查，并加强管理，发现问题，应立即复测订正。

（13）施工期间所有施工定线、进度、工程量、竣工等测量原始记录、计算成果和绘制的图表，特别是隐蔽工程的资料，均应及时整理、校核、分类、整编成册，妥为保存。一个合同项目的工程全部完工后，施工单位应负责将上述资料及地面控制网点全部移交监理工程师，监理工程师按合同（协议）要求，分期或一次移交给建设单位。

（14）宜采用先进测量仪器。对测量仪器应及时维护保养，定期检验校正。

5.1.3　导流和度汛

5.1.3.1　一般规定

（1）中、高坝施工期一般可分为初期导流、坝体施工期临时度汛及导流泄水建筑物封堵后坝体度汛三个阶段，导流建筑物等级划分及各阶段的洪水标准按《水利水电工程施工组织设计规范》（SL 303—2004）的有关规定执行。

（2）施工导流、截流及度汛，施工单位应根据合同文件，制订施工技术措施，编制施工计划，报请监理工程师审批。

施工单位可对围堰结构和截流设计进行优化，报请监理工程师审批。

（3）施工期间，必须保证导流建筑物和泄水建筑物的正常运用，加强水文、气象预报工作，并考虑非常情况下的临时处理措施，确保工程及下游地区安全。

5.1.3.2　施工导流

（1）导流工程的施工必须按计划进行，特别是导流泄水建筑物和截流后无法继续施工的工程必须如期建成，并进行验收。

（2）导流建筑物与永久建筑物相结合部分的施工应满足永久建筑物的设计要求。

（3）采用原河床导流时，应尽量减少后期工程量，但不能过分束窄河面宽度，以防止河床下切过深和对纵向围堰的冲刷；如有通航要求，尚需满足航运条件。

截水槽回填或防渗墙完成后，如需在其上导流，应有保护措施。

（4）导流泄水建筑物的进出口与截流围堰之间应有足够的距离。布置在导流泄水建筑物出口附近的施工临时设施亦应有足够的防冲安全距离和设防高程。

（5）在围堰地基和两岸接头范围内，不得任意堆放弃渣。应做好围堰地基处理，保证围堰填筑质量。

（6）采用隧洞、涵管或明槽导流时，必须防止被木料、冰凌等漂浮物堵塞；过水前应将上游可能被冲走的临时排架、电杆等一律拆除。

（7）导流建筑物过水部分的开挖与衬砌，必须保证体型、平整度、高程和断面尺寸符合设计要求，确保分流和避免截流时增大落差，并避免水流对导流建筑物的破坏。

5.1.3.3 截流

（1）截流前必须将位于分流工程内的临时围堰全部拆除至规定高程，不得欠挖。

（2）截流时刻的选择，取决于围堰、导流建筑物和库内工程的施工进度以及水文、气象等因素，考虑围堰或坝体有足够的施工时间，保证能在汛前达到安全度汛高程。

（3）截流方法、龙口位置及宽度的选择，应根据截流流量综合考虑河床冲刷性能、地形、施工条件等因素予以确定。对难度较大的截流工程，应进行水力学模型试验。

（4）应建立统一的截流指挥机构，按批准的计划组织截流。截流前，应对有关工程及准备工作进行验收。对宽河床应进行预进占，以形成截流龙口，减少截流工程量。

（5）截流抛投料物的准备应有充分的备用量。截流开始后应快速连续施工。合龙过程中随时测量龙口水力特征值，适时改换抛投料物种类、强度和改进抛投技术，使能在计划时间内顺利合龙，并保证龙口段上升速度高于上游水位上升速度，并预留安全超高。合龙后，应对戗体及时加高、培厚和闭气。

5.1.3.4 度汛

（1）截流后，应控制工程进度，保证围堰和大坝在汛前达到度汛要求。

（2）各年汛前，应根据确定的当年度汛洪水标准，制定度汛技术措施，并于汛前逐项检查落实。

（3）大坝施工期间，必须保证按照施工总进度要求，达到度汛的形象面貌，严禁降低度汛安全标准。

（4）坝体施工期，汛前需按临时断面填筑时，其断面应有正式设计，并满足安全超高、稳定、防渗及顶部宽度能适应抢筑子围堰等要求。临时断面的坝坡必要时应作适当防护。

（5）施工期间，当遭遇非常洪水、大坝或泄洪设施的技术状况恶化、使工程的安全受到威胁时，必须及时向上级防汛机构准确报告险情，并提出紧急处理措施，进行紧急处理。

（6）当封堵导流泄水建筑物时，应审慎确定封堵时间。封堵前应对包括土石坝在内的全部枢纽建筑物的水下部分（包括导流建筑物）进行蓄水安全鉴定和中间验收。制订封堵的施工方案与技术措施，报请监理工程师批准。封堵应严格按设计要求进行，保证施工质量。

（7）在坝区内，应根据施工期间降雨强度及地基的可能渗漏量，建立排水系统，以保证及时排水。

5.1.4 坝基及岸坡处理

（1）坝基与岸坡处理工程为隐蔽工程，必须按设计要求并遵循有关规定认真施工。

（2）施工单位应根据合同技术条款要求以及有关规定，充分研究工程地质和水文地质资料，制定相应的技术措施或作业指导书，报监理工程师批准后实施。

（3）清理坝基、岸坡和铺盖地基时，应将树木、草皮、树根、乱石、坟墓以及各种建筑物等全部清除，并认真做好水井、泉眼、地道、洞穴等处理。

坝基和岸坡表层的粉土、细砂、淤泥、腐殖土、泥炭等均应按设计要求和有关规定清除。对于风化岩石、坡积物、残积物、滑坡体等应按设计要求和有关规定处理。

（4）坝区范围内的地质勘测孔、竖井、平洞、试坑等均应按图逐一检查处理，并经监理工程师主持验收，记录备查。

（5）坝肩岸坡的开挖清理工作，宜自上而下一次完成。对于高坝可分阶段进行，但应提出保证质量和不影响工期的措施。清除出的废料，应全部运到坝外指定场地。

（6）凡坝基和岸坡易风化、易崩解的岩石和土层，开挖后不能及时回填者，应留保护层，或喷水泥砂浆或喷混凝土保护。

（7）坝基与岸坡处理和验收过程中，应系统地进行地质描绘、编录，必要时进行摄影、录像和取样、试验。

对于非岩石坝基，应布置方格网（边长 50～100m），在每个角点取样，检验深度一般应深入清基表面 1m。若方格网中土层不同，亦应取样。对地质情况复杂的坝基，应加密布点取样检验。

（8）坝基和岸坡处理过程中，如发现新的地质问题或检验结果与勘探有较大出入时，应报监理工程师。

（9）设置在岩石地基上的防渗体、反滤和均质坝体与岩石岸坡接合，必须采用斜面连接，不得有台阶、急剧变坡，更不得有反坡。岩石岸坡开挖清理后的坡度，应符合设计要求。对于局部凹坑、反坡以及不平顺岩面，可用混凝土填平补齐，使其达到设计坡度。

非黏性土的坝壳与岸坡接合，亦不得有反坡，清理坡度按设计规定进行。

（10）防渗体部位的坝基、岸坡岩面开挖，应采用预裂、光面等控制爆破法，使开挖面基本上平顺。严禁采用洞室、药壶爆破法施工。

必要时可预留保护层，在开始填筑前清除。

（11）防渗体和反滤过渡区部位的坝基和岸坡岩面的处理，包括断层、破碎带以及裂隙等处理，尤其是顺河方向的断层、破碎带必须按设计要求作业，不留后患。

（12）对高坝防渗体与坝基及岸坡结合面，设置有混凝土盖板时，宜在填土前自下而上一次浇筑完成。如与防渗体平行施工时，不得影响基础灌浆和防渗体的施工工期。应做好防裂止水，对出现的裂缝应做好补强封闭处理。

（13）灌浆法处理地基时，水泥灌浆应按照 SL 62 进行，化学灌浆可参照该标准进行。灌浆工作除进行室内必要的灌浆材料性能试验外，必须在施工现场进行灌浆试验，以确定施工工艺及灌浆技术参数，并通过检查孔以论证灌浆效果。

砂砾石层灌浆处理后，应清除表层至灌浆合格处，方可与防渗体或截水墙相连接。

（14）所有灌浆工作，应与水库蓄水过程相协调。

（15）砂砾类坝基明挖截水槽时，应遵守下列规定：

1）开挖断面应符合设计要求，并满足施工排水的需要。

2）开挖、填筑过程中，必须排除地下水与地表径流。应配备足够的排水设备，并保证排水的电力供应。为使排水计算尽可能接近实际，必要时可对地层渗透系数值进行复查。

3）排水时应防止地基和基坑边坡的渗透破坏。

（16）防渗体如与基岩直接结合时，岩石上的裂隙水、泉眼渗水均应处理。填土必须在无水岩面进行，严禁水下填土。

（17）插入防渗体内的现浇混凝土防渗墙与水下浇筑的墙体，必须结合良好，混凝土墙体的缺陷必须处理。

（18）人工铺盖的地基按设计要求清理，表面应平整压实。砂砾石地基上，必须按设计要求做好反滤过渡层。

（19）利用天然土层作铺盖时，应按设计要求复查土的物理性质、渗透系数、渗透稳定性，对厚度、长度、分布是否连续，以及根孔结构等亦应查明。凡不能满足设计要求的地段，应采取补强措施或做人工铺盖。

凡已确定为天然铺盖的区域，严禁取土，施工期间应予保护，不得破坏。

（20）人工或天然铺盖的表面均应根据设计要求设置保护层，以防干裂、冻裂及冲刷。

（21）天然黏性土作为坝基和岸坡时，应根据设计要求进行清理和处理。

天然黏性土岸坡的开挖坡度，应符合设计规定。必要时可预留保护层，在开始填筑前清除。

（22）坝基中软黏土、湿陷性黄土、软弱夹层、中细砂层、膨胀土、岩溶构造等，应按设计要求进行处理。

（23）混凝土防渗墙施工，应遵守《水利水电工程混凝土防渗墙施工技术规范》（SL 174—2014）的规定。对于大型工程和特殊地层构造的工程，应进行施工试验，以确定施工工艺、技术参数和施工设备。

（24）有关岩石锚固、地基振冲、强夯加固、高压喷射灌浆等施工，均应按有关标准执行，并进行必要的现场试验。

5.1.5 坝料复查及使用规划

5.1.5.1 坝料复查

（1）施工单位对勘测设计单位所提供的各料场勘察报告和可资利用的枢纽建筑物开挖料的调查试验资料应进行核查。对合同文件中选定的各种料源的储量和质量，应辅以适量的坑探和钻孔取样复核。如达不到《水利水电工程天然建筑材料勘察规程》（SL 251—2000）的要求时，应及时报告监理工程师。

（2）施工期间如发现有更合适的料场可供使用，或因设计施工方案变更，需要新辟料源或扩大料源时，应进行补充调查。其调查、试验的项目和精度应符合 SL 251—2000 的有关规定。

（3）料源复查的内容如下：

1）覆盖层或剥离层厚度、料层的地质变化及夹层的分布情况。

2）料源的分布、开采及运输条件。

3）料源的水文地质条件与汛期水位的关系。

4）根据料场的施工场面、地下水位、地质情况、施工方法及施工机械可能开采的深度等因素，复查料场的开采范围、占地面积、弃料数量以及可用料层厚度和有效储量。

5）进行必要的室内和现场试验，核实坝料的物理力学性质及压实特性。

（4）对枢纽建筑物开挖料的复查或补充调查工作，应根据材料可能填筑的顺序，在开始填筑前完成。其复查内容如下：

1）可供利用的开挖料的分布、运输及堆存回采条件。

2）根据枢纽工程的地质、地形条件，复查主要可供利用的建筑物开挖料的工程特性。

3）复查有效挖方的利用率。

（5）黏性土、砾质土的复查要求：

1）重点复查天然含水率及其随季节的变化情况、颗粒组成（砾质土应复查大于5mm的粗颗粒含量和性质）、土层情况、储量、覆盖层厚度和可开采土层的厚度。

2）压实特性，即最大干密度、最优含水率、砾质土的破碎率。

3）物理力学性质，如天然干密度、比重、液塑限、压缩性、渗透性、抗剪强度等。

4）复查方法：黏性土采用手摇钻或坑探取样；砾质土用坑探取样。布孔间距一般为50～100m。沿钻孔或坑深每1m应测定含水率一组，并同时鉴定土质和现场描述。对其他复查项目可在坑内取代表样进行试验。

对宽级配砾质土可按地层情况，分别采用混合取样和分层取样，以了解砾质土在粗细级配范围内的物理力学性质变化情况。

5）当土料黏粒含量偏大或含水率偏高时，宜补充进行必要的现场碾压试验，判定土料的施工性能。

（6）软岩、风化料场应复查风化土层岩性变化情况、料场范围、可利用风化层的厚度、料场储存量。应分层取样与沿不同深度混合取样，测定其在标准击实功能下的级配、小于5mm含量、最大干密度、最优含水率、渗透系数等，以了解软岩及风化料性质的变化情况及用作防渗体或坝壳料的适宜性，确定风化料可开采深度，并通过现场碾压试验加以验证。

（7）砂砾料场应复查级配、小于5mm含量、含泥量、最大粒径、淤泥和细砂夹层、胶结层、覆盖层厚度、料场的分布、水上与水下可开采的厚度、范围和储量以及与河水位变化（或汛期）的关系、天然干密度、最大与最小干密度等，并取少量代表样做比重、渗透系数、抗剪强度、抗渗比降等物理力学性能试验。

复查方法用坑深进行，方格网布点，坑距一般采用

50～100m。

（8）石料场应重点复查岩性、断层、节理和层理、强风化层厚度、软弱夹层分布、坡积物和剥离层及可用层的储量以及开采运输条件等。并取代表性试样进行物理力学特性试验。

复查方法可用钻孔、探洞或探槽进行。

（9）天然反滤料场应重点复查颗粒级配、含泥量、软弱颗粒含量、颗粒形状和成品率、淤泥和胶结层厚度、料场的分布与储量、天然干密度、最大与最小干密度等，并取少量代表样做比重、渗透系数、渗透破坏比降等性能试验。

对人工制备的反滤料场也应对其质量和数量进行复查。

（10）对于已确定使用的每个料场，均应设置若干固定基桩，并在地形图上标明位置，作为料场规划、开采和补充调查的依据。

料场调查地形图的比例尺一般可采用 1/1000～1/2000，根据需要可适当放大或缩小。

（11）施工前对料场的实际可开采的总量进行规划时，应考虑料场调查精度，料场天然密度与坝面压实密度的差值，以及开挖与运输、雨后坝面清理、坝面返工及削坡等损失。其与坝体填筑数量的比例一般为：土料 2.0～2.5（宽级配砾质土取上限）；砂砾料 1.5～2.0；水下砂砾料 2.0～2.5；石料 1.2～1.5；天然反滤料应根据筛取的有效方量确定，但一般不宜小于 3.0。

（12）料场复查报告内容应包括料场地形图、试坑与钻孔平面图、地质剖面图（当地质情况简单时可省略）、含水率、地下水位随季节变化情况、试验分析成果、代表性坝料样品、有效开采面积、实际可开采数量的计算书、料场全部或部分坝料与建筑物可利用开挖料适用于填筑坝体某一部位的说明书与应否加工处理的结论，并说明开采和运输条件等。

5.1.5.2　坝料使用规划

（1）坝料的使用规划，应根据坝型、料场地形、施工方法、导流方式和施工分期等具体条件，并按照施工方便、投资经济、保证质量、不占或少占耕地及在施工期间各种坝料综合平衡的原则进行编制。

（2）必须充分利用符合设计要求的建筑物开挖料；将符合设计要求的各种坝料按不同施工阶段分别确定其填筑部位，使用时必须研究开挖、取料和填筑进度的配合及质量管理的措施。应提高开挖料直接上坝的比例。

（3）在坝料使用程序上，应考虑建筑物开挖料、料场开采料与坝体填筑之间的相互关系，并考虑施工期间河水位与流量的变化以及由于导流而使上游水位升高的影响。在枯水季节可多用河滩料场。应有计划地保留一部分近坝料场供合龙段填筑和度汛拦洪的高峰填筑期使用。

（4）在河道开采砂砾料时，开挖程序及时段安排应考虑河道泄洪顺畅及堤防安全。

（5）宜根据料场高程、位置、填筑部位作统一规划，合理使用料场。减少过坝和交叉运输等造成的干扰。

（6）填筑强度较高的土石坝，宜选择施工场面宽阔、料层厚、储量集中的大料场作为施工的主料场，其他料场配合使用，并考虑一定数量的备用料场。

（7）根据总体布置要求，需在料场内布置施工场地、修建临时性建筑物时，应在施工组织设计及施工技术措施中统一考虑安排，但不得影响料场后续使用。

（8）对黏性土、砾质土的使用规划，应优先选用土质均匀，含水率适当的料场，并考虑将天然含水率较高的料场用于干燥季节，天然含水率较低的料场用于多雨潮湿或低温季节。

（9）对砂砾料的使用规划，应将筑坝料场及筛选混凝土骨料和反滤料场统一安排。料场需要进行水下开采时，应根据开挖设备的机械性能以及在汛期便于防洪和撤退等施工条件进行规划。

对筛余料应通过技术经济比较后作综合利用。

（10）堆石料场应优先选用岩性单一，剥离层较少，开采和运输条件较好，施工干扰少的料场。

（11）必须做好反滤料的料原规划，其数量和质量应有可靠保证，并应有储备。反滤料及过渡料宜在天然料场筛选，也可采用人工制备。

（12）坝料规划应使用合同规定的坝料加工、储存和弃料场地。应分别设置弃料和可利用料的存放场地。可用料应根据地形条件分层存放或回采，严禁弃料随意堆放。

坝料加工与储存场地应做好排水。

5.1.6 施工试验及坝料加工

5.1.6.1 施工试验

（1）坝料施工试验的内容包括：复核设计确定的有关技术指标及施工工艺和各种参数，提出有关质量控制的技术要求和检验方法，制定有关的施工技术措施。必要时可提出修改或补充意见，报监理工程师审批。

（2）施工试验的项目，一般有土料、砂砾料及石料的碾压试验；石料场的爆破试验；坝料加工试验；以及混凝土防渗墙、基础灌浆、坝基加固处理、排水减压井和其他施工试验。

（3）1级、2级坝和100m以上的高土石坝工程必须在主体工程开工前完成有关施工试验项目。

施工试验应编制试验大纲和试验计划，报请监理工程师批准后实施。

（4）坝料的碾压试验应选择具有代表性的坝料在专门试验场进行。

碾压试验按《碾压式土石坝施工规范》（DL/T 5129—2001）附录B的规定进行。对特殊土石料，如砾质土、风化料、软岩料、红土等应制定专门的试验计划，进行施工试验。

堆石料碾压试验宜与堆石料爆破试验同时进行。

在碾压试验的复核试验中取一定数量的样品，进行物理力学性试验，与原试验室试验进行对比分析。

（5）堆石料的爆破试验工作，应在具有代表性的料场进行。试验前应根据石料场的地质、地形条件和设计提出的堆石料块径与级配进行爆破设计。通过爆破试验选择最优的爆破方法和参数以及施工机械与火工材料。

每场爆破试验后，应测量爆破堆积的石料数量、级配和最大块径，并描绘堆积情况，以便判断爆破效果。

爆破试验时，必须严格遵守《爆破安全规程》（GB 6722—2014）的规定。

（6）砾质土、风化料应选择有代表性的区域进行开采工艺试验，测定土料级配和含水率情况，并以开采混合后的土料进行碾压试验，以优选开采工艺。

（7）对于软岩堆石料，应选择有代表性的地段，进行开采工艺和碾压试验，确定开采工艺和填筑参数，测定压实后软岩料的级配、干密度和含水率，并宜按此在试验室做复核试验，测定各项特性指标。

（8）采用人工掺合料的工程应根据室内试验成果，在现场进行掺合工艺和碾压试验，以确定掺合工艺、碾压机械、填筑方法和各种参数。

（9）防渗土料的含水率高于或低于施工含水率的上下限值时，应按附录 A 提示的方法进行含水率调整的工艺试验。

5.1.6.2 坝料加工

（1）坝料加工的目的是进行土石料含水率与级配的调整，以满足各种坝料的施工和设计要求。坝料加工的项目有黏性土含水率的调整、人工掺合料的制备、反滤料的筛选、砾质土和建筑物开挖料的加工处理等。

（2）防渗土料的含水率调整工作应在坝外进行，调整方法按工艺试验成果确定。

（3）砾质土的颗粒级配必须符合设计要求。其超径颗粒经碾压后仍不破碎的，少量的可在料场剔出，数量较多时应通过筛选。如细料不足时，可采用人工掺料方法进行调整。

（4）人工掺合料的制备，必须编制工艺规程，一般采用粗细料按比例分层平铺，立面或斜面挖掘拌和均匀的方法。掺合级配应符合设计要求。配制过程中严格控制铺料厚度，并对含水率按规定予以调整。铺料时应使运料车辆始终在粗粒料上行驶，料堆顶层必须是土料。

人工掺合料配制的场地应设置排水系统，配制的料堆应采取防雨措施。配制工作宜在旱季进行。

（5）人工掺合料的加工场地与规模，应根据各期填筑需用量进行规划，配制工作应列入施工计划，以便与填筑工期相配合，掺合料应有一定的备用数量。

（6）坝址附近缺少天然反滤材料时，应根据设计提出的各种反滤料的粒径要求，从砂砾料中筛选配制，也可用爆破块石料、地下洞室开挖渣料经破碎、筛选、掺配成所需的人工反滤料。

（7）加工好的各种反滤材料经检验合格后，应分别堆放在干净的场地上，并采取有效措施，防止泥水和土块等杂物混入。堆料时应避免颗粒分离。如有分离，应经过处理后，才可使用。堆存的反滤料应标明编号、规格、数量、检验结果及拟铺筑的工程部位。

5.1.7 坝料的开采及运输
5.1.7.1 坝料开采
（1）坝料必须在符合设计要求的料场或建筑物开挖区及堆料场内采运，不合格的材料不得上坝。

（2）应根据施工组织设计进行场地布置。布置时应充分考虑不同高程、不同施工阶段、不同施工坝段的运输路线。

（3）开采工作面的划分应与施工条件及填筑强度相适应。必要时，应划定备用开采工作面，供调节使用。

（4）在坝料开采之前应作好下列工作：

1）划定料场的边界线并埋界桩。

2）清除树根、乱石及妨碍施工的一切障碍物。

3）分区分期清除覆盖层或山坡堆积物和不符合设计要求的风化层等。清除物应运到指定地点堆放。

4）排除料区积水。

（5）选择开采方式时，应考虑坝料性质、料场地形、开采机具、料层分布、料层厚度、黏性土（砾质土）天然含水率大小及水文地质等因素，确定采用立面开采或平面开采（包括斜面开采）。

料层较厚而上下层土料性质不均匀时，宜采用立面开采；对于砾质土或坡、残积风化料宜采用斜面与立面相结合的混合开采。

（6）防渗土料开采时，应符合下列要求：

1）除在料场周围布置截水沟防止外水浸入外，并应根据地形、取土面积及施工期间降雨强度在料场内布置排水系统，及时宣泄径流。排水沟应保持畅通，沟底随料场开挖面下挖而降低。对位于山坡的砾质土料场，要充分利用原有溪沟，进行必要的加固，改善后作为排水通道。采料时应避免堵塞，防止泥石流的发生。

2）当料场在土料天然含水率接近或小于控制含水率下限时宜采用立面开挖，以减少含水率损失；如天然含水率偏大，宜采用平面开挖，分层取土。

3）在冬季施工中，为防止土温散失，应采用立面开挖，工作面宜避风向阳，并选用含水率较低的料场，必要时可采取备料措施。

4）雨季施工时，应优先选用含水率较低的料场，或储备足够数量的合格土料，加以覆盖保护，保证合格土料及时供应。开挖作业区排水应通畅，开挖底面应有一定坡度，以利排水。

5）应根据开采运输条件和天气等因素，经常观测料场含水率的变化，并作适当调整。料场含水率的控制数值与填筑含水率的差值应通过试验确定。

（7）砂砾料开采可采用水下、水上分别开采或水上、水下混合开采方式。水下开采深度较大时，可采取降低地下水位或引流改道等措施变水下为水上开采。

如用采砂船开采时，宜在静水中开采。

（8）堆石料开采应符合如下要求：

1）石料开采应根据设计要求、料场地形、地质条件、水文地质特点、爆破试验参数以及总方量、日上坝强度、装运机具等进行爆破设计。

2）石料开采方法，宜采用深孔梯段微差爆破法和（或）挤压爆破法；在地质、地形和安全条件允许的情况下，亦可采用洞室爆破法。爆破参数应通过试验确定。

梯段爆破和洞室爆破均宜采用分层台阶开采。爆破时应注意观测，调整爆破参数，保证石料开采质量的稳定性。

爆破后的超径石料宜在料场处理。

3）开采过程中，应保持石料场开挖边坡的稳定。

4）石料开采工作面数量配合储存料的调剂应满足上坝强度要求。

5）应根据《爆破安全规程》（GB 6722—2014）编制安全施工细则。为确保安全，应优先采用非电导爆管网络。如采用电爆网络时，应充分注意雷电和量测地电对安全的影响。

（9）选用开采机具与方法时，应考虑以下因素：

1）坝料性质和料层厚度。

2）坝体填筑工程数量和填筑强度。

3）料场地形和作业条件。

4）挖、装、运机具有配套。

（10）土砂料场开采结束后，应做好水土保持和环境保护工作，石料场应根据情况对危岩进行处理。

5.1.7.2　坝料运输

（1）运输方式的选择应考虑坝型、坝区地形、运距远近及运输机具等因素。主要运输方式宜采用自卸汽车直接上坝。运输方式应注意挖、装、运、卸四个环节的配合，组织好机械化联合作业，提高机械效率。

（2）选用运输机具时，应考虑下列因素：

1）坝体总工程量、坝料性质和上坝强度。

2）坝区地形、料场分布及运距等。

3）运输设备应与开采、填筑设备和施工条件相配套。

4）当填筑土料含水率较高时，宜选用对坝面压强较小的运输机具。

（3）运输道路的规划和使用，应根据运输机械类型、车辆吨级及行车密度等进行，并考虑以下原则：

1）根据各施工阶段工程进展情况及时调整运输路线，使其与坝面填筑及料场开采情况相适应。运输路线不宜通过居民点。

2）根据施工计划，结合地形条件，合理安排线路运输任务，尽量提高线路利用率。

3）充分利用地形，尽可能使重车下坡或减少上坡。宜充分利用坝内堆石体的斜坡道作为上坝道路，以减少岸坡公路的修建。

4）运输道路应尽量采用环形线路，减少平面交叉，交叉路口、急弯、陡坡处应设置安全装置。

5）必须加强道路养护工作。对泥结碎石路面，应经常保持路面平整，适时洒水，保持排水通畅。

6）运输道路通过原有桥涵时，应事先验算，并在必要时采取加固措施。

7）施工期场内道路规划宜自成体系，并尽量与永久道路相结合。

8）场内施工道路应设置照明设施，保持夜间行车安全。

（4）运输道路的路宽、路基、路面、坡度、弯道半径、线路布置、视距、排水等均应与运输设备性能相适应，满足坝料填筑强度及其他运输工作量的要求。汽车运输时，一般可采用泥结碎石路面或混凝土路面。

5.1.8 填筑

5.1.8.1 一般规定

（1）坝体填筑必须在坝基、岸坡及隐蔽工程验收合格并经监理工程师批准后，方可填筑。

坝体各阶段填筑前，施工单位应提出施工计划和方案，经监理工程师审批后实施。

（2）筑坝材料的种类、石料品质、级配、含水率、含泥量、超径与软弱颗粒及其相应填筑部位、压实标准、质检取样结果均应符合设计要求和本标准规定。

（3）坝体各部位的填筑必须按设计断面进行，应保证防渗体和反滤层的有效设计厚度。建基面凹凸不平时，防渗体应从低处开始填筑。

（4）不影响行洪的坝体部位可先行填筑，横向接坡坡度应符合设计要求。

（5）防渗体填筑时，应在逐层取样检查合格后，方可继续铺填。反滤料、坝壳砂砾料和堆石料的填筑，应逐层检查坝料质量、铺料厚度、洒水量，严格控制碾压参数，经检查合格后，方可继续填筑。

（6）坝面施工应统一管理、合理安排、分段流水作业，使填筑面层次分明，作业面平整，均衡上升。

（7）填筑过程中，应保证观测仪器埋设与监测工作的正常进行，采取有效措施，保护埋设仪器和测量标志完好无损。

（8）软黏土地基上的土石坝和高含水率的宽防渗体及均质土坝的填筑，必须按设计要求控制填土速度。

5.1.8.2 填筑施工

（1）当气候干燥、土层表面水分蒸发较快时，铺料前，压实表土应适当洒水湿润，严禁在表土干燥状态下，在其上铺填新土。

对于中高坝防渗体或窄心墙，凡已压实表面形成光面时，铺土前应洒水湿润并将光面刨毛，对低坝洒水湿润即可。

（2）防渗土料的铺筑应沿坝轴线方向进行，铺料应及时，宜采用定点测量方式，严格控制铺土厚度，不得超厚。防渗土料的铺筑宜增加平地机平整工序。

（3）防渗体土料应用进占法卸料，汽车不应在已压实土料面上行驶。砾质土、风化料、掺合土可视具体情况选择铺料方式。

（4）汽车穿越防渗体路口段，应经常更换位置，不同填筑层路口段应交错布置，对路口段超压土体应予以处理。

（5）防渗体土料宜采用振动凸块碾压实。碾压应沿坝轴线方向进行。如特殊部位只能垂直坝轴线方向碾压时，在铺料和碾压过程中，质检人员应现场监视，严禁铺料超厚、漏压或欠压。

（6）防渗体分段碾压时，相邻两段交接带碾迹应彼此搭接，垂直碾压方向搭接带宽度应不小于 0.3～0.5m；顺碾压方向搭接带宽度应为 1～1.5m。

（7）心墙应同上下游反滤料及部分坝壳料平起填筑，跨缝碾压。宜采用先填反滤料后填土料的平起填筑法施工。

斜墙宜与下游反滤料及部分坝壳料平起填筑，斜墙也可滞后于坝壳料填筑，但需预留斜墙、反滤料和部分坝壳料的施工场地，且已填筑坝壳料必须削坡至合格面，经监理工程师验收后方可填筑。

（8）如防渗体填筑过程中出现"弹簧"、层间光面、松土层、干土层、粗粒富集层、或剪切破坏等，应根据具体情况认真处理，并经监理工程师验收后，始准铺填新土。

（9）防渗体的铺筑应连续作业，如因故需短时间停工，其表面土层应洒水湿润，保持含水率在控制范围之内。如需长时间停工，则应铺设保护层。复工时予以清除，经监理工程师验收后，方可填筑。

（10）防渗体及反滤层填筑面上散落的松土、杂物应于铺料前清除。

（11）防渗料、砂砾料、堆石料的碾压施工参数应通过碾压试验确定。

（12）振动碾工作重量宜大于 10t，振动频率 20～30Hz，行驶速度不应超过 4km/h，并应定期检查振动碾的工作性能。

（13）均质坝或砂砾料坝壳，在铺筑护坡垫层料之前，应按设计断面进行整坡。

（14）反滤料的填筑，应遵守《碾压式土石坝施工规范》（DL/T 5129—2001）12.1 的规定。

（15）坝壳料的填筑应遵守下列规定：

1）坝壳料宜采用进占法卸料，推土机应及时平料，铺料厚度应符合设计要求，其误差不宜超过层厚的 10%。坝壳料与岸坡及刚性建筑物结合部位，宜回填一条过渡料。

2）超径石宜在石料场爆破解小、填筑面上不应有超径块石和块石集中、架空。

3）坝壳料应用振动平碾压实，与岸坡结合处 2m 宽范围内平行岸坡方向碾压，不易压实的边角部位应减薄铺料厚度，用轻型振动碾压实或用平板振动器及其他压实机械压实。

4）碾压堆石坝不应留削坡余时，宜边填筑、边整坡、护坡。

（16）斜墙和心墙内不应留有纵向接缝。

（17）黏性土、砾质土、风化料、掺合料纵横向接缝的设置应符合下列要求：

1）防渗体及均质坝的横向接坡不宜陡于 1：3.0，需采用更陡接坡时，应提出论证，经监理工程师批准后方可实施。

2）随坝体填筑上升，接缝必须陆续削坡，直至合格面方可回填。

3）防渗体及均质坝的接缝削坡取样检查合格后，必须边洒水、边刨毛、边铺料压实，并宜控制其含水率为施工含水率的上限。

（18）砂砾料、堆石及其他坝壳料纵横向接合部位，宜采用台阶收坡法，每层台阶宽度不小于 1m。

（19）坝体填筑面应布置有效的洒水系统，供水量应满足施工要求，防渗土料宜用洒水车喷雾洒水。

5.1.8.3 雨季填筑

（1）分析当地水文气象资料，确定雨季各种坝料施工天数，合理选择施工机械设备的数量，以满足坝体填筑进度。

（2）加强雨季水文气象预报，提前做好防雨准备，把握好雨后复工时机。

（3）心墙坝雨季施工时，宜将心墙和两侧反滤料与部分坝壳料筑高，以便在雨天继续填筑坝壳料，保持坝面稳定上升。

（4）心墙和斜墙的填筑应稍向上游倾斜，宽心墙和均质坝填筑面可中央凸起向上下游倾斜，以利排泄雨水。

（5）防渗体雨季填筑，应适当缩短流水作业段长度，土料应及时平整、及时压实。

（6）降雨来临之前，应将已平整尚未碾压的松土，用振动平碾快速碾压形成光面。

（7）对于心墙和斜墙坝，在防渗体填筑面上的机械设备，雨前应撤离填筑面，停置于坝壳区。

（8）做好坝面保护，下雨至复工前，严禁施工机械穿越和人员践踏防渗体和反滤料。

（9）防渗体与两岸接坡及上下游反滤料必须平起施工。防渗体填筑及雨后复工时，应将含水率超标和被泥土混杂和污染的反滤料予以清除。

（10）雨后复工处理要彻底，首先人工排除防渗体表层局部积水，并视未压实表土含水率情况，可分别采用翻松、晾晒或清除处理。严禁在有积水、泥泞和运输车辆走过的坝面上填土。

（11）砂砾料和堆石料雨天可以继续施工，但须防止料物被泥沙污染。

5.1.8.4　负温下填筑

（1）在负温下施工，应特别加强气温、土温、风速的测量、气象预报及质量控制工作。施工前应详细编制施工计划，做好料场选择、保温、防冻措施以及机械设备、材料、燃料供应等准备工作，并报监理工程师审批。

（2）负温下填筑范围内的坝基在冻结前应处理好，并预先填筑 1～2m 松土层或采取其他防冻措施，以防坝基冻结。若部分地基被冻结时，须仔细检查。如黏性土地基含水率小于塑限，砂和砂砾地基冻结后无显著冰夹层和冻胀现象，并经监理工程师批准后，方可填筑坝体：非经处理不准填筑。

（3）负温下露天土料的施工，应缩小填筑区，并采取铺土、碾压、取样等快速连续作业，压实时土料温度必须在－1℃以上。当日最低气温在－10℃以下，或在0℃以下且风速大于10m/s时，应停止施工。

（4）负温下填筑要求黏性土含水率不应大于塑限的90％；砂砾料含水率（指粒径小于5mm的细料含水率）应小于4％。

（5）负温下填筑，应做好压实土层的防冻保温工作，避免土层冻结。均质坝体及心墙、斜墙等防渗体不得冻结，否则必须将冻结部分挖除。砂、砾砾料及堆石的压实层，如冻结后的干密度仍达到设计要求，可继续填筑。

负温下停止填筑时，防渗料表面应加以保护，防止冻结，在恢复填筑时清除。

（6）填土中严禁夹有冰雪，不得含有冻块。土、砂、砂砾料与堆石，不得加水。必要时采用减薄层厚、加大压实功能等措施，保证达到设计要求。如因下雪停工，复工前应清理坝面积雪，检查合格后方可复工。

5.1.8.5 非土质材料防渗体施工

（1）土工膜。利用土工膜作为防渗体时，应按照《土工合成材料应用技术规范》（GB 50290—98）的有关规定执行，并应符合下列要求：

1）所选用土工膜物理、力学特性、变形性测验及渗透系数，均应符合设计要求。

2）黏结剂的选择及土工膜的黏结强度，必须符合设计要求，黏结强度应由试验测定，黏结缝的宽度不应小于10cm，已黏结好土工膜应予保护，防止受损。黏结质量应进行检查。

3）土工膜防渗斜墙铺设前，基础垫层必须用斜坡振动碾将坡面碾压密实、平整，不得有突出尖角块石。

4）土工膜防渗斜墙的现场铺设应从坝面自上而下翻滚，人工拖拉平顺，松紧适度。

5）土工膜防渗斜墙铺设后应及时喷射水泥砂浆或回填防护层，避免土工膜受损。

6）土工膜防渗心墙宜采用"之"字形布置，折皱高度应与两侧垫层料填筑厚度相同。土工膜施工速度应与坝体填筑进度相适应。

7）土工膜防渗心墙两侧回填材料的粒径、级配、密实度及与土工膜接触面上孔隙尺寸应符合设计要求。

8）土工膜防心墙与两侧垫层料接触，在土工膜铺设前，垫层料边坡应人工配合机械修正，并用平板振动器振平，不得有尖角块石与其接触。

9）应采取工程措施确保施工机械跨越土工膜时不使其受损。

10）土工膜与地基、岸坡的连接及伸缩节的结构型式，必须符合设计要求。

11）根据地基岩性与基础防渗处理措施不同，土工膜与地基的连接应将土工膜分别埋入混凝土底座、防渗墙顶部或锚固槽内，两岸岩坡连接宜采用将土工膜埋入混凝土齿墙内的连接形式。

12）成立专业施工队，施工人员经培训合格后方可上岗。

13）加强现场检查，发现土工膜损坏、穿孔、撕裂等，必须及时补修，经监理工程师检查同意后方可覆盖。

（2）沥青混凝土防渗心墙、斜墙的施工应按照《水工碾压式沥青混凝土施工规范》（DL/T 5363—2006）的规定执行。

（3）混凝土面板堆石坝施工应按照《混凝土面板堆石坝施工规范》（DL/T 5128—2009）的规定执行。

5.1.9 结合部处理

（1）必须重视防渗体与坝基（包括齿槽）、两岸岸坡、溢洪道边墙、坝下埋管及混凝土齿墙等结合部位的填筑。

（2）截水槽回填应遵守下列规定：

1）必须在槽基处理完成，将渗水排除，进行地质描述，并经监理工程师验收后方可回填。

2）槽基填土应从低洼处开始，填土面宜保持水平，不得有积水。

3）槽内填土厚度在 0.5m 之内，可采用轻型压实机具薄层碾压，填土厚度达 0.5m 以上时，填土方可采用选定的压实机具和碾压参数压实。

（3）铺盖的填筑应符合下列规定：

1）铺盖地基处理完成，经监理工程师验收后方可填筑。

2）铺盖在坝体内与心墙或斜墙连接的部分，应与心墙或斜墙同时填筑。坝外铺盖的填筑，应于库内充水前完成。

3）铺盖完成后，应及时按设计要求铺设保护层，已建成铺盖内不准打桩、挖坑、埋设电杆等。

（4）防渗体与坝基结合部位填筑：

1）对于黏性土、砾质土坝基，应将表面含水率调整至施工含水率上限，用凸块振动碾压实，经监理工程师验收后始可填土。

2）对于无黏性土坝基铺土前，坝基应洒水压实，经监理工程师后始可根据设计要求回填反滤料和第一层土料。

第一层料的铺土厚度可适当减薄，含水率应调整至施工含水率上限，宜采用轻型压实机具压实。

（5）防渗体与岸坡结合部位填筑：

1）防渗体与岸坡结合带的填土宜选用黏性土，其含水率应调整至施工含水率上限，选用轻型碾压机具薄层压实，局部碾压不到的边角部位可使用小型机具压实，严禁漏压或欠压。

2）防渗体结合带填筑施工参数应由碾压试验确定。

3）防渗体与其岸坡结合带碾压搭接宽度不应小于 1.0m。

4）如岸坡过缓，接合处碾压后土料因侧向位移，若出现"爬坡、脱空"现象，应将其挖除。

5）结合带碾压取样合格后方可继续铺填土料。铺料前压实合格面应洒水或刨毛。

（6）防渗体与混凝土面或岩石面结合部位填筑：

1）填土前，混凝土表面乳皮、粉尘及其上附着杂物必须清除干净。

2）在混凝土或岩石面上填土时，应洒水湿润，并边涂刷浓泥浆、边铺土、边夯实，泥浆涂刷高度必须与铺土厚度一致，并应与下部涂层衔接，严禁泥浆干涸后铺土和压实。泥浆土与水质量比宜为 1∶2.5～1∶3.0，宜通过试验确定。

填土含水率控制在大于最优含水率 1%～3%，并用轻型碾压机械碾压，适当降低干密度，待厚度在 0.5～1.0m 以上时方可用选定的压实机具和碾压参数正常压实。

3）压实机具可采用振动夯、蛙夯及小型振动碾等。

4）填土与混凝土表面、岸坡岩面脱开时必须予以清除。

5）防渗体与混凝土齿墙、坝下埋管、混凝土防渗墙两侧及顶部一定宽度和高度内土料回填宜选用黏性土，且含水率应调整至施工含水率上限，采用轻型碾压机械压实，两侧填土应保持均衡上升。

6）混凝土防渗墙顶部局部范围用高塑性回填，其回填范围、回填土料的物理力学性质、含水率、压实标准应满足设计要求。

（7）防浪墙基础与防渗体的结合部位的处理，应符合设计要求。

5.1.10 反滤排水设施及护坡

5.1.10.1 反滤层

（1）反滤料的材质、级配、不均匀系数、含泥量及其铺筑位置和有效宽度均应符合设计要求。

（2）反滤料压加工生产过程中应随机抽查检测并及时调整其级配。经验收合格后方可使用。

（3）地基处理验收合格后，经监理工程师批准方可回填第一层反滤料。

（4）在挖装和铺筑过程中，应防止反滤料颗粒分离，防止杂物与其他料物混入，反滤料宜在挖装前洒水，保持其湿润状态，以免颗料分离。

（5）反滤料铺筑必须严格控制铺料厚度。

（6）与反滤料接触的过渡料的级配应符合设计要求，两者交界处超径石应清除。

（7）对已碾压合格的反滤层应做好防护，一旦发生土料混杂，则必须即时清除。

（8）反滤料压实过程中，应与其相邻的防渗土料、过渡料一起压实。反滤料宜采用自行式振动碾压实。

（9）严禁在反滤层内设置纵缝。反滤层横向接坡必须清至合格面，使接坡反滤料层次清楚，不得发生层间错位、中断和混杂。

（10）反滤料加工的数量与储存量应在考虑超填与其他损耗后满足坝体填筑进度和形象要求。

（11）用土工织物作反滤层时，应按照《土工合成材料应用技术规范》（GB 50290—98）的有关规定执行。其各项特性均应符合设计要求。

1）土工织物的拼接宜采用搭接方法，搭接宽度可为 30cm。

2）土工织物铺设前必须妥善保护，防止曝晒、冷冻、损坏、穿孔、撕裂。

3）土工织物铺设应平顺、松紧适度、避免织物张拉受力及不规则折皱，并采取措施防止损伤和污染。

4）土工织物两侧回填坝料级配应符合设计要求，坝料回填过程中不得损伤织物。如有损伤必须修补。

5）土工织物的铺设与防渗体的填筑应平起施工，织物两侧防渗体和过渡料的填筑应人工配合小型机械施工。

5.1.10.2　排水设施

（1）排水设施所用石料必须质地坚硬，其抗水性、抗冻性、抗压强度及排水能力应满足设计要求，应严格控制细粒含量和含泥量，不得超出设计允许范围。

（2）施工中排水堆石体内可设置纵缝和横缝，宜采用预留平台方式逐层收坡。

（3）排水设施外露表面，宜力求平整、美观。

（4）坝内排水带和排水褥垫的地基，必须按设计要求进行处理，经监理工程师验收后，方可铺设。

（5）坝内竖式排水体可与两侧防渗体平起施工。亦可先回填防渗体，然后将防渗体挖槽再回填排水体，但每层排水体回填厚度应不超过 60cm。

（6）水平排水带铺筑的纵坡及铺筑厚度、透水性应符合设计要求。

（7）坝内排水管路的地基必须夯实，排水管材、管径、间距及排水管路纵坡应符合设计要求。排水管滤孔及接头部位应仔细铺设反滤层。

（8）减压井施工应符合下列要求。

1）减压井的位置、井深、井距、井径结构尺寸及所用滤料级配及其他材料均应符合设计要求。

2）减压井和深式排水沟的施工应在库水位较低时期内进行。钻孔宜用清水固壁。

3）减压井钻进过程中应进行地质描绘、绘制柱状图，如发现与原地层资料有较大出入，应提请监理工程师及设计单位研究处理。

4）钻孔结束经监理工程师验收后，方可安装井管，井管连接应顺直牢固，并封好管底，反滤料回填宜采用导管法以避免分离。

5）装好井管后，应做好洗井工作。洗井宜采用鼓水和抽水法，水变清后，再连续抽水半小时，如清水保持不变，即可结束洗井作业。

6）洗井后尚应进行抽水试验，测量并记录其抽降、出水量、水的含砂量以及井底淤积。

7）施工过程中和抽水结束后，必须及时做好井口保护设施。每眼井均应建立技术档案，并在工程验收以后移交管理单位。

（9）坝体与山坡交界处的排水沟，其布置及断面结构型式和尺寸，应符合设计要求。

5.1.10.3　护坡

（1）砌筑护坡前，应进行坝坡修整，使之符合设计要求。

（2）护坡石料须选用质地坚硬、不易风化的石料，其抗水性、抗冻性、几何尺寸均应满足设计要求。

（3）护坡下垫层料级配与铺筑厚度应满足设计要求，铺筑块石或其他面层时，不得损坏垫层。

（4）当采用块石护坡时，可采用机械或人工选石、堆码、整坡，宜与坝体填筑同步进行。

（5）现浇混凝土护面宜采用无轨滑模浇筑，其厚度应符合设计要求，并须按设计要求分缝并做好排水孔。

（6）草皮护坡应选用易生根、能蔓延、耐旱草类，无黏性土坡面上应先铺一层种植土，然后再种植草皮。草皮铺植后应洒水护理。

（7）当采用抛石、混凝土预制块、水泥土等护坡型式及采用土工织物垫层时，均按照设计要求执行。

5.1.11　安全监测

（1）土石坝监测仪器设备的埋设、安装、调试、施工期观测与资料整理分析等工作应按设计规定进行，并应符合《土石坝安全监测技术规范》（SL 551—2012）的各项规定。非土质防渗体土石坝的专门监测设施的安装、调试应按相应的设计要求进行。

（2）土石坝安全监测项目应列入施工进度计划，由专职人员实施。施工期间应对已埋设的观测设施采取有效的安全防护措施，严防机械和人为损坏。如有损坏，应及时维修或补设，并登录备查。以观测仪器安装、埋设过程中，应尽量减少对坝体填筑质量的不利影响。

（3）应认真做好观测仪器设备的标定、埋设、安装、调试等工作，保证仪器设备的埋设的安装质量，做好原始记录和图表，正确确定测读初始值或计算基准值，列出参考表，整理成完整的技术档案。

（4）坝下游的观测房应随观测仪器的埋设而及时相应建成，并建好监测房自身位移的标点，以便及早取得观测资料。位移观测标点宜设在已设置的视准线上。宜设置临时观测房，取得早期观测资料，在条件具备时过渡到永久观测房，以保持观测资料的完整性。

（5）坝面位移观测标点、基点等的埋设、安装和观测，应随坝的施工进度及时进行。可设置临时标点，并做好同相应永久标点的衔接。

（6）土石坝施工期的安全监测工作，应由施工单位或专门监测单位负责，按设计和合同文件规定进行已埋设仪器设备的观测。观测资料应及时整理分析，定期提出报告，报监理工程师。遇暴雨、大洪水、地震或有异常现象等特殊情况，应增加测次，并将观测结果及时上报。

（7）有施工期提前蓄水要求的土石坝，应在蓄水前对已埋设的仪器作全面观测，并设置渗流量观测设施。如限于条件，永久性观测设施无法提前设置时，宜设置临时性设施，以取得初期蓄水的渗流资料。

（8）对设计规定的观测系统，如有变更和优化意见，应作出论证，报监理工程师。

（9）施工期安全监测项目和测次可参照《土石坝安全监测技术规范》（SL 551—2012）的规定进行。观测时应同时记录观测断面处坝面的填筑高程。在水库蓄水时，应同时记录上下游水位。

混凝土内应变计等观测设备的测次按《混凝土坝安全监测技术规范》（SL 601—2013）的规定进行。

坝下游观测房的沉降与其顺河向位移的观测，应在相应高程内部观测仪器观测的同时进行，但测次可以略少。

（10）各项观测仪器的测读，按其类型采用相应的测读仪表与测读方法。应严格遵守观测要求，正确操作，并按规定格式做好记录。

观测用仪表设备，应做好保养、检查、维护等工作，至少每年校验 1 次，并做好记录。

（11）自动化观测仪器设备的设置、安装、调试、观测等，应按照专门规定进行。

（12）工程竣工后，应将监测系统仪器的标定、埋设、安装及施工期观测等全部原始资料及整编分析，整理成册，提出竣工报告，经审查验收后正式移交。

在交接期间，各项观测工作不得中断。

5.1.12　施工质量控制

5.1.12.1　一般规定

（1）在土石坝施工中必须建立健全质量管理体系。

施工单位必须设立在施工主要负责人领导下的专职质量检查机构，实行分级管理。施工单位的质量保证体系及有关质量管理的规定应报监理工程师审批后实施。

（2）质量控制应按国家和行业颁发的有关标准、工程设计、施工图、合同技术条款的技术要求进行。

（3）质量检查记录，是工程验收的重要依据，应及时进行汇总、编录、分析，并妥善保存，防止丢失，严禁掺假、涂改和自行销毁。

（4）质量检查部门应参加施工期的验收工作，对隐蔽工程和工程关键部位，应详细记录工程质量情况，且进行录像、照相或取原状样品保存备查。

（5）施工过程中，出现的质量问题、处理结果和在现场做出的决定，必须由主管技术负责人签署，作为施工质量控制的原始记录。

当发生质量事故时，施工单位应立即向监理工程师提出书面报告，及时研究处理措施。

（6）坝体压实质量应控制压实参数，并取样检测密度和含水率。检验方法、仪器和操作方法，应符合国家及行业颁发的有关规程、规范要求。

1) 黏性土现场密度检测，宜采用环刀法、表面型核子水分密度计法。环刀容积不小于 500cm³，环刀直径不小于 100mm、高度不小于 64mm。

2) 砾质土现场密度检测，宜采用挖坑灌砂（灌水）法。挖坑灌砂（灌水）法试坑尺寸见《碾压式土石坝施工规范》（DL/T 5129—2001）附录 C 中 C2。

3) 土质不均匀的黏性土和砾质土的压实度检测宜用三点击实法。三点击实试验按附录 C 中 C4 进行。

4) 反滤料、过渡料及砂砾料现场密度检测，宜采用挖坑灌水法或辅以表面波压实密度仪法。挖坑灌水法试坑尺寸见《碾压式土石坝施工规范》（DL/T 5129—2001）附录 C，试样中最大粒径超过 80mm 时，试坑直径不应小于最大粒径的 3 倍，试坑深度为碾压层厚。

5) 堆石料现场密度检测，宜采用挖坑灌水法，也可辅以表面波法、测沉降法等快速方法。挖坑灌水法测密度的试坑直径不小于坝料最大粒径的 2～3 倍，最大不超过 2m，试坑深度为碾压层厚。

6) 黏性土含水率检测，宜采用烘干法，也可用核子水分密度计法、酒精燃烧法、红外线烘干法。

7) 砾质土含水率检测，宜采用烘干法或烤干法。

8) 反滤料、过渡料和砂砾料含水率检测，宜采用烘干法烤或干法。

9) 堆石料含水率检测，宜采用烤干和风干联合法。

(7) 试验仪器校正与率定应按 SL 237 有关规定进行。

(8) 质量控制的统计分析，宜应用数理统计方法，定出质量指标，用质量管理图进行质量管理。质量控制的统计分析按《碾压式土石坝施工规范》（DL/T 5129—2001）附录 C 中 C5 进行。

5.1.12.2 坝基处理质量控制

(1) 坝基处理过程中，必须严格按设计和有关标准要求，认真进行质量控制，并在事先明确检验项目、要求和方法。

（2）坝体填筑前，应按《碾压式土石坝施工规范》（DL/T 5129—2001）有关规定对坝基进行认真检查。

5.1.12.3 料场质量控制

（1）各种坝料质量应以料场控制为主，必须是合格坝料才能运输上坝，不合格材料应在料场处理合格后才能上坝，否则应废弃。

（2）应在料场设置质量控制站，按设计要求及本标准有关规定进行料场质量控制，主要内容包括：

1）是否在规定的料区内开采，是否将草皮，覆盖层等清除干净。

2）坝料开采、加工方法是否符合规定。

3）排水系统、防雨措施、负温下施工措施是否完善。

4）坝料性质、级配、含水率（指黏性土、砾质土）是否符合设计要求。

（3）各种坝料现场鉴别的控制指标与项目按《碾压式土石坝施工规范》（DL/T 5129—2001）附录 C 中 C3 规定进行。现场鉴别方法以目测为主，并取一定数量的代表样进行试验。

（4）反滤料铺筑前应取样检查，规定每 $200\sim500m^3$ 取一个样，检查颗粒级配、含泥量及软弱颗粒含量。对生产自动化程度高的工厂产品料取样次数可适当减少。如不符合要求和规范规定时，应调整加工和筛分系统或更换料源，重新加工，经检验合格后方可使用。

5.1.12.4 坝体填筑质量控制

（1）坝体填筑质量应按《碾压式土石坝施工规范》（DL/T 5129—2001）10、11、12 章有关规定，检查以下项目是否符合要求：

1）各填筑部位和边界控制及坝料质量，防渗体与反滤料、部分坝壳料的平起关系。

2）碾压机具规格、质量，振动碾振动频率、激振力，气胎碾气胎压力等。

3）铺料厚度和碾压参数。

4）防渗体碾压层面有无光面、剪切破坏、弹簧土、漏压或欠压土层、裂缝等。

5）防渗体每层铺土前，压实土体表面是否按要求进行了处理。

6）与防渗体接触的岩石上之石粉、泥土以及混凝土表面的乳皮等杂物的清除情况。

7）与防渗体接触的岩石或混凝土面上是否涂浓泥浆等。

8）过渡料、堆石料有无超径石、大块石集中和夹泥等现象。

9）坝体与坝基、岸坡、刚性建筑物等的结合，纵横向接缝的处理与结合，土砂结合处的压实方法及施工质量。

10）坝坡控制情况

（2）防渗体压实控制指标采用干密度、含水率或压实度（D）。反滤料、过渡料及砂砾料的压实控制指标采用干密度或相对密度（D_r）。堆石料的压实控制指标采用孔隙率（n）。

（3）坝体压实检查项目及取样次数见表 5.1.1。

取样试坑必须按坝体填筑要求回填后，方可继续填筑。

表 5.1.1 坝体压实检查次数

坝料类别及部位		检查项目	取样（检测）次数
防渗体	黏性土 边角夯实部位	干密度、含水率	2～3 次/每层
	黏性土 碾压面		1 次/（100～200m³）
	黏性土 均质坝		1 次/（200～500m³）
	砾质土 边角夯实部位	干密度、含水率、大于 5mm 砾石含量	2～3 次/每层
	砾质土 碾压面		1 次/（200～500m³）
反滤料		干密度、颗粒级配、含泥量	1 次/（200～500m³），每层至少一次
过渡料		干密度、颗粒级配	1 次/（500～1000m³），每层至少一次
坝壳砂砾（卵）料		干密度、颗粒级配	1 次/（5000～10000m³）

坝料类别及部位	检查项目	取样（检测）次数
坝壳砾质土	干密度、含水率 小于 5mm 含量	1 次/(3000～6000m³)
堆石粒①	干密度、颗粒级配	1 次/(10000～100000m³)

① 堆石料颗粒级配试验组数可比干密度试验适当减少。

（4）防渗体压实质量控制除按表 5.1.1 规定取样检查外，尚必须在所有压实可疑处及坝体所有结合处抽查取样，测定干密度、含水率。在压实可疑处取样试验结果不作数理统计和质量管理图的资料。

（5）防渗体填筑时，经取样检查压实合格后，方可继续铺土填筑，否则应进行补压。补压无效时，应分析原因，进行处理。

（6）反滤料和过渡料的填筑，除按规定检查压实质量外，必须严格控制颗粒级配，不符合设计要求应进行返工。

（7）坝壳堆石料的填筑，以控制压实参数为主，并按规定取样测定干密度和级配作为记录。每层按规定参数压实后，即可继续铺料填筑。对测定的干密度和压实参数应进行统计分析，研究改进措施。

（8）进入防渗体填筑面上的路口段处，应检查土层有无剪切破坏，一经发现必须处理。

（9）测密度时，若采用环刀法，应取压实层的下部。若采用挖抗灌砂法或灌水法，试坑应挖至层间接合面，试坑直径应符合 5.1.12.1 中（6）的有关规定。

（10）对堆石料、砂砾料，按 5.1.12.4 节（3）条取样所测定的干密度，平均值应不小于设计值，标准差应不大于 0.1g/cm³。当样本数小于 20 组时，应按合格率不小于 90%，不合格干密度不得低于设计干密度的 95%控制。

（11）对防渗土料，干密度或压实度的合格率不小于 90%，不合格干密度或压实度不得低于设计干密度或压实度的 98%。

（12）根据坝址地形、地质及坝体填筑土料性质、施工条件，对防渗体选定若干个固定取样断面，沿坝高每 5～10m 取代表性试样进行室内物理力学性质试验，作为复核设计及工程管理之依据。必要时应留样品蜡封保存，竣工后移交工程管理单位。

对坝壳料也应在坝面取适当组数的代表性试样进行试验室复核试验。

（13）雨季施工，应检查施工措施落实情况。雨前应检查防渗土体表面松土是否已适当平整和压实；雨后复工前应检查填筑面上土料是否合格。

（14）负温下施工应增加以下检查项目：

1）填筑面防冻措施。

2）坝基已压实土层有无冻结现象。

3）填筑面上的冰雪是否清除干净。

4）应对气温、土温、风速等进行观测记录。

5）在春季，应对冻结深度以内的填土层质量进行复查。

5.1.12.5 护坡和排水反滤质量控制

（1）砌石护坡应检查下列项目：

1）石料的质量和块体的尺寸、形状是否符合设计要求。

2）砌筑方法和砌筑质量，抛石护坡块石是否稳定等。

3）垫层的级配、厚度、压实质量及护坡块石的厚度。

（2）当采用混凝土板护坡时，应按设计要求控制垫层的级配、厚度、压实质量、接缝以及排水孔质量等。

（3）铺筑排水反滤层前，应对坝基覆盖层进行下列试验分析。

1）对于黏性土：天然干密度、含水率及塑性指数；当塑性指数小于 7 时，尚需进行颗粒分析。

2）对无黏性土：天然干密度和颗粒分析。

从坝基覆盖层中取样，一般应在 25m×25m 的面积中取一个样；对于条形反滤层的坝基可每隔 50m 取一个或数个样。

（4）在填筑反滤层过程中，取样次数按表 5.1.1 执行。在施工过程中，应对铺料厚度、施工方法、接头及防护措施等进行检查。

5.2 堤防工程施工

5.2.1 概述

堤防工程施工包含多项施工技术，为适应堤防工程施工的需要，本章主要对堤防工程的施工技术进行介绍，以保证工程的施工质量，不留隐患，使修筑的堤防工程达到设计规定的标准，具有抗御相应洪水的能力。

本章主要针对除1级以外的堤防工程的施工进行介绍。

堤防工程必须根据批准的设计文件进行施工，重大设计变更应报请原审批单位批准。

堤防工程施工应积极推行项目法人责任制、招标投标制、建设监理制。

堤防工程施工应积极采用经省、部级鉴定，并经实践证明确实有效的新技术、新材料、新工艺和新设备。

施工单位应加强施工管理，保证施工质量，注意施工安全，做好施工环境和文物保护工作。

堤防工程应及时进行验收，并认真做好水土保持和土地还耕等工作。

堤防工程施工应符合《堤防工程施工规范》（SL 260—2014）的有关规定。

5.2.2 施工准备

5.2.2.1 一般要求

施工单位开工前，应对合同或设计文件进行深入研究，并应结合施工具体条件编制施工设计。2级堤防工程施工可分段（或分项）编制，跨年度工程还应分年编制。

开工前，应做好各项技术准备，并做好"四通一平"、临建工程、各种设备和器材等的准备工作。

取土区和弃土堆放场地应少占耕地，不妨碍行洪和引排水，井做好现场勘定工作。

应根据水文气象资料合理安排施工计划。

5.2.2.2 测量、放样

堤防工程基线相对于邻近基本控制点，平面位置允许误差±（30～50mm），高程允许误差±30mm。

堤防断面放样、立模、填筑轮廓，宜根据不同堤型相隔一定距离设立样架，其测点相对设计的限值误差，平面为±50mm，高程±30.00mm，堤轴线点为±30mm。高程负值不得连续出现，并不得超过总测点的30%。

堤防基线的永久标石、标架埋设必须牢固，施工中须严加保护，并及时检查维护，定时核查、校正。

堤身放样时，应根据设计要求预留堤基、堤身的沉降量。

5.2.2.3 料场核查

开工前，施工单位应对料场进行现场核查，内容如下：

（1）料场位置、开挖范围和开采条件，并对可开采土料厚度及储量做出估算。

（2）了解料场的水文地质条件和采料时受水位变动影响的情况。

（3）普查料场土质和土的天然含水量。

（4）根据设计要求对料场土质做简易鉴别，对筑堤土料的适用性做初步评估。

（5）核查土料特性，采集代表性土样按《土工试验方法标准》（GB/T 50123—1999）的要求做颗粒组成、黏性土的液塑限和击实、砂性土的相对密度等试验。

料场土料的可开采储量应大于填筑需要量的1.5倍。

应根据设计文件要求划定取土区，并设立标志。严禁在堤身两侧设计规定的保护范围内取土。

5.2.2.4 机械、设备及材料准备

施工机械、施工工具、设备及材料的型号、规格、技术性能应根据工程施工进度和强度合理安排与调配。

检修与预制件加工等附属企业与设施，应按所需规模及时安排。

根据工程施工进度应及时组织材料进场，并应事先对原材料和半成品的质量进行检验。

5.2.3 施工准备度汛与导流

堤防工程施工期的度汛、导流，应根据设计要求和工程需要，编制方案，并报有关单位批准。

堤防工程跨汛期施工时，其度汛、导流的洪水标准，应根据不同的挡水体类别和堤防工程级别，按表5.2.1采用。

表 5.2.1　　　　　度汛、导流的洪水标准（年一遇）

挡水体类别	堤防工程级别	
	2 级	3 级及以下
堤防	10～20	5～10
围堰	5～10	3～5

挡水堤身或围堰顶部高程，应按照度汛洪水标准的静水位加波浪爬高与安全加高确定。当度汛洪水位的水面吹程小于500m、风速在5级（10m/s）以下时，堤（堰）顶高程可仅考虑安全加高。安全加高按表5.2.2的规定取值。

表 5.2.2　　　　堤防及围堰施工度汛、导流安全加高值

堤防工程级别		2	3
安全加高（m）	堤防	0.8	0.7
	围堰	0.5	0.5

度汛时如遇超标准洪水，应及时采取紧急处理措施。

围堰截流方案应根据龙口水流特征、抛投物料种类和施工条件选定，并应备足物料及运输机具。合龙后应注意闭气，保证围堰上升速度高于水位上涨速度。

挡水围堰拆除前，应对围堰保护区进行清理，并对挡水位以

下的堤防工程和建筑物进行分部工程验收。

5.2.4　筑堤材料

5.2.4.1　堤料选择

开工前，应根据设计要求、土质、天然含水量、运距、开采条件等因素选择取料区。

淤泥土、杂质土、冻土块、膨胀土、分散性黏土等特殊土料，一般不宜用于筑堤身，若必须采用时，应有技术论证，并需制定专门的施工工艺。

土石混合堤、砌石墙（堤）以及混凝土墙（堤）施工所采用的石料和砂（砾）料质量，应符合《水利水电工程天然建筑材料勘察规程》（SL 251—2000）的要求。

拌制混凝土和水泥砂浆的水泥、砂石骨料、水、外加剂的质量，应符合《水工混凝土施工规范》（DL/T 5144—2001）的规定。

应根据反滤准则选择反滤层不同粒径组成的反滤料。

5.2.4.2　堤料采集与选购

陆上料区开挖前必须将其表层的杂质和耕作土、植物根系等清除；水下料区开挖前应将表层稀软淤土清除。

土料的开采应根据料场具体情况、施工条件等因素选定，并应符合下列要求：

（1）料场建设。

1）料场周围布置截水沟，并做好料场排水措施。

2）遇雨时，坑口坡道宜用防水编织布覆盖保护。

（2）土料开采方式。

1）土料的天然含水量接近施工控制下限值时，宜采用立面开挖；若含水量偏大，宜采用平面开挖。

2）当层状土料有须剔除的不合格料层时，宜用平面开挖，当层状土料允许掺混时，宜用立面开挖。

3）冬季施工采料，宜用立面开挖。

（3）取土坑壁应稳定，立面开挖时，严禁掏底施工。

不同粒径组的反滤料应根据设计要求筛选加工或选购，并需按不同粒径组分别堆放；用非织造土工织物代替时，其选用规格应符合设计要求或反滤准则。

堤身及堤基结构采用的土工织物、加筋材料、土工防渗膜、塑料排水板及止水带等土工合成材料，应根据设计要求的型号、规格、数量选购，并应有相应的技术参数资料、产品合格证和质量检测报告。

采集或选购的石料，除应满足岩性、强度等性能指标外，砌筑用石料的形状、尺寸和块重，还应符合表 5.2.3 的质量标准。

表 5.2.3　　　　　石料形状尺寸质量标准表

项目	质量标准		
	粗料石	块石	毛石
形状	棱角分明，六面基本平整，同一面上高差小于 1cm	上下两面平行，大致平整，无尖角、薄边	不规则（块重大于 25kg）
尺寸	块长大于 50cm 块高大于 25cm 块长：块高小于 3	块厚大于 20cm	中厚大于 15cm

5.2.5　堤基施工

5.2.5.1　一般要求

堤基施工前，应根据勘测设计文件、堤基的实际情况和施工条件制订有关施工技术措施与细则。

堤基地质比较复杂、施工难度较大或无现行规范可遵照时，应进行必要的技术论证，并应通过现场试验取得有关技术参数。

当堤基冻结后有明显冰夹层和冻胀现象时，未经处理，不得在其上施工。

对堤基开挖或处理过程中的各种情况应及时详细记录，经分部工程验收合格后，方能进行堤身填筑。

基坑积水应及时抽排，对泉眼应分析其成因和对堤防的影响后予以封堵或引导；开挖较深堤基时，应防止滑坡。

堤基施工除按本章规定外，尚应符合有关规范的规定。

5.2.5.2 堤基清理

堤基基面清理范围包括堤身、铺盖、压载的基面，其边界应在设计基面边线外 30～50cm。

堤基表层不合格土、杂物等必须清除，堤基范围内的坑、槽、沟等，应按堤身填筑要求进行回填处理。

堤基开挖、清除的弃土、杂物、废渣等，均应运到指定的场地堆放。

基面清理平整后，应及时报验。基面验收后应抓紧施工，若不能立即施工时，应做好基面保护，复工前应再检验，必要时须重新清理。

5.2.5.3 软弱堤基施工

采用挖除软弱层换填砂、土时，应按设计要求用中粗砂或砂砾，锚填后及时予以压实。

流塑态淤质软黏土地基上采用堤身自重挤淤法施工时，应放缓堤坡、减慢堤身填筑速度、分期加高，直至堤基流塑变形与堤身沉降平衡、稳定。

软塑态淤质软黏土地基上在堤身两侧坡脚外设置压载体处理时，压载体应与堤身同步、分级、分期加载，保持施工中的堤基与堤身受力平衡。

抛石挤淤应使用块径不小于 30cm 的坚硬石块，当抛石露出土面或水面时，改用较小石块填平压实，再在上面铺设反滤层并填筑堤身。

采用排水砂井、塑料排水板、碎石桩等方法加固堤基时，应符合有关标准的规定。

5.2.5.4 透水堤基施工

用黏性土做铺盖或用土工合成材料进行防渗，应按 5.2.6.6 的有关规定进行施工。铺盖分片施工时，应加强接缝处的碾压和检验。

黏性土截水槽施工时，宜采用明沟排水或井点抽排，回填黏性土应在无水基底上，并按设计要求施工。

截渗墙可采用槽型孔、高压喷射等方法施工，施工时应符合以下规定。

（1）开槽形孔灌注混凝土、水泥黏土浆等。

（2）开槽孔插埋土工膜。

（3）高压喷射水泥粉浆等形成截渗墙。

反滤和排水应按 5.2.6.7 的要求施工。

砂性堤基采用振冲法处理时，应符合有关标准的规定。

5.2.5.5 多层堤基施工

多层堤基如无渗流稳定安全问题，施工时仅需将经清基的表层土夯实后即可填筑堤身。

如采用盖重压渗、排水减压沟及减压井等措施处理，应根据设计要求与 5.2.6.7 的有关规定执行。

堤基下有承压水的相对隔水层，施工时应保证保留设计要求厚度的相对隔水层。

堤基面层为软弱或透水层时，应按 5.2.5.3 或 5.2.5.4 的要求处理。

5.2.5.6 岩石堤基施工

强风化岩层堤基，除按设计要求清除松动岩石外，筑砌石堤或混凝土堤时基面应铺水泥砂浆，层厚宜大于 30mm；筑土堤时基面应涂黏土浆，层厚宜为 3mm，然后进行堤身填筑。

裂缝或裂隙比较密集的基岩，采用水泥固结灌浆或帷幕灌浆进行处理时，应符合《水工建筑物水泥灌浆施工技术规范》（DL/T 5148—2012）的规定。

5.2.6 堤身填筑与砌筑

5.2.6.1 土料碾压筑堤

填筑作业应符合下列要求：

（1）地面起伏不平时，应按水平分层由低处开始逐层填筑，不得顺坡辅填；堤防横断面上的地面坡度陡于 1∶5 时，应将地面坡度削至缓于 1∶5。

（2）分段作业面的最小长度不应小于 100m；人工施工时段长可适当减短。

（3）作业面应分层统一铺土、统一碾压，并配备人员或平土机具参与整平作业，严禁出现界沟。

（4）在软土堤基上筑堤时，如堤身两侧设有压载平台，两者应按设计断面同步分层填筑，严禁先筑堤身后压载。

（5）相邻施工段的作业面宜均衡上升，若段与段之间不可避免出现高差时，应以斜坡面相接。

（6）已铺土料表面在压实前被晒干时，应洒水湿润。

（7）用光面碾碾压实黏性土填筑层，在新层辅料前，应对压光层面做刨毛处理。填筑层检验合格后因故未继续施工，因搁置较久或经过雨淋干湿交替使表面产生疏松层时，复工前应进行复压处理。

（8）若发现局部"弹簧土"、层间光面、层间中空、松土层或剪切破坏等质量问题时，应及时进行处理，并经检验合格后，方准铺填新土。

（9）施工过程中应保证观测设备的埋设安装和测量工作的正常进行；并保护观测设备和测量标志完好。

（10）在软土地基上筑堤，或用较高含水量土料填筑堤身时，应严格控制施工速度，必要时应在地基、坡面设置沉降和位移观测点，根据观测资料分析结果，指导安全施工。

（11）对占压堤身断面的上堤临时坡道作补缺口处理，应将已板结老土刨松，与新铺土料统一按填筑要求分层压实。

（12）堤身全断面填筑完毕后，应作整坡压实及削坡处理，并对堤防两侧护堤地面的坑洼进行铺填平整。

铺料作业应符合下列要求：

（1）应按设计要求将土料铺至规定部位，严禁将砂（砾）料或其他透水料与黏性土料混杂，上堤土料中的杂质应予清除。

（2）土料或砾质土可采用进占法或后退法卸料，砂砾料宜用后退法卸料；砂砾料或砾质土卸料时如发生颗粒分离现象，应将其拌和均匀。

（3）铺料厚度和土块直径的限制尺寸，宜通过碾压试验确定；在缺乏试验资料时，可参照表5.2.4的规定取值。

表 5.2.4　　　　　　铺料厚度和土块直径限制尺寸表

压实功能类型	压实机具种类	铺料厚度（cm）	土块限制直径（cm）
轻型	人工夯、机械夯	15～20	≤5
轻型	5～10t 平碾	20～25	≤8
中型	12～15t 平碾 斗容 2.5m³ 铲运机 5～8t 振动碾	25～30	≤10
重型	斗容大于 7m³ 铲运机 10～16t 振动碾 加载气胎碾	30～50	≤15

（4）铺料至堤边时，应在设计边线外侧各超填一定余量：人工铺料宜为10cm，机械铺料宜为30cm。

压实作业应符合下列要求：

（1）施工前应先做碾压试验，验证碾压质量能否达到设计干密度值。若已有相似条件的碾压经验也可参考使用。

（2）分段填筑，各段应设立标志，以防漏压、欠压和过压。上下层的分段接缝位置应错开。

（3）碾压施工应符合下列规定：

1）碾压机械行走方向应平行于堤轴线。

2）分段、分片碾压，相邻作业面的搭接碾压宽度，平行堤轴线方向不应小于0.5mm；垂直堤轴线方向不应小于3m。

3）拖拉机带碾碌或振动碾压实作业，宜采用进退错距法，碾迹搭压宽度应大于10cm；铲运机兼作压实机械时，宜采用轮迹排压法，轮迹应搭压轮宽的 1/3。

4）机械碾压时应控制行车速度，以不超过下列规定为宜：平碾为 2km/h，振动碾为 2km/h，铲运机为 2 档。

（4）机械碾压不到的部位，应辅以夯具夯实，夯实时应采用连环套打法，夯迹双向套压，夯压夯 1/3，行压行 1/3；分段、分片夯实时，夯迹搭压宽度应不小于 1/3 夯径。

（5）砂砾料压实时，洒水量宜为填筑方量的 20%～40%；中细砂压实的洒水量，宜按最优含水量控制；压实施工宜用履带式拖拉机带平碾、振动碾或气胎碾。

采用土工合成加筋材料（编织型土工织物、土工网、土工格栅）填筑加筋土堤时应符合下列要求：

（1）筋材铺放基面应平整，筋材宜用宽幅规格。

（2）筋材应垂直堤轴线方向铺展，长度按设计要求裁制，一般不宜有拼接缝。

（3）如筋材必须拼接时，应按不同情况区别对待：

1）编织型筋材接头的搭接长度，不宜小于 15cm，以细尼龙线双道缝合，并满足抗拉要求。

2）土工网、土工格栅接头的搭接长度，不宜小于 5cm（土工格栅至少搭接一个方格），并以细尼龙绳在连接处绑扎牢固。

（4）铺放筋材不允许有褶皱，并尽量用人工拉紧，以 U 形钉定位于填筑土面上，填土时不得发生移动。

（5）填土前如发现筋材有破损、裂纹等质量问题，应及时修补或做更换处理。

（6）筋材上可按规定层厚铺土，但施工机械与筋材间的填土厚度不应小于 15cm。

（7）加筋土堤压实，宜用平碾或气胎碾，但在极软地基上筑加筋堤，开始填筑的二三层宜用推土机或装载机铺土压实，当填筑层厚度大于 0.6m 后，方可按常规方法碾压；

（8）加筋堤施工，最初二层、三层的填筑应注意：

1）在极软地基上作业时，宜先由堤脚两侧开始填筑，然后逐渐向堤中心扩展，在平面上呈凹字形向前推进。

2）在一般地基上作业时，宜先从堤中心开始填筑，然后逐渐向两侧堤脚对称扩展，在平面上呈凸字形向前推进。

3）随后逐层填筑时，可按常规方法进行。

5.2.6.2　土料吹填筑堤

土料吹填筑堤方法有多种，最常用的有挖泥船和水力冲挖机组两种施工方法；挖泥船又有绞吸式、斗轮式两种形式。

水下挖土采用绞吸式、斗轮式挖泥船；水上挖土采用水力冲挖机组，并均采用管道以压力输泥吹填筑堤。

不同土质对吹填筑堤的适用性差异较大，应按以下原则区别选用：

（1）无黏性土、少黏性土适用于吹填筑堤，且对老堤背水侧培厚更为适宜。

（2）流塑—软塑态的中、高塑性有机黏土不应用于筑堤。

（3）软塑—可塑态黏粒含量高的壤土和黏土，不宜用于筑堤，但可用于充填堤身两侧池塘洼地加固堤基。

（4）可塑—硬塑态的重粉质壤土和粉质黏土，适用于绞吸式、斗轮式挖泥船以黏土团块方式吹填筑堤。

吹填区筑围堰应符合下列要求：

（1）每次筑堰高度不宜超过 1.2m（黏土团块吹填时筑堰高度可为 2m）。

（2）应注意清基，并确保围堰填筑质量。

（3）根据不同土质，围堰断面可采用下列尺寸：黏性土，顶宽 1～2m，内坡 1：1.5，外坡 1：2.0；砂性土，顶宽 2m，内坡 1：1.5～1：2.0，外坡 1：2.0～1：2.5。

（4）筑堰土料可就近取土或在吹填面上取用，但取土坑边缘距堰脚不应小于 3mm。

（5）在浅水域或有潮汐的江河滩地，可采用水力冲挖机组等设备，向透水的编织布长管袋中充填土（砂）料垒筑围堰，并需及时对围堰表面作防护。

排泥管线路布置应符合下列要求：

（1）排泥管线路应平顺，避免死弯。

（2）水、陆排泥管的连接，应采用柔性接头。

根据不同施工部位，宜遵循下列原则选择不同吹填措施：

（1）吹填用于堤身两侧池塘洼地的充填时，排泥管出泥口可相对固定。

（2）吹填用于堤身两侧填筑加固平台时，出泥口应适时向前延伸或增加出泥支管，不宜相对固定；每次吹填层厚不宜超过1.0m，并应分段间歇施工，分层吹填。

（3）吹填用于筑新堤时，应符合下列要求：

1）先在两堤脚处各做一道纵向围堰，然后根据分仓长度要求做多道横向分隔封闭围堰，构成分仓吹填区分层吹填。

2）排泥管道居中布放，采用端进法吹填直至吹填仓末端。

3）每次吹填层厚一般宜为0.3~0.5m（黏土团块吹填允许在1.8m）。

4）每仓吹填完成后应间歇一定时间，待吹填土初步排水固结后才允许继续施工，必要时需铺设内部排水设施。

5）当吹填接近堤顶吹填面变窄不便施工时，可改用碾压法填筑至堤顶。

泄水口可采用溢流堰、跌水、涵洞、竖井等结构形式，设置原则和数量，应符合《疏浚工程施工技术规范》（SL 17—90）的有关规定。

挖泥船取土区应设置水尺和挖掘导标。

吹填施工管理应做好下列工作：

（1）加强管道、围堰巡查，掌握管道工作状态和吹填进展趋势。

（2）统筹安排水上、陆上施工，适时调度吹填区分仓轮流作业，提高机船施工效率。

（3）查定吹填筑堤时的开挖土质、泥浆浓度及吹填有效土方利用率等常规项目。

（4）检测吹填土性能：泥沙沿程沉积颗粒大小分布；干密度和强度与吹填土固结时间的关系。

（5）控制排放尾水中未沉淀土颗粒的含量，防止河道、沟渠淤积。

吹填筑堤时，水下料场开挖的疏浚土分级，按《疏浚工程施工技术规范》（SL 17—90）中的疏浚土分级表执行。

5.2.6.3 抛石筑堤

在陆域软基段或水域采用抛石法筑堤时，应先施工抛石棱体，再以其为依托填筑堤身闭气土方。

抛石棱体施工时，在陆域可仅在临水侧做一道；在水域宜在堤两侧堤脚处各做一道。

抛石棱体定线放样，在陆域软基段或浅水域可插设标杆，间距以 50m 为宜；在深水域，放样控制点需专设定位船，并通过岸边架设的定位仪指挥船舶抛石。

陆域软基段或浅水域抛石，可采用自卸车辆以端进法向前延伸立抛，立抛时可不分层或采用分层阶梯式抛填，软基上立抛厚度，以不超过地基土的相应极限承载高度为原则；在深水域抛石，宜用驳船在水上定位分层平抛，每层厚度不宜大于 2.5m。

抛填石料块重以 20～40kg 为宜，抛投时应大小搭配。

抛石棱体达到预定断面，并经沉降初步稳定后，应按设计轮廓将抛石体整理成型。

抛石棱体与闭气土方的接触面，应根据设计要求做好砂石反滤层或土工织物滤层。

软基上抛石法筑堤，若堤基已有铺填的透水材料或土工合成加筋材料加固层时，应注意保护。

陆域抛石法筑堤，宜用自卸车辆由紧靠抛石棱体的背水侧开始填筑闭气土方，逐渐向堤身扩展；闭气土方有填筑密实度要求者，应符合 5.2.6.1 的有关规定。

水域抛石法筑堤，两抛石棱体之间的闭气土体，宜用吹填法施工；在吹填土层露出水面，且表层初步固结后，宜采用可塑性大的土料碾压填筑一个厚度约 1m 的过渡层，随后按常规方法填筑。

用抛石法填筑土石混合堤时，应在堤身设置一定数量的沉降、位移观测标点。

5.2.6.4 砌石筑墙（堤）

浆砌石墙（堤）宜采用块石砌筑，如石料不规则，必要时可采用粗料石或混凝土预制块作砌体镶面；仅有卵石的地区，也可采用卵石砌筑。砌体强度均必须达到设计要求。

浆砌石砌筑应符合下列要求：

（1）砌筑前，应在砌体外将石料上的泥垢冲洗干净，砌筑时保持砌石表面湿润。

（2）应采用坐浆法分层砌筑，铺浆厚宜 3～5cm，随铺浆随砌石，砌缝需用砂浆填充饱满，不得无浆直接贴靠，砌缝内砂浆应采用扁铁插捣密实；严禁先堆砌石块再用砂浆灌缝。

（3）上下层砌石应错缝砌筑；砌体外露面应平整美观，外露面上的砌缝应预留约 4cm 深的空隙，以备勾缝处理；水平缝宽应不大于 2.5cm，竖缝宽应不大于 4cm。

（4）砌筑因故停顿，砂浆已超过初凝时间，应待砂浆强度达到 2.5MPa 后才可继续施工；在继续砌筑前，应将原砌体表面的浮渣清除；砌筑时应避免振动下层砌体。

（5）勾缝前必须清缝，用水冲净并保持缝槽内湿润，砂浆应分次向缝内填塞密实；勾缝砂浆标号应高于砌体砂浆；应按实有砌缝勾平缝，严禁勾假缝、凸缝；砌筑完毕后应保持砌体表面湿润做好养护。

（6）砂浆配合比、工作性能等，应按设计标号通过试验确定，施工中应在砌筑现场随机制取试件。

混凝土预制块镶面砌筑应符合下列要求：

（1）预制块尺寸及混凝土强度应满足设计要求。

（2）砌筑时，应根据设计要求布排丁、顺砌块；砌缝应横平竖直，上下层竖缝错开距离不应小于 10cm，丁石的上下方不得有竖缝。

（3）砌缝内应砂浆填充饱满，水平缝宽应不大于 1.5cm；竖缝宽不得大于 2cm。

浆砌石防洪墙的变形缝和防渗止水结构的施工，宜预留茬口，按第 5.2.6.5 节的相关规定用浇筑二期混凝土的方式解决。

干砌石砌筑应符合下列要求：

（1）不得使用有尖角或薄边的石料砌筑；石料最小边尺寸不宜小于 20cm。

（2）砌石应垫稳填实，与周边砌石靠紧，严禁架空。

（3）严禁出现通缝、叠砌和浮塞；不得在外露面用块石砌筑，而中间以小石填心；不得在砌筑层面以小块石、片石找平；堤顶应以大石块或混凝土预制块压顶。

（4）承受大风浪冲击的堤段，宜用粗料石丁扣砌筑。

5.2.6.5　混凝土筑墙（堤）

混凝土防洪墙基础施工，基底的土质及其密实度、基础的入土深度和底板轮廓线长度，均应符合设计要求。

混凝土墙（堤）身施工，应符合《水工混凝土施工规范》（DL/T 5144—2001）的有关规定。

采用滑模施工工艺，应符合《水工建筑物滑动模板施工技术规范》（SL 32—2014）的有关规定。

混凝土防洪墙的变形缝和防渗止水结构的施工，应符合《水闸施工规范》（SL 27—2014）的有关规定。

5.2.6.6　防渗工程施工

黏土防渗体施工应符合下列要求：

（1）在清理过的无水基底上进行。

（2）与坡脚截水槽和堤身防渗体协同铺筑，并尽量减少接缝。

（3）分层铺筑时，上下层接缝应错开，每层厚以 15～20cm 为宜，层面间应刨毛、洒水。

（4）分段、分片施工时，相邻工作面搭接碾压应符合第

5.2.6.1 的有关规定。

土工膜防渗施工应符合下列要求：

（1）铺膜前，应将膜下基面铲平，土工膜质量也应经检验合格。

（2）大幅土工膜拼接，宜采用胶接法黏合或热元件法焊接，胶接法搭接宽度为 5～7cm，热元件法焊接叠合宽度为 1.0～1.5cm。

（3）应自下游侧开始，依次向上游侧平展铺设，避免土工膜打皱。

（4）已铺土工膜上的破孔应及时粘补，粘贴膜大小应超出破孔边缘 10～20cm。

（5）土工膜铺完后应及时铺保护层。

沥青混凝土和混凝土防渗施工，应符合《渠道防渗工程技术规范》（SL 18—2004）的有关规定。

5.2.6.7 反滤、排水工程施工

铺反滤层前，应将基面用挖除法整平，对个别低洼部分，应采用与基面相同土料或反滤层第一层滤料填平。

反滤层铺筑应符合下列要求：

（1）铺筑前应做好场地排水、设好样桩、备足反滤料。

（2）不同粒径组的反滤料层厚必须符合设计要求。

（3）应由底部向上按设计结构层要求逐层铺设，并保证层次清楚，互不混杂，不得从高处顺坡倾倒。

（4）分段铺筑时，应使接缝层次清楚，不得发生层间错位、缺断、混杂等现象。

（5）陡于 1:1 的反滤层施工时，应采用挡板支护铺筑。

（6）已铺筑反滤层的工段，应及时铺筑上层堤料，严禁人车通行。

（7）下雪天应停止铺筑，雪后复工时，应严防冻土、冰块和积雪混入料内。

土工织物作反滤层、垫层、排水层铺设应符合下列要求：

（1）土工织物铺设前应进行复验，质量必须合格，有扯裂、蠕变、老化的土工织物均不得使用。

（2）铺设时，自下游侧开始依次向上游侧进行，上游侧织物应搭接在下游侧织物上或采用专用设备缝制。

（3）在土工织物上铺砂时，织物接头不宜用搭接法连接。

（4）土工织物长边宜顺河铺设，并应避免张拉受力、折叠、打皱等情况发生。

（5）土工织物层铺设完毕，应尽快铺设上一层堤料。

堆石排水体应按设计要求分层实施，施工时不得破坏反滤层，靠近反滤层处用较小石料铺设，堆石上下层面应避免产生水平通缝。

排水减压沟应在枯水期施工，沟的位置、断面和深度均应符合设计要求。

排水减压井应严格按设计要求并参照有关规范的要求施工。钻井宜用清水固壁，并随时取样、绘制地质柱状图，钻完井孔要用清水洗井，经验收合格后安装井管，每口井均应建立施工技术档案。

5.2.6.8 接缝、堤身与建筑物接合部施工

土堤碾压施工，分段间有高差的连接或新老堤相接时，垂直堤轴线方向的各种接缝，应以斜面相接，坡度可采用 $1:3\sim1:5$，高差大时宜用缓坡。土堤与岩石岸坡相接时，岩坡削坡后不宜陡于 $1:0.75$，严禁出现反坡。

在土堤的斜坡结合面上填筑时，应符合下列要求：

（1）应随填筑面上升进行削坡，并削至质量合格层。

（2）削坡合格后，应控制好结合面土料的含水量，边刨毛、边铺土、边压实。

（3）垂直堤轴线的堤身接缝碾压时，应跨缝搭接碾压，其搭接宽度不小于 3.0m。

土堤与刚性建筑物（涵闸、堤内埋管、混凝土防渗墙等）相接时，施工应符合下列要求：

（1）建筑物周边回填土方，宜在建筑物强度达到设计强度50％～70％的情况下施工。

（2）填土前，应清除建筑物表面的乳皮、粉尘及油污等；对表面的外露铁件（如模板对销螺栓等）宜割除，必要时对铁件残余露头需用水泥砂浆覆盖保护。

（3）填筑时，须先将建筑物表面湿润，边涂泥浆、边铺土、边夯实，涂浆高度应与铺土厚度一致，涂层厚宜为 3～5mm，并应与下部涂层衔接；严禁泥浆干涸后再铺土、夯实。

（4）制备泥浆应采用塑性指数 $I_p > 17$ 的黏土，泥浆的浓度可用 1:2.5～1:3.0（土水重量比）。

（5）建筑物两侧填土，应保持均衡上升；贴边填筑宜用夯具夯实，铺土层厚度宜为 15～20cm。

浆砌石墙（堤）分段施工时，相邻施工段的砌筑面高差应不大于 1.0m。

5.2.6.9　雨天与低温时施工

碾压土堤施工应符合下列要求：

（1）雨前应及时压实作业面，并做成中央凸起向两侧微倾。当降小雨时，应停止黏性土填筑。

（2）黏性土填筑面在下雨时人行不宜践踏，并应严禁车辆通行。雨后恢复施工，填筑面应经晾晒、复压处理，必要时应对表层再次进行清理，并待质检合格后及时复工。

（3）土堤不宜在负温下施工；如具备保温措施时，允许在气温不低于 -10℃ 的情况下施工。

（4）负温施工时应取正温土料；装土、辅土、碾压、取样等工序，都应采取快速连续作业；土料压实时的气温必须在 -1℃ 以上。

（5）负温下施工时，黏性土含水量不得大于塑限的 90％；砂料含水量不得大于 4％；铺土厚度应比常规要求适当减薄，或采用重型机械碾压。

（6）填土中不得夹冰雪。

气温-5℃以下吹填筑堤应连续施工，若需停工时应以清水冲刷管道，并放空管道内存水。

浆砌石、混凝土墙（堤）施工应符合下列要求：

（1）在小雨中施工，宜适当减小水灰比，并做好表面保护；施工中遇中到大雨时，应停工，并妥善保护工作面；雨后若表层砂浆或混凝土尚未初凝，可加铺水泥砂浆后继续施工，否则，应按工作缝要求进行处理。

（2）浆砌石在气温0～5℃施工时，应注意砌筑层表面保温；气温在0℃以下又无保温措施时，应停止施工。

（3）低温下水泥砂浆拌和时间宜适当延长，拌合物料温度应不低于5℃。

（4）浆砌石砌体养护期气温低于5℃时，砌体表面应予保温，并不得向砌体表面直接洒水养护。

（5）混凝土低温下施工，应符合《水工混凝土施工规范》（SDJ 207—82）的有关规定。

5.2.7　防护工程施工

坝式护岸和墙式护岸的施工，应分别按照5.2.6.3节以及5.2.6.4节的有关规定执行。

堤（岸）坡防护包括护脚、护坡、封顶三部分，一般施工时先护脚、后护坡、封顶。下面重点介绍护脚、护坡的技术要求。

5.2.7.1　护脚

根据设计要求采用抛石、抛土袋、抛柴枕、抛石笼、混凝土沉井和土工织物软体沉排等方式护脚时，应根据护脚工程部位的实际情况，按以下要求实施：

（1）抛石护脚。

1）石料尺寸和质量应符合设计要求。

2）抛投时机宜在枯水期内选择。

3）抛石前，应测量抛投区的水深、流速、断面形状等基本情况。

4）必要时应通过试验掌握抛石位移规律。

5）抛石应从最能控制险情的部位抛起，依次展开。

6）船上抛石应准确定位，自下而上逐层抛投，并及时探测水下抛石坡度、厚度。

7）水深流急时，应先用较大石块在护脚部位下游侧抛一石埂，然后再逐次向上游侧抛投。

（2）抛土袋护脚。

1）装土（砂）编织袋布的孔径大小，应与土（砂）粒径相匹配。

2）编织袋装土（砂）的充填度以 70%～80% 为宜，每袋重不应少于 50kg，装土后封口绑扎应牢固。

3）岸上抛投宜用滑板，使土袋准确入水叠压。

4）船上抛投土（砂）袋，如水流流速过大，可将几个土袋捆绑抛投。

（3）抛柴枕护脚，应按有关工艺要求操作。

（4）抛石笼护脚。

1）石笼大小视需要和抛投手段而定，石笼体积以 1.0～2.5m³ 为宜。

2）应先从最能控制险情的部位抛起，依次扩展，并适时进行水下探测，坡度和厚度应符合设计要求。

3）抛完后，须用大石块将笼与笼之间不严密处抛填补齐。

（5）混凝土沉井护脚。

1）施工前应将质量合格的混凝土沉井运至现场。

2）将沉井按设计要求在枯水时河滩面上准确定位。

3）人工或机械挖除沉井内的河床介质，使沉井平稳沉至设计高程。

4）向混凝土沉井中回填砂石料，填满后，顶面应以大石块盖护。

（6）土工织物软体沉排护脚，应按相关工艺要求操作。

5.2.7.2　护坡

根据设计要求采用砌石、现浇混凝土、预制混凝土板、植草皮、植防浪林等方式进行护坡时，应分别按以下要求实施：

（1）砌石护坡。

1）按设计要求削坡，并铺好垫层或反滤层。

2）干砌石护坡，应由低向高逐步铺砌，要嵌紧、整平，铺砌厚度应达到设计要求。

3）浆砌石护坡，应做好排水孔的施工。

4）灌砌石护坡，要确保混凝土的质量，并做好削坡和灌入振捣工作。

（2）用现浇混凝土或预制混凝土板护坡时，应符合有关标准的规定。

（3）草皮护坡，应按设计要求选用适宜草种，铺植要均匀，草皮厚度不应小于3cm，并注意加强草皮养护，提高成活率。

（4）护堤林、防浪林应按设计选用林带宽度、树种和株、行距，适时栽种，保证成活率，并应做好消浪效果观测点的选择。

5.2.8 管理设施施工

5.2.8.1 观测设备埋设安装

堤防沉降、位移观测基点和河道、水文观测、水准点埋设及渗流测压管安装，均应按设计要求与堤防施工进度密切配合。

埋设安装前，设备应经检查率定合格，并编号存放备用。

埋设安装时，应确保施工质量，若发现设备损坏，应及时更换，并做好记录。

埋设安装后，应由施工单位按《土石坝安全监测技术规范》（SL 551—2012）的规定观测记录，待竣工验收时移交管理单位。

5.2.8.2 交通、通信设施施工

上堤道路、堤顶路面等交通设施施工，应参照有关行业标准的规定。

通信设施安装架设，应按设计要求，并符合通信、建筑行业标准的规定。

通信设施安装架设的图纸和施工记录，应及时整理并在竣工验收时移交给管理单位。

5.2.8.3 其他管理设施施工

堤防管理单位的生产、生活设施以及环境绿化、美化设施的施工，应符合各自相应行业标准的规定。

防汛土石料场、防汛仓库、防汛屋等防汛抢险设施，应按设计和相关专业规范要求施工。

里程碑石、管理段的标志以及重要堤段的照明设施应按设计要求和相关专业规范要求实施。

5.2.9 加固与扩建

5.2.9.1 一般规定

堤防加固、扩建前，应对加固、扩建设计文件进行研究，合理制定施工方案和实施步骤。

堤防加固、扩建施工，应提前做好施工准备，适时开工，按期完工；需分年（分期）施工的，应安排好度汛准备措施。

有隐患的老堤，应先进行隐患处理，然后再进行加高培厚等施工。

5.2.9.2 加固工程施工

土堤堤身渗漏通道、生物洞穴等隐患用灌浆处理时，应符合《土坝灌浆技术规范》（DL/T 5238—2010）的规定。

砌石护坡加固，应在汛期前完成；当加固规模、范围较大时，可拆一段砌一段，但分段宜大于50m；垫层的按头处应确保施工质量，新、老砌体应结合牢固，连接平顺。

当堤防加固采用混凝土防渗墙、高压喷射、土工膜截渗或砂石导渗等技术时，均应符合相应标准的规定。

采用放淤加固堤防时，须注意的是：

（1）应遵循利用涵闸、泵站抽引汛期高含砂水流的原则。

（2）淤填面应基本平整，并预留足够沉降量。

（3）机（船）作业时，机（船）应与堤身保持一定距离。

采用吹填进行堤防加固时，应符合第5.2.6.2节和《疏浚工程施工技术规范》（SL 17—90）的有关规定。

5.2.9.3 扩建工程施工

老堤加高培厚，必须清除结合部位的各种杂物，并将堤坡挖成台阶状，再分层填筑。

新、老堤结合部位的施工，应符合第 5.2.6.8 节的相关规定。

用放淤或吹填法进行堤防扩建时，应符合第 5.2.6.2 节的有关规定。

5.2.10 质量控制

5.2.10.1 一般要求

施工单位应建立完善的质量保证体系，建设（监理）单位应建立相应的质量检查体系，分别承担工程质量的自检和抽检任务，实行全面质量管理。

工程质量检测人员所需资质条件以及工程质量检验的职责范围、工作程序、事故处理、数据处理等要求，均应符合《水利水电工程施工质量评定规程》（SL 176—2007）的规定。

应保证检测成果的真实性，严禁伪造或任意舍弃成果；质量检测记录应妥善保存，严禁涂改或自行销毁。

堤防工程施工质量应包括内部质量和外观质量。

5.2.10.2 土料质量控制

在现场以目测、手测法为主，辅以简易试验，鉴别筑堤土料的土质及天然含水量。

发现料场土质与设计要求有较大出入时，应取代表性土样做土工试验复验。

5.2.10.3 堤基处理质量控制

应检查施工方法是否符合第 5.2.5 节有关条款的要求。

应根据堤基处理措施的相应技术标准要求，确定质检的项目和方法。

技术性较复杂的堤基处理，应检查施工工艺和参数是否与施工试验相同，并符合相关专业规范的规定。

5.2.10.4 堤身填筑与砌筑质量控制

土料碾压筑堤质量控制应符合下列要求：

（1）堤身填筑施工参数应与碾压试验参数相符。

（2）土料、砾质土的压实指标按设计干密度值控制；砂料和砂砾料的压实指标按设计相对密度值控制。

（3）压实质量检测的环刀容积：对细粒土，不宜小于 $100cm^3$（内径 50mm）；对砾质土和砂砾料，不宜小于 $200cm^3$（内径 70mm）。含砾量多环刀不能取样时，应采用灌砂法或灌水法测试。

若采用《土工试验方法标准》（GB/T 50123—1999）规定方法以外的新测试技术时，应有专门论证资料，经质监部门批准后实施。

（4）质量检测取样部位应符合下列要求：

1）取样部位应有代表性，且应在面上均匀分布，不得随意挑选，特殊情况下取样须加注明。

2）应在压实层厚的下部 1/3 处取样，若下部 1/3 的厚度不足环刀高度时，以环刀底面达下层顶面时环刀取满土样为准，并记录压实层厚度。

（5）质量检测取样数量应符合下列要求：

1）每次检测的施工作业面不宜过小，机械筑堤时不宜小于 $600m^2$；人工筑堤或老堤加高培厚时不宜小于 $300m^2$。

2）每层取样数量：自检时可控制在填筑量每 $100\sim150m^3$ 取样 1 个；抽检量可为自检量的 1/3，但至少应有 3 个。

3）特别狭长的堤防加固作业面，取样时可按每 $20\sim30m$ 一段取样 1 个。

4）若作业面或局部返工部位按填筑量计算的取样数量不足 3 个时，也应取样 3 个。

（6）在压实质量可疑和堤身特定部位抽样检测时，取样数视具体情况而定，但检测成果仅作为质量检查参考，不作为碾压质量评定的统计资料。

（7）每一填筑层自检、抽检后，凡取样不合格的部位，应补压或作局部处理，经复验至合格后方可继续下道工序。

（8）土堤质量评定按单元工程进行，并应符合下列要求：

1）单元工程划分：筑新堤宜按工段内每堤长 200～500m 划分一个单元，老堤加高培厚可按填筑量每 5000m³ 划分一个单元。

2）单元工程的质量评定，是对单元堤段内全部填土质量的总体评价，由单元内分层检测的干密度成果累加统计得出其合格率，样本总数应不少于 20 个。

3）检测干密度值不小于设计干密度值为合格样。

（9）碾压土堤单元工程的压实质量总体评价合格标准，应按表 5.2.5 的规定执行。

表 5.2.5　　　　　碾压土堤单元工程压实质量合格标准

堤型		筑堤材料	干密度合格率（%）	
			2 级土堤	3 级土堤
均质堤	新筑堤	黏性土	≥85	≥80
		少黏性土	≥90	≥85
	老堤加高培厚	黏性土	≥85	≥80
		少黏性土	≥85	≥80
非均质堤	防渗体	黏性土	≥90	≥85
	非防渗体	少黏性土	≥85	≥80

注　必须同时满足下列条件。
　1. 不合格样干密度值不得低于设计干密度值的 96%。
　2. 不合格样不得集中在局部范围内。

（10）土堤竣工后的外观质量合格标准，应按表 5.2.6 规定执行。

土料吹填筑堤质量控制应符合下列要求：

（1）核查吹填土质是否符合设计要求。

（2）根据排泥管口与泄水口排出水流含泥量对比资料，应适时调控排放尾水中的土粒含量，每天抽查不少于 1 次。

表 5.2.6 碾压土堤外观质量合格标准

检查项目		允许偏差（cm）或规定要求	检查频率	检查方法
堤轴线偏差		±15	每 200 延米测 4 点	用经纬仪测
高程	堤顶	0～＋15	每 200 延米测 4 点	用水准仪测
	平台顶	－10～＋15		
宽度	堤顶	－5～＋15	每 200 延米测 4 处	用皮尺量
	平台顶	－10～＋15		
边坡	坡度	不陡于设计值	每 200 延米测 4 处	用水准仪测和用皮尺量
	平顺度	目测平顺		

注 质量可疑处必测。

（3）在每仓位吹填层厚 1m 左右时，应对吹填土表层的初期干密度和强度抽检一次；黏土团块吹填筑堤层厚 1.5～1.8m 时，应采用探坑取样法，对其初期干密度和强度抽检一次。

（4）吹填筑堤的堤顶应预留足够的沉降量，堤顶沉降稳定后不得出现欠填。

（5）吹填土的质量检测，可在每 50m 堤长范围内，每次抽检初期干密度样 3～4 个，抗剪强度样 1 组。

（6）单元工程划分，吹填区长或堤长 200～500m 划分一个单元。

（7）单元工程吹填土初期密度值的合格标准和外观质量标准，可参照表 5.2.5 和表 5.2.6 的规定执行。

砌石墙（堤）质量控制应符合下列要求：

（1）检查干、浆砌石体的施工操作和质量，是否符合第 5.2.6.4 节及其他有关规范的规定。

（2）检查变形缝施工和止水结构制作，是否符合设计要求。

（3）水泥砂浆试件强度评定，应符合《水闸施工规范》（SL 27—2014）的有关规定。

（4）单元工程划分，干、浆砌石墙（堤）每 50～100m 堤长划分为一个单元。

(5) 砌石墙（堤）外观质量合格标准，应按表 5.2.7 规定执行。

表 5.2.7 砌筑墙（堤）外观质量合格标准

检查项目		允许偏差（mm）或规定要求	检查频率	检查方法
堤轴线偏差		±40	每 20 延米测不少于 2 点	用经纬仪测
墙顶高程	干砌石墙（堤）	0～+50	每 20 延米测不少于 2 点	用水准仪测
	浆砌石墙（堤）	0～+40		
	混凝土墙（堤）	0～+30		
墙面垂直度	干砌石墙（堤）	0.5%	每 20 延米测不少于 2 点	用吊垂线和皮尺量
	浆砌石墙（堤）	0.5%		
	混凝土墙（堤）	0.5%		
墙顶厚度	各类砌筑墙（堤）	−10～+20	每 20 延米测不少于 2 处	用钢卷尺量
表面平整度	干砌石墙（堤）	50	每 20 延米测不少于 2 处	用 2m 靠尺和钢卷尺量
	浆砌石墙（堤）	25		
	混凝土墙（堤）	10		

注　质量可疑处必测。

混凝土墙（堤）质量控制应符合下列要求：

(1) 混凝土质量控制，应符合《水工混凝土施工规范》（DL/T 5144—2001）及《水工建筑物滑动模板施工技术规范》（DL/T 5400—2007）的有关规定。

(2) 检查变形缝施工和止水结构制作，是否符合设计要求。

(3) 混凝土试件抗压强度评定，应符合《水利水电工程施工质量评定规程》（SL 176—2007）第 4.5.9 条规定。

(4) 单元工程划分，每 50～100m 划分为一个单元。

(5) 混凝土墙（堤）外观质量合格标准，应按表 5.2.7 规定执行。

防渗工程质量控制，应重点检查下列内容：

（1）黏土防渗体

1）防渗体铺筑土料是否符合设计要求。

2）施工方法是否符合5.2.6.1条的规定。

3）黏土铺盖与堤身防渗结构的结合处质量是否符合要求。

4）压实质量检测，每层自检取样数可控制在每100m³左右取样1个，但不应少于3个。

5）压实质量总合格率，应符合表5.2.5的规定。

6）黏土防渗体的竣工尺寸应与设计相符，厚度不得小于设计值。

（2）土工织物防渗膜摄缝黏合质量及其与堤身结合的牢固性是否符合设计要求。

（3）混凝土防渗体基底土层和变形缝止水的质量，是否与设计要求相符。

反滤、排水工程质量控制，应重点检查下列内容：

（1）反滤层质量。

1）铺设施工方法，是否符合5.2.7.1和5.2.7.2的规定。

2）自检取样数可控制在平面上每500m²左右取样一组。

3）检查层间是否分界清楚，是否有层间错位、缺断等质量问题。

4）分层厚度是否符合设计要求。

5）每层厚度均不得小于设计要求的85%。

（2）土工织物反滤层、垫层和排水层。

1）所用土工织物的质量和规格是否合格。

2）搭接宽度和缝合（或粘合）质量是否符合设计要求。

（3）堆石排水体。

1）反滤层的结构和尺寸是否符合设计要求。

2）地质条件是否与设计相符。

（4）排水减压沟。

1）位置、断面、深度是否符合设计要求。

2）地质条件是否与设计相符。

3）减压沟沟底透水层是否已出露。

4）反滤层是否已按设计要求作好。

（5）排水减压井。

1）井位、井深及成井的材料是否与设计要求相符。

2）抽水试验结果是否满足设计要求。

5.2.10.5 防护工程质量控制

堤（岸）坡防护工程质量控制，应重点检查下列内容：

（1）检查防护工程使用的材料品种、规格、性能，是否符合设计要求。

（2）抽检施工所用土袋、柴枕、石笼、土工织物软体沉排等物料的尺寸、重量、结构等，是否与设计要求相符。

（3）完工后，检查水上、水下抛护体的范围、高程、厚度以及不同类型防护工程的施工质量，是否与设计要求相符。

（4）检查草皮护坡和防浪林的草、树品种和铺种质量，是否与设计要求相符。

5.2.10.6 管理设施质量控制

观测设施埋设安装的质量控制，应重点检查下列内容：

（1）观测设备的类型、规格、数量是否符合设计要求，埋件编号和率定资料是否齐全。

（2）检查埋设位置是否符合设计要求，埋设安装质量是否符合有关专业规范的规定。

（3）观测设施的外露部件，是否已有防护措施。

检查交通和通信设施、生产和生活设施以及环境绿化、工程保护等项目的施工质量，是否符合设计要求和相应专业标准的规定。

5.2.11 工程验收

堤防工程验收可划分为分部工程验收和竣工验收两个阶段。验收组或验收委员会的组成按《水利水电建设工程验收规程》（SL 223—2008）的要求进行。

分部工程完成后应及时进行验收。隐蔽工程验收可分段进行，完工一段验收一段，未经验收，施工单位不得进行下一道工序施工。

分部工程验收的图纸、资料和成果应按竣工验收的标准制备。

工程完工后，施工单位必须提交经工地技术负责人签署的下列文件和资料：

(1) 竣工图纸。

(2) 施工中有关设计变更的说明和记录。

(3) 施工单位的试验、测量原始资料和成果及主要筑堤材料的质量保证书。

(4) 质量事故记录、分析资料及处理结果。

(5) 单元工程质量评定表；隐蔽工程检查记录、照片或摄像资料。

(6) 施工单位的工程质量自检报告。

(7) 施工总结报告和清单。

(8) 施工大事记。

竣工验收合格后，应将所有资料整理成册，移交工程管理单位，并抄报有关部门备查。

5.3　河道整治工程施工

河道整治工程施工，其岸坡处理施工技术可按照堤防工程施工要点，本节重点介绍疏浚工程施工要点。中小型河道整治工程中的疏浚工程施工参照《疏浚工程施工技术规范》（SL 17—90）执行。

5.3.1　基本资料收集

(1) 施工单位接受工程任务时，应全面了解实施该项工程的目的、设计要求和施工条件，并取得初步设计文件及有关技术资料。

（2）施工前，建设单位或设计单位应向施工单位提供包括水文、气象、地形、地质等技术资料在内的工程设计文件和图纸，必要时应补充调查、勘测和提供有关基本资料。

（3）施工条件的调查应包括以下内容：

1）船舶组装、停靠、避风、度汛及维修等条件，如码头、避风锚地、修船厂、机械设备加工能力及水陆起重、运输设备等情况。

2）航道、桥闸及其他建筑的标准，以及通航对疏浚及吹填施工的影响。

3）施工作业区有无过江电力及通信线路和水底电缆、管道、桥涵、闸坝、水下障碍物、水生植物、污染物、爆炸物等，并查明其所属单位和具体位置。

4）陆上排泥场及水下卸泥区、取土及吹填区的设置条件及其对当地经济的影响。

5）排泥区的泄水通道、泄水对附近水域或设施可能产生的冲淤及污染情况。

6）有关水利矛盾的历史和现状以及当地征占土地、移民、迁安的条件和标准。

7）当地燃料、材料、电力及淡水等供应条件。

8）交通、邮电、教育、医疗、生活设施及地方劳力使用条件和工资标准等。

5.3.1.1　水文、气象

（1）应收集施工河段、水域历年逐月最高、最低和平均水位、流量，典型年、月的水位、流量过程线，各河段的最大、最小及平均流速，水质等资料。

（2）沿海及感潮河段疏浚，应收集历年逐月和全年平均、最高、最低潮位，以及各种频率的潮位、潮差、涨落潮时的流向、最大流速、平均流速和水质等资料。

（3）冬季封冻的疏浚河段，应收集历年封冻日期、冰冻厚度、封冻持续时间及冰凌等资料。

（4）自然淤积或冲刷比较严重的疏浚段，应收集有关流向、含砂量及冲淤变迁情况等资料。

（5）沿海、湖泊及内河水面开阔的疏浚段，应收集该水域有关波浪资料。

（6）对于水源不充足的疏浚河段，应调查其水源补给条件。

（7）疏浚工程应收集以下气象资料：

1）风速、风向及其频率资料。

2）气温、最大冻土深度。

3）年、月平均降水量及暴雨日数和强度。

4）历年逐月雾日数、雾的能见度及持续时间等。

5.3.1.2 地形

（1）疏浚及吹填工程，必须有施工总平面图，挖槽、取工区及吹填区（包括排水系统）地形图、横断面和纵断面图。

1）施工总平面图的比例，根据工程规模，宜采用 1/10000、1/5000 或 1/2000；图例、图幅应按国家标准绘制；图中除应绘制坐标及磁北方向外，应标明控制点、水准点、助航标志，过江架空电力、通信线路，水底电缆，水上建筑物及水下障碍物等。

2）挖槽、取土区及吹填区地形图应包括水下地形。测绘比例宜采用 1/2000、1/1000 或 1/500。

3）横断面测量间距宜采用 100m、50m、25m；横断面图的横向比例宜采用 1/1000、1/500、1/200 或 1/100；纵向比例宜采用 1/100 或 1/200。

4）纵断面图可按河道设计中心线测深点绘制，比例要参照挖槽地形图和横断面图选用。

（2）横断面测量，河道疏浚工程应测至堤脚外 3～5m；湖泊、河口和沿海水域疏浚工程应测至设计上开口线以外 30～50m；水深测量的测点间距、点位允许误差及测深允许误差等，按《水利水电工程施工测量规范》（DL/T 5173—2003）的有关规定执行。

（3）施测前应向测绘部门收集测量控制点、水准点等资料。当施工地区无控制坐标和水准点时，可就近引设，精度应达到四等三角网和四等水准技术标准。

（4）凡永久测量标志，必须布设在挖槽和排泥区、取土及吹填区以外易保护的地点，并便于引用。

5.3.1.3 地质

（1）疏浚及吹填工程，必须有工程地质报告书，包括钻孔平面布置图、钻孔柱状图、工程地质剖面图和土工试验成果等资料。当工程地质资料不能满足施工要求时，应补充勘探。

（2）疏浚及吹填区勘探断面的布置宜与测量横断面一致，勘探断面间距宜为 100～400m；勘探钻孔的布置间距宜为 50～300m，孔深应至挖槽或取土区设计底高程以下 2～3m。

（3）疏浚及吹填工程土工试验项目，根据需要，在下列项目中选定，其中一至七项为必做的试验项目：

1）密度。

2）含水量。

3）颗粒分析。

4）界限含水量。

5）天然稠度。

6）相对密度（对砂性土）。

7）标准贯入。

8）渗透。

9）压缩。

10）直接剪切。

11）三轴剪切。

12）无侧限抗压强度。

13）十字板剪切。

14）附着力。

15）饱和度。

5.3.2 施工设备调遣

5.3.2.1 水上调遣

（1）施工船舶调遣前，应查勘调遣线路，制定调遣计划及安全措施，向当地港航监督部门提出申请，按照船舶设计使用说明书及有关部门规定进行封舱与船舶编队，落实调遣组织等准备工作。

（2）施工船舶在海上调遣时，除应遵守港航监督部门的有关规定进行封舱外，尚应符合下列规定：

1）链斗式挖泥船：斗链不得自由下垂低于船底，且应牢固系在斗桥上；斗桥应升至最高位置，用保险绳系牢，并在其燕尾槽上搁置坚固枕木，将斗桥固定楔紧。

2）绞吸式挖泥船：应将定位桩倾放在甲板支架上，并加以固定；绞刀桥架应升至水面以上，并系牢、楔紧；吸排泥口应以铁板封堵。

3）自航耙吸式挖泥船：应将耙桥升至最高位置加保险绳，泥门应紧闭，并固定保险。

4）抓斗式、铲扬式挖泥船：应将抓斗、铲斗拆卸，并妥为置放；吊架要搁牢，吊机应用钢索固定。

5）吸泥船应将吸泥管及排泥管系牢或拆卸；泥驳的泥门应关紧，并加保险销子固定。

6）小型辅助船、浮筒及排泥管等设备，应装在泥驳、货驳或其他船上调遣。

7）出海调遣中，非自航式挖泥船上的工作人员应离开本船，只留少数有经验的主要船员在主拖拖轮上，负责检查和联系，遇有险情，可及时回到本船采取应急措施。

8）在封舱的船上应备有灯光或其他通信联络装置，供调遣途中应用。

9）拖航期间应定时向有关主管部门报告航行情况及船舶方位。

（3）施工船舶在内河长途调遣时，除应遵守港航监督部门有关规定外，尚应符合下列规定：

1）对调遣线路，事先应作详细调查，除必须具有足够的航行尺度外，对沿途桥闸，电力、通信线路和水底电缆等跨河建筑物的净空及水位变化等尺寸，应取得可靠数据。

2）施工船舶上的游动及可拆卸部件，应参照上述（2）的有关内容，妥善置放或系牢。

3）浮筒应分段组排，系牢后拖运。

4）在被拖船舶上，应派有经验的船员值班，负责检查和联系。挖泥船上应备有抛锚设备，并能随时抛锚。机舱排水系统保持完好。

5.3.2.2　陆上调遣

（1）小型挖泥船、辅助工程船舶、拼装式挖泥船、浮筒、排泥管以及索铲、推土机、铲运机等设备，当不具备水上调遣条件或经济上不合理时，可采用陆上调遣。

（2）设备调遣前，应做好下列准备工作：

1）根据可拆卸设备的部件尺寸、重量及运输条件，选择合理的运输方式和工具，落实运输组织，制定运输计划，申请运输车辆。

2）主要设备拆卸前，应按设计图纸绘制拆卸部件组装图。

3）设备拆卸后，应核定组装件的尺寸及重量，并编号、登记、造册。对精密部件、仪表及传动部件，应按设备使用说明书规定，清洗加油，包扎装箱。

4）采用公路运输时，应对运输线路进行查勘，查明公路的等级、弯道半径、坡度、路面情况、桥涵承载等级和结构状况，以及所穿越的桥梁、隧道及架空设施的净空尺寸等，对不能满足大件运输要求的路段和设施，应采取切实可行的措施，并报请有关部门核准。

（3）疏浚设备组装场地应具备下列条件：

1）场地大小应满足车辆运输、部件堆放，以及必要的车间、仓库、生活用房等要求。地面高程应高于组装期间河、湖最高水位，防止淹没。

2）设置滑道的水域及水深条件应满足船舶能沿滑道下水并拖运至施工作业地点的要求。滑道坡度宜为 1：15～1：20，或根据船舶要求专门设计。

（4）设备装车系缆必须牢固、稳妥，载运途中应严格遵守交通运输部门的有关规定。

（5）陆上土方施工机械不宜作长距离自行转移。

5.3.3 挖泥船施工

5.3.3.1 施工测量与标志设立

（1）施工前应对勘测单位提供的测量控制点、水准点进行查对复核。对丢失的控制点、水准点应当补全。必要时，应增设辅助导线。

（2）疏浚施工放样的精度：

1）放样测站点的高程精度，不得低于五等水准测量精度的要求。

2）疏浚放样点相对于测站点的点位误差不应超过表 5.3.1规定。

表 5.3.1   疏浚放样点位误差要求

序号	项 目		平面位置误差（m）
1	疏浚开挖边线	岸边	±0.5
		水下	±1.0
2	各种管线安装		±0.5
3	挖槽中心线		±1.0
4	疏浚机械定位		±1.0

（3）挖槽设计位置应以明显标志显示，标志可采用标杆、浮标或灯标。纵向标志应设在挖槽中心线和设计上开口边线上；横向标志应设在挖槽起讫点、施工分界线及弯道处。平直河段每隔50～100m 设立一组横向标志，弯道处应适当加密。

（4）在沿海、湖泊以及开阔水域施工时，各组标志应以不同形状的标牌相间设置。为便于夜间区分标志，同组标志上应安装颜色相同的单面发光灯，相邻组标志的灯光，应以不同的颜色区别。

（5）水下卸泥区应设置浮标、灯标或岸标等标志，指示卸泥范围和卸泥顺序。

（6）在挖泥区通往卸泥区、避风锚地的航道上，应设置临时性航标，指示航行路线。在水道狭窄、航行条件差、船舶转向特别困难时，应在转向区增设转向标志。

在施工船舶避风水域内，应设置泊位标，并在岸上埋设带缆桩或在水上设置系缆浮筒，以利船舶紧急停泊。

（7）在施工作业区内必须设置水尺，并应符合下列规定：

1）水尺间距应视水面比降、地形条件、水位变化及开挖质量要求而定，当水面比降小于 1/10000 时，宜每公里设置一组；当水面比降不小于 1/10000 时，宜每 0.5km 设置一组。

2）水尺应设置在便于观测、水流平稳、波浪影响最小和不易被船艇碰撞的地方，必要时应加设保护桩和避浪设备。

3）水尺零点宜与挖槽设计底高程一致，施工水尺应满足五等水准精度要求。

4）施工区远离水尺所在地，当挖泥船操作人员不能清楚地观察水尺读数时，应在水尺附近设置水位读数标志，由专人负责，定时悬挂水位信号，或采用其他通信方式通报水位。

5.3.3.2 排泥管线架设

（1）排泥管线应平坦顺直，弯度力求平缓，避免死弯；出泥管口伸出围堰坡脚以外的长度，不宜于 5m，并应高出排泥面 0.5m 以上。

（2）排泥管接头应紧固严密，整个管线和接头不得漏泥漏水。发现泄漏，应及时修补或更换。

（3）排泥管支架必须牢固可靠，不得倾斜和摇动；水陆排泥管连接应采用柔性接头，以适应水位的变化。

（4）排泥管线尽量避免穿越公路、铁路或大堤。必须穿越时，应按有关部门规定实施。

（5）水上浮筒排泥管线应力求平顺。为避免死弯，可视水流及风浪条件，每隔适当距离抛设一只浮筒锚。

当绞吸式挖泥船直接由浮筒排泥管卸泥时，其浮筒末端可采用打桩或抛锚等措施加以固定，但须防锚缆埋死。

5.3.3.3 水下排泥管（潜管）

（1）当排泥管线跨越通航河道或受气候、海况等条件限制不能使用水上浮筒管线进行疏浚或吹填作业量，可采用潜管。潜管宜在水流平稳、河槽稳定、河床横向变化平缓的水域内敷设。

（2）潜管敷设前，必须对潜管进行加压检验，各处均达到无漏气、漏水要求时，方可用于敷设。

（3）潜管的敷设和拆除应符合下列规定：

1）敷设前，应对预定敷设潜管的水域进行水深、流速和地形测量，根据地形图布置潜管，确定端点站位置。

2）潜管节间的连接，宜采用柔性接头，即钢管与橡胶管沿管线方向相间设置并用法兰连接。

3）潜管的起止端宜设置端点（浮体）站，配备充排气、水设施、锚缆和管道封闭闸阀等，以操纵潜管下沉或上浮。

4）潜管沉放完毕，应在其两端设置明显标志，严禁过往船舶在潜管作业区抛锚或拖锚航行。

5）跨越航道的潜管，如因敷设潜管不能保证通航水深时，可采用挖槽设置，但必须同时满足潜管可以起浮的要求。

6）拆除潜管，应由端点站向管内充气，使其逐节缓缓起浮。待潜管全部起浮后，拖运至水流平稳的水域内妥为置放。

7）潜管在敷设、运用或拆除期间有碍通航时，应向当地港航监督部门提出临时性封航申请，经批准后实施。

（4）潜管操作运行时应符合下列规定：

1）挖泥船开机前应先打开端点排气阀放气，以防管起浮。开机时必须先以低速吹清水，确认正常后，再开始吹泥。

2）排泥或吹填过程中，凡需停机时，必须先吹清水，冲去潜管中的泥砂，直到排泥管口出现清水时为止，以防潜管堵塞。

3）在潜管注水下沉或充气上浮时，均应缓慢进行。

5.3.3.4 挖泥船及辅助船舶的选择

（1）挖泥船的选择应考虑下列因素：

1）施工作业区的地形、水深、水文、气象、土质等自然条件。

2）挖泥船类型及其性能，如吃水、挖深、挖宽、排高、排距、生产效率、卸泥方式及抗风浪能力等。

3）泥土处理方式。

4）船舶调遣方式及可能性。

5）工程量、工期、质量标准、土方单价及工程费用等。

（2）辅助船舶的选择应考虑下列因素：

1）拖轮：拖轮的类型及功率，应根据被拖船舶的数量、船舶尺寸、编队方式、吨位和通过航道等级等条件选定。

2）供应船：油驳、淡水船的数量和供应能力应大于施工船舶的消耗量，并根据供应条件确定周转贮量。

3）泥驳：选配泥驳应考虑卸泥方式及土质等因素，其数量应与挖泥船的生产能力相适应。

4）吹泥船、抛锚船、生活船、测量船、起重船、修理船、交通船、架缆船等，按实际需要配备。

5.3.3.5 挖泥船定位与抛锚

（1）采用定位桩施工的绞吸式挖泥船，以驶近挖槽起点20～30m时，航速应减至极慢，待船停稳后，应先测量水深，然后放下一个定位桩，并在船首抛设两个边锚，逐步将船位调整到挖槽中心线起点上，船在行进中严禁落桩。

（2）绞吸式挖泥船的横移地锚必须牢固，逆流向施工时，横移地锚的超前角不宜大于30°，落后角不宜大于15°。

（3）抓斗、链斗、铲扬式挖泥船分别由锚缆、斗桥和定位桩定位。当挖泥船驶进挖槽时，其航速应减至极慢，顺流开挖时先抛尾锚，逆流开挖时先抛首锚，无强风强流时，可将斗桥、铲斗或抓斗下放至泥面，辅助船舶定位。

（4）斗式挖泥航施工抛锚时，应按下列规定执行：

1）主锚：应抛在挖槽中心线上。泥层厚薄不均匀时，宜偏于泥层较厚的一侧；水流方向不正时，宜偏于主流一边。锚缆应尽可能放长，必要时可设置架缆船。

2）尾锚：顺流施工时必须抛设；逆流施工时可不抛设。

3）边锚：逆流施工时，抛在挖泥船侧前方；顺流施工时，抛在挖泥船侧后方。

（5）挖泥船抛锚时，宜先抛上风锚，后抛下风锚；收锚时，应先收下风锚，后收上风锚。

（6）施工地段的所有水下锚位均应系上浮标。

5.3.3.6 挖泥船的施工方法

（1）各类挖泥船开挖的方向宜按下列原则选择：

1）绞吸式挖泥船：当流速小于 0.5m/s 时，宜采用顺流开挖；当流速不小于 0.5m/s 时，宜采用逆流开挖。

2）链斗式挖泥船宜采用逆流开挖。

3）抓斗、铲扬式挖泥船宜采用顺流开挖。

（2）挖泥船遇到下列情况，应按下列规定分层或分条开挖：

1）泥层厚度超过挖泥船一次最大挖泥厚度时，应分层开挖，上层宜厚，下层宜薄。

2）水面以上的土体高度不宜大于 4m，否则应采取措施降低其高度，以策安全。

3）当挖槽断面方量较大，又确有需要提前发挥工程效益时，可分层或分条开挖，即先挖子槽使河道先通后畅。

4）当高潮位水深大于挖泥船最大挖深，而低潮位水深又小于挖泥船吃水时，可通过预测潮位具体安排施工时间和程序，即利用高潮位先挖上层，利用低潮位再挖下层，以保证设计挖深，减少停工时间和防止船舶搁浅。

5）当设计挖槽宽度大于挖泥船的最大挖宽时，应分条开挖。

绞吸式挖泥船分条开挖时，为保持有一个相对稳定的排泥距离，宜从距排泥区远的一侧开始，依次由远到近分条开挖，条与条之间应重叠一个宽度，以免形成欠挖土梗。

（3）绞吸式挖泥船应根据土质情况采用相应型式的绞刀，并结合其他施工条件，选择最佳挖泥厚度、绞刀转速、横移速度和前移距，以期达到最高工效和较好的工程质量。

绞吸式挖泥船一次切削厚度，对比较坚硬的黏性土，应按绞刀切削能力通过试验确定；对砂性土，宜取绞刀头直径的 1.2～1.5 倍；当土质比较松软时，可取绞刀直径的 2 倍。

（4）绞吸式挖泥船在停产和施工期非换桩操作瞬间，严禁将两根定位桩同时插入河床。

（5）挖泥船的工作条件，应根据船舶使用说明书和设备状况确定，一般可参照表 5.3.2 规定执行。当实际工作条件指标大于表列数值之一时，应停止施工。

（6）挖泥船在汛期施工时，应制定汛期施工和度汛安全措施；在严塞封冻地区施工时，应制定船体及排泥管线防冰冻、防冰凌等冬季施工安全措施；在风浪较大的地区施工时，应制定切实可行的避风安全措施，包括就近选择适宜的避风锚地、迅速转移的手段、通讯设施和应急措施等。

表 5.3.2 挖泥船工作条件限制表

船舶类型		风（级）		浪高（m）	流速（m/s）	雾级（级）
		内河	沿海			
绞吸式	500m³/h 以上	6	5	0.6	1.6	2
	200～500m³/h	5	4	0.6	1.5	2
	200m³/h 以下	5		0.6	1.2	2
链斗式	750m³/h	6	6	1.0	2.5～3.0	2
	250m³/h 以下	5		0.8	1.8	2
铲扬式	斗容 4m³ 以上	6	5	0.6	3.0	2
	斗容 4m³ 及以下	6	5	0.6	2.0	2

船舶类型		风（级）		浪高	流速	雾级
		内河	沿海	（m）	（m/s）	（级）
抓斗式	斗容 4m³ 以上	6	5	0.8～1.0	3.0	2
	斗容 4m³ 及以下	5	5	0.6	1.5	2
自航耙吸式		7	6	1.0	2.0	2
拖轮拖带泥驳	294kW 以上	6	5～6	0.8	1.5	4
	294kW 以下	6		0.8	1.3	4

注 大中型湖泊参照"沿海"一栏规定采用。

5.3.4 索铲施工

（1）小型河道、渠道、建筑物基槽的疏浚、开挖，可用索铲施工。小型河渠开挖，可自一岸开挖或两岸对挖，一次成河。水上开挖弃土的土质和含水量适宜时，可直接用于筑堤。

（2）索铲施工放样，对于索铲走行线，开挖上口线及挡淤堤中心线等，均应设置明显标志。

（3）施工前，必须修筑索铲走行线（工作路面）。索铲走行线应满足下列要求：

1）高出水面 1.5m 左右。

2）宽度：1.0m³ 索铲不小于 7m；4m³ 索铲（步行式）不小于 14m。

3）索铲履带外缘（或支座底盘外缘）距开挖上口边线不小于 2m。

4）走行线路面应力求平整，并具有足够的承载能力。走行线的承载力与土质和土的含水量密切相关，应通过试验确定。

5）索铲施工，特别是在雨季、汛期施工时，应经常检查走行线路面，当发现有塌陷迹象，应及时将索铲撤离工作面或采取防陷措施。

（4）索铲开挖前，必须修筑挡淤堤或预挖弃土坑。挡淤堤的高度应与弃土量相适应。

挡淤堤中心线与索铲走行线间的距离，除满足弃土半径要求外，还应保证机身回转和卸泥时牵引绳不受影响。

（5）索铲应采用顺水流方向开挖。扒杆轴线与索铲前进方向之夹角宜大于 $90°$，控制在 $120°\sim150°$ 之间。当走行线土质较差容易塌陷时，宜用大值控制。

（6）在开挖河道时，索铲宜布置在河滩地上，汛期施工时，必须注意防洪和索铲及时安全转移。索铲走行线在汛期有可能被洪水淹没的地段，可沿河堤每隔一段距离填筑防洪土台。

5.3.5 吹填施工及辅助工程

5.3.5.1 围堰

（1）排泥区围堰的布置及填筑应符合下列要求：

1）围堰宜选在地面平整的地段，有条件时应充分利用高岗、土埂、老堤等地形地貌。

2）围堰地基土质及填筑围堰用土应尽量选择黏性土。

3）围堰填筑应从最低处开始，分层压实。堰顶高程差应小于 15cm。

（2）围堰的断面形式宜为梯形。当分层、分期吹填时，围堰可相应分层、分期填筑。在分期加高围堰时，第二期堰体的外坡脚应落在第一期堰体的内坡面上。不应边吹填边加高围堰。

（3）围堰高度按式（5.3.1）确定

$$h = h_p + h_1 + h_2 + h_3 \qquad (5.3.1)$$

式中　h_p——吹填区设计堆泥高度，m；

　　　h_1——沉淀富裕水深，m；

　　　h_2——风浪超高，不宜小于 0.5m；

　　　h_3——围堰沉降量，m。

（4）当堰高小于 4m 时，堰顶宽度宜为 $1\sim2$m，围堰边坡可参考表 5.3.3 选用。当堰高大于 4m，或在超软基上填筑围堰时，宜分期填筑，其断面尺寸应通过稳定分析确定。

表 5.3.3　　　　　　　　　　土石围堰边坡限值表

项目 土别	边坡		备　注
	内	外	
混合土	1：1.5	1：2	即素填土
砂性土	1：1.5～1：2.0	1：2.0～1：2.5	袋装砂防护
黏性土	1：1.5	1：2	局部防护
袋装黏土	1：0.5	1：1	
片、块石	1：0.5	1：1	内坡应设置反滤层

（5）围堰地基处理应符合下列要求：

1）堰基上的杂草、树根、腐殖土层等必须清除干净。

2）围堰填筑前，应将堰基表层土翻松，然后填覆新土并予压实。

3）当堰基为砂性土时，应先在堰基中间挖槽，再回填黏性土。

（6）筑堰取土应符合下列要求：

1）筑堰土料可在排泥区内取用，分层吹填时亦可取用吹填土建造围堰；取土坑边缘距堰脚不应小于 3m；冻土、杂质土和腐殖土不得用于筑堰。

2）排泥管架两侧 5m 内不得取土，5m 以外取土坑深度不宜超过 1.5m。

3）在吹填区内取土构筑围堰时，取土坑不得连续贯通，应每隔适当距离留一土埂，防止泥浆串流冲刷堰基。

5.3.5.2　排泥区

（1）陆上排泥区布置应符合下列要求：

1）满足挖泥船输泥性能的要求，使设备处于最优效率工作状况。

2）排泥区容积应与挖方量相适应。

3）充分利用坑洼、荒地，有利于造田，尽量少占耕地，并注意不打乱当地已有排灌系统。

4）疏浚与吹填工程的排泥区应按工程目的和要求设计；对疏浚土应作为一种资源加以利用，如造田、填筑建筑物地基、用作建筑材料、加固堤防等，同时注意表层土的覆盖，以保护环境，防止污染。

5）排泥区内的积水易于排除，回入河槽。

（2）排泥区容积按式（5.3.2）计算：

$$V_p = K_s V_\omega + (h_1 + h_2) A_p \qquad (5.3.2)$$

式中　V_p——排泥区容积，m^3；

K_s——土壤松散系数，由试验确定，无试验资料时，细粒土可取 1.10～1.25，粗粒土可取 1.05～1.20；

V_ω——挖方量，m^3；

h_1——沉淀富裕水深，可取 0.5m；

h_2——风浪超高，风浪不大时可取 0.5m；

A_p——排泥区面积，m^2。

（3）水下排泥区布置应考虑下列因素：

1）应选择在流速小、容积大及对挖槽、航道、码头、水工建筑物等不产生淤积的水域。

2）向内河、湖泊中排泥时，应利用非航道深潭及死河汊作为排泥区。

3）排泥区的容积应与挖泥量相适应。

4）排泥区要有足够的水深，满足拖轮最大吃水和泥驳在泥门开启时的水深要求。

（4）链斗、铲扬、抓斗及耙吸式挖泥船施工，如配备泥驳排泥，排泥区的最小水深可按式（5.3.3）确定：

$$h \geqslant h_1 + h_2 + h_3 + \delta \qquad (5.3.3)$$

式中　h——排泥区最小水深，m；

h_1——拖轮或自航泥驳的最大吃水深度，m；

h_2——泥门最大开启时低于船底以下的深度，m；

h_3——航行富裕水深，m，视土质而定：淤泥 $h_3 \geqslant 0.2$m；中等密实的砂 $h_3 \geqslant 0.3$m；坚硬或胶结土 $h_3 \geqslant 0.4$m；

δ——排泥区的堆泥厚度，m。

5.3.5.3　泄水口

（1）泄水口的位置应根据吹填区的几何形状、容量、排泥管布置以及对邻近建筑物和环境影响等具体情况选定。

1）泄水口宜设在吹填区内泥浆不易流动的死角处，同时应远离排泥管出口和码头前沿。

2）确定泄水口位置要避免泄水对施工区附近水域、桥涵、村镇等可能造成的淤积、冲刷和污染的影响。

（2）泄水口数量的确定：

1）泄水口总泄水流量的估算：

$$Q_{泄} = K_1 Q(1-P) \tag{5.3.4}$$

式中　$Q_{泄}$——吹填区内通过各泄水口排出的总流量，m^3/s；

Q——挖泥船排泥管排出的总流量，m^3/s；

P——吹填时泥浆浓度，体积比，%；

K_1——修正系数，可取 1.1～1.3。

2）泄水口的数量，主要取决于泄水总流量和每个泄水口的泄水能力，其计算式（5.3.5）为：

$$n \geqslant \frac{K_2 Q_{泄}}{Q_1} \tag{5.3.5}$$

式中　n——泄水口的数量；

$Q_{泄}$——泄水总流量，m^3/s；

Q_1——每个泄水口的泄流量，m^3/s；

K_2——流量修正系数（考虑渗透、蒸发等影响），可取 0.7～0.85。

（3）吹填工程的泄水口不应少于两个。

（4）泄水口的结构应稳固、经济、易于维护，运用中能调节吹填区水位。小型吹填工程的泄水口还要易于拆迁，便于重复使用。泄水口通常采用溢流堰、跌水或涵管等结构形式。

溢流堰式泄水口的溢流量和堰宽可按式（5.3.6）确定：

$$Q_1 = MbH^{3/2} \tag{5.3.6}$$

$$M = m \sqrt{2g}$$

式中　Q_1——溢流堰通过的流量，m^3/s；

　　　m——流量系数；

　　　H——堰上水头，m；

　　　b——溢流堰宽度，m。

跌水式及涵管式泄水口的过水断面面积可按排泥管断面面积的 4~6 倍确定。

（5）确定泄水口的底标高时，应考虑吹填区原地面标高、吹填厚度及江、河、湖、海、沟渠的各特征水位等因素。泄水入潮汐河港及感潮水域时，应保障在高潮延续时间内泄水通畅。

无闸门控制的泄水口的底标高应随吹填厚度的增加而抬高，每次向上抬高的高度应与吹填厚度相适应。为减少吹填区的泥沙流失，排出水流的泥浆浓度应控制在挖泥船设计泥浆浓度的 10% 以内。

（6）排水沟应通向临近的江、河、湖、海，并具有一定坡降，以利排泄。当吹填区附近无排水通道时，应开挖排水沟与临近的水域沟通。

泄水口和排水沟应按设计施工，确保质量。对泄水流量大、坡陡流急的排水沟渠，应有防冲消能设施。泄水口门两侧的围堰应护砌加固。运用期间应加强巡视，以策安全。

5.3.5.4　吹填施工

（1）吹填粗粒土时，应防止少量细粒土在吹填区内聚积成淤泥囊。应尽量从陆域向水域吹填，避免在吹填区内形成洼坑水塘。吹填区的泥面宜高出水面 2~3m，以利排水。

在超软地基上分层吹填时，第一层吹填高度宜高出最高水位 0.5~1.0m，其后逐层加高，每层厚度宜控制在 1.0m 左右。

（2）吹填细粒土时，应设置两个或两个以上排泥区，轮流交替吹填，必要时还应采取措施加速排水固结。

（3）吹填粗粒土时，对吹填区平整度要求较高的工程，应不断变更排泥管出口的位置。排泥管出口之间的距离宜根据土料的

粗细控制在 $20\sim80\mathrm{m}$，如仍不能满足平整度要求，可配备陆上土方机械加以平整。

5.3.6 质量控制及竣工验收

5.3.6.1 挖槽宽度控制

（1）挖泥船作业必须严格按照开挖标志进行定位和施工，并应经常校核和调整船位。

（2）操作人员必须熟悉施工图纸，了解开挖的精度，掌握船舶的横移速度和摆动惯性，选择合理的对标位置和挖宽。

（3）操作人员对开挖标志有疑问或发现有错误时，应及时向施工技术人员或测量人员反映，由没量人员进行复核或校正。

（4）挖槽断面边坡宜按阶梯形开挖，并掌握下超上欠、超欠平衡的原则。

5.3.6.2 挖槽深度控制

（1）施工前必须正确记录测量人员所设置的水位标尺读数，并严格按照水位标尺进行挖槽深度控制。

（2）施工前应检查、校正挖泥船上的挖深指示尺，使绞刀头或泥斗最低点至水面的垂直距离与挖深指示尺读数一致。

挖深指示尺的零点可定在挖泥船的实际吃水线上，当挖泥船上的荷载以及水位发生变化时，应及时计算出挖深改正值，并调整绞刀头或泥斗的下放深度。

（3）对挖槽已挖部分要随即进行水深测量，发现欠挖超过允许值时，应及时退船处理。

5.3.6.3 土石方计算

（1）采用平均断面积法计算土方量时，应根据挖槽的实测横断面图，求出断面面积，并计算相邻两断面面积平均值，乘以断面间距，即得相邻两断面间的土方量。每一断面面积计算后均应校核计算一次，两次计算值的误差应在 5% 以内，否则应重新计算。

（2）采用平均深度法计算土方量时，应根据开挖前后实测的地形图，计算挖槽内的平均开挖深度，乘以挖槽平面面积，即为挖槽土方量。用此法计算挖槽土方量时，应以不同分块进行复核，其误差值在 5％以内时取两次平均值，否则应重新计算。

（3）吹填工程的总吹填土方量应包括实测吹填土方量、施工期吹填土的沉陷方量、原地基因上部吹填荷载而产生的沉降方量和流失土方量。

（4）施工期吹填区的沉陷量一般可按经验法（即参照同一地区条件相同的吹填工程施工沉陷值取用）、钻孔对比法和实测法求其平均沉陷深度，再乘以该区面积；流失土方量可由测量确定。

（5）用产量计计算土方时，产量计使用前必须进行校正，输入的土壤饱和密度由土工试验确定。用产量计计算土方量，可与测量收方互校，其误差在 5％以内时，应以产量计为准。

5.3.6.4 质量评定

（1）横断面质量应符合下列要求：

1）挖槽宽度：开挖断面宽度，每边计算超宽及最大允许超宽值应符合表 5.3.4 规定。

2）挖槽深度：计算超深及最大允许超深值应符合表 5.3.5 规定。

表 5.3.4　　　　　计算超宽及最大允许超宽值

挖泥船类型	机具规格		计算超宽及最大允许超宽值（每边，m）
绞吸式	绞刀直径	2m 以上	1.5
		1.5～2m	1.0
		1.5m 以下	0.5
链斗式	斗容量	0.5m³ 以上	1.5
		0.5m³ 及以下	1.0
铲扬式	斗容量	2m³ 以上	1.5
		2m³ 及以下	1.0
抓斗式	斗容量	4m³ 以上	1.5
		2～4m³	1.0
		2m³ 以下	0.5

表 5.3.5   计算超深及最大允许超深值

挖泥船类型	机具规格		计算超深值（m）	最大允许超深值（m）
绞吸式	绞刀直径	2m 以上	0.4	0.5
		1.5～2m	0.3	0.5
		1.5m 以下	0.3	0.4
链斗式	斗容量	0.5m³ 以上	0.3	0.4
		0.5m³ 及以下	0.2	0.3
铲扬式	斗容量	2m³ 以上	0.3	0.5
		2m³ 及以下	0.3	0.4
抓斗式	斗容量	4m³ 以上	0.5	0.8
		2～4m³	0.4	0.6
		2m³ 以下	0.3	0.4

3）欠挖极限值如不能满足下列各条规定时，应进行返工处理：

a. 欠挖小于设计水深的 5%，且不大于 30cm。

b. 横向浅埂长度小于挖槽设计底宽的 5%，且不大于 2m。

c. 纵向浅埂长度小于 2.5m。

4）边坡：为形成设计边坡，宜采用阶梯形开挖法，原则上应下超上欠，超、欠面积比应大于 1，并在 1.5 以内。

（2）应以河道中心线所在断面为代表断面（必要时可加测纵断面）进行纵断面质量检查，纵断面的测点间距不应大于 100m。纵断面测点的超深、欠挖极限值应符合上述（1）的规定。

（3）吹填工程的平整度应满足下列要求：细粒土的平整度应为 0.5～1.2m；粗粒土的平整度应为 0.8～1.6m。

吹填区的平均高程误差应在＋0.05～＋0.20m 范围内。

（4）质量评定应符合下列要求：

1）检查纵横断面测点的挖深值，测点总数中 90%～95% 的点符合欠挖和最大允许超挖标准者，评为"合格"；95%以上的点符合欠挖和最大允许超挖标准者，评为"优良"。对于河道较长、开挖区域较大或施工期较长的单位工程，可划分为若干个单元工程进行评定。

2）单位工程优良品率可按式（5.3.7）计算

$$单位工程优良品率 = \frac{单元工程优良品个数}{单元工程总数} \times 100\%$$

$$(5.3.7)$$

3）对于回淤比较严重的河道疏浚工程，其超宽、超深及欠挖的控制指标，应根据水工设计断面、土质、施工机械性能及工期等具体条件按甲、乙双方商定的质量标准进行评定。

4）吹填工程质量，可参考上述（3）按建设、设计、施工单位共同商定的标准进行评定。

5.3.6.5 施工记录及报表

施工过程中，应认真做好原始记录和资料的整理、分析工作，按时填写报表。主要报表格式见表5.3.6～表5.3.10。

表5.3.6														月旬收方统计表 收方日期 日 时

机船名称	桩号		实测进尺(m)	实挖方量(m³)	断面内实挖方(m³)	允许超挖(m³)	无效超挖(m³)	欠挖方量(m³)	有效方量		断面数量		合格率(%)	备注
	起	止							m³	%	个数	其中合格		
1	2	3	4	5	6	7	8	9	10	11	12	13	14	15

制表： 校核： 测量组长： 主管：

5.3.6.6 竣工验收

（1）疏浚及吹填工程竣工验收应按现行的水利基本建设工程验收规程执行。

表 5.3.7　　　　　　　月份各机船完成方量汇总表　　　　年　　　月　　　日

机械名称	收方日期	桩号		实测进尺(m)	实挖方量(m³)	断面内实挖方(m³)	允许超挖(m³)	无效超挖(m³)	欠挖方量(m³)	有效方量		断面数量		合格率(%)	备注
		起	止							m³	%	个数	其中合格		
1	2	3	4	5	6	7	8	9	10	11	12	13	14	15	16
	上旬														
	中旬														
	下旬														
	合计														
	上旬														
	中旬														
	下旬														
	合计														
	上旬														
	中旬														
	下旬														
	合计														

制表：　　　　　　校核：　　　　　　　　　　　　主管：

表 5.3.8　　　　　　　月各机船完成方量分析表　　　　年　　　月　　　日

施工队别	机船名称	桩号		进尺(m)	实挖方量(m³)	允许起挖(m³)	有效方量		无效超挖(m³)	欠挖方量(m³)	断面数量		合格率(%)	备注
		起	止				m³	%			个数	其中合格		
1	2	3	4	5	6	7	8	9	10	11	12	13	14	15

制表：　　　　　　校核：　　　　　　　　　　　　主管：

表 5.3.9　　　　各船完成方量分析及断面质量评定表　年　　　月　　　日

疏浚处别	施工队别	施工机械	桩号		进尺 (m)	实挖方量 (m³)	有效方量		欠挖方量 (m³)	断面数量		合格率 (%)	备注
			起	止			m³	%		个	其中合格		
1	2	3	4	5	6	7	8	9	10	11	12	13	14

制表：　　　　　　　校核：　　　　　　　　　　　主管：

表 5.3.10　　　　　　　疏浚工程质量评定表

开工日期：

工程名称：　　　　　　　　　　　　　　　竣工日期：

序号	单元工程	合格率（%）	评定等级	备注
1	2	3	4	5

合计：单元工程共　　个，其中合格品共　　个，优良品　　个，优良率　　%

评定意见	评定等级		建设单位：
			设计单位：
			施工单位：

制表：　　　　　　　校核：　　　　　　　年　　月　　日

（2）单项疏浚工程完工后，施工单位应对挖槽进行全面的水深测量，对欠挖部位应加密探测，对超过欠挖极限值的欠挖部位应进行返工处理，直到合格为止。

（3）疏浚及吹填工程的竣工验收测量应按现行《水利水电工程施工测量规范》（DL/T 5173—2003）中的有关规定进行。

（4）竣工验收土方量的结算，对河道疏浚工程，宜以水下挖方量为准，但超过上述 5.3.6.1 中（1）规定的计算超挖值的方量属无效方，不应计入完成方量；对吹填工程应按 5.3.6.3 中（3）的有关内容执行。

（5）验收测量可在工程全部完工后一次进行，对于工期较长或自然回淤严重的河段，应分期、分段验收。

（6）验收可采取下列方式进行：

1）施工单位在验收前通知建设单位及其他有关单位派员参加测量作业，共同进行验收；

2）施工单位将竣工报告、竣工图纸、工程量计算表等原始资料提交给建设单位，由建设单位进行检查验收。

6 中小型防洪工程监理

6.1 概述

中型防洪工程监理按《水利工程建设项目施工监理规范》（SL 288—2003）施行，小型防洪工程参照施行。监理单位应按照国务院水行政主管部门批准的资格等级和业务范围承担监理业务，并接受水行政主管部门的监督和管理。

防洪工程建设项目施工监理应按有关规定择优选择监理单位。监理单位应遵守国家法律、法规、规章，独立、公正、公平、诚信、科学地开展监理工作，履行监理合同约定的职责；应以合同管理为中心，有效控制工程建设项目质量、投资、进度等目标，加强信息管理，并协调建设各方之间的关系。

防洪工程建设项目施工监理应以下列文件为依据：国家和水利部有关工程建设的法律、法规和规章；水利行业工程建设有关技术标准及其强制性条文；经批准的工程建设项目设计文件及其他相关文件；监理合同、施工合同等合同文件。

监理单位应积极采用先进的项目管理技术和手段实施监理工作。监理单位的合理化建议或高效工作使工程建设项目取得了显著的经济效益，监理单位可按有关规定或监理合同约定，获得相应的奖励。因监理单位的直接原因致使工程项目遭受了直接损失，监理单位应按有关规定或监理合同约定予以相应的赔偿。监理单位为实施施工监理而进行的审核、核查、检验、认可与批准，并不免除或减轻责任方应承担的责任。

6.2 监理组织和监理人员

6.2.1 监理单位

监理单位与发包人应依照《水利工程建设监理合同示范文本》（GF 2007—0211）签订监理合同。监理单位开展监理工作，应遵守下列规定：严格遵守国家法律、法规、规章和政策，维护国家利益、社会公共利益和工程建设当事人各方合法权益；不得与所承担监理项目的承包人、设备和材料供货人发生经营性隶属关系，也不得是这些单位的合伙经营者；禁止转让、违法分包监理业务；不得聘用无监理岗位证书的人员从事监理业务；禁止采取不正当竞争手段获取监理业务。

监理单位应依照监理合同约定，组建项目监理机构，配置满足监理工作需要的监理人员，并在监理合同约定的时间内，将总监理工程师及其他主要监理人员派驻到监理工地。人员配置如有变化，应事先征得发包人同意。监理单位应按照国家的有关规定给工程现场监理人员购买人身意外保险及其他有关险种。

监理单位应建立现代企业制度，加强内部管理，对监理人员进行技术、管理培训，建立监理人员考核、评价、选拔、培养和奖惩制度。监理单位应按有关规定参加年检，并将年检结果通知发包人。两个以上监理单位可成立监理联合体或联营体，共同承揽监理业务。国家和有关部门对联合体或联营体资格有规定的，应遵照其规定。监理联合体各方应明确一个监理单位为责任方。联合体的总监理工程师由责任方派出，联营体的总监理工程师由其法定代表人委托。监理服务范围和服务时间发生变化时，监理合同中有约定的，监理单位和发包人应按监理合同执行；监理合同无约定的，监理单位应与发包人另行签订监理补充协议，明确相关工作、服务内容和报酬。

6.2.2　监理机构

监理机构应在监理合同授权范围内行使职权。发包人不得擅自做出有悖于监理机构在合同授权范围内所做出的指示的决定。

监理机构的基本职责与权限应包括下列各项：协助发包人选择承包人、设备和材料供货人；审核承包人拟选择的分包项目和分包人；核查并签发施工图纸；审批承包人提交的各类文件；签发指令、指示、通知、批复等监理文件；监督、检查施工过程及现场施工安全和环境保护情况；监督、检查工程施工进度；检验施工项目的材料、构配件、工程设备的质量和工程施工质量；处置施工中影响或造成工程质量、安全事故的紧急情况；审核工程计量，签发各类付款证书；处理合同违约、变更和索赔等合同实施中的问题；参与或协助发包人组织工程验收，签发工程移交证书；监督、检查工程保修情况，签发保修责任终止证书；主持施工合同各方之间关系的协调工作；解释施工合同文件；监理合同约定的其他职责与权限。

监理机构应制定与监理工作内容相适应的工作制度和管理制度；应将总监理工程师和其他主要监理人员的姓名、监理业务分工和授权范围报送发包人并通知承包人；监理机构进驻工地后，应将开展监理工作的基本工作程序、工作制度和工作方法等向承包人进行交底；应在完成监理合同约定的全部工作后，将履行合同期间从发包人处领取的设计文件、图纸等资料归还发包人，并履行保密义务。

6.2.3　监理人员

水利工程建设监理实行注册管理制度。总监理工程师、监理工程师、监理员均系岗位职务。各级监理人员应持证上岗。

监理人员应遵守下列规则：遵纪守法，坚持求实、严谨、科学的工作作风，全面履行义务，正确运用权限，勤奋、高效地开展监理工作；努力钻研业务，熟悉和掌握建设项目管理知识和专业技术知识，提高自身素质和技术、管理水平；提高监理服务意识，增强责任感，加强与工程建设有关各方的协作，积极、主动开展工作，尽职尽责，公正廉洁；未经许可，不得泄露与本工程有关的技术和商务秘密，并应妥善做好发包人所提供的工程建设文件资料的保存、回收及保密工作；除监理工作联系外，不得与承包人和材料、工程设备供货人有其他业务关系和经济利益关系；不得出卖、出借、转让、涂改、伪造资格证书或岗位证书；监理人员只能在一个监理单位注册。未经注册单位同意不得承担其他监理单位的监理业务；遵守职业道德，维护职业信誉，严禁徇私舞弊。

水利工程建设监理实行总监理工程师负责制。总监理工程师应负责全面履行监理合同中所约定的监理单位的职责。主要职责应包括主持编制监理规划，制定监理机构规章制度，审批监理实施细则，签发监理机构的文件；确定监理机构各部门职责分工及各级监理人员职责权限，协调监理机构内部工作；指导监理工程师开展工作；负责本监理机构中监理人员的工作考核，调换不称职的监理人员，根据工程建设进展情况，调整监理人员；主持审核承包人提出的分包项目和分包人，报发包人批准；审批承包人提交的施工组织设计、施工措施计划、施工进度计划和资金流计划；组织或授权监理工程师组织设计交底，签发施工图纸；主持第一次工地会议，主持或授权监理工程师主持监理例会和监理专题会议；签发进场通知、合同项目开工令、分部工程开工通知、暂停施工通知和复工通知等重要监理文件；组织审核付款申请，签发各类付款证书；主持处理合同违约、变更和索赔等事宜，签发变更和索赔的有关文件；主持施工合同实施中的协调工作，调解合同争议，必要时对施工合同条款做出解释；要求承包人撤换不称职或不宜在本工程工作的现场施工人员或技术、管理人员；审核质量保证体系文件并监督其实施；审批工程质量缺陷的处理方案；参与或协助发包人组织处理工程质量及安全事故；组织或协助发包人组织工程项目的分部工程验收、单位工程完工验收、合同项目完工验收，参加阶段验收、单位工程投入使用验收和工程竣工验收；签发工程移交证书和保修责任终止证书；检查监理日志，组织编写并签发监理月报、监理专题报告、监理工作报告，组织整理监理合同文件和档案资料。

总监理工程师不得将以下工作授权给副总监理工程师或监理工程师：主持编制监理规划，审批监理实施细则；主持审核承包人提出的分包项目和分包人；审批承包人提交的施工组织设计、施工措施计划、施工进度计划和资金流计划；主持第一次工地会议，签发进场通知、合同项目开工令、暂停施工通知、复工通知；签发各类付款证书；签发变更和索赔的有关文件；要求承包人撤换不称职或不宜在本工程工作的现场施工人员或技术、管理人员；签发工程移交证书和保修责任终止证书。签发监理月报、监理专题报告和监理工作报告。

一名总监理工程师只宜承担一个工程建设项目的总监理工程师工作。如需担任两个标段或项目的总监理工程师时，应经发包人同意，并配备副总监理工程师。总监理工程师可通过书面授权副总监理工程师履行除上述规定外的总监理工程师的职责。

监理工程师应按照总监理工程师所授予的职责权限开展监理工作，是所执行监理工作的直接责任人，并对总监理工程师负责。主要职责应包括以下各项：参与编制监理规划，编制监理实施细则；预审承包人提出的分包项目和分包人；预审承包人提交的施工组织设计、施工措施计划、施工进度计划和资金流计划；预审或经授权签发施工图纸；核查进场材料、构配件、工程设备的原始凭证、检测报告等质量证明文件及其质量情况；审批分部工程开工申请报告；协助总监理工程师协调参建各方之间的工作关系。按照职责权限处理施工现场发生的有关问题，签发一般监理文件；检验工程的施工质量，并予以确认或否认；审核工程计量的数据和原始凭证，确认工程计量结果；预审各类付款证书；提出变更、索赔及质量和安全事故处理等方面的初步意见；按照职责权限参与工程的质量评定工作和验收工作；收集、汇总、整理监理资料，参与编写监理月报，填写监理日志；施工中发生重大问题和遇到紧急情况时，及时向总监理工程师报告、请示；指导、检查监理员的工作。必要时可向总监理工程师建议调换监理员。

监理员应按被授予的职责权限开展监理工作，其主要职责应包括以下各项：核实进场原材料质量检验报告和施工测量成果报告等原始资料；检查承包人用于工程建设的材料、构配件、工程设备使用情况，并做好现场记录；检查并记录现场施工程序、施工工法等实施过程情况；检查和统计计日工情况，核实工程计量结果；核查关键岗位施工人员的上岗资格；检查、监督工程现场的施工安全和环境保护措施的落实情况，发现异常情况及时向监理工程师报告；检查承包人的施工日志和试验室记录；核实承包人质量评定的相关原始记录；当监理人员数量较少时，监理工程师可同时承担监理员的职责。

6.3 施工监理工作程序、方法与制度

6.3.1 基本工作程序

（1）签订监理合同，明确监理范围、内容和责权。

（2）依据监理合同，组建现场监临理机构，选派总监理工程师、监理工程师、监理员和其他工作人员。

（3）熟悉工程建设有关法律、法规、规章以及技术标准，熟悉工程设计文件、施工合同文件和监理合同文件。

（4）编制项目监理规划。

（5）进行监理工作交底。

（6）编制各专业、各项目监理实施细则。

（7）实施施工监理工作。主要监理工作流程参照《水利工程建设项目施工监理规范》（SL 288—2003）附录 C 实施。

（8）督促承包人及时整理、归档各类资料。

（9）参加验收工作，签发工程移交证书和工程保修责任终止证书。

（10）结清监理费用。

（11）向发包人提交有关档案资料、监理工作总结报告。

（12）向发包人移交其所提供的文件资料和设施设备。

6.3.2　主要工作方法

（1）现场记录。监理机构认真、完整记录每日施工现场的人员、设备和材料、天气、施工环境以及施工中出现的各种情况。

（2）发布文件。监理机构采用通知、指示、批复、签认等文件形式进行施工全过程的控制和管理。

（3）旁站监理。监理机构按照监理合同约定，在施工现场对工程项目的重要部位和关键工序的施工，实施连续性的全过程检查、监督与管理。

（4）巡视检验。监理机构对所监理的工程项目进行的定期或不定期的检查、监督和管理。

（5）跟踪检测。在承包人进行试样检测前，监理机构对其检测人员、仪器设备以及拟订的检测程序和方法进行审核；在承包人对试样进行检测时，实施全过程的监督，确认其程序、方法的有效性以及检测结果的可信性，并对该结果确认。

（6）平行检测。监理机构在承包人对试样自行检测的同时，独立抽样进行的检测，核验承包人的检测结果。

（7）协调。监理机构对参加工程建设各方之间的关系以及工程施工过程中出现的问题和争议进行的调解。

6.3.3　主要工作制度

（1）技术文件审核、审批制度。根据施工合同约定由双方提交的施工图纸以及由承包人提交的施工组织设计、施工措施计划、施工进度计划、开工申请等文件均应通过监理机构核查、审核或审批，方可实施。

（2）原材料、构配件和工程设备检验制度。进场的原材料、构配件和工程设备应有出厂合格证明和技术说明书，经承包人自检合格后，方可报监理机构检验。不合格的材料、构配件和工程设备应按监理指示在规定时限内运离工地或进行相应处理。

（3）工程质量检验制度。承包人每完成一道工序或一个单元工程，都应经过自检，合格后方可报监理机构进行复核检验。上道工序或上一单元工程未经复核检验或复核检验不合格，不得进行下道工序或下一单元工程施工。

（4）工程计量付款签证制度。所有申请付款的工程量均应进行计量并经监理机构确认。未经监理机构签证的付款申请，发包人不应支付。

（5）会议制度。监理机构应建立会议制度，包括第一次工地会议、监理例会和监理专题会议。会议由总监理工程师或由其授权的监理工程师主持，工程建设有关各方应派员参加。各次会议应符合下列要求：①第一次工地会议。应在合同项目开工令下达前举行，会议内容应包括工程开工准备检查情况；介绍各方负责人及其授权代理人和授权内容；沟通相关信息；进行监理工作交底。会议的具体内容可由有关各方会前约定。会议可由总监理工程师主持或由总监理工程师与发包人的负责人联合主持。②监理例会。监理机构应定期主持召开由参建各方负责人参加的会议，会上应通报工程进展情况，检查上次监理例会中有关决定的执行情况，分析当前存在的问题，提出问题的解决方案或建议，明确会后应完成的任务。会议应形成会议纪要。③监理专题会议。监理机构应根据需要，主持召开监理专题会议，研究解决施工中出现的涉及施工质量、施工方案、施工进度、工程变更、索赔、争议等方面的专门问题。④总监理工程师应组织编写由监理机构主持召开的会议纪要，并分发与会各方。

（6）施工现场紧急情况报告制度。监理机构应针对施工现场可能出现的紧急情况编制处理程序、处理措施等文件。当发生紧急情况时，应立即向发包人报告，并指示承包人立即采取有效紧急措施进行处理。

（7）工作报告制度。监理机构应及时向发包人提交监理月报或监理专题报告；在工程验收时，提交监理工作报告；在监理工作结束后，提交监理工作总结报告。上述报告可参照《水利工程建设项目施工监理规范》（SL 288—2003）附录 D 编写。

（8）工程验收制度。在承包人提交验收申请后，监理机构应对其是否具备验收条件进行审核。并根据有关水利工程验收规程或合同约定，参与、组织或协助发包人组织工程验收。

6.4　施工准备阶段的监理工作

6.4.1　监理机构的准备工作

依据监理合同约定，适时设立现场监理机构，配置监理人员，并进行必要的岗前培训；建立监理工作规章制度；接收、收集并熟悉有关工程建设资料，包括：工程建设法律、法规、规章和技术标准，工程建设项目设计文件及其他相关文件，合同文件及相关资料等；接收由发包人提供的交通、通信、试验及办公设施和食宿等生活条件，完善工作和生活环境；组织编制监理规划和监理实施细则，在约定的期限内报送发包人。

6.4.2　施工准备的监理工作

（1）检查开工前应由发包人提供的下列施工条件完成情况：首批开工项目施工图纸和文件的供应；测量基准点的移交；施工用地的征用；首次工程预付款的付款；施工合同中约定应由发包人提供的道路、供电、供水、通信等条件。

（2）检查开工前承包人的下列施工准备情况：承包人派驻现场的主要管理、技术人员数量及资格是否与施工合同文件一致，如有变化，应重新审查并报发包人认定；承包人进场施工设备的数量和规格、性能是否符合施工合同约定要求；检查进场原材料、构配件的质量、规格、性能是否符合有关技术标准和技术条款的要求，原材料的储存量是否满足工程开工及随后施工的需要；承包人试验室具备的条件是否符合有关规定要求；承包人对发包人提供的测量基准点复核情况，并督促承包人在此基础上完成施工测量控制网的布设及施工区原始地形图的测绘；砂石料系统、混凝土拌和系统以及场内道路、供水、供电、供风等施工辅助设施的准备；承包人的质量保证体系；承包人的施工安全、环境保护措施、规章制度的制定及关键岗位施工人员的资格；承包人中标后的施工组织设计、施工措施计划、施工进度计划和资金流计划等技术文件是否完成并提交给监理机构审批；应由承包人负责提供的设计文件和施工图纸文件是否完成交提交给监理机构审批；按照施工规范要求需要进行的各种施工工艺参数的试验是否完成并提交给监理机构审核。

（3）审核承包人在施工准备完成后递交的项目工程开工申请报告。

（4）施工图纸的核查与签发应符合下列规定：监理机构收到施工图纸后，应在施工合同约定的时间内完成核查或审批工作，确认后签字、盖章；监理机构应在与有关各方约定的时间内，主持或与发包人联合主持召开施工图纸技术交底会议，并由设计单位进行技术交底。

（5）监理机构应按有关工程施工质量评定规程的要求，组织进行工程项目划分，征得发包人同意后，报工程质量监督机构认定。

6.5　施工实施阶段的监理工作

6.5.1　开工条件的控制

（1）监理机构应严格审查工程开工应具备的各项条件，并审批开工申请。合同项目开工应遵守下列规定：①监理机构应在施工合同约定的期限内，经发包人同意后向承包人发出进场通知，要求承包人按约定及时调遣人员和施工设备、材料进场进行施工准备。进场通知中应明确合同工期起算日期。②监理机构应协助发包人按施工合同约定向承包人移交施工设施或施工条件，包括施工用地、道路、测量基准点以及供水、供电、通信设施等。

③承包人完成开工准备后，应向监理机构提交开工申请。监理机构经检查确认发包人和承包人的施工准备满足开工条件后，签发开工令。④由于承包人原因使工程未能按施工合同约定时间开工的，监理机构应通知承包人在约定时间内提交赶工措施报告并说明延误开工原因。由此增加的费用和工期延误造成的损失由承包人承担。

（2）由于发包人原因使工程未能按施工合同约定时间开工的，监理机构在收到承包人提出的顺延工期的要求后，应立即与发包人和承包人共同协商补救办法。由此增加的费用和工期延误造成的损失由发包人承担。

（3）分部工程开工。监理机构应审批承包人报送的每一分部工程开工申请，审核承包人递交的施工措施计划，检查该分部工程的开工条件，确认后签发分部工程开工通知。

（4）单元工程开工。第一个单元工程在分部工程开工申请获批准后自行开工，后续单元工程凭监理机构签发的上一单元工程施工质量合格证明方可开工。

（5）混凝土浇筑开仓。监理机构应对承包人报送的混凝土浇筑开仓报审表进行审核。符合开仓条件后方可签发。

6.5.2 工程质量控制

监理机构应建立和健全质量控制体系，并在监理工作过程中不断改进和完善；应监督承包人建立和健全质量保证体系，并监督其贯彻执行；应按照有关工程建设标准和强制性条文及施工合同约定，对所有施工质量活动及与质量活动相关的人员、材料、工程设备和施工设备、施工工法和施工环境进行监督和控制，按照事前审批、事中监督和事后检验等监理工作环节控制工程质量；监理机构应按有关规定或施工合同约定，核查承包人现场检验设施、人员、技术条件等情况；应对承包人从事施工、安全、质检、材料等岗位和施工设备操作等需要持证上岗的人员的资格进行验证和认可；对不称职或违章、违规人员，可要求承包人暂停或禁止其在本工程中工作。

监理机构应审批承包人制定的施工控制网和原始地形图的施测方案，并对承包人施测过程进行监督，对测量成果进行签认，或参加联合测量，共同签认测量结果；应对承包人在工程开工前实施的施工放线测量进行抽样复测或与承包人进行联合测量；应审批承包人提交的工艺参数试验方案，对现场试验实施监督，审核试验结果和结论，并监督承包人严格按照批准的工法进行施工。

（1）材料和工程设备的检验应符合下列规定：①对于工程中使用的材料、构配件，监理机构应监督承包人按有关规定和施工合同约定进行检验，并应查验材质证明和产品合格证。②对于承包人采购的工程设备，监理机构应参加工程设备的交货验收；对于发包人提供的工程设备，监理机构应会同承包人参加交货验收。③材料、构配件和工程设备未经检验，不得使用；经检验不合格的材料、构配件和工程设备，应督促承包人及时运离工地或做出相应处理。④监理机构如对进场材料、构配件和工程设备的质量有异议时，可指示承包人进行重新检验；必要时，监理机构应进行平行检测。⑤监理机构发现承包人未按有关规定和施工合同约定对材料、构配件和工程设备进行检验，应及时指示承包人补做检验；若承包人未按监理机构的指示进行补验，监理机构可按施工合同约定自行或委托其他有资质的检验机构进行检验，承包人应为此提供一切方便并承担相应费用。⑥监理机构在工程质量控制过程中发现承包人使用了不合格的材料、构配件和工程设备时，应指示承包人立即整改。

（2）施工设备的检查应符合下列规定：①监理机构应督促承包人按照施工合同约定保证施工设备按计划及时进场，并对进场的施工设备进行评定和认可。禁止不符合要求的设备投入使用，并应要求承包人及时撤换。在施工过程中，监理机构应督促承包人对施工设备及时进行补充、维修、维护，满足施工需要。②旧施工设备进入工地前，承包人应提供该设备的使用和检修记录，以及具有设备鉴定资格的机构出具的检修合格证，经监理机构认可，方可地场。③监理机构若发现承包人使用的施工设备影响施工质量和进度时，应及时要求承包人增加或撤换。

（3）施工过程质量控制应符合下列规定：①监理机构应督促承包人按施工合同约定对工程所有部位和工程使用的材料、构配件和工程设备的质量进行自检，并按规定向监理机构提交相关资料。②监理机构应采用现场察看、查阅施工记录以及对材料、构配件、试样等进行抽检的方式对施工质量进行严格控制；应及时对承包人可能影响工程质量的施工工法以及各种违章作业行为发出调整、制止、整顿直至暂停施工的指示。③监理机构应严格旁站监理工作，特别注重对易引起渗漏、冻融、冲刷、汽蚀等部位的质量控制。④单元工程（或工序）未经监理机构检验或检验不合格，承包人不得开始下一单元工程（或工序）的施工。⑤监理机构发现由于承包人使用的材料、构配件、工程设备以及施工设备或其他原因可能导致工程质量不合格或造成质量事故时，应及时发出指示，要求承包人立即采取措施纠正。必要时，责令其停工整改。⑥监理机构发现施工环境可能影响工程质量时，应指示承包人采取有效的防范措施。必要时，应停工整改。⑦监理机构应对施工过程中出现的质量问题及其处理措施或遗留问题进行详细记录和拍照，保存好照片或音像片等相关资料。⑧监理机构应参加工程设备供货人组织的技术交底会议；监督承包人按照工程设备供货人提供的安装指导书进行工程设备的安装。⑨监理机构应审核承包人提交的设备启动程序并监督承包人进行设备启动与调试工作。

（4）工程质量检验应符合下列规定：①承包人应首先对工程施工质量进行自检。未经承包人自检或自检不合格、自检资料不完善的单元工程（或工序），监理机构有权拒绝检验。②监理机构对承包人经自检合格后报验的单元工程（或工序）质量，应按有关技术标准和施工合同约定的要求进行检验。检验合格后方予签认。③监理机构可采用跟踪检测、平行检测方法对承包人的检验结果进行复核。平行检测的检测数量，混凝土试样不应少于承包人检测数量的 3%，重要部位每种标号的混凝土最少取样 1 组；土方试样不应少于承包人检测数量的 5%；重要部位至少取样 3 组。跟踪检测的检测数量，混凝土试样不应少于承包人检测数量的 7%；土方试样不应少于承包人检测数量的 10%。平行检测和跟踪检测工作都应由具有国家规定的资质条件的检测机构承担。平行检测的费用由发包人承担。④工程完工后需覆盖的隐蔽工程、工程的隐蔽部位，应经监理机构验收合格后方可覆盖。⑤在工程设备安装完成后，监理机构应督促承包人按规定进行设备性能试验，其后应提交设备操作和维修手册。

（5）工程质量评定：监理机构应监督承包人真实、齐全、完善、规范地填写质量评定表。包人应按规定对工序、单元工程、分部工程、单位的工程质量等级进行自评。监理机构应对承包人的工程质量等级自评结果进行复核。监理机构应按规定参与工程项目外观质量评定和工程项目施工质量评定工作。

（6）质量事故的调查处理应符合下列规定：①质量事故发生后，承包人应按规定及时提交事故报告。监理机构在向发包人报告的同时，指示承包人及时采取必要的应急措施并保护现场，做好相应记录。②监理机构应积极配合事故调查组进行工程质量事故调查、事故原因分析，参与处理意见等工作。③监理机构应指示承包人按照批准的工程质量事故处理方案和措施对事故进行处理。经监理机构检验合格后，承包人方可进入下一阶段施工。

6.5.3 工程进度控制

（1）控制性总进度计划的编制应符合下列规定：监理机构应在工程项目开工前依据施工合同约定的工期总目标、阶段性目标等，协助发包人编制控制性总进度计划；随着工程进展和施工条件的变化，监理机构应及时提请发包人对控制性总进度计划进行必要的调整。

（2）施工进度计划的审批应符合下列规定：监理机构应在工程项目开工前依据控制性总进度计划审批承包人提交的施工进度计划。在施工过程中，依据施工合同约定审批各单位工程进度计划，逐阶段审批年、季、月施工进度计划。施工进度计划审批的程序：①承包人应在施工合同约定的时间内向监理机构提交施工进度计划。②监理机构应在收到施工进度计划后及时进行审查，提出明确审批意见。必要时召集由包人、设计单位参加的施工进度计划审查专题会议，听取承包人的汇报，并对有关问题进行分析研究。③如施工进度计划中存在问题，监理机构应提出审查意见，交承包人进行修改或调整。④审批承包人提交的施工进度计划或修改、调整后的施工进度计划。

（3）施工进度计划审查的主要内容：在施工进度计划中有无项目内容漏项或重复的情况；施工进度计划与合同工期和阶段性目标的响应性与符合性；施工进度计划中各项目之间逻辑关系的正确性与施工方案的可行性；关键路线安排和施工进度计划实施过程的合理性；人力、材料、施工设备等资源配置计划和施工强度的合理性；材料、构配件、工程设备供应计划与施工进度计划的衔接关系；本施工项目与其他各标段施工项目之间的协调性；施工进度计划的详细程度和表达形式的适宜性；对发包人提供施工条件要求的合理性；其他应审查的内容。

（4）实际施工进度的检查与协调应符合下列规定：①监理机构应编制描述实际施工进度状况和用于进度控制的各类图表。②监理机构应督促承包人做好施工组织管理，确保施工资源的投入，并按批准的施工进度计划实施。③监理机构应做好实际工程进度记录以及承包人每日的施工设备、人员、原材料的进场记录，并审核承包人的同期记录。④监理机构应对施工进度计划的实施全过程，包括施工准备、施工条件和进度计划的实施情况，进行定期检查，对实际施工进度进行分析和评价，对关键路线的进度实施重点跟踪检查。⑤监理机构应根据施工进度计划，协调有关参建各方之间的关系，定期召开生产协调会议，及时发现、解决影响工程进度的干扰因素，促进施工项目的顺利进展。

（5）施工进度计划的调整应符合下列规定：①监理机构在检查中发现实际工程进度与施工进度计划发生了实质性偏离时，应要求承包人及时调整施工进度计划。②监理机构应根据工程变更情况，公正、公平处理工程变更所引起的工期变化事宜。当工程变更影响施工进度计划时，监理机构应指示承包人编制变更后的施工进度计划。③监理机构应依据施工合同和施工进度计划及实际工程进度记录，审查承包人提交的工期索赔申请，提出索赔处理意见报发包人。④施工进度计划的调整使总工期目标、阶段目标、资金使用等发生较大的变化时，监理机构应提出处理意见报发包人批准。

（6）停工与复工应符合下列规定：①发生下列情况之一，监理机构可视情况决定是否下达暂停施工通知：发包人要求暂停施工时；承包人未经许可即进行主体工程施工时；承包人未按照批准的施工组织设计或工法施工，并且可能会出现工程质量问题或造成安全事故隐患时；承包人有违反施工合同的行为时。②发生下列情况之一，监理机构应下达暂停施工通知：工程继续施工将会对第三者或社会公共利益造成损害时；为了保证工程质量、安全所必要时；发生了须暂时停止施工的紧急事件时；承包人拒绝服从监理机构的管理，不执行监理机构的指示，从而将对工程质量、进度投资控制产生严重影响时；其他应下达暂停施工通知的情况时。③监理机构下达暂停施工通知，应征得发包人同意。发包人应在收到监理机构暂停施工通知报告后，在约定时间内予以答复；若发包人逾期未答复，则视为其已同意，监理机构可据此下达暂停施工通知，并根据停工的影响范围和程度，明确停工范围。④若由于发包人的责任需要暂停施工，监理机构未及时下达暂停施工通知时，在承包人提出暂停施工的申请后，监理机构应在施工合同约定的时间内予以答复。⑤下达暂停施工通知后，监理机构应指示承包人妥善照管工程，并督促有关方及时采取有效措施，排除影响因素，为尽早复工创造条件。⑥在具备复工条件后，监理机构应及时签发复工通知，明确复工范围，并督促承包人执行。⑦监理机构应及时按施工合同约定处理因工程停工引起的与工期、费用等有关的问题。

（7）由于承包人的原因造成施工进度拖延，可能致使工程不能按合同工期完工，或发包人要求提前完工，监理机构应指示承包人调整施工进度计划，编制赶工措施报告，在审批后发布赶工指示，并督促承包人执行。监理机构应按照施工合同约定处理因赶工引起的费用事宜。监理机构应督促承包人按施工合同约定按时提交月、年施工进度报告。

6.5.4　工程投资控制

（1）工程投资控制的主要监理工作应包括以下各项：审批承包人提交的资金流计划；协助发包人编制合同项目的付款计划；根据工程实际进展情况，对合同付款情况进行分析，提出资金流调整意见；审核工程付款申请，签发付款证书；根据施工合同约定进行价格调整；根据授权处理工程变更所引起的工程费用变化事宜；根据授权处理合同索赔中的费用问题；审核完工付款申请，签发完工付款证书；审核最终付款申请，签发最终付款证书。

（2）工程计量：①可支付的工程量应同时符合以下条件：经监理机构签认，并符合施工合同约定或发包人同意的工程变更项目的工程量以及计日工。经质量检验合格的工程量。承包人实际完成的并按施工合同有关计量规定计量的工程量。②在监理机构签发的施工图纸（包括设计变更通知）所确定的建筑物设计轮廓线和施工合同文件约定应扣除或增加计量的范围内，应按有关规定及施工合同文件约定的计量方法和计量单位进行计量。③工程计量应符合以下程序：工程项目开工前，监理机构应监督承包人按有关规定或施工合同约定完成原始地面地形的测绘以及计量起始位置地形图的测绘，并审核测绘成果。工程计量前，监理机构应审查承包人计量人员的资格和计量仪器设备的精度及率定情况，审定计量的程序和方法。在接到承包人计量申请后，监理机构应审查计量项目、范围、方式，审核承包人提交的计量所需的资料、工程计量已具备的条件，若发现问题，或不具备计量条件时，应督促承包人进行修改和调整，直至符合计量条件要求，方可同意进行计量。监理机构应会同承包人共同进行工程计量；或监督承包人的计量过程，确认计量结果；或依据施工合同约定进行抽样复核。在付款申请签认前，监理机构应对支付工程量汇总成果进行审查。若监理机构发现计量有误，可重新进行审核、计量，进行必要的修正与调整。④当承包人完成了每个计价项目的全部工程量后，监理机构应要求承包人与其共同对每个项目的历次计量报表进行汇总和总体量测，核实该项目的最终计量工程量。

（3）付款申请和审查应符合下列规定：①只有计量结果被认可，监理机构方可受理承包人提交的付款申请。②承包人应按照《水利工程建设项目施工监理规范》（SL 288—2003）附录 E 的表格式样，在施工合同约定的期限内填报付款申请报表。③监理机构在接到承包人付款申请后，应在施工合同约定时间内完成审核。付款申请应符合以下要求：付款申请表填写符合规定，证明材料齐全；申请付款项目、范围、内容、方式符合施工合同约定；质量检验签证齐备；工程计量有效、准确；付款单价及合价无误。④因承包人申请资料不全或不符合要求，造成付款证书签证延误，由承包人承担责任。未经监理机构签字确认，发包人不应支付任何工程款项。

（4）预付款支付应符合下列规定：①监理机构在收到承包人的工程预付款申请后，应审核承包人获得工程预付款已具备的条件。条件具备、额度准确时，可签发工程预付款付款证书。监理机构应在审核工程价款月支付申请的同时审核工程预付款应扣回的额度，并汇总已扣回的工程预付款总额。②监理机构在收到承包人的工程材料预付款申请后，应审核承包人提供的单据和有关证明资料，并按合同约定随工程价款月付款一起支付。

（5）工程价款月支付应符合下列规定：①工程价款月支付每月一次。在施工过程中，监理机构应审核承包人提出的月付款申请，同意后签发工程价款月付款证书。②工程价款月支付申请包括以下内容：本月已完成并经监理机构签认的工程项目应付金额；经监理机构签认的当月计日工的应付金额；工程材料预付款金额；价格调整金额；承包人应有权得到的其他金额；工程预付款和工程材料预付款扣回金额；保留金扣留金额；合同双方争议解决后的相关支付金额。③工程价款月支付属工程施工合同的中间支付，监理机构可按照施工合同的约定，对中间支付的金额进行修正和调整，并签发付款证书。

（6）工程变更支付。监理机构应依照施工合同约定或工程变更指示所确定的工程款支付程序、办法及工程变更项目施工进展情况，在工程价款月支付的同时进行工程变更支付。

（7）计日工支付应符合下列规定：监理机构可指示承包人以计日工方式完成一些未包括在施工合同中的特殊的、零星的、漏项的或紧急的工作内容。在指示下达后，监理机构应检查和督促承包人按指示的要求实施，完成后确认其计日工作量，并签发有关付款证明。监理机构在下达指示前应取得发包人批准。承包人可将计日工支付随工程价款月支付一同申请。

（8）保留金支付应符合下列规定：合同项目完工并签发工程移交证书之后，监理机构应按施工合同约定的程序和数额签发保留金付款证书。当工程保修期满之后，监理机构应签发剩余的保留金付款证书。如果监理机构认为还有部分剩余缺陷工程需要处理，报发包人同意后，可在剩余的保留金付款证书中扣留与处理工作所需费用相应的保留金余款，直到工作全部完成后再支付剩余的保留金。

（9）完工支付应符合下列规定：①监理机构应及时审核承包人在收到工程移交证书后提交的完工付款申请及支持性资料，签发完工付款证书，报发包人批准。②审核内容包括：到移交证书上注明的完工日期止，承包人按施工合同约定累计完成的工程金额；承包人认为还应得到的其他金额；发包人认为还应支付或扣除的其他金额。

（10）最终支付应符合下列规定：①监理机构应及时审核承包人在收到保修责任终止证书后提交的最终付款申请及结清单，

签发最终付款证书，报发包人批准。②审核内容包括：承包人按施工合同约定和经监理机构批准已完成的全部工程金额；承包人认为还应得到的其他金额；发包人认为还应支付或扣除的其他金额。

（11）施工合同解除后的支付应符合下列规定：①因承包人违约造成施工合同解除的支付。监理机构应就合同解除前承包人应得到但未支付的下列工程价款和费用签发付款证书，但应扣除根据施工合同约定应由承包人承担的违约费用：已实施的永久工程合同金额；工程量清单中列有的、已实施的临时工程合同金额和计日工金额；为合同项目施工合理采购、制备的材料、构配件、工程设备的费用；承包人依据有关规定、约定应得到的其他费用。②因发包人违约造成施工合同解除的支付。监理机构应就合同解除前承包人所应得到但未支付的下列工程价款和费用签发付款证书：已实施的永久工程合同金额；工程量清单中列有的、已实施的临时工程合同金额和计日工金额；为合同项目施工合理采购、制备的材料、构配件、工程设备的费用；承包人退场费用；由于解除施工合同给承包人造成的直接损失；承包人依据有关规定、约定应得到的其他费用。③因不可抗力致使施工合同解除的支付。监理机构应根据施工合同约定，就承包人应得到但未支付的下列工程价款和费用签发付款证书：已实施的永久工程合同金额；工程量清单中列有的、已实施的临时工程合同金额和计日工金额；为合同项目施工合理采购、制备的材料、构配件、工程设备的费用；承包人依据有关规定、约定应得到的其他费用。④上述付款证书均应报发包人批准。⑤监理机构应按施工合同约定，协助发包人及时办理施工合同解除后的工程接收工作。

（12）价格调整。监理机构应按施工合同约定的程序和调整方法，审核单价、合价的调整。当发包人与承包人对价格调整协商不一致时，监理机构可暂定调整价格。价格调整金额随工程价款月支付一同支付。

6.5.5 施工安全与环境保护

（1）施工安全应符合下列规定：①监理机构应根据施工合同文件的有关约定，协助发包人进行施工安全的检查、监督。②工程开工前，监理机构应督促承包人建立健全施工安全保障体系和安全管理规章制度，对职工进行施工安全教育和培训；应对施工组织设计中的施工安全措施进行审查。③在施工过程中，监理机构应对承包人执行施工安全法律、法规和工程建设强制性标准以及施工安全措施的情况进行监督、检查。发现不安全因素和安全隐患时，应指示承包人采取有效措施予以整改。若承包人延误或拒绝整改时，监理机构可责令其停工。当监理机构发现存在重大安全隐患时，应立即指示承包人停工，做好防患措施，并及时向发包人报告；如有必要，应向政府有关主管部门报告。④当发生施工安全事故时，监理机构应协助发包人进行安全事故的调查处理工作。⑤监理机构应协助发包人在每年汛前对承包人的度汛方案及防汛预案的准备情况进行检查。

（2）施工环境保护应符合下列规定：①工程项目开工前，监理机构应督促承包人按施工合同约定，编制施工环境管理和保护方案，并对落实情况进行检查。②监理机构应监督承包人避免对施工区域的植物和建筑物等的破坏。③监理机构应要求承包人采取有效措施对施工中开挖的边坡及时进行支护和做好排水措施，尽量避免对植被的破坏并对受到破坏的植被及时采取恢复措施。④监理机构应监督承包人严格按照批准的弃渣规划有序地堆放、处理和利用废渣，防止任意弃渣造成环境污染、影响河道行洪能力和其他承包人的施工。⑤监理机构应监督承包人严格执行有关规定，加强对噪声、粉尘、废气、废水、废油的控制，并按施工合同约定进行处理。⑥监理机构应要求承包人保持施工区和生活区的环境卫生，及时清除垃圾和废弃物，并运至指定地点进行处理。进入现场的材料、设备应有序放置。⑦工程完工后，监理机构应监督承包人按施工合同约定拆除施工临时设施，清理场地，做好环境恢复工作。

6.5.6　合同管理的其他工作

（1）工程变更应符合下列规定：①工程变更的提出、审查、批准、实施等过程应按施工合同约定的程序进行。②监理机构可根据工程的需要并经发包人同意，指示承包人实施下列各种类型的变更：增加或减少施工合同中的任何一项工作内容；取消施工合同中任何一项工作（但被取消的工作不能转由发包人或其他承包人实施）；改变施工合同中任何一项工作的标准或性质；改变工程建筑物的形式、基线、标高、位置或尺寸；改变施工合同中任何一项工程经批准的施工计划、施工方案；追加为完成工程所需的任何额外工作；增加或减少合同中项目的工程量超过合同约定的百分比。③工程变更的提出：承包人可依据施工合同约定或工程需要提出工程变更建议；设计单位可依据有关规定或设计合同约定在其职责与权限范围内提出对工程设计文件的变更建议；承包人可依据监理机构的指示，或根据工程现场实际施工情况提出变更建议；监理机构可依据有关规定、规范，或根据现场实际情况提出变更建议。④工程变更建议书的提交：工程变更建议书提出时，应考虑留有为发包人与监理机构对变更建议进行审查、批准，设计单位进行变更设计以及承包人进行施工准备的合理时间；在特殊情况下，如出现危及人身、工程安全或财产严重损失的紧急事件时，工程变更不受时间限制，但监理机构仍应督促变更提出单位及时补办相关手续。⑤工程变更审查：第一，监理机构对工程变更建议书审查应符合下列要求：更后不降低工程质量标准，不影响工程完建后的功能和使用寿命；工程变更在施工技术上可行、可靠；工程变更引起的费用及工期变化经济合理；工程变更不对后续施工产生不良影响。第二，监理机构审核承包人提交的工程变更报价时，应按下述原则处理：如果施工合同工程量清单中有适用于变更工作内容的项目时，应采用该项目的单价或合价；如果施工合同工程量清单中无适用于变更工作内容的项目时，可引用施工合同工程量清单中类似项目的单价或合价作为合同双方变更议价的基础；如果施工合同工程量清单中无此类似项目的单价或合价，或单价或合价明显不合理和不适用的，经协商后，由承包人依照招标文件确定的原则和编制依据，重新编制单价或合价，经监理机构审核后，报发包人确认。第三，当发包人与承包人协商不能一致时，监理机构应确定合适的暂定单价或合价，通知承包人执行。⑥工程变更的实施：经监理机构审查同意的工程变更建议书需报发包人批准；经发包人批准的工程变更，应由发包人委托原设计单位负责完成具体的工程变更设计工作；监理机构核查工程变更设计文件、图纸后，应向承包人下达工程变更指示，承包人据此组织工程变更的实施；监理机构根据工程的具体情况，为避免耽误施工，可将工程变更分两次向承包人下达：先发布变更指示（变更设计文件、图纸），指示其实施变更工作；待合同双方进一步协商确定工程变更的单价或合价后，再发出变更通知（变更工程的单价或合价）。

（2）索赔管理应符合下列规定：①监理机构应受理承包人和发包人提起的合同索赔，但不接受未按施工合同约定的索赔程序和时限提出的索赔要求。②监理机构在收到承包人的索赔意向通知后，应核查承包人的当时记录，指示承包人做好延续记录，并要求承包人提供进一步的支持性资料。③监理机构在收到承包人的中期索赔申请报告或最终索赔申请报告后，应进行以下工作：依据施工合同约定，对索赔的有效性、合理性进行分析和评价；对索赔支持性资料的真实性逐一进行分析和审核；对索赔的计算依据、计算方法、计算过程、计算结果及其合理性逐项进行审查；对于由施工合同双方共同责任造成的经济损失或工期延误，应通过协商一致，公平合理地确定双方分担的比例；必要时要求承包人再提供进一步的支持性资料。④监理机构应在施工合同约定的时间内做出对索赔申请报告的处理决定，报送发包人并抄送承包人。若合同双方或其中任一方不接受监理机构的处理决定，则按争议解决的有关约定或诉讼程序进行解决。⑤监理机构在承包人提交了完工付款申请后，不再接受承包人提出的在工程移交证书颁发前所发生的任何索赔事项；在承包人提交了最终付款申请后，不再接受承包人提出的任何索赔事项。

（3）违约管理应符合下列规定：①对于承包人违约，监理机构应依据施工合同约定进行下列工作：在及时进行查证和认定事实的基础上，对违约事件的后果做出判断；及时向承包人发出书面警告，限其在收到书面警告后的规定时限内予以弥补和纠正；承包人在收到书面警告的规定时限内仍不采取有效措施纠正其违约行为或继续违约，严重影响工程质量、进度，甚至危及工程安全时，监理机构应限令其停工整改，并要求承包人在规定时限内提交整改报告；承包人继续严重违约时，监理机构应及时向发包人报告，说明承包人违约情况及其可能造成的影响；当发包人向承包人发出解除合同通知后，监理机构应协助发包人按照合同约定派员进驻现场接收工程，处理解除合同后的有关合同事宜。②对于发包人违约，监理机构应依据施工合同约定进行下列工作：由于发包人违约，致使工程施工无法正常运行，在收到承包人书面要求后，监理机构及时与发包人协商，解决违约行为，赔偿承包人的损失，并促使承包人尽快恢复正常施工；承包人提出解除施工合同要求后，监理机构应协助发包人尽快进行调查、认证和澄清工作，并在此基础上，按有关规定和施工合同约定处理解除施工合同后的有关合同事宜。

（4）工程担保应符合下列规定：①监理机构应根据施工合同约定，督促承包人办理各类担保，并审核承包人提交的担保证件。②在签发工程预付款付款证书前，监理机构应依据有关法律、法规及施工合同的约定，审核工程预付款担保的有效性。③监理机构应定期向发包人报告工程预付款扣回的情况。当工程预付款已全部扣回时，应督促发包人在约定的时间内退还工程预付款担保证件。④在施工过程中和保修期，监理机构应督促承包人全面履行施工合同约定的义务。当承包人违约，发包人要求保证人履行担保义务时，监理机构应协助发包人按要求及时向保证人提供全面、准确的书面文件和证明资料。⑤监理机构在签发保修责任终止证书后，应督促发包人在施工合同约定的时间内退还履约担保证件。

(5) 工程保险应符合下列规定：①监理机构应督促承包人按施工合同约定的险种办理应由承包人投保的保险，并要求承包人在向发包人提交各项保险单副本的同时抄报监理机构。②监理机构应按施工合同约定对承包人投保的保险种类、保险额度、保险有效期等进行检查。③当监理机构确认承包人未按施工合同约定办理保险时，应采取下列措施：指示承包人尽快补办保险手续；当承包人拒绝办理保险时，应协助发包人代为办理保险，并从应支付给承包人的金额中扣除相应投保费用。④当承包人已按施工合同约定办理了保险，其为履行合同义务所遭受的损失不能从承保人处获得足额赔偿时，监理机构在接到承包人申请后，应依据施工合同约定界定风险与责任，确认责任者或合理划分合同双方分担保险赔偿不足部分费用的比例。

(6) 工程分包应符合下列规定：①监理机构在施工合同约定允许分包的工程项目范围内，对承包人的分包申请进行审核，并报发包人批准。②只有在分包项目最终获得发包人批准，承包人与分包人签订了分包合同后，监理机构才能允许分包人进入工地。③分包的管理：监理机构应要求承包人加强对分包人和分包工程项目的管理，加强对分包人履行合同的监督；分包工程项目的施工技术方案、开工申请、工程质量检验、工程变更和合同支付等，应通过承包人向监理机构申报；分包工程只有在承包人检验合格后，才可由承包人向监理机构提交验收申请报告。

(7) 化石和文物保护应符合下列规定：①一旦在施工现场发现化石、钱币、有价值的物品或文物、古建筑结构以及有地质或考古价值的其他遗物，监理机构应立即指示承包人按有关文物管理规定采取有效保护，防止任何人移动或损害上述物品，并立即通知发包人。必要时，可下达暂停施工通知。②监理机构应审核承包人由于对文物采取保护措施而发生的费用和工期延误的索赔申请，提出意见后报发包人批准。

(8) 施工合同解除。监理机构在收到施工合同解除的任何书面通知或要求后，应认真分析合同解除的原因、责任和由此产生的后果，并按施工合同约定处理合同解除和解除后的有关合同事宜。

（9）争议的解决。争议解决期间，监理机构应督促发包人和承包人仍按监理机构就争议问题做出的暂时决定履行各自的职责，并明示双方，根据有关法律、法规或规定，任何一方均不得以争议解决未果为借口拒绝或拖延按施工合同约定应进行的工作。

（10）清场与撤离应符合下列规定：①监理机构应依据有关规定或施工合同约定，在签发工程移交证书前或在保修期满前，监督承包人完成施工场地的清理，做好环境恢复工作。②监理机构应在工程移交证书颁发后的约定时间内，检查承包人在保修期内为完成尾工和修复缺陷应留在现场的人员、材料和施工设备情况，承包人其余的人员、材料和施工设备均应按批准的计划退场。

6.5.7　信息管理

（1）监理机构建立的监理信息管理体系应包括下列内容：①设置信息管理人员并制定相应岗位职责。②制定包括文档资料收集、分类、整编、归档、保管、传阅、查阅、复制、移交、保密等的制度。③制定包括文件资料签收、送阅与归档及文件起草、打印、校核、签发、传递等在内的文档资料的管理程序。④文件、报表格式：常用报告、报表格式应采用《水利工程建设项目施工监理规范》（SL 288—2003）附录 E 所列的和水利部印发的其他标准格式；文件格式应遵守国家及有关部门发布的公文管理格式，如文号、签发、标题、关键词、主送与抄送、密级、日期、纸型、版式、字体、份数等。⑤建立信息目录分类清单、信息编码体系，确定监理信息资料内部分类归档方案。⑥建立信息采集、分析、整理、保管、归档、查询系统及计算机辅助信息管理系统。

（2）监理文件应符合下列规定：①按规定程序起草、打印、校核、签发监理文件。②监理文件应表述明确、数字准确、简明扼要、用语规范、引用依据恰当。③按规定格式编写监理文件，紧急文件应注明急件字样，有保密要求的文件应注明密级。

（3）通知与联络应符合下列规定：①监理机构与发包人和承包人以及其他人的联络应以书面文件为准。特殊情况下可先口头或电话通知，但事后应按施工合同约定及时予以书面确认。②监理机构发出的书面文件，监理机构应加盖公章，总监理工程师或其授权的监理工程师应签字并加盖本人注册印鉴。③监理机构发出的文件应做好签发记录，并根据文件类别和规定的发送程序，送达对方指定联系人，并由收件方指定联系人签收。④监理机构对所有来往文件均应按施工合同约定的期限及时发出和答复，不得扣压或拖延，也不得拒收。⑤监理机构收到政府有关管理部门和发包人、承包人的文件，均应按规定程序办理签收、送阅、收回和归档等手续。⑥在监理合同约定期限内，发包人应就监理机构书面提交并要求其做出决定的事宜予以书面答复；超过期限，监理机构未收到发包人的书面答复，则视为发包人同意。⑦对于承包人提出要求确认的事宜，监理机构应在约定时间内做出书面答复，逾期未答复，则视为监理机构认可。

（4）文件的传递应符合下列规定：①除施工合同另有约定外，文件应按下列程序传递：承包人向发包人报送的文件均应报送监理机构，经监理机构审核后转报发包人；发包人关于工程施工中与承包人有关事宜的决定，均应通过监理机构通知承包人。②所有来往的文件，除书面文件外还宜同时发送电子文档。③不符合文件报送程序规定的文件，均视为无效文件。

（5）监理日志、报告与会议纪要应符合下列规定：①监理人员应及时、认真地按照规定格式与内容填写好监理日志。总监理工程师应定期检查。②监理机构应在每月的固定时间，向发包人、监理单位报送监理月报。③监理机构应根据工程进展情况和现场施工情况，向发包人、监理单位报送监理专题报告。④监理机构应按照有关规定，在各类工程验收时，提交相应的验收监理工作报告。⑤在监理服务期满后，监理机构应向发包人、监理单位提交项目监理工作总结报告。⑥监理机构应对各类监理会议安排专人负责做好记录和会议纪要的编写工作。会议纪要应分发与会各方。但不作为实施的依据。监理机构及与会各方应根据会议决定的各项事宜，另行发布监理指示或履行相应文件程序。

（6）档案资料管理应符合下列规定：①监理机构应督促承包人按有关规定和施工合同约定做好工程资料档案的管理工作。②监理机构应按有关规定及监理合同约定，做好监理资料档案的管理工作。凡要求立卷归档的资料，应按照规定及时归档。③监理资料档案应妥善保管。④在监理服务期满后，对应由监理机构负责归档的工程资料档案逐项清点、整编、登记造册，向发包人移交。

6.5.8　工程验收与移交

（1）监理机构应按照国家和水利部的有关规定做好各时段工程验收的监理工作，其主要职责如下：协助发包人制定各时段验收工作计划；编写各时段工程验收的监理工作报告，整理监理机构应提交和提供的验收资料；参加或受发包人委托主持分部工程验收，参加阶段验收、单位工程验收、竣工验收；督促承包人提交验收报告和相关资料并协助发包人进行审核；督促承包人按照验收鉴定书中对遗留问题提出的处理意见完成处理工作；验收通过后及时签发工程移交证书。

（2）分部工程验收应符合下列规定：①在承包人提出验收申请后，监理机构应组织检查分部工程的完成情况并审核承包人提交的分部工程验收资料。监理机构应指示承包人对提供的资料中存在的问题进行补充、修正。②监理机构应在分部工程的所有单元工程已经完建且质量全部合格、资料齐全时，提请发包人及时进行分部工程验收。③监理机构应参加或受发包人委托主持分部工程验收工作，并在验收前准备应由其提交的验收资料和提供的验收备查资料。④分部工程验收通过后，监理机构应签署或协助发包人签署《分部工程验收签证》，并督促承包人按照《分部工程验收签证》中提出的遗留问题及时进行完善和处理。

（3）阶段验收应符合下列规定：①监理机构应在工程建设进展到基础处理完毕、截流、水库蓄水、机组启动、输水工程通水以及堤防工程汛前、除险加固工程过水等关键阶段之前，提请发包人进行阶段验收的准备工作。②如需进行技术性初步验收，监理机构应参加并在验收时提交和提供阶段验收监理工作报告和相关资料。③在初步验收前，监理机构应督促承包人按时提交阶段验收施工管理工作报告和相关资料，并进行审核，指示承包人对报告和资料中存在的问题进行补充、修正。④根据初步验收中提出的遗留问题处理意见，监理机构应督促承包人及时进行处理，以满足验收的要求。

（4）单位工程验收应符合下列规定：①监理机构应参加单位工程验收工作，并在验收前按规定提交和提供单位工程验收监理工作报告和相关资料。②在单位工程验收前，监理机构应督促承包人提交单位工程验收施工管理工作报告和相关资料，并进行审核，指示承包人对报告和资料中存在的问题进行补充、修正。③在单位工程验收前，监理机构应协助发包人检查单位工程验收应具备的条件，检验分部工程验收中提出的遗留问题的处理情况，并参加单位工程质量评定。④对于投入使用的单位工程，在验收前，监理机构应审核承包人因验收前无法完成、但不影响工程投入使用而编制的尾工项目清单，和已完工程存在的质量缺陷项目清单及其延期完工、修复期限和相应施工措施计划。⑤督促承包人提交针对验收中提出的遗留问题的处理方案和实施计划，并进行审批。⑥投入使用的单位工程验收通过后，监理机构应签发工程移交证书。

（5）合同项目完工验收应符合下列规定：①当承包人按施工合同约定或监理指示完成所有施工工作时，监理机构应及时提请发包人组织合同项目完工验收。②监理机构应在合同项目完工验收前，按规定整编资料，提交合同项目完工验收监理工作报告。③监理机构应在合同项目完工验收前，检验前述验收后尾工项目的实施和质量缺陷的修补情况；审核拟在保修期实施的尾工项目清单；督促承包人按有关规定和施工合同约定汇总、整编全部合同项目的归档资料，并进行审核。④督促承包人提交针对已完工程中存在质量缺陷和遗留问题的处理方案和实施计划，并进行审批。⑤验收通过后，监理机构应按合同约定签发合同项目工程移交证书。

（6）竣工验收应符合下列规定：监理机构应参加工程项目竣工验收前的初步验收工作；作为被验收单位参加工程项目竣工验收，对验收委员会提出的问题做出解释。

6.6 保修期的监理工作

6.6.1 保修期的起算、延长和终止

（1）监理机构应按有关规定和施工合同约定，在工程移交证书中注明保修期的起算日期。

（2）若保修期满后仍存在施工期的施工质量缺陷未修复或有施工合同约定的其他事项时，监理机构应在征得发包人同意后，做出相关工程项目保修期延长的决定。

（3）保修期或保修延长期满，承包人提出保修期终止申请后，监理机构在检查承包人已经按照施工合同约定完成全部工作，且经检验合格后，应及时办理工程项目保修期终止事宜。

6.6.2 保修期监理的主要工作内容

（1）监理机构应督促承包人按计划完成尾工项目，协助发包人验收尾工项目，并为此办理付款签证。

（2）督促承包人对已完工程项目中所存在的施工质量缺陷进行修复。在承包人未能执行监理机构的指示或未能在合理时间内完成修复工作时，监理机构可建议发包人雇佣他人完成质量缺陷。修复工作，并协助发包人处理由此所发生的费用。若质量缺陷是由发包人或运行管理单位的使用或管理不周造成，监理机构

应受理承包人因修复该质量缺陷而提出的追加费用付款申请。

（3）督促承包人按施工合同约定的时间和内容向发包人移交整编好的工程资料。

（4）签发工程项目保修责任终止证书。

（5）签发工程最终付款证书。

（6）保修期间现场监理机构应适时予以调整，除保留必要的人员和设施外，其他人员和设施可撤离，或将设施移交发包人。

7 中小型防洪工程监测

7.1 概述

防洪工程监测主要包括以下三个方面：

（1）工程安全监测：对防洪工程涉及的水库大坝、堤防工程、水闸输水渠道、隧洞等水工建筑物的变形、渗透、扬应力、裂缝等项目的观测，及时了解建筑物的工作状态，掌握它的变化情况。通过观测发现问题，及时采取有效措施，可防止发生事故，保证工程安全，延长建筑物的寿命。

（2）水力要素监测：对防洪工程及其上下游河道的流量、水位、流速、泥沙冲淤变化等进行监测，提高防洪系统的控制运用能力，为实时调度、科学运行提供支撑，可根据对积累的观测资料的分析研究，逐步掌握一般的客观规律，制定或修订运用原则，正确指导操作运用，使防洪工程发挥最大的效益。

（3）水环境监测：对进入防洪系统涉及的江、河、湖泊、水库、海洋等地表水体污染物质及渗透到地下水中污染物质进行经常性的监测，以掌握水质现状及其发展趋势；对生产过程、生活设施及其他排放源排放的各类废水进行监视性监测，为污染源管理和排污收费提供依据；对水环境污染事故进行应急监测，为分析判断事故原因、危害及采取对策提供依据；为国家政府部门制订环境保护法规、标准和规划，全面开展环境保护管理工作提供有关数据和资料；为开展水环境质量评价、预测预报及进行环境科学研究提供基础数据和手段。

7.2 工程安全监测

7.2.1 垂直位移监测

(1) 垂直位移监测的目的：防洪工程涉及的水工建筑物，如水库大坝、堤防、水闸等，其垂直位移是由于地基承受荷载或振动后，土壤孔隙内的水分和空气受到压缩从土壤内逸出，孔隙的容积减小，或土从建筑物下面被挤出，引起地基的永久性垂直变形，使闸、坝随之下沉，这个下沉量称之为垂直位移。当建筑物各部分发生不均匀沉降并超过许可值时，将产生不良影响。因此，监测闸、坝的垂直位移及注意其发展情况，就能掌握建筑物的变化，一旦发现建筑物安全将受到威胁时，就可以及时采取补救措施。

(2) 垂直位移观测点的布置及埋设：用水准仪观测建筑物垂直位移时，需埋设水准基点、工作基点和垂直位移标点。①水准基点：是观测垂直位移高程的依据，要求设在不受建筑物变形影响，且地基坚实稳定的地点。为了便于校测，埋设的数量不得少于两个。水准基点的高程应从精密水准点引测，每隔 1～2 年校测 1 次。②工作基点：一般埋设在建筑物两岸的基岩或坚实的土基上，其安装数量视垂直位移校点的布置情况而定。工作基点14 年至少应校测一次。③垂直位移标点：应布置在闸室、闸顶、岸、翼墙等主要地方。其编号的原则一般面向下游，从左向右。从上游向下游顺时针方向顺序编号。

(3) 垂直位移的观测仪器及方法：①观测仪器：用于垂直位移观测的水准仪一般有德国产 SO.5 级蔡司 NiO04 型，瑞士生产的 S1 级威尔特 N3 型，国产 S1 型精密水准仪等。水准尺均用随仪器配备的专用铟钢水准尺。②观测方法：即水准测量。根据工作基点的高程测出各垂直位移标点的高程，再将本次所测得各标点与上次所测得各标点的高程进行比较，各点本次与上次之差值就是沉陷量。具体做法是从水闸的左岸或右岸工作基点开始，在选定的测站上安平仪器，以工作基点为后视，向距工作基点最近的第一个垂直位移标点引测，然后，将仪器移至第一个与第二个垂直位移标点之间，以第二个垂直位移标点为前视依次进行，直至测定最后一个垂直位移标点，然后反测到工作基点为止。将测得的各读数逐级填入记录表中。

（4）注意事项：①仪器出箱后将仪器置于露天阴影处 30min 后方可使用。②前后视距不等差不得超过 ±0.5m，全测程视距长度差累计值不得超过 3.0m，视距一般不应大于 50m。③外业手簿应使用统一格式，并装订成册，每册页号应予编号，不得撕页，记录中间不得无故留下空页。④一切外业原始观测值必须在现场用硬铅笔直接记录于手簿中，字迹应清晰端正，不得潦草模糊。⑤外业手簿中，任何原始记录不得擦去或涂改，原始记录有误的数字应以单线划去，在其上方写出正确的数字。对于作废的观测记录应以单线划去并注明重测原因及重测结果记于何处，重测记录需加注"重测"二字。⑥计算中的小数取舍问题，采用 6 进 4 舍 5 奇进偶舍的方法。

7.2.2　水平位移监测

水库大坝、堤防、水闸等在挡水后受到水压力、扬压力等作用，有平移和倾覆的趋势，地基的不均匀沉陷也会使闸、坝上部结构发生水平移动。水平位移观测的方法很多，有视准线法、前方交会法、三角交会法、印张线法、激光准直法等。前方交会法是几种交会定点方法中最基本的方法。

（1）测点布置：在每个闸墩上各安设一个标点，并在一条直线上，工作基点设在闸下 50m 外的下游两岸，分别为 A、B 点，布置在不受任何破坏而又便于观测的坚实的土基上。为校核工作基点本身的位移，在垂直闸的工作基点的延长线上各埋设一个校核基点 C、D 点。

（2）观测方法：前方交会法是在两个固定工作基点上用观测交会角来测定位移标点的坐标变化，从而确定其位移情况。A、

B 点为两固定工作基点，C、D 为校核基点。A、B 点为已知点。设 AB 为 y 轴，垂直 AB 线为 x 轴，P_1、P_2，…，P_n 为位移标。将精密经纬仪安置在工作基点 A 上，另一工作基点 B 固定站标，将经纬仪对准固定规标调至 0°（即原始基线），然后再对闸墩上的各标点 P_1、P_2，…，P_n 依次观测水平角度 α_1，α_2，…，α_n。然后，将经纬仪安置在工作基点 B 上，A 点固定站标，用同样方法观测出水平位移角度 β_1、β_2，…，β_n。将观测的数据填入记录表中，即可求得各位移点的坐标值，本次测的坐标值与第一次观测的坐标值之差即为水平位移值。

$$x_p = y_B / (\cot\alpha + \cot\beta) \qquad (7.2.1)$$
$$y_p = x_p \cot\alpha \qquad (7.2.2)$$

上述两公式为前方交会法计算位移的最后简化公式。y_B 为已知固定值，根据每次测出的水平位移角 α、β，即可算出水平位移值。

7.2.3　测压管水位监测

水库大坝、堤防、水闸工程等测压管水位观测，通常有基础扬压力观测和建筑物两岸的绕流观测等。

7.2.3.1　基础扬压力观测

（1）观测的目的及要求：建筑物基础面上的扬压力，是指建筑物处于尾水位以下部分所受的浮力和在上、下游水位差作用下，水从基底自上游流向下游所产生的向上的渗透压力的合力。向上的扬压力相应减小了坝体的有效重量，降低了坝体的抗滑能力。可见扬压力的大小直接关系到闸、坝的稳定性。为此，必须进行扬压力观测，掌握扬压力的分布变化，据以判断建筑物是否稳定，发现扬压力超过设计值，影响闸、坝的安全时，可及时采取补救措施以防止水闸遭到意外。扬压力观测的次数，在工程初蓄水期间，应每天观测 1 次；水闸投入正常运行后，一般应 10 天观测 1 次；当上游水位上升较快或超过正常水位时，应适当增加测次；地震后也应增加测次。观测精度要求，用电测水位器观测时，两次读数差应不大于 1.0cm；用测探针观测时，两次读数差应不大于 2.0cm。

（2）测压管组成及使用方法：测压管主要由进水箱、竖管和管盖三个部分组成。测压管的观测一般使用测锤法，由测绳和重锤两部分组成。测绳一般要用柔性好、伸缩性小的绳索。为了便于观测读数，测绳上一般都设有长度标志。重锤为一金属圆柱体。用测绳观测测压管水位时，将测锤徐徐放入测压管竖管，当重锤下端触及水面时，听到锤击水面的响声，立即拉住测绳，并反复几次上下移动，以测锤下端刚触及水面为准，然后，读出测绳下放长度 L，再换算成测压管的水位 $G_n = H_n - L$（H_n 为测压管管口高程）。测量时，取两次平均值，且要求读数之差不大于 2.0cm。

（3）注意事项：①一切外业原始观测值必须在现场用铅笔直接记录于手簿中，记录的数字应力求清晰端正，不得潦草模糊，不得涂改，如有误的数字应以单线划去，在其上方写出正确的数字。②观测测压管水位时要同时观测上、下游水位及闸门开启情况。③要保护好管盖，使之不被丢失，以免外界灰尘、泥土、砂、碎石掉进竖管中。④定期对测压管进行注水试验，来检查它的灵敏性。

7.2.3.2　绕流观测

水库大坝、水闸蓄水后，渗流绕过建筑物两岸从下游岸坡流出，称为绕流。与建筑物连接的接触面也有绕流发生。在一般情况下绕流是一种正常现象，但如果建筑物与岸坡连接不好，岸坡过陡产生裂缝或岸坡中有强透水层，就有可能造成集中渗流，引起变形和漏水，威胁闸、坝的安全。因此，需要进行绕流观测。绕流测压管主要由进水管段、导管和管口保护设备等部分组成。它一般是在工程竣工后钻孔埋设。其观测方法、测次、精度要求等参见扬压力观测。

7.2.4　混凝土伸缩缝观测

（1）伸缩缝观测的目的及要求：①水库大坝、堤防、水闸工程中的主要部位，一般都是用混凝土浇筑而成的，而温度和不均匀沉陷对混凝土结构的影响相当显著。为了解建筑物受温度升降而产生的变形规律，有无错动等影响建筑物正常运用的现象，需要进行水闸工程的伸缩缝观测。②观测混凝土伸缩缝时，根据情况可同时观测混凝土温度、气温、水温、上下游水位等相关因素。观测标点的设置，一般一条伸缩缝上的测点不少于两个。③对伸缩缝的观测，在水闸运用初期可每天观测一次，以后可适当减少测次，可每月观测一次。

（2）伸缩缝观测的方法：①单向测缝标点法：就是在伸缩缝两侧的混凝土体上各埋设一段角钢，角钢轴线与伸缩缝平行，一肢向上；另一肢用螺栓固定在混凝土上，向上的肢侧各焊一半圆形的标点。进行伸缩缝宽度的观测时，用游标卡尺测量两标点之间距离，即可得出伸缩缝宽度的变化值。②型板式三向测缝标点法：型板式三向测缝标点法用于观测伸缩缝的开合、错动和高差三个方向的变化值。它是用螺栓埋设在伸缩缝两侧混凝土上的两块弯曲成相互垂直的成型铁板，型板宽约 30cm，厚 5～7mm，在型板上焊三对不锈钢或铜质的标点。观测时，用外径游标卡尺分别测量三个方向上三对不锈钢（或铜质）质的三棱柱条之间的距离，可得出该段伸缩缝沿三个方向的相对位移值。

7.3 水力要素监测

防洪工程涉及的水力要素主要包括流量、水位、流速、流态、波浪、糙率以及大气降水等。

7.3.1 流量观测

流量观测的目的是要取得天然河流和泄水工程泄放的流量数据以及专门水工建筑物过流的流量数据，为防洪工程的规划、设计、管理、科研、运用提供基本资料。

流量观测分为水文测验方法（用于河流、渠道上观测）和特殊方法（直接在各种过水建筑物上进行观测）两类；按获得具体流量数据过程，则可分为直接法和间接法两种。直接法有溶液法、容量法等，间接法则是通过其他水力要素（水位、压力、流速）的测量，经过计算或图表换算而间接求得流量的方法，绝大多效的流量观测属于间接方法，其中以通过流速观测而计算流量的居多。目前，过水建筑物的过流量观测仍以水文测验方法为主。通常的作法是：工程建成后，管理单位即应积累每一次过流的水位及流量资料，或在有条件的情况下，通过系统的观测，在较短的时间内绘制实测的水位与流量关系曲线，以后即可通过观测水位而由此曲线求得相应的流量。若有控制闸（阀）门时，还应绘制闸（阀）门不同开度下的水位流量关系曲线。具体测量则是在各适宜地段选设测流断面，用流速仪或浮标以及其他方法施测。直接在各类过水建筑物上进行流量观测的方法目前还不够完善，特别是通过泄水建筑物的水流流速一般比较高，在观测手段上还存在技术上的困难，还只限于个别特殊情况下的观测结果，比较成熟的观测方法尚待进一步研究。

7.3.2 水位观测

水位是防洪工程管理运用和建筑物运行工况分析的重要资料。水位变化分时均水位和瞬时水位。时均水位是观测时段内取平均值的水位，如水库上、下游水位，水文站水位等；瞬时水位指随时间变化较快的水位，如波浪、水电站尾水波动等。这里主要介绍时均水位的观测方祛，瞬时水位的观测见波浪观测。

（1）测点位置的选择：泄水建筑物上、下游水位观测可与水文站基本水位测量和电站监视水位观测相结合。测点应设在能满足工程运用、管理和分析研究某专门问题有代表性的地点；设在水流平稳、受风浪影响小、河床及岸坡较稳固、便于观测的地点，如水库或闸坝上游水位测点一般设在坝前跌水线以上水流平稳处，与闸、坝的距离不小子设计水头的 3～6 倍。若挡水闸坝很宽，则应在两岸设置辅助水尺。下游水位测点，应尽可能设在较顺直的河段内，观测断面应保持稳定且无回水影响。根据观测需要，可建辅助专用测量设备，如为观测闸墩收缩断面的水位，应在闸前翼墙及闸墩侧壁设测点；如为观测消力池下游水位，应在水位稳定断面的上游设辅助水尺，稳定断面的位置与消力池出口的距离一般不小于消能设备总长的 3～5 倍；如为观测弯道水位，则应在两岸设置辅助测点，观测水面横比降。

（2）观测设备与方法：观测水位的设备有水尺及自计水位计。水尺是水位观测的基本设施，有直立式、倾斜式、矮桩式和悬锤式等型式。水尺应力求坚实耐用、设置稳固、利于观测、便于养护、保证精度。自记水位计具有记录连续、完整、精度高、节省人力等优点。有就地记录式与远传记录式两种型式。①直立式水尺：造价低、构造简单、观测方便，精度可达 1cm，一般由靠桩及水尺板组成。靠桩可用经防腐处理过的坚实木桩、型钢、铁管或钢筋混凝土等材料，水尺板可用搪瓷、金属或木板，尺面刻度可用彩漆或油漆直接描绘。水尺靠桩入土深度一般不小于 1.0～1.5m，在松散土层，应埋设至穿过这种土层以下至少 0.5m；在淤泥河床上，入土深度不宜小于靠桩在河床以上高度的 1.5～2.0 倍。在冻土地区，入土深度应满足抗冻拔的要求；在坚硬的卵石河床打桩困难时，可挖坑埋设靠桩；在岩石河床可利用岩缝或在岩石上钻孔埋桩；在桥梁和水工建筑物或坚固的岩石上，可直接绘水尺或装设水尺板。水尺的观测范围应包括测点处曾经发生过或可能发生的最高、最低水位，一般情况应高于最高水位和低于最低水位各 0.5m，当水面波浪大较难测准水位时，可在岸边挖与河道连通的小水井，将水尺放在井中测读水位，或将直径 1～2cm 两端开口的玻璃管，装于水尺槽缝内，按照玻璃管内颜色鲜明的浮于位置测读水位。②悬锤式水尺：通常在观测者不易接近观测场所时应用，如河流或湖泊的坚固陡岸、桥梁、水工建筑物的陡壁等处。这种水尺是以带重锤的悬索（钢带、细钢丝绳等）测量水面距离某一已知高程的高差，悬锤重量应既能拉紧悬索，又能保持悬索在工作状态下的伸长误差为最小，故测前或测后应对带有悬锤的悬索进行长度率定。由于靠目测来判断重锤与水面的接触不易准确，故其测量精度不高，常采用电测锤以提高精度。③自记水位计：在必须详细记载水位随时间的变化过程或较长时期观测的测站，可采用自记水位计。自记水位计主要由感应系统和记录系统两部分组成。

7.3.3 流速观测

流速是水力学的重要参数，为取得泄水建筑物、水电站、泵站、渠道等的设计资料，为研究消能冲刷、空蚀、磨损、脉动振动等问题，均需要观测流速。在水力学原型观测中需要观测各类流速，如时间平均流速、区段平均流速，断面平均流速和瞬时脉动流速等。这里仅介绍平均流速观测。观测流速的方法有浮标测速、超声波测速、电波测速、流速仪测速和毕托管测速等。

（1）浮标法测速：在河道、泄槽及有水平护坦的溢流坝下游，流速较高，用流速仪测定流速困难时常采用浮标法观测某区段的流速。①测表面流速使用水面浮标，其入水深度不宜大于水深的 1/10；测深层流速时使用深水浮标，其入水深度最好为垂线水深的 0.90～0.95。浮标必须满足在岸上可以看清楚的条件，颜色与水体应有鲜明的区别。②测表面流速的水面浮标常用木料、麦秸、秋秸、稻草、竹筒等制成的固体浮标，也常用到用红土、高锰酸钾放入纸袋制成的液体浮标。流速低、扰动大的水流适合用固序浮标，流速高、扰动小的水流适用液体浮标。③施测断面平均流速所投放的浮标应在断面内均匀分布，数目可视河宽而定，每点投放的有效浮标，不应少于 3～5 个，上下观测断面的间距根据流速和现场的具体情况而定。④用浮标测流速的投放设备、投放方法、浮标制作、位置选定以及资料整理等具体做法，可参考水文测验手册。⑤测取浮标运动的方法有目测、摄影、连续摄影、高速摄影、经纬仪摄影、经纬仪交会等。在形状比较规整的渠槽中，也有采用深水浮标测平均流速的，其观测方法表面浮标观测相同。

（2）超声波时差法测速。

1）超声波时差法测速原理：超声波在流动水体中传播时的速度与在静水中传播的速度不同。超声波时差法即利用超声波在顺流与逆流传播的时间差来计算水流速度。当两个超声波换能器安装在河流两岸，超声波传播通道与流向成一夹角 θ 时，其超声波传播时间可用式（7.3.1）计算。

$$V=\frac{L}{2\cos\theta}\left(\frac{1}{T_{AB}}-\frac{1}{T_{BA}}\right) \tag{7.3.1}$$

式中　V——流速；

　　　L——声程长度；

　　　T_{AB}——超声波在顺流方向的传播时间，$T_{AB}=\dfrac{L}{C+V\cos\theta}$；

　　　T_{BA}——超声波在逆流方向的传播时间，$T_{BA}=\dfrac{L}{C-V\cos\theta}$；

　　　C——静止淡水中的声速。

所以，只要测定两换能器之间的距离 L、超声波传播通道与流向之间的夹角 θ、超声波在顺流及逆流方向的传播时间 T_{AB} 和 T_{BA}，即可由式（7.3.1）计算出水流的各层平均流速 V。

2）主要设备和仪器：超声波测量流速的整个装置包括外部设备和室内仪器两大部分。外部设备主要由换能器、换能器提放设备和信号传输电缆等所组成，换能器是超声波测速中实现声、电转换的关键部件，换能器提放设备包括轨道、行车和绞车等，以使两岸换能器保持在同一水平位置上。

3）测速方法：分为多层法、三层法和一层法三种。超声波时差法具有测速技术先进、原理正确、不破坏天然流态、测量迅速、节省人力、岸上操作安全等优点，其测量精度以相对均方误差衡量，较优于流速仪法，是一种有发展前途的水文测验方法。

（3）电波测速：是一种较为理想的非触水式测速仪器。根据多普勒效应，当电波流速仪向具有速度 V_t 的移动物体发射频率为 f_0 的电波时，从移动物体反射回来的电波频率变为 $f_0\pm f_d$，由式（7.3.2）便可确定移动物体的速度 V_t。

$$V_t=cf_d/2f_0 \tag{7.3.2}$$

式中　c——电波速度，在空气中是 3×10^{10}cm/s；

　　　f_d——多普勒频率；

　　　f_0——发射频率。

在实际测量中，常常是发射的电波频率 f_0 与实际流速为 V_t 的水面流线构成俯角 θ，此时用 $V_t = c f_d / (2 f_0 \cos\theta)$ 确定表面流速。

（4）转子流速仪测速：在河道、渠道上测量流速，多采用旋杯式和旋桨式流速仪。

（5）毕托管测速：在渠槽或管道中需精确测流速分布时，常用毕托管施测，通过毕托管测得的是动水压强与静水压强之差 ΔH_w，流速 V 可用 $V = C \sqrt{2g\Delta H_w}$ 计算，式中 C 为毕托管的修正系数，一般需由率定求得。因毕托管测流速的适应范围较小，为适应高流速的测量，在原型观测中，仅取毕托管的动压管制成动压管流速仪。用动压管流速仪施测流速时将动压管连接水银比压计的一端（也可以连接压力表），这时测得的水银柱压差是动水总压强，将计算出的动水总压强减去动压孔至水面的距离（作为静水压强），即为测点流速水头 ΔH_w，再代入公式求得流速。

7.3.4　流态观测

水流流态是描述水流运动状态特征及河势变化规律的重要因素，也是河流水文特征的重要部分。对于天然河流，首先要充分掌握水文资料，包括河流流态特性及其变化规律，这样才能合理、经济的进行防洪工程的水工建筑物的规划设计。在工程施工期或竣工后，还要进一步了解河势的变化，了解防洪工程各水工建筑物的整体流态、局部流态对建筑物安全以及合理调度等方面的影响。因此，进行原型的流态观测，可了解各建筑物工作性能，掌握水流规律，为防洪工程规划、设计和运行管理提供可靠的实际资料，避免出现不利流态，以保证工程安全。

7.3.4.1　流态的分类

流态的特征通常用其位置、范围及有关参数来描述，有些流态目前尚无一定的物理参数表示，一般可用其形态来描述。

（1）按范围分局部流态和整体流态。局部流态是受河工建筑物或河流局部地形影响而产生的流态，如泄水建筑物进口的收缩水流、漩涡漏斗、跌水等流态；溢流坝坝面的扩散水流、掺气水流以及闸墩、导墙、尾坎处的水冠花和水翅等流态；泄水建筑物下游的挑流水舌、底孔射流、水跃和旋滚流等流态；航道口门区的斜流、往复流等流态；还有闸墩、桥墩、堤头的绕流流态；泄水隧洞中的明流、有压流、半有压流和明满交替流；引水管内的虹吸流；调压井中的涌浪以及河流弯道环流等。由枢纽上、下游或河流某河段范围的各局部流态，组成工程所在河段的整体流态。

（2）按空间分平面流态和空间流态。平面流态为水流表面的流动形态，如回流、绕流、扩散水流及剪刀水等。沿水深方向纵横剖面的流态又称空间流态，如环流、跌水、水跃，挑流水舌和射流等。

（3）按是否随时间变化分不稳定流态和稳定流态。不稳定流态为瞬时出现的或其位置、范围及有关参数随时间而变化的流态，如泡水、漩涡、洪水波以及水下岩塞爆破引起的泡水柱、涌浪等。稳定流态指位置、范围及有关参数在某一时段内不随时间而改变的流态，如在一定流量条件下的回流，绕流等。

（4）从水流内部结构来看，还可分为层流、紊流、二相流、异重流等流态，此类流态描述的是水流微观结构的特性。

7.3.4.2　流态的观测方法

（1）流态平面位置、范围的观测：主要是指测定水流表面流态的流线、迹线及其边界范围的坐标。其观测方法主要有：①目测法：常用于初步勘测定性了解流态的一般情况，主要为目测流态的主流线和边界线的位置。观测中可借助简单仪器工具，如用标杆确定直线，估测距离；用简易浮标观测流线等。观测前要准备河道地形图或枢纽建筑物平面布置图，便于在观测中找出参照坐标，以确定流态的特点，绘出流线及边界的位置，同时应记录观测日期、位置、水位、流量等。②经纬仪、平板仪、六分仪交会法：第一，流体质点的位置坐标，可用两根方向线交会或一根方向线加距离的极坐标原理来确定，由于量测方向比测距简便，通常多用方向线交会定位。具体做法是用一组（2～3 台）经纬仪、平板仪或六分仪，放置于岸边 A、B 两适当位置，以 AB 基线，同步测出同一流体质点 C 的方向 α 和 β（要求 α、$\beta \geqslant 20°$），两方向线交会处即为该流体质点的坐标位置。跟踪某一质点标志，测定质点间隔 Δt 时间的相应位置坐标，将各坐标点连成线，即为该质点的迹线。在某一瞬间同步测得各质点的位置坐标点的连线即为流线。水流质点通常用浮标代表，测表面流线一般用水面浮标，要求浮标标志清楚、易辨认、在水面漂浮稳定，不易翻倾，受风影响小。施测时，在上游按预定的位置投放浮标后，每隔一定的时间，用经纬仪和六分仪测定浮标的平面位置，测点时距视流速大小和测图比尺而定，一般应使图上的点距保持在 0.5～2.0cm 之间，以便连成流线。同一测次中各线的各测点时距应相等。一条测线上一般不应连续漏测两点以上。如观测的流态范围较大或流线过长而一次不能测完时，可分段进行，但应注意选择在流线平直处分段。浮标投放的数量、位置，根据所测流场流态范围和流线数目而定。投放时要编好序号并做好记录。第二，流态的边界范围，可以用测定其边界流线或测定边界上的特征点来确定。测定边界流线与测定一般流线的方法相同，需注意的是从理论上讲边界流线只有一条，因此测前应观察流态边界的大致范围及起始位置，这样就能正确的选择浮标投放位置和数量。由于风浪等影响，水流流动总不是完全稳定的，即使各次浮标按同一固定位置投放，所测流态边界也不会完全相同，因此需放 2～3 组浮标，并测出流态的最大和最小边界范围。此法适用于无法直接放置标志的流场。对于有明显连续流线边界的流态，如回流、往复流、斜流、挑流、绕流等施测也较方便。对于一些位置固定但边界流线不连续或不明显的流态，如泡水、漩涡等可直接放置固定标志在边界线上进行测定，如用船载标杆沿流态边界行驶测定其特征点坐标，即可测定流态范围。③全能摄影经纬仪立体摄影法：用全能经纬仪测量流态的方法与用一般经纬仪前方交会法相似，其特点是能严格按规定的时间同步摄影，可避免时间间隔误差，其所摄相片上一定范围内的任一点影相，都可用以求得其平面位置和高程。④航空摄影观测法：此法需投放浮桶等大型浮标，用飞机在空中拍摄浮标的移动位置，观测时可采用浮动标志移动法，即飞机在一定时间内自动开启摄影机快门，并要求每次摄影和前一次重合至少60%，这样不但可以定出浮标标志的位置，而且可以求出标志移动的距离，得出流速流向。另外还可以用摄相位移效果法，把水面浮标的两张立体相片，通过两次摄影交会，求出标志位置及位移距离。

（2）流态参数的定量观测：流态参数包括流向角度、漩涡深度、泡水高度、环流强度和旋度、流速、坡降等。①流向角度观测：水流中某一质点的流向可以通过该质点流线的切线方向来确定，因此，只要用上述方法测出流线，该流线上各质点的流向即可确定。测点流向一般均以测点左侧断面线与测点流向线顺时针方向的夹角表示，即流向角。沿断面的测点距离应根据河宽和测量目的而定，一般应与流速测点相结合。斜流、挑流、绕流等流态的角度量测方法同前，通常要求测出其最大夹角及平均夹角。②漩涡深度与泡水高度观测：此项观测最好用全能摄影经纬仪量测，因为它既可测流态的平面位置，又可测空间流态，如泡水、旋涡、波浪等的高度、深度和坡降等。如果不具备用此法观测的条件，亦可用测点设标观测法。此法常用船舶一侧装置悬臂测量标尺，驶至漩涡、泡水区，在测点位置泊定，用测量仪器测定竖标志杆的平面位置，用测深标尺量测漩涡及泡水高度。当流态碍航时此法不安全，同时船体对水流有一定干扰，不易测量准确。为显示水流行迹，拍摄前应先在上游散布木屑、稻壳、麦糠等漂浮物，然后进行拍摄或录像；对于范围较大的整体流态，可用广角照相机拍摄；对于高速水流的瞬时流态、水下岩塞爆破引起的井喷、水面泡柱发展过程、洪水波传播等，可用高速摄影机拍摄。

7.3.5 波浪观测

水波是由不同的扰动力和恢复力共同作用下而达到的一种平

衡状态。由于扰动力和恢复力的不同，不同波的波动周期分布很广。防洪工程的波浪观测主要是以重力为恢复力的短波，观测对象主要是水库、泄水建筑物以及渠道内的波浪。波浪观测可用来研究库区风生波的发展规律，制定库区护岸、土坝护坡；决定坝顶安全超高及防浪墙高度；确定明渠、水道边墙安全超高及明流隧洞洞顶余幅高度；研究波浪对闸门等轻型建筑物的作用力并据此拟定防护措施等。

7.3.5.1　水库中的波浪观测

（1）观测目的：掌握风的要素，包括风向、吹程、风力（风速）、水面以上的风速梯度；掌握波浪要素，包括波高、波幅、波长、波速、周期、波向、波形，波浪随时间的变化、不同位置的波浪相关关系；探明波浪对岸坡或建筑物的影响，例如护坡材料的受力和稳定情况、波浪的爬坡等。

（2）观测设备和方法：风浪要素的观测，常用的设备和方法有：①目测法：第一，测波标杆：将绘有刻度，色彩分明的尺直立于水面，目测波浪在尺杆刻度上的变化即可读出波高。用秒表记录两个波峰的周期，一般用秒表测定 30～50 个连续的波浪，通过标杆的历时，以相应的次数除之，即得平均周期。当水深不超过 4m 时，可用木桩打入河底，固定尺杆，杆顶用三方向拉线加固；当水深较大时，可采用浮动式标杆。目测浮动式标杆读数时，要估测标杆在波浪作用下的倾斜度，以便对波高读数加以修正。第二，测波器法：将一颜色显明的浮标，用长度大于水深的绳索锚系于离岸一定距离的库底，在岸上架设一框架和准星，框架上安有等距水平金属丝或具有等距水平线条的透明板，从准星观测浮标随波浪起伏，视线在框架上截取的间距 K，利用相似三角形原理可算出波高。②电测法：分电阻式、节点式、电容式和超声式 4 种。电阻式、节点式和电容式，都需在水面立一根测波杆作为电测系统的传感器．传感器的工作方式是利用节点导电或利用电阻、电容变化将水面波动变为电信号，不同型式的传感器都配备各自的专用仪器，记录仪器可用电位差计、光线示波仪、笔绘示波仪、磁带记录器等。电测波浪杆的安放和固定与目测法基本相同。电测法可同时记录几个不同点的波浪过程，为了更全面的测取波浪要素，可采用三根波浪杆。按直角坐标系布置，该直角坐标系的方位可按经纬线布置，也可将坐标轴之一平行于坝轴线或岸边，三相波浪杆的坐际点分别为 (0, 0)、(X_0, 0) 和 (0, Y_0)，X_0、Y_0 应小于一个波长，以免示波图上波形相互干扰。这样记录下来的三条波浪过程线，除直接显示出三点的波浪幅值、周期和波浪过程外，还可以根据三点的波形相位差求出波向和波速。风的要素，除可借用附近气象站的资料外，并应与测波同时进行观测，根据可能条件测取水面以上风速纵向分布。

（3）观测次数：当风力超过 3 级以上时，应根据风的情况进行波浪观测，当风力达到 6 级或 6 级以上，应每小时左右观测 1 次，在取得足够的观测资料后，可以减少测次或停测。波浪观测时应同时观测风速和水位。

（4）波浪观测位置的布置：一般应在建筑物经常受风浪冲击的部位布设测点。如闸坝的迎水面、护岸、库区两岸的重点区等，布设测点应符合下列要求：观测标志物或波浪感应器的安放地点，离岸边应有一定的距离，以使不受反射波的影响，一般不宜小于 100m；岸上观测布点最高位置应高出最高水位 5m 以上；观测地点水深应尽可能大于该区出现的最大波长之半，水下地形最好平坦。

7.3.5.2 明渠高速水流水面波动观测

（1）观测目的：急流受到扰动〔如闸墩、边墙转折、有压洞出口等〕，水面会出现冲击波（或称驻波、折冲波），使水面纵横起伏。同时高速水流表面伴随着气水交换现象，出现高频颤振，观测这些因素来判断边墙是否有安全的超高。冲击波的观测，主要是在不同水流条件下观测并绘制冲击波的位置高度，尤其要注意冲击波与边墙相交和反射的爬高，这是水流量可能翻越边墙的部位。波线与主流向的夹角随水流弗汝德数而变，通过系统的观测，确定它们之间的关系，这对于预测尚未出现的大流量情况是必要的。

（2）高速水流水面的波动观测方法：无论高速水流的明渠、消能工或尾水，水流都有很大的破坏力，难以将波浪杆置于水中，而非接触式的测量方法，如激光、声波、雷达等近代技术，理论上是可行的，但目前尚无成功的实例。实践中仍是在一些高速水流的明渠边墙上或消力池边墙上绘制水尺或方格网，用目测法、重复曝光拍摄法、录像法来测取边墙处的水面波动。①目测法：用眼睛或用望远镜直接测读岸边水尺处的水面波动幅值，由于水面波动很快，只能看到水面最高值和最低值。②用普通照相机重复曝光拍摄法：用照相机拍摄瞬时水面是很方便的，可将照相机位置固定不变在同一底板上重复几次曝光，例如正确曝光时间为 1/50s，可用 1/200s 快门重复拍照 4 次，这样拍摄的照片，静物是清晰的，而在边墙处的水面却有一条重影区，这条重影区即是波动幅值。同一位置也可拍几张照片以求影区的最大值或平均值，这种方法不但可以拍摄出波动，而且可以拍出沿程水面线（包括冲击波），有些部位由于绘尺困难，可在边墙上摆放标明长度的标杆，则在照片上可用两脚规按比例量得水面波动。③录像法：在水面急速波动的情况下，用录相机进行拍摄，再回到电脑中分析处理。

7.3.6　河道糙率观测

对于防洪工程而言，河道糙率观测是十分重要的观测内容。河道糙率是河道表面的粗糙程度和边壁形状不规则性的综合表征，也是表达水流经过不同边界条件所受阻力的综合系数。通常在水文、水力学计算中用系数 n 表示，称为粗糙系数或糙率。河道的行洪能力与糙率有关，设计、计算时均需正确地选择 n 值，它直接关系到河段行洪断面的经济和安全问题。n 值选大了，会造成不必要的浪费，而选小了又会出现过水能力不足，满足不了设计要求，轻者达不到预期的经济效益，重者可能造成事故。可见，n 值的确定有重大的实际意义。然而，影响糙率的因素复杂，既有边界条件的因素，也有水流条件的因素，两者相互作用、相互影响，致使 n 值不易准确确定，而且无法直接取得，要通过其他水力要素的原型观测取得资料，然后利用某些公式计算求得。

河道糙率包括砂土渠道糙率和护砌渠槽糙率，还有挟沙水流糙率和清水糙率之分。这里主要介绍清水护砌渠槽糙率的观测。

（1）观测内容及观测断面选择：①明渠糙率观测的内容主要是流量测量和水位测量，此外还要测量观测断面面积和计算渠段的长度。②观测断面要根据实际情况和观测手段的技术要求来布置，一般要注意以下方面：观测段内的断面形状要无大的变化；观测段要设在渠槽的平直均匀段，观测断面距离断面变化处（如弯道、渐变段等）要有一定的距离，避开水流流态的影响；为了保证观测精度，观测段可适当取长一些，其中间应加设若干辅助水位观测点；观测段的底坡要单一，无明显漩涡和冲击波，尽量使观测段内水流均匀流动；观测段尽量设在水流未掺气的位置。

（2）观测方法和仪器设备：①流量观测：一般采用流速仪按五线五点精测方法施测。②水位测量：目前多采用下述几种方法：测压管或测压井房法，设在观测断面底部的中间和两侧，此法为最常用方法；粉笔涂料法，用粉笔涂于渠壁，观测水流过后留下的痕迹标记最高水位，这种方法也适用于明流洞的行水观测；软丝梳齿法，将若干根软丝（保险丝）梳齿状（间距 5mm）垂直嵌于洞壁测量断面两侧，经水冲后软丝即顺水流方向倾倒，借此标记最高水位，此法也适用于隧洞，并与粉笔涂料水痕相互验证；水尺法，用红漆直接在渠道上画尺，测记水位时，读最高、最低和平均值，此法为常用方法；画痕法，即在渠壁上视平均水位画痕，然后用水平仪测水位线。

（3）糙率值的计算。

1）对于恒定非均匀流的渠道，可用式（7.3.3）计算；对于恒定均匀流的渠道，$\bar{J}=J=i$（i 为渠道底坡），可用式（7.3.4）计算。

$$n = \frac{\overline{R}^{2/3}}{\overline{V}}\sqrt{\overline{J}} = \frac{\overline{A}\ \overline{R}^{2/3}}{Q}\sqrt{\overline{J}} \tag{7.3.3}$$

$$n = \frac{\overline{R}^{2/3}}{\overline{V}}\sqrt{\overline{J}} = \frac{\overline{A}\ \overline{R}^{2/3}}{Q}\sqrt{i} \tag{7.3.4}$$

式中　Q——实测流量；

$\overline{A}$——实测上、下两观测断面面积的平均值；

$\overline{J}$——实测上、下两观测断面间的平均水力坡降。

从实测水位及流量资料即可推算糙率 n 值。

2）推算糙率时要注意以下几点：计算前要先对所测资料进行核对，要注意使用同步观测资料，如有水面线法与测压法同时观测资料，应以测压法资料为主；由实测水位（或水面线）及流量计算而得的糙率值，可能随着各级流量大小不同或所测水位流量位置不同而有所差别，应予以合理修正；如果观测段是掺气水流，计算糙率时要利用渠槽底部的测压资料进行计算，若有实测掺气量资料，则可用水面线资料与测压资料对照。

7.3.7　大气降水监测

7.3.7.1　采样点布设

（1）大气降水采样点布设应符合以下原则：①根据本地区气象，水文，植被，地貌等自然条件，以及城市，工业布局，大气污染源位置与排污强度等布设。②污染严重区密，非污染区稀。③与现有雨量观测站相结合进行规划。

（2）采样点布设应符合以下要求：①在采样点四周（25m×25m）无遮挡雨，雪，风的高大树木或建筑物，并考虑风向（顺风，背风），地形等因素，避开大气中酸碱物质和粉尘的主要污染源及主要交通污染源。②在本地区盛行风上风向一侧，设置一个背景对照采样点。③50 万人以上人口的城市，按区各设一个采样点；50 万人以下人口的城市设二个采样点。④库容在 1 亿 m³ 以上或水面面积在 50km² 以上的水库，湖泊，根据水面大小，设置 1～3 个采样点。⑤尽量与现有雨量站相结合，按现有雨量站的 1‰～3‰ 进行布设。⑥专用站采样点布设按监测目的与要求设置。

（3）采样点布设可选用以下方法：①网格法：网格大小应根据当地自然环境条件，待测区域污染状况等确定。②放射式法：以掌握污染状况，分布范围的变化规律为重点，按布设方式可分为同心圆布点法和扇形布点法。

7.3.7.2 采样

（1）采样器可分为降雨和降雪两种类型，容器由聚乙烯，搪瓷和玻璃材质制成，聚乙烯适用于无机项目监测分析，搪瓷和玻璃适用于有机项目。①降雨采样器：按采样方式可分为人工采样器和自动采样器，前者为上口直径 40cm 的聚乙烯桶，后者带有湿度传感器，降水时自动打开，降水停后自动关闭。②降雪采样器：可使用上口直径大于 60cm 的聚乙烯桶或洁净聚乙烯塑料布平铺在水泥地或桌面上进行；用塑料布取样时，只取中间 15cm×15cm 范围内雪样，装入采样桶内，在室温下溶化。

（2）采样要求与注意事项：①降水出现有其偶然性，且降水水质随降水历时而变化，应特别注意采样代表性。②降雨采样时，采样器应距地面相对高度 1.2m 以上，以避免样品玷污。③样品量应满足监测项目与采用的分析方法所需水样量以及备用量的要求。④采样过程中应避免干沉降物污染样品。⑤采样时应记录降水类型，降水量，气温，风向，风速，风力，降水起止时间等。

（3）采样时间应符合下列要求：①降水水样在降水初期采集，特别是干旱后的第一次降水。②不同季节盛行风向不同时，需在不同季节采样。③当降水量在非汛期大于 5mm；汛期大于 10mm；雪大于 2mm 时采样。

（4）采样频次的确定应符合以下规定：①全国重点基本站每年采样 4 次，每季度各一次。②大气污染严重地区每年 12 次，每月一次。③专用站按监测目的与要求确定。

（5）采样质量控制与要求：①采样器具在使用前，用 10%（v/v）HCl 浸泡 24h 后，再用纯水洗净。②降水采样质量控制同地表水监测。③样品采集后，尽快过滤（0.45μm），再于4℃下保存。④测试电导率，pH值的样品不需过滤；应先进行电导率测定，然后再测定pH值。

（6）样品保存应符合表7.3.1要求。

表7.3.1　　　　　　　　降水样品保存及分析方法

监测项目	容器	保存方法	保存期限	分　析　方　法
电导率	P	4℃，冷藏	尽快测定	电极法
pH	P	4℃，冷藏	尽快测定	电极法
NO_2^-	P	4℃，冷藏	尽快测定	离子色谱法，盐酸萘乙二胺比色法
NO_3^-	P	4℃，冷藏	尽快测定	离子色谱法，紫外比色法
NH_4^+	P	4℃，冷藏	尽快测定	离子色谱法，纳氏比色法
F^-	P	4℃，冷藏	1个月	离子色谱法，氟试剂比色法
Cl^-	P	4℃，冷藏	1个月	离子色谱法，硫氰酸汞比色法
SO_4^{2-}	P	4℃，冷藏	1个月	离子色谱法，铬酸钡比色法
K^+	P	4℃，冷藏	1个月	原子吸收分光光度法
Na^+	P	4℃，冷藏	1个月	原子吸收分光光度法
Ca^{2+}	P	4℃，冷藏	1个月	原子吸收分光光度法
Mg^{2+}	P	4℃，冷藏	1个月	原子吸收分光光度法

注　P为聚乙烯。

7.3.7.3　监测项目与分析方法

（1）监测项目的选择应遵守以下原则：①全国重点基本站监测项目要求应符合表7.3.1。②专用站按监测目的与要求确定。③选测项目按本地区降水水质特征选择。

（2）分析方法应符合国家，行业现行有关标准或相关国际标准要求。

8 中小型防洪工程管理

8.1 中小型防洪工程建设管理

8.1.1 概述

在防洪工程项目建设中，主要利益相关者均在进行项目管理。对项目而言，项目法人的项目建设管理是其中的主体，处于主导地位。工程项目建设全过程可分为项目策划阶段、项目设计阶段、项目实施阶段、竣工验收交付运行阶段和项目后评价五个阶段，项目实施阶段又划分为施工准备、正式施工和竣工验收阶段。中小型防洪工程的管理亦应包括上述不同阶段的内容。目前常用的下四种项目管理模式为：

（1）项目法人自管模式。项目法人自己组建项目管理机构，负责支配建设资金、办理规划手续及施工准备、采购、施工、工程验收与项目后评价等全部工作。

（2）PM 模式（项目管理服务模式）。项目法人将整个工程项目的全部或若干个阶段的管理和服务，包括项目策划、勘察设计、施工准备、采购、施工及竣工验收等任务委托给一家项目管理单位完成。项目管理单位在工程决策阶段，为项目法人编制可行性研究报告，进行可行性分析和项目策划；在工程项目的设计和实施阶段，为项目法人提供招标代理、设计管理、监理管理、采购管理、施工管理，项目竣工验收交付运行阶段为项目法人提供试运行管理和竣工验收等，代表项目法人对工程项目质量、安全、进度、投资、合同、信息等进行管理和控制。项目管理单位不直接与该工程项目的承建单位、勘察设计单位、监理单位、设备供应商等单位签订合同。

（3）EPC模式（也称交钥匙总承包模式）。项目法人仅提出工程项目的运行要求，而将勘察设计、施工准备、采购、施工、试运行等全部工作委托一家总承包企业完成，竣工以后项目法人"转动钥匙"即可运行。

（4）BOT模式（建造—运营—移交模式或特许经营权模式）。由项目发起人从一个国家政府那里获得项目的特许建造经营权，然后由项目发起人联合组建股份制项目公司，负责整个项目的融资、设计、建造和运营，在整个特许期内，项目公司通过项目的运营获得利润。在特许期届满时，整个项目由项目公司无偿或以极低的名义价格移交给东道国地方人民政府。BOT模式包括：标准BOT（Build-Operate-Transfer，建造—运营—移交）、BOOT（Build-Own-Operate-Transfer，建造—拥有—运营—移交）及BOO（Build-Own-Operate，建造—拥有—运营）等。

（5）《国务院关于投资体制改革的决定》规定，企业投资建设实行核准制的项目，仅需向政府提交项目申请报告，不再经过批准项目建议书、可行性研究报告和开工报告的程序。政府对企业提交的项目申请报告，主要从维护经济安全、合理开发利用资源、保护生态环境、优化重大布局、保障公共利益、防止出现垄断等方面进行核准。对于外商投资项目，政府还要从市场准入、资本项目管理等方面进行核准。根据《政府核准的投资项目目录》（2004年版），在主要河流上建设的项目和总装机容量25万kW及以上水电站项目、抽水蓄能电站项目由国务院投资主管部门核准。

8.1.2　项目管理组织

8.1.2.1　项目组织机构

（1）由于中小型防洪工程项目建设过程中往往涉及技术、财务、行政等多方面工作，大部分项目本身就是以一个新公司模式运作的，因此项目管理组织结构形式在某些方面与公司的组织结构形式相类似，但这并不意味着两者可以相互取代。项目法人组建项目管理机构时，可参考目前国际上通行的基本组织结构形式：职能式、项目式、矩阵式和复合式。

（2）职能式组织形式是将项目按照公司行政、人力资源、财务、专业技术等职能部门特点与职责，分成若干子项目，由相应的职能部门完成各方面工作。其特点是层次结构清晰，每个成员都有明确的直接领导，各项工作在职能划分的部门中展开，有利于项目专业问题的解决。

（3）项目式组织形式是将项目的组织置于公司的职能部门之外，独立负责项目的一种组织管理形式。项目的具体工作主要由项目团队负责，对项目的行政事务、财务、人事等在公司规定的权限内进行管理。其特点：项目经理是真正意义上的项目负责人，团队成员工作目标比较单一，项目管理层次相对简单，项目管理指令一致。

（4）矩阵式组织形式是介于职能式和项目式之间的一种项目组织结构形式。参加项目的人员由各职能部门安排，这些人员在项目工作期间，工作内容服从项目团队安排，人员不独立于职能部门，是一种暂时的、半松散的组织结构形式。其特点：团队的工作目标与任务比较明确，各职能部门可根据自己的资源和任务情况调整、安排资源力量，相对职能式结构减少了工作层次与决策环节。

（5）复合式组织形式是在公司中有职能式、项目式与矩阵式两种及以上的组织结构形式或在一个项目中包含上述两种及以上组织结构形式的混合型。其特点：公司可根据具体项目与公司情况确定项目管理的组织结构，在发挥项目优势与人力资源优势等方面方式灵活。

（6）项目管理机构要充分考虑项目目标要求，选择和确定合适的组织结构，并定期检查其适合性。如果随着工程的进展，开始制订的组织结构形式不再适合项目的发展，应该及时对其进行适当的修改和调整。

（7）组织结构的确定与基本组织结构形式倾向的选择、部门的划分与确定等都是密不可分的。

8.1.2.2 项目经理

（1）项目经理是项目法人在该工程项目上全权委托的代理人，负责项目组织、计划与实施，是项目的直接领导者与组织者，因此，项目经理应享有充分授权，包括人、财、物、技术和经济等方面的管理权力。项目建设运行正常时，项目经理需要定期向项目法人报告；如遇到重大事项时，必须及时向项目法人报告。

（2）选择项目经理应该考察其综合素质，选择德才兼备的优秀人才。项目经理在项目管理中许多事情必须当机立断，即刻做出决策，没有足够的时间进行讨论、征求意见，因此，较好的决策能力是项目经理任职所必需的条件；在组织、指挥、协调、监督、激励等方面，项目经理是项目管理机构的核心，需要基本独立地领导团队完成项目任务，项目的计划、组织、实施、检查、调整等都由项目经理领导完成，团队成员的积极性也需要项目经理来调动；项目建设管理工作经常要与团队外部发生各种业务上的联系，包括接触、谈判、合作等，因此，一定的社交与谈判能力也是项目经理应该具备的；项目运作中情况不断发生变化，虽然事先制订了比较细致、周密的计划，但可能由于外部环境、内部情况等因素变化影响，需要对计划与方案随时进行调整，此外，有些突发事件的出现，可能在没有备选方案的情况下要求项目经理立即做出应对，因此项目经理必须具备较强的应变能力；项目经理是项目完成的领导者，如对项目技术不熟悉将无法在日常工作中做出正确的决策，更无法在出现紧急突发事件时采取适宜的应变对策。项目经理需具有一定的技术能力，但不一定是技术权威，在项目团队内通常聘有技术专家专门负责有关技术方面的问题；项目经理不但要有一定的工程技术、经济、法律法规等方面知识，还要有大量的工程项目管理知识以及较丰富的实践经验，这样在工作中才能得心应手；对问题与资料进行处理、综合分析，并将咨询意见通过文字清楚、完整地表现出来，准确地传递给利益相关者是对项目经理的重要要求；根据项目的具体情况，还需要项目经理具备一定的创新能力等。

（3）项目经理的工作程序从接受委托或任命起正式开始，执行委托合同或任命文件中明确的项目经理的工作职责、权限、工作任务与目标、奖惩等。

（4）项目经理主持项目管理机构工作，包括启动项目，召开项目启动会议；组织制订项目团队各项具体实施计划；管理团队工作，开展项目实施中的指导；解决团队工作中的困难与问题，培养团队精神；对项目全过程进行全面而有效的控制与管理，特别是对团队成员的工作进行有效控制，包括合理的分工与适度的授权，保持有效、畅通的信息通道，经常性的检查以及及时进行必要的调整等。

（5）团队精神主要是指团队成员为了实现团队的利益与目标，在工作中发扬相互协作、相互信任、相互支持、同心同德、尽心尽力的作风。团队精神的形成是逐渐的，是通过少数人的带动与悉心培养而逐步形成的。培养团队精神，关键是项目经理要率先垂范，通过少数核心人员的行动带动团队精神的形成，并使之影响和扩展到整个团队。

（6）项目经理接受项目任务后，首先要了解和掌握项目情况，研究工作任务，将问题研究透彻，拟定初步的工作思路。对项目进行工作结构分解（WBS），根据工作分解的最后结果进一步理顺工作思路，为下一步的工作计划做准备。项目分解由项目经理组织，在项目团队成员和专家配合下完成。同时，项目经理要对项目管理机构的相关岗位及人员素质、来源进行分析，选择项目管理团队成员。

（7）项目经理要组织制订项目综合计划，主要包括：项目名称、项目基本情况、项目团队工作目标与任务、项目工作进度计划、项目团队组成与分工、项目投资计划、成果的形式、成果交付数量、成果交付时间及方式、项目投资来源等。

（8）项目经理还需要对团队成员进行考核以便加强团队管理的。这样有利于加强成员的团队意识，时刻提醒团队成员要完成的任务，调动工作积极性，提高工作效率，保证项目目标的实现。一般对项目团队成员考核的内容包括：工作效率、工作纪律、工作质量和工作成本四个方面；考核方式一般采用任务跟踪、平时抽查、阶段总结汇报、问题征询、成员互评等。

（9）项目经理的重要工作之一就是为项目良好地运行创造比较顺畅的内外部环境，同时也可以使项目团队能及时、准确地掌握利益相关者对项目要求的变化，并将项目团队面临的困难和取得的进展传递给利益相关者，取得良好的支持与配合。项目经理协调内外关系的主要工作包括：与项目法人及时、有效的沟通；与项目所在地的相关主管部门保持信息的畅通；与其他主要利益相关者保持信息的畅通；在团队内部形成统一、有序、高效的工作氛围等。在项目结束阶段项目经理要注意稳定团队成员的工作情绪，关心团队成员的未来去向。

8.1.3　项目综合管理及范围管理

（1）中小型防洪工程项目是多个群体参与、多领域工作相互交叉，需用多种资源实现多个具体目标的集合，但它具有一个共同的整体要求和目标。项目综合管理就是为了保证项目整体目标的顺利实现，及时进行统筹安排，沟通与协调各方要求，解决项目建设过程中的各种矛盾，并通过实施对工程项目质量、进度、投资、安全等目标的综合管理，使项目建设管理形成有机整体。

（2）项目目标是项目取得成功所应满足的标准，在项目范围规划过程中逐步明确，各个管理环节的分解子目标应通过项目综合管理来统一评估和确定，并应以实现项目目标为出发点。项目目标一旦确定，项目管理机构无权随意调整，原则上只有在项目法人需求发生变化、项目实施的社会经济环境发生变化或发生不可抗力事件造成项目范围变更后才能调整项目目标。

（3）为了保证项目的整体协调、有序运行，首先应该进行项目建设管理规划，编制项目建设管理计划，编制方法可根据项目的复杂程度和不同阶段灵活选用，但应尽可能采用最新的技术工具，并组织相应的专家评审或论证。不同阶段的项目建设管理计划名称可有所区别，项目预可行性研究阶段和可行性研究阶段可以称为项目管理大纲，项目进入设计阶段、实施阶段和验收阶段可以称为项目综合计划。

（4）项目管理机构应该做好综合管理的策划工作，做到各项工作分工明确、界面清晰、层次分明、责任到人、便于管理；将一切工作纳入计划，使各项工作都要按计划运行，按计划完成。如：截流时间一般根据河流的水文气象特征、施工总进度安排以及通航等因素安排在汛后枯水时段，如果不能按计划进行，就要耽误一个汛期的时间，安排在下一个汛前截流将承担洪水的风险。许多时候，单项工作的盲目超前不仅不能带来整体效益，还会造成许多无效劳动，甚至带来损失和浪费，如设备、材料提前供应，现场必须增加仓库保管运输人员，保管不当将会导致设备、材料的锈蚀和变形。

（5）项目综合计划实施是实现工程项目目标的重要阶段，通过项目综合计划实施将所确定的项目目标变为工程实体。项目管理机构应该采用沟通、协调的手段，统一主要利益相关者的认识和要求，明确各项工作的顺序和衔接，加强协作和配合，顺利解决实施中出现的新情况、新问题、新矛盾。由于受客观因素或主观因素的影响，项目综合计划在执行过程中可能会出现许多偏离，项目综合计划的控制就是不断地监视计划的实施过程，当出现偏离时，立即采取措施纠正偏离，在总体上保证进度、质量、投资等目标按计划实现。

（6）对项目建设的全过程实施管理绩效评价是项目综合管理的一个重要方面。管理绩效评价有时也称项目跟踪评价或中间评价。管理绩效评价的作用是使项目法人了解工程项目进展情况，掌握主要利益相关者对工程项目承诺的实现程度，尽早发现项目实施过程中存在的问题，以便及时采取措施。管理绩效评价对项目法人来说，是预测整个项目建设终结绩效的依据，也是实行奖惩的依据。

8.1.3.1 项目管理规划与综合变更控制

（1）项目管理大纲由项目法人组成智囊团编制，是实现项目法人投资决策意图的纲领性文件，主要明确投资项目愿景与目标，科学地划分项目阶段与项目阶段任务目标，同时还应该明确建立项目管理机构的任务及工作内容等。

（2）项目综合计划由项目经理组织项目管理机构编制，以项目管理大纲的总体构想为指导，根据工程项目的需要分阶段进行，是项目管理大纲的具体化和深化，具体规定各项管理业务的目标要求、责任分工和管理方法，作为项目管理团队实施项目建设管理的行动指南。为了满足项目实施的需求，应尽量细化，突出实施重点、难点与对策，并尽可能利用图表表示。

（3）项目综合计划是工程项目实施的控制依据，也是实施工程项目管理的基础性工作。通过制订项目综合计划，可以预测所确定的工程项目管理目标实现的可能性。项目综合计划需由项目管理机构团队共同制订，这样才能构建出一个好的工程项目综合计划，也有利于项目管理机构成员对工程项目的整体理解及指导计划的实施，在实施过程中进行完善和调整。项目综合计划应该通过分析和评价有关内部与外部的技术发展信息，汇总并协调各种计划，评估和预测未来可能的发展情况，从而建立一个连贯的、协调一致的有关完成工程项目任务方案的综合性的项目建设管理计划，通常需要多个方案进行分析、评价和筛选，最终形成一个可行的、能够实施并达到预期目标、最优地实现资源最佳配置的方案。项目综合计划需收集所有决策过程资料和各管理环节反馈资料，项目各环节管理计划应由各环节管理部门编制，并经项目综合计划评估与批准。项目综合计划无论是否进行审批，项目管理机构都必须完成项目范围内的全部工作，保证项目目标的实现。

（4）项目综合变更控制就是建立一套适当的程序，对处于动态环境的项目变更进行有序的管理。由于中小型水电水利工程项目建设周期需时较长，其间，建设环境、市场环境、国家的政策、法规等方面都有可能发生变化，再加之风险因素和不可预见因素的影响，不可避免地会引起计划变更。项目管理机构应设置变更控制岗位，建立一套有效的综合变更控制程序，同时需明确对项目实施中紧急情况下出现的变更自动批准程序的规定。

（5）根据各子目标控制的具体要求，建立监测记录和统计指标体系，明确计算口径和计算方法、监测的部位和时间间隔、监测记录负责人员的责任，保证监测记录的客观性、科学性和可追溯性。通过计算机软件及时生成有关图形和表格，并及时分析和向上级报告。定期收集、检查项目已完成工作情况的数据，将所采集的数据与拟定的项目综合计划进行对比，对产生的偏差进行分析。一方面对偏差造成的影响进行分析，特别要分析那些危害工程项目总目标实现的偏差；另一方面要对产生偏差的原因进行分析，弄清是客观因素还是主观因素造成的。正偏差的原因分析，作为经验总结，负偏差的原因分析，作为教训总结，为进一步改进工作提供借鉴。对于危害项目目标实现的偏差，要根据偏离幅度的大小和危害程度的不同，积极采取纠正措施，保证原定计划的实现。

（6）项目综合变更申请经评估或论证后，无论批准或否决，都必须有正式文件予以记载。变更申请宜由各管理环节提出，应描述变更的起因、变更责任、变更前状态、变更内容、变更造成的影响等；项目各管理环节提出的变更申请，宜由项目综合管理组织评估或论证，确定变更的必要性和合理性，确认其变更与其他相关管理环节能实现协调统一；项目综合变更如果需要调整项目目标和项目范围，评估或论证、批准程序应与项目综合计划的制订程序相同；项目综合计划的修改可与项目变更申请的评估或论证同时进行，变更批准后应及时将修改后的项目综合计划发送给相关管理岗位和主要利益相关者。

8.1.3.2 项目管理绩效评价

（1）项目管理绩效目标责任书是项目法人开展项目管理绩效评价的依据，应该依据书面授权文件、项目管理大纲、项目相关批准或核准文件、项目法人的经营方针、目标和管理制度等制订。

（2）阶段性管理绩效评价是根据工程建设需要，当工程建设达到"里程碑"阶段时（如基础处理完毕、截流、水库蓄水、机组启动、输水工程通水等）进行的阶段性的工作评价，包括项目的功能特性、质量、进度、投资等。阶段性管理绩效评价可以与范围核实相结合。项目实施过程中可以组织对部分关键管理环节进行单独评审。定期管理绩效评价是在建设过程中进行的月度、季度、年度评价，仅对已完成部分工程的质量、进度、投资进行综合管理评价。

（3）设定项目管理绩效目标时，应首先准确化、具体化、定量化。一方面，项目管理绩效目标的设定要以工作分析为依据，不能任意设定；另一方面，这些目标应该足够清楚和客观，以便被理解和衡量。其次，绩效目标应当是合理的和可达到的。如果目标设定不合理或过高，将导致执行不利；如果目标设定过低，执行人员就会自满于轻易的成功，从而也导致执行不利。最后，绩效目标需满足项目法人、贷款机构等对项目管理绩效的具体要求。为了及时了解项目实施情况，项目法人、贷款机构往往对项目管理绩效评价的时间、指标体系和报表内容提出许多具体要求，项目管理机构必须满足这些要求。

（4）目前我国中小型防洪工程项目进行项目管理绩效评价时，首先对工程项目的实施效果进行检查，收集数据。对照项目管理绩效目标责任书，进行定期的管理绩效对比，对实施情况进行状态检查和工作过程检查。状态检查，重点检查项目管理绩效是否达到要求，是否处于进度计划和概算之内，以及项目范围管理是否正确等；工作过程检查，重点检查项目管理工作进展如何，是否满足要求，有哪些问题需要改进等。其次，对检查结果进行综合分析和预测，制订必要的改进措施。分析和预测要紧紧围绕项目总体目标进行。认真分析工程拖期和费用超支的原因，研究采取措施把拖延的时间抢回来，超支的费用节约下来。如果采取措施仍不能全部挽回，就需要进一步研究拖期对整个项目的建设进度是否会产生影响，影响有多大，费用能否得到解决等。最后，对项目管理机构提出的项目管理绩效报告进行分析、评审。项目管理绩效报告是对项目建设期间的关键指标、目标、风险等因素进行监控的结果，能够及时反映出某一时段项目的执行状态、问题，并提出改进措施。

（5）项目综合计划和工作成果是项目管理绩效报告的重要内容，主要包括状态报告、进展报告、预测和变更申请等。状态报告介绍项目在某一特定时间点上，从项目范围、进度、投资目标上反映项目当前所处的状态，主要对关键工作，特别是关键线路的工作进度报告，包括资金使用情况、进度完成情况、工作质量情况等。对截流等具有高技术风险的任务、机组设备供货等应予以特别注意；进展报告介绍项目管理机构在某一特定期间内完成的工作；预测是在过去资料的基础上，预测工程项目未来的状态和进度。根据当前项目进展情况，预计完成项目所需时间，完成项目所需资金，预计的进度、投资、范围是否存在重大偏差，目前存在或今后可能发生的问题，应当采取哪些措施加以改进等。

8.1.3.3 项目范围管理

（1）项目范围管理的定义。项目范围管理是指完成项目规定要做的全部工作，而且仅仅完成规定要做的工作，从而成功地达到项目目标的管理过程。也就是在满足项目使用功能的条件下，对项目应该包括哪些具体的工作进行规划，把项目的可交付成果划分为较小的、更易管理的多个单元，并进行控制。"范围"在本章包括两个含义，一是项目的性质和使用功能；二是实施并完成该项目而必需做的具体工作。"项目范围管理"的对象在本章主要指完成项目所必须的专业工作和项目管理工作。项目在不同阶段，存在不同的合同类型，如咨询服务合同、勘察设计合同、建设监理合同、工程承建合同等。每一种合同要求对方提供的服务内容不同，项目管理机构在合同履行期间应根据采购合同对这些工作内容进行管理。恰当地定义工作范围对成功地实施项目非常关键，反之，则可能由于工作内容不清，不可避免地造成变更，导致费用超支，延长项目竣工时间。

（2）范围规划和工作分解。①工程项目分解是项目建设管理中一项必需的工作内容。项目管理机构进行范围规划和工作分解的目的是：第一，将项目划分为多个相对独立的标段，对外发包；第二，向主要利益相关者分配任务；第三，对每一活动做出较为详细的时间安排和投资估算，并进行资源分配，形成进度目标和投资目标，以便实施目标控制；第四，确定项目需要完成的工作内容。项目范围规划过程宜与项目前期论证过程同时进行。在范围说明书中应记录项目目标和工程技术经济指标的确定过程，以及随着项目的进展所进行的修改完善过程。②项目管理机构进行工程项目分解时一般需完成单项工程、单位工程、分部（分项）工程的分解。质量评定中，一般将分部（分项）工程分解为单元工程。单元工程是依据设计结构、施工部署或质量考核要求，把建筑物分成若干层、块、段来确定的，它是若干工序完成后的综合体，是日常质量考核的基本单位。

（3）项目管理机构进行范围规划和工作分解的主要依据。①项目法人的需求文件。项目法人的需求文件，包括已经核准或批准的项目投资战略文件、项目预可行性研究报告、可行性研究报告或专题研究报告等。如果委托项目管理机构进行项目前期研究，项目委托管理合同应作为项目法人的需求文件。项目法人的需求文件是进行范围规划和工作分解最重要的依据，其主要描述拟建项目具有的性质和规模，建成后必须满足的使用功能，以及项目主要的构成单元。例如：水工建筑物可按使用期限和功能分为临时性水工建筑物和永久性水工建筑物。临时性水工建筑物是指在施工期短时间内发挥作用的建筑物，如围堰、导流隧洞、导流明渠等；永久性水工建筑物可按功能分为通用性水工建筑物和专门性水工建筑物两大类。通用性水工建筑物可分为：大坝等挡水建筑物；溢流坝、泄水隧洞、分洪闸等泄水建筑物；进水闸、泵站等取水建筑物；引（供）水隧洞、输水管道、渠道等输水建筑物；护岸、导流堤等河道整治建筑物等通用性水工建筑物。专门性水工建筑物可分为：调压室、压力管道、水电站厂房等水电站建筑物；沉沙池、冲沙闸等渠系建筑物；码头等港口水工建筑物；船闸、升船机等过坝设施；以及其他专门性水工建筑物等。②项目约束条件。项目约束条件是指限制项目团队做出决策的各种因素，包括项目内部的制约因素和项目外部的制约因素。例如：预算费用是一种内部约束，项目管理机构必须在预算范围内，决定项目的工作范围、员工招聘和安排项目进度；国家的政策、法规是来自于项目外部的制约因素。尤其注意：当在某一合同下实施项目时，合同中的一些规定会对项目范围定义具有相当重要的影响。③项目阶段性成果。已经完成的各阶段的成果可能会对项目的范围定义产生影响，如：项目建议书对可行性研究会产生影响，而可行性研究的成果，又会对工程项目设计产生影响。④历史资料。借鉴其他项目范围定义方面的经验，避免重复以往发生的错误。已经完成的工程项目，在进行范围定义方面所发生的错误、遗漏以及造成的后果等资料，会对新项目的范围定义产生积极的影响。各阶段项目工作分解应该尽可能全面地收集与项目有关的资料。⑤一定条件的假设。假设是指对项目实施过程中，出于项目计划目的的考虑，将某些不确定性因素假设为真的或确定因素，如受到某种资源的影响而无法确定项目的具体开始时期时，项目团队可先假设一个开始日期。但是这种假设一般会有一定风险。

（4）范围管理计划。范围管理计划是说明各阶段项目范围管理办法和工作安排、项目范围变更评估和处理程序的文件，应该汇总项目范围管理的所有制度。项目范围一般采用工作分解结构的方法进行定义。工作分解结构是一种层次化的树状结构，是以可交付成果为对象，将项目逐级划分为较小和便于管理的项目单元，直至将可交付成果分解到最小单元，每下降一个层次意味着对项目工作进行更详细的说明。通过控制这些单元的费用、进度、质量目标，使它们之间的关系协调一致，从而达到控制整个项目的目的。工作分解结构（WBS）可以满足各级别的主要利益相关者的需要。工作分解结构可与项目组织结构有机地结合在一起，有助于项目经理根据各项目单元技术要求，赋予项目各部门和各岗位相应的职责。同时，项目计划人员也可以对 WBS 中各个单元进行编码，以满足项目控制的各种要求。不同的可交付成果会有不同层次的分解，中小型防洪工程项目为了达到易于管理的目的，通常将可交付成果分解为六级，如表 8.1.1 所示。

表 8.1.1　　　　　　　　　项　目　分　级

项目分级	项目级别名称	各级作用
一级	工程项目	授权
二级	单项工程	编制项目预算
三级	单位工程	编制里程碑事件计划
四级	分部（分项）工程	承建单位施工控制
五级	单元工程	承建单位的施工控制
六级	工序	承建单位的施工控制

（5）范围核实是项目管理机构正式接收项目可交付成果的过程。此过程要求在执行过程中对项目完成的各项工作进行及时检查，保证正确、满意地完成合同规定的全部工作。如果项目提前终止也应该进行范围核实，确定和正式记录项目完成的水平和程度。范围核实不同于质量控制，范围核实表示了项目管理机构是否接收完成的可交付成果，而质量控制则关注完成的可交付成果是否满足相关的质量要求。如果不是合同工作范围内的内容即使满足质量要求，项目管理机构也可能不予接收。根据已完成的可交付成果、项目合同文件、评价报告和工作分解结构进行范围核实的主要依据。完成的可交付成果是指收集有关已经完成的工作信息。通过这些信息表明哪些可交付成果已经完成，哪些尚未完

成，达到质量标准的程度如何，以及已经发生的费用是多少等，并将这些信息编入项目进度报告。在项目周期的不同阶段，可交付成果具有不同形式：在项目策划阶段产生的可交付成果，包括项目预可行性研究报告、可行性研究报告、方案设计图纸、项目核准报告等。在项目设计阶段产生的可交付成果，包括项目实施的整体规划、项目采购计划、项目采购文件、招标设计以及部分施工详图等。在项目实施阶段，承建单位完成的土建工程、金属结构制作与安装工程、电气设备安装、发电机组安装等是阶段性的可交付成果；合同工程项目的交付使用，是承建单位最终的可交付成果。项目验收与后评价阶段的可交付成果，包括项目验收报告、后评价报告等。在项目合同实施过程中，合同双方都应该严格遵守签订的合同文件，实际的可交付成果必须与合同中约定的预期成果一致，尤其注意变更工作的各种文件，这些文件是对原合同相关文件的修改和更新，在对已完成的工作进行检查时，要依据最新版本的文件。评价报告是指按我国水电水利工程项目建设程序，由具有独立法人资格和相应资质的实体、或相关主管部门、或专家组，对项目产生的可交付成果进行独立评价后出具的报告，如在策划阶段对可行性研究报告的评价等。工作分解结构将项目逐级划分为较小和便于管理的项目单元，它自然也是确认工作范围的主要依据之一。

（6）范围核实的方法是对完成可交付成果的数量和质量进行检查。检查的方法主要包括：试验，即采用各种科学试验方法对完成的可交付成果进行试验检测。项目管理机构可以自建试验室对可交付成果进行采样试验，或委托具有相应资质的独立第三方试验检测机构进行相关试验，出具试验报告。专家评价，项目管理机构可以按合同约定的标准、程序和方法，组织相关领域的专家和相关主管部门代表对可交付成果进行评定。第三方评定，按合同约定委托双方一致认可的、具有相应资质的、独立的第三方，运用专业方法，对可交付成果进行评定。

（7）项目范围核实是项目管理机构与项目法人等利益相关者

就分阶段全部工作成果的正式认可，每个阶段成果验收是项目范围核实的基础。项目范围核实可以通过组织评审会议、现场实际检查等方式进行，它包括三个基本步骤：①测试。借助于计量、检测等手段对已完成的工作进行测量和试验。②比较和分析（即评估）。把测试的结果与双方在合同中约定的测试标准进行比对分析，判断是否符合合同要求。③处理。决定被检查的工作结果是否可以接收，是否可以开始下一道工序，如果不予接收，明确补救措施等。

(8) 范围变更控制系统应融入整个项目的变更控制系统。范围变更控制必须完全与其他的控制过程，如进度控制、投资控制、质量控制等相结合才能收到较好的控制效果。一般情况下在工程承建合同中，并不区分变更是属于项目范围变更，还是属于工期等其他方面的变更，都是单独列出变更条款，对工程变更做出明确规定。

依据项目合同文件、进度报告、变更令进行范围变更控制。项目合同文件指在工程承建合同中，涉及工作范围描述的有技术条款、图纸等。进度报告提供了项目范围执行状态的信息，反映项目的哪些中间成果已经完成，哪些尚未完成，同时还可以对可能引起不利影响的潜在问题提出警示信息。形成正式变更令的第一步是提出变更请求，变更请求可能以多种形式发生，如口头的或书面的，直接的或间接的。变更令可能扩大或缩小项目的工作范围。

(9) 变更程序。项目管理机构在范围变更控制系统中规定的范围变更程序为：①申请变更：项目管理机构、监理单位、承建单位均可对合同工作范围提出变更请求。监理单位提出变更，多数情况是发现设计中存在某些缺陷而需要对原设计进行修改。承建单位提出的工作范围变更主要是考虑便于施工，承建单位提出变更请求时除说明变更原因外，还必须说明变更对项目产生的影响，特别是变更后可能增加的费用额以及对项目使用功能和质量的影响。项目管理机构提出变更，常常考虑项目的使用功能和质量要求等因素。②审查与批准变更：对工作范围的任何变更，监理单位必须与项目管理机构进行充分协商，在达成一致意见后，由监理单位发出正式变更指令。③编制变更文件和发布变更令：变更文件一般由变更令和附件构成。在实施项目前，监理单位应确定变更令的标准格式，变更令一般包括：变更令编号和签发变更令的日期、项目名称和合同编号、产生变更的原因和详细的变更内容说明、变更产生的费用额、项目管理机构名称、授权代表签字、监理单位名称、授权代表签字、承建单位名称、授权代表签字；变更令附件一般包括：变更工作的工程量表、设计资料、设计图纸和其他与变更工作有关的文件。④承建单位向监理单位提出变更工作要求额外支付的意向通知。⑤进行变更费用审查。⑥实施变更，进行变更费用支付等。

（10）合同范围变更：是项目范围变更最重要的内容，是实施合同期间发生的工作范围的改变。合同范围变更控制的主要内容包括：确认范围变更的必要性、对造成范围变更的因素施加影响以确保这些变化给项目带来益处、当变更发生时对实际变更进行管理等。项目范围变更不同于项目其他管理环节的变更，涉及项目工作的增减和项目目标的调整，一般需要修改项目综合计划重新协调项目的各管理环节。项目范围变更应遵循的原则是：①变更后的项目不降低使用标准；②变更工作在技术上可行；③变更引起的费用增减得到批准；④变更工作对总工期的影响不大等。原则上只有在项目法人同意、项目实施的社会经济环境发生变化或发生不可抗力事件时才能进行项目范围变更。合同范围变更可能涉及增加合同工作，或从合同中取消某些工作，或对某些工作进行修改，或改变施工方法和方式等。项目范围变更评估需明确变更对项目目标的影响。项目管理机构在项目法人的授权范围内，做出项目范围变更决定。当项目范围变更超越项目法人的授权范围时，项目管理机构应及时提出变更申请，报送项目法人批准，对重大的项目范围变更应由项目法人报送原项目批准部门审批。

8.1.4　项目采购管理

（1）根据《中华人民共和国招标投标法》第三条的规定：在中华人民共和国境内进行下列工程建设项目包括项目勘察、设计、施工、监理以及与工程建设有关的重要设备、材料等的采购，必须进行招标。必须进行招标的项目有：①大型基础设施、公用事业等关系社会公共利益、公众安全的项目。②全部或者部分使用国有资金投资或者国家融资的项目。③使用国际组织或者国外政府贷款、援助资金的项目。由此可见，中小型防洪工程项目的勘察与设计、施工、监理以及与工程建设有关的重要设备、材料等采购，必须进行招标。

（2）项目采购管理包含招标管理。在采购中利益相关者的分工，既包括项目法人、项目管理机构的内部分工，也包括监理单位、承建单位等其他利益相关者的分工。只有在明确分工的基础上，才能建立可行的工作流程。应按照国家、行业、项目采购活动所在地政府以及项目法人的有关管理规定制订项目采购程序，明确利益相关者的采购分工、责任及采购产品和服务的基本要求；按项目设计文件和采购分工对项目采购管理进行策划；调查、选择合格的产品供应商、服务商并建立名录；编制项目采购文件；对项目采购报价进行评审；确定项目采购产品和服务供应商；签订采购合同；对采购产品进行验证/对采购服务进行评价；运输、验收、移交采购产品/接收采购服务对象提供的工作成果；按规定处置不合格产品或工作成果；项目采购资料整理归档等。

（3）采购过程控制需要通过建立相应的规章制度来保证，并应按照可行性研究报告中核准的招标方式进行采购。项目法人的采购管理内容主要有合同策划、实施招标、组织评标、确定中标单位、分析合同风险，并制订排除风险的策略等。

（4）项目法人或其招标代理机构应当对投标人进行资格审查。资格审查分为资格预审、资格后审两种方式。资格预审是指在投标前招标人对潜在投标人投标资格进行审查；资格后审是指在开标后招标人对投标人进行资格审查，资格后审不合格的，其投标文件按废标处理。

（5）通过资格审查的投标申请人应具有独立订立合同的权利；具有履行合同能力，包括专业、技术资格和能力，资金、设备和其他物质设施状况，管理能力，经验、信誉和相应的从业人员；没有处于被责令停业，投标资格被取消，财产被接管、冻结，破产状况；在最近3年内没有骗取中标和严重违约行为以及重大工程质量问题；满足法律、行政法规规定的其他资格条件等。

（6）采购文件应符合国家颁布的标准范本的要求，可由项目法人编制，也可委托具有相应资质的单位编制，并组织专家进行审查与修订。采购文件向合格的投标申请人发售，同时报送相关主管部门备案。同时，采购文件中应明确对勘察设计、监理等单位的资质要求，对潜在投标人的资格进行审查，从合同实施角度对投标人提出财务、人员和设备等方面的要求并检查响应情况，择优考虑。项目法人应向中标人发出中标通知书，不得向中标人提出压低报价、增加工作量、缩短供货期或其他违背中标人意愿的要求，以此作为发出中标通知书和签订合同的条件。

（7）项目管理机构提供的支持条件，包括：施工用地、场内外的交通道路、施工营地、供电、供水、通信、道路、仓库、办公室，以及安全防护、施工照明和施工现场消防等临时设施条件；同时应明确现场已有和中标人将要自行解决的条件，包括中标人负责的临建设施及其要求等。对专业分包、专项供应的投标人应对其所需的特殊要求单独报价，以免在合同执行中引起争议，如提供工程材料和专用施工设备的责任单位及其供货的时间、地点、运输与仓储的责任界面等。

8.1.5　项目前期策划与勘察设计管理

8.1.5.1　预可行性研究与可行性研究

（1）为了保证项目的成功，提高项目的整体效益，项目法人应充分重视项目的前期策划工作。对项目进行预可行性研究和可行性研究，是对工程项目在技术和经济上是否可行进行科学分析和论证的工作，是技术经济的深入论证阶段，为项目决策提供依据。这一阶段的主要工作是对已形成的目标系统进行详细的财务分析和技术方案论证，从经济、社会、环境、移民、风险等角度对项目进行评价，选择最优的方案。预可行性研究提交的成果是预可行性研究报告或建议书，可行性研究提交的成果是可行性研究报告。

（2）预可行性研究是在投资机会研究的基础上委托勘察设计单位对项目方案进行的进一步技术、经济论证，对项目是否可行做出初步判断。一般地提出项目设想后，要系统地以研究报告的形式提出具体的研究成果，对技术和经济可行性提出明确结论，既需要投入资金又需要时间，因此项目法人在可行性研究之前需要进行预可行性研究。预可行性研究是处于项目机会研究和可行性研究之间的一个中间阶段，预可行性研究应与可行性研究具有相同的结构，但所获资料的详细程度不同。预可行性研究报告通过专家审查后，才能进入可行性研究阶段。《水电工程预可行性研究报告编制规程》（DL/T 5206—2005）规定了水电工程预可行性研究报告应遵循的原则、工作程序、工作内容、工作深度以及报告编写要求。抽水蓄能电站预可行性研究报告可以依据所在地区抽水蓄能电站选点规划进行编制。个别特别重要的大型或条件复杂项目的预可行性研究报告，可根据需要适当扩充和加深，如开展可行性研究选择坝址工作等。

（3）可行性研究是委托勘察设计单位对拟建工程项目的有关社会、经济和技术等各方面情况进行深入细致的调查研究，对可能拟定的各种建设方案和技术方案进行技术经济分析与比较论证，对项目建设后的经济和社会效益进行科学预测和评价。在此基础上，综合研究工程项目技术方案先进性、适用性、可靠性和经济合理性以及建设可能性和可行性，项目法人据此决策该项目是否投资和如何投资，以及是否进入项目开发建设阶段等，同时为相关主管部门对项目的审批、核准提供科学依据。可行性研究报告和其他专题研究报告应报送相关主管部门审批和/或核准后，才能进行招标设计。

(4) 可行性研究报告的作用：①作为工程项目投资决策和编制设计任务书的依据。可行性研究是项目投资建设首要环节，项目投资决策者主要根据可行性研究的评价结果，决定一个工程项目是否应该投资和如何投资。②作为筹集资金的依据。世界银行等国际金融组织把可行性研究作为申请项目贷款的先决条件。我国国内的专业银行、商业银行在接受项目建设贷款申请时，也首先对贷款项目进行全面、细致的分析评估，确认项目具有偿还贷款能力，不承担过大风险后，才会同意贷款。③作为相关主管部门审批项目的依据。通过可行性研究得到的可行性研究报告是政府有关部门审批或核准项目时的主要参考文件之一。④作为工程项目进行设计、设备订货、施工准备等工程建设前期工作的依据。⑤作为工程项目采用新技术、新设备研制计划和补充地形、地质工作或生产性试验的依据。工程项目拟采用的新技术、新设备必须经过技术经济论证认为可行的，方能拟订研制计划。可行性研究设计中，应在保证工程质量和安全的前提下，积极采用新材料、新工艺、新技术和新设备，降低工程造价，提高竞价上网能力。⑥作为环保部门审查项目对环境产生影响评价的依据，也作为向工程项目所在地政府申请建设手续的依据。

8.1.5.2 项目核准

(1)《国务院关于投资体制改革的决定》（国发〔2004〕20号）规定：企业投资建设实行核准制的项目，仅需向政府提交项目申请报告，不再经过批准项目建议书、可行性研究报告和开工报告的程序。政府对企业提交的项目申请报告，主要从维护经济安全、合理开发利用资源、保护生态环境、优化重大布局、保障公共利益、防止出现垄断等方面进行核准。对于外商投资项目，政府还要从市场准入、资本项目管理等方面进行核准。项目的市场前景、经济效益、资金来源和产品技术方案等均由企业自主决策、自担风险，并依法办理环境保护、土地使用、资源利用、安全生产、城市规划等许可手续和减免税确认手续；对于企业使用政府补助、转贷、贴息投资建设的项目，政府只审批资金申请报告。

（2）《政府核准的投资项目目录（2004年）》规定：水电站在主要河流上建设的项目和总装机容量25万kW及以上项目由国务院投资主管部门核准，其余项目由地方人民政府投资主管部门核准。抽水蓄能电站由国务院投资主管部门核准。

（3）建设征地与移民安置规划大纲、建设征地与移民安置规划报告报送行政主管部门审查通过，并且应该与地方人民政府签订建设征地与移民安置协议；环境影响报告书上报环境主管部门；水土保持方案报告书上报水行政主管部门；输电系统规划设计、电站接入系统设计上报电网主管部门；取水许可申请书、水资源论证报告、水工程建设规划同意书、防洪规划上报流域管理部门或水行政主管部门；劳动安全卫生预评价报告上报安全生产主管部门；矿产压覆报告及地质灾害危险性评估报告书、建设用地预审报告上报国土资源主管部门；林地占用报告应上报林业主管部门；地震安全性评价报告书上报地震主管部门；文物保护报告书上报文物保护主管部门批准。

（4）2007年国家发展和改革委员会《关于发布项目申请报告通用文本的通知》（发改投资〔2007〕1169号），为进一步完善企业投资项目核准制，指导企业做好项目申请报告的编写工作，规范项目核准机关对企业投资项目的核准行为提供了借鉴和参考。

（5）资金申请报告应该附加的相关文件包括：政府投资项目的可行性研究报告批准文件；企业投资项目的核准或备案的批准文件；国土资源部门出具的项目用地预审意见；环保部门出具的环境影响评价文件的审批意见；申请贴息的项目须出具项目法人与有关金融机构签订的贷款协议；项目法人对资金申请报告内容和附属文件真实性负责的声明；国家发展和改革委员会要求提供的其他文件。

8.1.5.3 勘察设计管理

（1）项目勘察设计是复杂的综合性技术经济工作，需要进行大量的勘察工作。没有一定广度和深度的勘察工作，就不可能有正确的设计成果，要求工程勘察的深度应与设计深度相适应。编制项目勘察设计大纲和工作大纲主要包括：项目概况、项目质量目标、勘察设计质量控制要求、项目勘察设计范围及勘察设计分工、设计指导思想和设计原则、项目法人对勘察设计工作的特殊要求、项目勘察设计组织、勘察设计工作程序、勘察设计进度计划、勘察设计主要里程碑进度计划、勘察设计各阶段设计评审、验证和确认的安排、勘察设计采用的标准、规范以及必要的附件等。

（2）遵照建设部《建设工程勘察质量管理办法》（建设〔2000〕167号），项目法人应对工程勘察进行全面管理，项目法人应该督促按时进场；核实调查、测绘、勘探项目是否完全，并检查是否按勘察设计大纲实施；检查勘察点线有无偏、错、漏；检查操作是否符合规范；检查钻探深度、取样位置及样品保护是否得当；对复杂的工程，还要对其内业工作进行监控（试验条件、试验项目、试验操作等）；审查勘察成果报告等。

（3）勘察设计单位选择应该遵照执行国家发展和改革委员会、建设部、铁道部、交通部、信息产业部、水利部、中国民用航空总局、国家广播电影电视总局等国家八部委于2003年8月1日颁布的《工程建设项目勘察设计招标投标办法》的具体规定。建议在勘察设计采购合同中要求建立总设计师终身责任制度。

（4）依法必须进行勘察设计招标的工程建设项目，在招标时，按照国家有关规定需要履行项目审批手续的，已履行审批手续，取得批准；勘察设计所需资金已经落实；所必需的勘察设计基础资料已经收集完成。

（5）项目管理机构除对勘察设计单位的资质、资源配备和业绩等提出明确要求外，还应明确工程勘察设计应符合有关水电水利工程建设及质量管理方面的法律法规；应符合有关水电水利工程建设的技术标准和规范，应执行国家规定的强制性要求；应符合经过批准或核准的可行性研究报告、评估报告、大坝选址报告等的内容要求；应满足项目法人建设意图和设计合同的要求，同时应满足施工要求；应反映工程项目建设过程中和建成后所需要的有关技术、经济、资源、社会协作等方面的协议、数据和资料；同时，勘察设计图纸应齐全、计算准确，技术要求明确；勘察设计单位应帮助监理单位和承建单位了解、掌握图纸要求和设计意图；应在项目施工准备期开始就选派合适数量和专业素质的设计代表常驻现场，进行项目的设计服务，并能够快速反应。项目管理机构应督促监理单位组织施工图会审和设计交底，勘察设计单位提交的施工详图应经监理单位审核后送交承建单位实施。

（6）对于重大设计变更，应要求勘察设计单位进行技术经济分析，并提交专题报告，如果项目法人认为需要报送原可行性研究报告批准部门审批时，项目管理机构应积极配合与协助。勘察设计单位对不涉及重大设计原则问题的合理意见应当采纳并修改设计，如有分歧意见，由项目管理机构决定。项目法人可组织专家对勘察设计单位的相关工作进行检查评价，也可组织专家对重大技术方案进行研究和咨询，督促勘察设计单位更好地履行合同的规定。项目建设投资的合理确定和有效控制，是勘察设计管理工作的重要组成部分。开展限额设计就是按照批准的设计概算，在保证工程规模、功能要求的前提下控制施工详图设计及其工程投资，使工程总投资不突破批准的限额。

8.1.6　项目科研技术与监理管理
8.1.6.1　科研技术管理
（1）项目法人对科研项目立项申请书进行审核，内容包括：是否低水平重复立项，承担单位资质是否满足要求，费用预算是否合理，是否超出年度计划等。

（2）通常情况下技术管理机构负责办理科研合同经费的支付；在科研项目完成后，负责组织或委托科研项目立项申请部门对提交的成果进行评审验收，必要时组织专家评审。科技成果所有权由项目法人和承担单位双方共同享有；若有保密要求，双方共同遵守；是否申请专利，在签订合同时由双方共同审定；任何一方将成果用于其他工程或项目，必须与对方协商并征得同意。科技成果报奖应由双方共同协商，由技术管理机构具体负责，参与单位协助。

（3）总工程师是项目法人的技术管理负责人，负有对该项目重大技术问题及时组织研究和相应的技术决策责任；项目总工程师是项目管理机构设置的技术管理负责人，负有对现场施工有关的技术问题及时做出技术决策的责任。

（4）项目技术问题应根据其复杂程度和对项目的影响程度不同分级处理，在合同范围内的技术问题和一般性变更，由监理单位主持，与勘察设计单位、承建单位协商解决；涉及合同较大变更或超出一个合同项目的技术问题，由项目管理机构主持专题会议研究解决；涉及合同重大变更或工程质量、安全的重大技术问题以及涉及整体性、重大方案性或长远性技术问题，交由总工程师主持召开主要利益相关者参加的专题会议研究解决；特别重大的技术问题，由项目法人组织专题会议研究解决，必要时可先委托专业咨询机构提出意见。

8.1.6.2　项目监理管理

（1）对建设工程实施监理是国际上通行的做法，这主要体现在一些国际通用的工程合同文本中。我国中小型防洪工程项目实施建设监理制度属国家强制性规定，承担工程监理任务的监理单位必须具有相应资质，依据建设监理合同和工程承建合同，对项目管理机构进行监理管理应遵循以下原则：①以执行国家法律、法规为准绳，以监理合同和承担的工程承建合同为依据，同时还应符合项目法人的有关规章制度要求。②监理管理工作应遵循规范化和制度化的原则，避免出现管理决策失误。③应坚持实事求是、平等协商的原则，从提高工作效率和对工程建设有利的角度出发，正确处理监理管理过程中出现的矛盾和冲突。④按公平与公正的原则开展监理管理工作，除要依据科学的方案、运用科学的手段、采取科学的方法外，还要进行科学地总结。

（2）项目管理机构应该及时将监理单位的名称、监理项目及工作范围、监理单位被授予的权限、正副总监理工程师和主要监理人员及其主要职责等内容书面通知设计单位、中标的承建单位、相关银行。项目管理机构应明确划分内部部门与监理单位的工作权限和工作流程。

（3）项目管理机构应当督促监理单位按监理合同、《水电水利工程施工监理规范》（DL/T 5111—2012）及相关法律法规开展监理业务。监理单位需要按监理合同选派满足监理工作要求的总监理工程师、监理工程师和监理员组建监理机构，进驻现场；需要编制监理规划，明确监理机构的工作范围、内容、目标和依据，确定监理工作制度、程序、方法和措施，并经项目管理机构审批后报送项目法人备案；还应按照工程建设进度，分专业编制监理实施细则，并报送项目管理机构审批后实施；也应按照监理规划和监理实施细则开展监理工作，及时编制并提交监理报告；最后监理任务完成后，按照监理合同提交监理工作报告、移交档案资料。

（4）监理工作考核与监督管理办法中应该明确考核内容、责任部门、权重分配和分值计算、考核方式、考核合格标准、考核奖罚额度等内容，并及时公布考核结果。项目管理机构明确管理部门负责对监理工作进行经常性监督检查和定期考核，并提出考核评价意见及奖惩建议。

（5）项目管理机构宜对监理单位人员及用于监理工作的仪器设备进场情况；监理单位拟定的各项监理工作的制度、细则是否符合规定的原则和内容，是否完备；监理单位在工程质量、进度、投资控制，安全、信息及合同管理，组织协调等方面的工作业绩；监理单位能否按守法、公正、科学、廉洁、服务的工作原则开展工作，在工作中是否有积极主动、认真负责、实事求是的精神；监理单位是否按规定的时间和内容向项目管理机构报告工作；监理单位形成的各类文件质量等进行年度综合考核和评定。

8.1.7 项目征地移民与环境保护管理

8.1.7.1 征地移民管理

（1）建设征地与移民安置规划设计工作应首先遵循国家相关规范条例及建设征地与移民安置涉及区的省级人民政府关于中小型水力发电项目的建设征地与移民安置的法规和政策。建设征地与移民安置工作应该遵循开发性移民方针，应采取前期补偿、补助与后期扶持相结合的办法，使移民生活达到或超过原来水平；以人为本，应保障移民的合法权益，满足移民生存与发展的需求；节约利用土地，应合理规划工程占地，控制移民规模；可持续发展，应与资源综合开发利用、生态环境保护相协调；统筹规划，应因地制宜，移民安置与地方经济发展、基础设施建设、土地利用、社会主义新农村建设等统筹考虑。

（2）建设征地影响的专业项目，如工矿企业、交通、电力、广播电视等专项设施以及中小学的迁建或者复建，应当按照其原规模、原标准或者恢复原功能的原则补偿。对于需要结合地方发展规划，扩大规模、提高标准（等级）或改变功能的项目，项目法人应与建设征地与移民安置涉及区的省级人民政府协商一致，并明确投资分摊方案。应开展建设征地与移民安置初步规划工作，依据项目法人的要求、项目预可行性研究工作总体计划及相关资料编制建设征地与移民安置初步规划工作总体计划，其主要内容包括：工作内容、工作目标、工作深度要求、工作组织、工作程序、适用法律法规与政策、主要利益相关者配合、与项目预可行性研究配合等。

（3）对影响项目成立及对水库水位选择影响较大的重要专业项目，应组织勘察设计单位按相应行业项目可行性研究要求开展必要的勘测设计工作。组织勘察设计单位开展社会经济调查和实物指标初步调查工作应首先组织勘察设计单位编制实物指标初步调查工作细则，并征求建设征地与移民安置涉及区的省级移民主管部门或者地方人民政府的意见；同时向建设征地与移民安置涉及区的省级移民主管部门或者地方人民政府提出开展实物指标初步调查申请；还应同建设征地与移民安置涉及区的省级移民主管部门或者地方人民政府召开实物指标初步调查和移民安置初步规划工作动员大会；也要实施社会经济调查和实物指标初步调查。

（4）开展建设征地与移民安置规划工作，依据项目预可行性研究报告、项目法人的要求、项目可行性研究工作总体计划及相关资料编制建设征地与移民安置规划工作总体计划，其主要内容包括：工作内容、工作目标、工作深度要求、工作组织、工作程序、适用法律法规与政策、主要利益相关者配合、与项目可行性研究配合等。中小型防洪工程建设项目经核准或可行性研究报告批准后，应向建设征地和移民安置涉及区的地方人民政府申请将项目用地列入土地利用年度计划。

（5）在进行实物指标调查申请时，应按建设征地与移民安置涉及区的省级人民政府的规定准备技术文件资料，一般主要包括：批准的流域规划、预可行性研究报告及审查意见、项目开发权批准文件或国家、省级人民政府对项目开发的意见、正常蓄水位选择报告及审查意见、坝址选择报告及审查意见、水库回水计算成果及审查意见、施工总布置规划报告及审查意见、水库影响区界定地质勘察报告及审查意见、枢纽工程建设征地范围用地报告及审查意见等。

（6）开展实物指标调查工作应组织勘察设计单位编制实物指标调查大纲、细则，报送建设征地与移民安置涉及区的地方人民政府审查；根据情况，应对实物指标调查区域设立临时或者永久界桩。界桩布置设计与埋设应执行《水电工程建设征地处理范围界定规范》（DL/T 5376—2007）的要求；会同建设征地与移民安置涉及区的地方人民政府组织召开实物指标调查和移民安置规划工作动员大会；对于建设征地迁移线外影响扩迁对象，应在落实移民搬迁户并经建设征地迁移线影响扩迁对象所在县级以上人民政府确认后，开展实物指标调查工作；调查结果应经调查者和被调查者签字并按有关规定进行公示后，由地方人民政府签署意见；应组织勘察设计单位依据调查成果编制实物指标调查报告，并按规定报送地方人民政府审核、国家相关主管部门审查。

（7）实施指标调查应注意在实物调查应当全面准确，具体调查方式和工作深度应执行《水电工程建设征地实物指标调查规范》（DL/T 5377—2007）的要求；在调查过程中，宜会同有关县级以上国土主管部门、林业主管部门共同调查土地与林地；根据需要，可委托国土行业勘察设计单位、林业勘察设计单位参与调查并按相关规定编制有关专题报告；需将水库淹没影响区与枢纽工程建设区分开调查；应依据项目工程建设进度计划和施工特点，按工程截流影响线、分期蓄水影响线调查并汇总实物指标调查成果；采用先进技术手段，如航空摄影、遥感技术、信息技术及数据库技术等，以及先进管理手段，收集、整理、汇总实物指标资料等。

（8）建设征地与移民安置总体规划报告的编制应执行《水电工程建设征地移民安置规划设计规范》（DL/T 5064—2007）的规定，并报送国家相关主管部门审查。建设征地与移民安置规划大纲应根据实物调查结果以及建设征地与移民安置涉及区的经济社会情况和资源环境承载力进行编制，并且应当广泛听取移民和移民安置区居民的意见，必要时，采取听证的方式。

（9）在淹没线以上受影响范围内因水库蓄水造成的居民生产、生活困难，应纳入移民安置规划，按照经济合理的原则妥善处理；移民安置规划编制应以资源环境承载能力为基础，遵循本地安置与异地安置、集中安置与分散安置、政府安置与移民自找门路安置相结合的原则；移民安置规划编制应当尊重建设征地与移民安置涉及区少数民族的生产、生活方式和风俗习惯；移民安置规划编制应当与建设征地与移民安置涉及区国民经济和社会发展规划以及土地利用总体规划、城市总体规划、村庄和集镇规划相衔接。

（10）经审核的移民安置规划是项目法人与地方人民政府签订移民安置协议的依据；经批准的移民安置规划是组织实施移民

安置工作的基本依据，应当严格执行，不得随意调整或者修改，确需调整或者修改的，应重新报批。

（11）移民安置规划实施与组织由建设征地与移民安置涉及区的地方人民政府负责。根据需要，在征得国家或建设征地与移民安置涉及区的省级人民政府同意，并在建设征地与移民安置涉及区的地方人民政府审核枢纽工程建设区移民安置规划后，可开展枢纽建设区建设征地与移民安置工作。有条件的可先行开展枢纽工程建设区移民安置试点。开展枢纽工程建设区建设征地与移民安置实施工作应与地方人民政府签订移民安置协议。实施工作总体计划应作为项目法人与地方人民政府签订移民安置协议的组成部分。

（12）建设征地与移民安置实施工作总体计划主要应包括：移民安置实施工作内容、阶段性工作目标及总目标、农村移民安置实施工作计划、城镇迁建工作计划、专业项目处理工作计划、资源配置计划、实施工作组织、工作程序、协调与沟通管理规划等内容。

（13）项目法人应协同省级移民主管部门审核建设征地与移民安置实施年度计划和资金使用年度计划。建设征地与移民安置补偿资金应依据建设征地与移民安置实施进度，并经移民综合监理审签后支付。重大变更控制、预备费管理等应建立严格的制度和管理措施，加强过程监督和控制。水库库底清理工作应执行《水电工程水库库底清理设计规范》（DL/T 5381—2007）的要求。

（14）移民安置后期扶持规划由移民安置区县级以上地方人民政府编制。建设征地与移民安置后评估工作按国家和建设征地与移民安置涉及区的省级人民政府的有关规定开展。

8.1.7.2 项目环境保护管理

（1）项目环境保护由专业监理或咨询单位监督、承建单位实施，接受各级有关行政主管部门的监督检查。项目法人是项目环境保护的法定责任主体，在项目实施的不同阶段，项目法人可将相关工作分解或委托给相关专业机构实施，因此，在项目环境保护管理中，相对于项目法人，各专业机构是责任主体。组成管理体系的相关专业机构包括环境影响评价单位、水土保持方案编制单位、环境保护（含水土保持）设计单位、项目施工或运营单位、环境监测（含水土保持监测）单位、项目建设监理单位、项目环境监理和水土保持监理单位、竣工验收环境保护（含水土保持）调查报告编制单位等；有关行政主管部门包括环境保护、水利、农业、林业、文物等方面的行政主管部门。

（2）中小型防洪工程项目环境保护工作比较复杂，国家环境保护会在审批意见中提出相关要求。项目必须实施《中华人民共和国环境保护法》、《建设项目环境保护管理条例》等规定。项目实施阶段是落实环境影响评价文件和水土保持方案及其审批意见中提出的保护措施的关键环节，应切实执行"三同时"，防止施工过程中的环境污染和生态破坏。环境保护设施与建设项目主体工程同时投产或者使用，也是建设项目竣工环境保护的基础条件。

（3）环境保护主要是依据国家相关法律法规和政策要求，开展项目建设环境影响评价的编制、报批工作。由于水电水利工程项目没有初步设计阶段，因此应在可行性研究阶段完成环境保护设计。中小型防洪工程环境影响评价工作应委托具有甲级资质单位承担，应执行的技术导则和规范主要有：《环境影响评价技术导则　总纲、大气环境、地面水环境、声环境》（HJ/T 2.1～2.4—2001）、《环境影响评价技术导则　生态影响》（HJ 19—2011）、《环境影响评价技术导则　水利水电工程》（HJ/T 88—2003）、《公路建设项目环境影响评价规范（试行）》（JTGB 03—2006）等。

（4）中小型防洪工程项目的环境保护应按相关规范编制，其审查应有环境保护行政主管部门和水行政主管部门参加，必要时可报送环境保护行政主管部门对环境保护设计进行专项审查。

（5）环境保护措施必须在各合同环节中进行分解和明确，这样在实施时才会有保障。中小型防洪工程移民安置虽然是地方人民政府组织实施，但环境保护项目投资和责任主体是项目法人。因此，应重视移民安置中的环境保护工作，严格按照批准的环境影响评价文件与方案，分解和落实相关责任与措施。

（6）项目竣工环境保护验收是指工程项目竣工后，环境保护行政主管部门根据《建设项目竣工环境保护验收管理办法》规定，依据环境保护验收监测或调查结果，通过现场检查等手段考核工程项目是否达到环境保护要求的活动。根据《建设项目竣工环境保护验收管理办法》的规定，中小型防洪工程建设达到一定关键时段，如工程截流验收、水库蓄水前验收或首台（批）机组发电验收等，项目法人（或项目管理机构）应组织申请环境保护阶段验收，阶段验收管理办法可参照竣工验收管理办法，经行政主管部门批准，方式可以适当简化。

（7）环境保护验收调查报告，由项目法人（或项目管理机构）委托具有相应资质的单位编制。承担该工程项目环境影响评价工作的单位不得同时承担该工程项目环境保护验收调查报告的编制工作。

8.1.8　项目进度与质量管理

8.1.8.1　进度目标计划的控制与调整

（1）项目进度管理必须与项目其他管理环节协调统一。项目各阶段都应该编制阶段性的进度管理计划。项目总进度计划最好在项目筹建阶段编制，在项目实施阶段进行细化、调整。各阶段进度管理计划是项目综合计划的一部分，应通过项目综合计划协调，其作用是管理进度目标、指导项目总进度计划的制订和各阶段最小单元的实施进度计划的编制。

（2）项目实施阶段进度管理时，项目法人确定项目的最终进度目标与各阶段的里程碑目标，并将里程碑目标纳入采购文件和合同文件中，成为合同的工期目标；同时依据合同规定，要求各标段的承建单位分别提交各自的施工总进度计划（包括关键线路和相应的人力资源、设备、材料以及资金流的需求计划），在经监理单位审核后，由项目管理机构进行汇总，形成整个项目总进度计划（即基线进度计划），经项目法人批准后，该计划将成为组织整个项目建设的管理依据；依据项目总进度计划，勘察设计单位编制供图计划，各标段的承建单位逐年、逐月编制施工进度计划，各供应商编制材料、设备供货计划，项目管理机构编制项目资金需求计划。项目法人统筹衔接与协调，并进行跟踪检查与管理；项目在实施过程中，如果某一环节出现了计划偏差，应及时采取必要的措施（包括加速赶工等），并相应调整或修订施工进度计划，最大限度地减少影响项目最终进度目标及各阶段的里程碑目标的实现。

（3）应该在对项目进行全生命周期分析和评价的基础上，结合项目投资管理等相关领域科学合理确定项目建设总工期和经济运营期。项目可行性研究阶段需要同时开展施工组织设计和主要施工方案研究。

（4）依据批准的项目可行性研究报告、设计图纸、工期定额、施工组织设计和主要工程施工方案等技术经济资料编制项目总进度计划。总进度计划应突出主、次关键工程、重要工程、技术复杂工程，明确准备工程起点时间和主体工程起点时间，明确截流、下闸蓄水、首台（批）机组发电和工程完工时间。对控制施工进程的重要里程碑，如导流工程、坝肩开挖、截流施工、主体工程开工、工程度汛、下闸蓄水等应具备的条件，要在施工进度编制文件中予以明确。

（5）项目策划阶段的进度计划编制过程，实际上也是对项目建设总工期和经济运营期的论证过程，一般地可以把相应阶段项目总进度计划的编制工作纳入到项目筹建期和施工分期的论证过程中。项目实施阶段工程准备进度计划可以从征地、移民、拆迁、场地平整、修建施工营地、施工用水与用电、场内外施工道路、砂石骨料系统等现场条件和筹建工程入手进行编制。

（6）项目主体工程开工准备应完成项目开工手续，项目经核准后，应完成枢纽工程建设区筹建工作，办理土地审批、林地报批等相关行政许可手续，完成枢纽工程建设区建设征地与移民安置工作；项目法人提出主体工程开工申请报告，并经相关主管部门审批；建设项目已列入国家年度计划，年度建设资金已落实；主体工程已经定标，工程承建合同已经签订，并取得相关主管部门同意；施工详图设计可以满足初期主体工程施工需要；完成相应的监理、施工、设备采购等工作；完成施工附属工厂、道路和场地平整，以及生产、生活等临时设施；主要利益相关者的资源配置已经到位；完成技术准备工作，主要包括对地质勘察资料、水文气象资料、设计资料等进行技术交底，对基准数据进行复核与现场核查，编制、审批首批开工的分部（分项）工程项目技术措施等。

（7）编制施工总进度计划要严格执行水电水利工程基本建设程序，遵循国家法律、法规和技术标准；要按照当前平均先进施工水平合理安排工期，地质条件复杂、气候条件恶劣或受洪水制约的工程，工期安排可适当留有余地；要重点研究受洪水威胁的工程和关键项目的施工进度计划，采取有效的技术和安全措施；应使单项工程施工进度计划与施工总进度计划相互协调，各项目施工程序前后兼顾、合理衔接、减少干扰、均衡施工；要使资源配置均衡、合理；同时在保证工程质量与建设总工期的前提下研究施工措施，分析提前发电和使投资效益最大化的可能性。

（8）项目实施阶段施工进度控制工作细则是施工进度控制的指导性文件，它主要由施工进度目标分解图；施工进度控制工作的主要内容和深度；部门、岗位人员的具体职责与分工；与进度控制有关的各项工作的时间安排，总的工作流程；进度控制所采用的具体措施与方法（包括进度检查日期、收集数据方式、进度报表形式、统计分析方法等）；进度目标实现的风险分析；尚待解决的有关问题等内容组成。

（9）对承建单位编制的施工总进度计划的审核内容有项目的划分是否合理，有无重项与漏项；进度时间安排是否符合合同中规定的工期要求，以及是否与项目总进度计划中施工进度分目标的要求一致；施工顺序安排是否符合施工组织逻辑，是否满足分期投产的要求，以及沟通联络是否符合管理程序的要求；工程材料、物资供应的均衡性是否满足要求；人力资源、材料、设备供应计划是否能确保施工总进度计划的实现；施工组织设计是否合理、全面和可行；进度安排与项目法人提供资金的能力是否一致；若在审查过程中发现问题，则需要及时向承建单位提出，并督促其修订。

（10）进度安排是否满足合同规定的开工、完工日期；施工顺序的安排是否符合施工组织逻辑，是否符合施工程序的要求；承建单位的人力资源、材料、机具设备供应计划能否保证进度计划的实现；进度安排是否合理，需要注意审查避免因进度计划造成项目法人违约，引起索赔事项发生；进度计划是否与其他相关工程施工进度计划协调；进度计划的安排是否满足连续性、均衡性要求。是承建单位提交的单项或单位工程施工进度计划的主要审核内容。

（11）项目管理机构对经监理单位审查的施工进度计划进行审核后，应将若干个相互关系处于同一层次或不同层次的施工进度计划综合成一个多阶群体的施工总进度计划，以利于进度总体控制。

（12）项目实施进度信息采集可以采取现场检查、实施报表核查、召开进度分析协调会议等多种方式。及时纠正进度偏差，发出进度控制指令或调整进度计划，保证关键线路按项目总进度计划实施。调整进度计划只适用于不影响项目总进度计划且不涉及其他管理环节的非关键线路工作。

8.1.8.2　项目质量管理

（1）中小型防洪工程项目建设质量管理实行项目法人负责、监理单位控制、勘察设计单位和承建单位保证、政府监督相结合的质量管理体制，包括：政府的质量监督体系，项目法人、项目管理机构与监理单位的质量控制（检查）体系，以及勘察设计单位、承建单位、材料与设备供应商的质量保证体系。目前我国参与水电水利工程项目建设的绝大部分单位，都建立了本单位的质量管理体系。由于每个项目都有不同的特点，项目管理机构应根据项目管理的需要，建立和实施适合本项目的质量管理体系，同时其他主要利益相关者应该根据项目管理机构要求，调整和修订各单位的质量管理体系文件，以适应本项目管理的实际需要。

（2）制定项目质量管理体系，要根据项目法人的期望，确定项目管理的质量方针和质量目标；结合项目工作分解结构（WBS），把质量目标进行层层分解，使各项工作目标与质量管理目标相协调；结合项目团队职能的分层分解，把质量管理的职能分解到部门、人员；在质量目标、质量管理职能分层分解的基础上，结合各单位的质量体系文件，制定适合本项目的质量体系文件，包括质量手册、质量管理程序文件和作业指导书；制定具体的可操作的质量管理计划，并尽可能简明、便于操作；组织主要利益相关者按质量管理体系运行，并发挥各自的职能作用；及时清除不合格工程，并总结经验教训，分析产生不合格的原因，提出改进措施，持续改进质量管理体系。

（3）项目前期策划阶段形成的文件直接决定工程项目的寿命，指导项目的设计、施工、监理、设备材料的采购、竣工验收等各项工作。如果工作质量不高，差错漏项较多，会给工程实施带来大量的变更，甚至停工或返工，造成巨大损失，因此，应该在本阶段就开始制订项目质量管理计划，并不断补充和完善。

（4）项目质量管理指标是质量管理目标的具体化。根据工程项目所处的不同阶段，质量管理指标应该包括：设计质量管理指标、采购质量管理指标、施工质量管理指标、试运行质量管理指标等。勘察设计单位、监理单位和承建单位等编制质量管理措施，是为了保证项目质量管理计划与指标计划的实现。勘察设计单位、监理单位和承建单位应该在项目法人或项目管理机构编制的项目质量管理计划与质量管理指标计划的指导下，参照当时水电行业质量管理水平，制定本单位在该项目中包括具体质量目标、质量攻关目标等在内的质量管理措施，用以指导设计和施工过程中的质量管理工作。项目管理机构可设立专门的质量监督机构，对勘察设计单位、监理单位和承建单位制订的质量管理措施的实施情况进行有效地监督。

（5）质量管理措施应包括技术措施和管理措施两方面。技术措施：包括为保证设计、施工质量而采用和推广新技术、新材料、新工艺、新设备的计划，为解决技术难度较大或对工程质量产生关键影响的重大攻关课题研究的安排等。管理措施：包括为加强质量管理而制订的管理制度和办法，以及从思想方面（如树立"质量第一、用户第一"的思想）、组织方面（如质量管理机构、质量管理体系等）、管理方面（如质量控制与管理制度、措施等）、质量检验等保证设计和施工质量的具体办法（如针对质量通病制定预防措施等）。

（6）项目前期策划与设计阶段的质量控制措施，主要是审查工程项目规模、建设内容、结构方案、市场分析、技术水平分析、风险分析、财务分析、经济效益和社会效益分析、环境效益分析等是否深入全面，计算是否准确可靠，各项数据是否符合实际。对重大咨询或设计工作成果应该实行质量评审制度，包括贯彻宏观调控政策、市场调查分析、多方案比选、经济分析、风险分析、生态环境论证等。可行性研究报告的评价目标、标准和方法可参照中国工程咨询协会制订的《工程咨询成果质量评价办法》。

（7）中小型防洪工程项目设计分阶段进行，预可行性研究报告、可行性研究报告，需报送相关主管部门审批，在遵循阶段性设计报告及其审查意见基础上，重要设计中间文件以及招标设计成果、施工详图可以由项目法人组织进行评审。工程建设合同对项目质量管理具有决定性作用，把项目质量目标分解和落实到各个工作层面，在勘察设计、监理、施工、设备与材料的采购环节明确质量要求或标准，使质量管理工作有据可依。值得注意的是，按照国际惯例，建立合理的施工变更和索赔程序，是处理不可预见因素、开展合同管理的要求，有利于提高施工质量。

（8）在项目实施阶段承建单位是形成工程实体质量的主体，督促其进行质量管理工作非常重要，应包括：建立健全质量管理体系，制订质量管理体系文件，包括质量手册、程序文件、作业手册和操作规程；建立质量管理机构，落实质量管理责任；编制施工组织设计和施工方案（或施工质量计划）；确定过程质量控制点、质量检验标准和方法；按施工方案（或施工质量计划）实施过程控制，制订前后工序间的交接确认制度；建立进场材料、构配件和设备检验制度；建立质量记录资料制度；建立人员考核准入制度等。

施工质量控制是监理单位的主要工作之一，监理单位除应按监理合同和《水电水利工程施工监理规范》（DL/T 5111—2012）的要求制订监理质量管理体系外，其开展质量控制工作主要包括：检查承建单位质量管理体系，并监控其实施情况；核查承建单位资质、人力资源素质和人员结构；审查施工组织设计和施工方案（或施工质量计划）；组织进行设计交底；监控进场原材料、构配件和设备；跟踪监控关键质量点；处理工程变更；处理工程质量问题和质量事故；下达开工、停工和复工指令；进行材料配合比的质量控制；进行计量工作的质量控制；进行单元工程验收与质量评定等等。

（9）根据水电水利工程项目特点，项目管理机构应该采用测量、试验检测、金属结构检测、安全监测等必要的质量检查、监督手段，对工程质量进行监督管理。在试运行阶段，承建单位负责技术服务工作，包括编制试运行计划、操作手册、收集整理试运行质量记录及编写试运行总结等。

（10）若发生质量事故，在事故发生后，调查事故原因，研究处理措施，查明事故责任，并按国家有关法规处理。质量事故处理应遵循"三不放过"原则，即事故原因不查清不放过，主要事故责任者和职工未受到教育不放过，补救和防范措施不落实不放过。

（11）项目管理机构应特别注意对机电及大型金属结构设备

采购、制作及安装过程中出现的质量问题，物资采购过程中出现的质量问题，工程建设项目管理过程中出现的不符合行为和利益相关者的抱怨与投诉等，组织或参与调查，确认问题的性质后，提出专题研究报告，并明确改进方案，由项目法人确认后实施。

8.1.9 项目投资及合同管理

（1）中小型防洪工程的项目投资是动态变化的，一方面是受阶段划分的深浅程度影响变化，另一方面受项目实施过程中与合同框架体系接口的影响变化，本节主要对后者提出规范要求。按照我国的基本建设程序，在项目预可行性研究、可行性研究阶段，对建设工程项目投资所作的测算称之为"投资估算"；在初步设计、技术设计阶段称之为"设计概算"；在施工详图设计阶段称之为"施工图预算"；在投标阶段称之为"投标报价"；在签订合同时形成的价格称之为"合同价"；在合同实施阶段，结算价款时形成的价格称之为"结算价"；在工程竣工验收后，实际的工程造价称之为"竣工决算价"。

（2）项目法人对工程项目的投资管理就是保证在国家批准的设计概算内完成所有工程项目内容的建设。项目法人为了对项目投资进行归口管理，有针对性地进行项目划分和临时工程与费用的摊销，便于设计概算和工程承建合同作同口径比较，考核各招标项目投资执行情况，一般会在国家批准设计概算后，委托有资质的咨询机构编制项目法人执行概算，并组织审查，确定后的执行概算作为项目法人进行投资控制的依据。

（3）项目执行概算所涉及的问题及变量因素较多，为把握其编制深度，并保证成果质量，项目法人可要求咨询机构编制执行概算时考虑项目的分标策略。根据批准的价差测算办法，委托有资质的咨询机构进行价差测算，编制年度价差测算报告，由项目法人报送董事会或相关主管部门批准；根据批复的年度价差文件，由项目法人列报投资完成情况报表；根据公布的价格调整文件，由项目管理机构向主要利益相关者提供调价因子的价格指数，审核与支付合同价差等是项目管理机构进行价差管理的主要内容。

（4）项目法人应依据财政部《基本建设财务管理规定》（财建〔2002〕394号）、《企业会计准则》、《企业会计制度》等有关要求编制项目竣工财务决算。竣工财务决算报告是工程项目竣工验收的重要组成部分，反映建设项目实际造价和投资效果，是以实物数量和货币为计量单位综合反映竣工项目自开始建设起至竣工止的实际建设成果和财务情况的总结性文件，是全面考核竣工项目投资计划和概（预）算执行情况、分析投资效果的依据，同时也是项目管理机构向项目法人移交财产、考核总概算投资和进行项目后评价的依据。项目竣工财务决算的审批实行"先审核，后审批"的办法，即先委托投资评审机构或经财政部认可的具有相应资质的中介机构对项目法人编制的竣工财务决算进行审核，再按规定批复。对审核中审减的概算内投资，经财政部审核确认后，按投资来源比例归还投资方。

（5）项目竣工财务决算书的编制内容应该包括项目竣工财务决算说明书、项目竣工财务决算报表和项目造价分析资料表等。

项目竣工财务决算书要着重反映项目文件批准是否有效，有无越权批准，历年下达的投资计划是否符合要求；资金来源按计划到位情况（若到位不及时要分析其原因及影响），资金使用与管理是否合理；交付使用资产是否完整，是否符合交付条件，移交手续是否齐全、合规，各项财产、物资以及债权债务的清理工作是否工完账清，成本核算是否正确；尾工项目是否已留足投资，有无增加建设内容，建设成本是否合理合规；竣工财务决算报表和竣工财务决算编制说明书的内容是否完整、合规，尤其是待摊投资的分摊是否合理等。

（6）工程阶段性竣工财务决算是项目竣工财务总决算的重要组成部分，以单项工程竣工财务决算为基本单元。编制竣工财务决算前，项目法人应该认真做好各项基础工作，其内容主要包括：建设资金、基本建设支出预算和年度投资计划的核实、核对工作；财产物资、已完工程清查工作；合同（协议）的清理工作；价款结算、债权债务清理和竣工结余资金等结算清理工作；竣工年度财务决算的编制工作以及项目档案的验收移交工作等。项目竣工财务总决算应包括建筑安装工程费用、设备费、临时工程费、独立费用、预备费、建设期融资利息、建设征地与移民安置补偿费、环境保护与水土保持费等全部费用。如果建设项目包括两个及以上独立概算的单项工程，在每个单项工程竣工并交付使用时，都应分别编制单项工程竣工财务决算。待整个项目全部竣工后，汇总编制该项目竣工财务决算。项目竣工财务决算的口径原则上与设计概算项目一致，如有概算调整发生变化的部分，需要单列说明。

（7）合同支付条款通常由预付款的数额、支付时限及抵扣方式；进度款或合同款的支付方式、数额及时限；合同条件变更时，相关价款的调整方法、索赔方式、时限要求及金额支付方式；发生合同价款纠纷的解决方法；约定承担风险的范围和幅度以及超出约定范围和幅度的调整办法；质量保证（保修）金的数额、预扣方式及时限；安全措施和意外伤害保险费用；工期提前或延后的奖惩办法；与履行合同、支付价款相关的担保事项等组成。

（8）合同工程完工验收前，承建单位应在约定的期限内通过监理单位向项目管理机构递交合同完工结算报告及完整的结算资料。合同完工结算的主要工作是通过编制和审查合同完工结算确定要支付给承建单位的工程最终总价款。合同完工结算报告及完整的结算资料递交后，合同双方应在规定的期限内进行核实，若有修改意见，应及时沟通达成共识。对结算价款有争议的，应按约定方式处理。编制合同完工结算明细表时，应包括合同内项目结算、合同变更（索赔）补偿项目结算、奖罚、列明合同现定价差调整、附补充协议及其他相关资料等内容。

8.1.10 项目职业健康安全与信息管理

8.1.10.1 职业健康安全管理

（1）项目职业健康安全管理工作应贯穿项目的生命期，项目管理机构在项目建设期间应明确建立由国家安全监督部门、地方安全生产管理（监察）部门、项目法人、项目管理机构、勘察设计单位、监理单位、承建单位等组成的职业健康安全管理体系，通过并发布主要利益相关者均应遵守的项目职业健康安全管理办法，提出项目重大职业健康安全问题的解决办法，以及协调涉及职业健康安全问题的各方关系。

（2）项目法人、项目管理机构、勘察设计单位、监理单位、承建单位等必须针对水电水利工程项目的特点，明确各方在工程建设过程中保障职业健康安全管理的职责和要求，依法承担建设工程职业健康安全责任。项目法人和项目管理机构对建设工程项目职业健康安全负全面管理责任，履行职业健康安全的组织、协调、监督、检查和考核职责。勘察设计单位按照法律法规和工程建设强制性标准进行勘察设计，提供的勘察设计文件应当真实、准确，涉及施工安全的重点部位和环节在文件中注明。监理单位按照工程建设强制性标准制订包括安全监理方法、措施、控制要点和安全技术措施的检查方案等内容的监理实施细则并实施监理，对现场存在的安全隐患督促承建单位及时进行整改，情况严重的停工进行整改。承建单位对施工现场的安全生产负直接管理责任和承担主体责任，并在安全生产许可证许可范围内从事生产活动，不调减和挪用项目法人在工程承建合同中规定的安全生产费用。

（3）项目职业健康安全管理委员会，一般由项目经理任主任，成员由项目管理机构相关负责人及勘察设计单位、监理单位和承建单位等主要负责人组成，负责统一领导、协调、决策工程安全生产、文明施工、消防安保和劳动安全卫生管理等工作。主要利益相关者行政正职为本单位的职业健康安全第一责任人，对本单位职业健康安全工作负总责。主要利益相关者配备一定比例的、称职的专职安全管理人员，并设有专职或兼职的安全负责人。现场专职安全管理人员必须佩戴醒目标识。

（4）根据工程的特点，项目管理机构应组织制订现场爆破统一管理、重大件运输管理、交通封闭管理、重大危险源防范措施、重特大事故应急救援预案等规定，并在全工地实施。对可能发生重特大事故的应急救援预案，应该定期进行应急预案演练，增强应急救援能力。安全检查是职业健康安全管理工作的一项重要内容，是多年来从生产实践中总结出来的一种好形式，项目管理机构应该按制订的管理办法组织进行，并对每次的检查情况提出整改意见。安全检查必须有明确的目的、要求和具体计划，并且必须建立有安全主管人员负责、有关人员参加的安全检查组织。安全检查必须边检查，边改进，有些受条件限制当时不能解决的问题，也应制订计划，按期解决，同时还应及时进行总结和推广先进经验。

（5）安全检查的主要内容：查现场、查隐患、查思想、查管理、查制度、查事故处理。

查现场、查隐患一般可委托监理单位组织，检查劳动条件、生产设备以及相应的安全卫生设施是否符合要求。如：是否设安全出口，且是否通畅；设备防护装置情况，电气设施的安全接地、避雷设备、防爆性能；通风照明情况；防止沙尘危害的综合措施情况；预防有毒有害气体的防护措施情况；受压容器和气瓶的安全运转情况；变电所、炸药库、易燃易爆品及剧毒物品的贮存、运输和使用情况；人员防护用品的使用及标准是否符合安全卫生的规定等。

查思想是指在查隐患和不安全因素的同时，需注意检查主要利益相关者负责人的思想认识，是否把职工的安全健康放在第一位，特别对各项劳动保护法规以及安全生产方针的贯彻执行情况等。如是否真正做到了关心职工的安全健康；现场领导人员有无违章指挥；职工是否人人关心安全生产，在生产中是否有不安全行为和不安全操作；安全生产法律法规是否真正得到贯彻执行等。

查管理、查制度是主要检查能否把安全生产工作提到议事日程；主要负责人及生产负责人是否负责安全生产工作；在计划、布置、检查、总结、评比生产的同时，是否都有安全的内容；安全管理机构是否健全；职工是否参与安全生产的管理活动；改善劳动条件的安全技术措施计划是否按年度编制和执行；安全技术措施经费是否按规定提取和使用；劳动安全卫生设施是否与主体工程同时设计、同时施工、同时投产，即"三同时"的要求是否得到落实；安全教育制度、新进场人员的"三级教育"制度、特种作业人员和调换工种工人的培训教育制度、各工种的安全操作规程等是否得到落实。

查事故处理就是检查安全事故是否及时报告、认真调查、严肃处理；在检查中，如发现未按"四不放过"的要求草率处理的事故，要重新严肃处理，从中找出原因，采取有效措施，防止类似事故重复发生。

（6）安全检查制度包括定期检查、不定期检查和专项检查。

定期检查：一般由监理单位牵头组织，承建单位、项目管理机构等安全管理人员参加，至少每周检查一次。不定期检查：是一种无固定时间间隔的检查，检查对象一般是特殊部门、特殊设备或某一个小的区域，必要时可使用仪器设备来检测。

专项检查：包括施工导截流、安全度汛、大型工程爆破、高边坡开挖、下闸蓄水、首台（批）机组发电等重大事项。通过安全检查及时发现和消除事故隐患，进行整改。由于某些原因不能立即整改的隐患，应逐项分析研究，做到"定具体负责人、定措施办法、定整改时间"，形成及时通报、限时整改、整改回复的循环制度。可依据《中华人民共和国安全生产法》、《生产安全事故报告和调查处理条例》（中华人民共和国国务院令第 493 号）、《企业职工伤亡事故报告和处理规定》、建设部《工程建设重大事故报告和调查程序规定》、国家电力监管委员会颁布的《电力生产事故调查暂行规定》等相关规定制订项目的事故报告、调查与处理管理规定。

（7）项目管理机构开展安全生产管理工作宜遵循"以责论处"的原则，通过采取教育、奖惩等手段达到安全生产的目的。

可设立安全专项奖励基金，对安全工作做出突出贡献的集体和个人予以奖励，对安全工作严重失职、违章作业、违章指挥造成后果的单位和个人予以处罚。安全工作的奖罚可以实行精神鼓励和物质奖励相结合，批评教育与经济处罚相结合。项目管理机构可要求主要利益相关者必须制订全员培训教育计划，定期检查对职工（含农民工）的安全培训教育情况；制订和实施每周一次施工现场联合安全检查制度；要求承建单位制订和实施安全管理干部对口班组的管理制度，对施工班组实行班前会、预知危险活动、班前安全检查、班中安全检查、班后现场清理、交接班安全确认的工作循环制度；制定和实施重大隐患停工整改制度和发生重大险情、重伤死亡事故"说清楚"制度等来加强安全生产管理。

（8）项目管理机构可以通过经常组织或推动全工地的安全生产教育活动，针对工程特点开展安全教育和劳动技能培训，实行全员进场的三级安全教育，做到先培训后上岗，有计划地提高从业人员安全生产素质和自我保护能力，并要求监理单位监督检查培训教育活动档案。对高排架搭拆、竖井开挖、高边坡及洞室开挖作业、爆破作业、重大件吊装等高危作业专项安全技术措施或方案可以组织专家论证，并实施监理。当发现安全管理工作严重失控，且施工或生产安全没有保证时，项目管理机构应该指令监理单位或直接指令承建单位停工或停产整顿，必要时可终止合同。为了更好地贯彻上级有关安全生产的方针政策，解决项目安全生产问题，及时总结安全管理的经验和教训，应该建立主要利益相关者分层次的安全工作周、月、季、年度例会制度，并与安全检查制度有机结合。

（9）工程项目文明施工公约制度，包括在现场明示环境卫生、文明施工管理制度与措施要求，并明确责任人等。须统一全工地的现场文明施工标准，包括：施工厂区管理、现场施工环境管理、现场材料管理、风水管道管理、施工用电管理、施工道路及安全通道管理、施工排水及碴料管理、施工车辆及设备管理、混凝土及灌浆施工管理、金属结构及机电设备安装管理、主要利益相关者人员（含农民工）管理等方面。为加强工程施工现场的管理，展现项目建设者的精神风貌，促进工程现场文明施工的规范化、标准化，应要求承建单位根据现场的实际情况制订文明施工的方案和具体措施，并将现场文明施工检查、考核、奖罚纳入职业健康安全考核中。现场文明施工管理应该以承建单位为第一责任人。承建单位应结合文明施工的方案和措施，对施工现场的环境影响因素进行分析和监测，营造良好的现场施工环境。

8.1.10.2 项目信息管理

（1）项目管理机构应通过对各个系统、各项工作和各种数据的管理，使项目的信息能方便和有效地获取、存储、存档、处理和交流，从而达到为项目建设管理增值服务的目的。项目管理机构可根据需要设置专门机构或专职人员对项目信息进行综合管理，按不同的业务性质，将信息分别归口到有关部门的信息员。当涉及几个部门的多用途的信息，应该指定主要责任部门主管。项目信息管理力求做到精简，既不重复，也不遗漏。

（2）项目建设过程中将形成大量文件，包括项目的提出、调研、可行性研究、评估、决策、计划、勘察设计、施工、调试、生产准备、竣工、试运行等工作活动中形成的文字材料、图纸、图表、计算材料、声像材料等形式与载体的文件资料。由于文件种类繁多、数量巨大，而且具有很强的时效性，因此，应该遵循文件的形成规律和特点建立科学的文件管理系统和严格的文件管理程序，以保证文件的形成、收集、分析、处理、储存、检索、传递、使用和归档等流程畅通。工程项目档案管理工作应贯穿于工程建设程序的各个阶段，即从工程建设前期就应进行文件材料的收集和整理工作；在签订有关合同、协议时，应对工程档案的收集、整理、移交提出明确要求；检查工程进度与施工质量时，要同时检查工程档案的收集、整理情况；在进行项目成果评审、鉴定和工程阶段验收与竣工验收时，要同时审查、验收工程档案的内容与质量，并做出相应的鉴定。

（3）项目法人应组织建立项目档案管理体系，明确主要利益相关者均应积极配合档案主管部门开展的监督、检查和指导工作；项目法人对项目档案管理工作负总责，除认真做好自身产生档案的收集、整理、保管工作外，还应加强对其他主要利益相关者归档工作的监督、检查和指导，项目法人应设立档案室，落实专职档案人员，项目法人的档案人员对各职能部门归档工作具有监督、检查和指导职责；勘察设计、监理、施工等单位应明确本单位相关部门和人员的归档责任，切实做好职责范围内工程档案的收集、整理、归档和保管工作；属于向项目法人等单位移交的应归档文件材料，在完成收集、整理、审核工作后，应及时提交项目法人。项目法人应认真做好有关档案的接收、归档和向相关主管部门的移交工作。

（4）合同完工时应由承建单位通过监理单位审查后向项目管理机构提交完整、准确的工程档案资料，项目竣工时由项目管理机构向项目法人提交完整、准确的项目档案资料，最后由项目法人向上级相关档案主管部门统一移交项目档案。

8.1.11 项目风险及验收管理

（1）在项目建设过程中受各种因素的影响，都有可能使工程建设的目的产生偏离，因此配备强有力的项目管理团队，采购信誉良好的勘察设计单位、监理单位、承建单位、设备供应商等，是有效规避建设投资风险的有效途径。项目风险管理责任体系应是包括主要利益相关者的整体风险管理责任体系，只有这样才能真正将风险管理责任落到实处，达到有效控制风险的目的。项目风险管理应在项目生命期内不间断地进行，应针对项目不同阶段的具体特点，进行相应的风险识别、风险分析，并制订相应的风险应对计划，进行风险的监测与控制。

（2）常用的风险识别方法或工具有：头脑风暴法、特尔斐法、SWOT分析、核对表法、假设分析、项目结构分解识别法、因果分析图法、流程图法、问卷调查法、计算机模拟等。收集的数据或信息一般包括项目环境数据资料、水文气象资料、地质资料、类似工程的相关数据资料、设计与施工文件。不确定性分析可从项目环境、项目范围、工程结构、项目行为主体、项目阶段、管理过程、项目目标等方面进行可能的项目风险识别。风险识别报告通常包括已识别风险、潜在的项目风险、项目风险的征兆等方面。

（3）项目风险定性分析的基本方法有概率/影响矩阵方法等。项目风险定量分析的基本方法有基于面谈的三点估计法、层次分析法、模糊分析法、决策树分析法、PERT法、随机过程分析、计算机仿真分析等。风险发生的概率，即发生可能性评价；风险事件对项目的影响评价，如风险发生的后果严重程度和影响范围评价；风险事件可能发生的时间即风险事件发生时间估计。一般可利用已有数据资料分析与统计、主观测验法、专家估计法等方法估算，如导流、截流风险要利用历史洪水资料采用有关规范规定的方法进行分析。

（4）项目风险应对策略一般采用风险规避、风险转移、风险减轻、风险自留和风险利用，以及这些策略的组合。项目工程保险是风险管理的重要手段，如设计责任保险、投标保证保险、履约保证保险、货物运输保险、建筑安装工程保险及第三者责任险、运输工具保险、施工设备损坏保险、雇主责任保险、财产综合保险和机械设备损坏保险等。

（5）随着项目的不断推进，风险会发生变化，可能会产生新的风险，也可能是原预测的风险消失。项目风险监测与控制就是在项目生命期内不间断地跟踪已知风险、控制残余风险、识别新风险，确保风险管理计划的执行并评估其降低风险有效性的过程。风险预警是根据外部环境与内部条件的变化，对项目未来的风险进行分析、预测和报警，增强项目的抗风险能力，如：洪水位、高边坡位移等技术指标均是风险预警的重要信息，应根据不同时段定期或加密收集。

（6）依据国家有关法律法规和技术标准、相关主管部门批准文件、批准的设计文件及变更文件、工程承建合同、监理单位签发的施工图纸和说明、设备技术说明书等，组织编制适合本工程的项目验收工作计划和项目验收工作大纲，明确验收的范围、目的、依据、工作组织、工作程序以及验收资料的编制和归档要求等，保证验收工作的顺利进行。勘察设计单位、承建单位、监理单位等向项目法人移交的工程档案应与编制的清单目录保持一致，并须有交接签认手续，符合移交规定。

（7）合同工程验收包括：分部（分项）工程（包括重要隐蔽工程）验收、合同工程中间验收、单位工程验收和合同工程完工验收等。项目管理机构在制订合同工程验收管理办法时，应该根据单位工程、分部（分项）工程和单元工程的划分，明确验收条件、验收时限、验收工作组织、工程质量等级评定、验收资料的编制与归档等相应的职责。分部（分项）工程验收是合同工程验收的基础，由监理单位组织联合验收组进行验收，完成分部（分项）工程验收签证。

（8）为配合枢纽工程的阶段验收或合同工程中的单位工程完工具备使用条件时，可进行合同工程中间验收。合同工程中间验收宜在合同中明确，由项目管理机构或委托监理单位组织联合验收组进行，签署合同工程中间验收鉴定书。单位工程具备验收条件时，由项目管理机构组织联合验收组开展验收工作，并签署单位工程验收鉴定书。具备合同工程完工验收条件时，由承建单位向监理单位提交合同工程完工验收申请报告。监理单位在接到验收申请报告后，按分部（分项）工程验收规定的程序和内容对合同内所有分部（分项）工程进行完工验收，并写出分部（分项）工程完工验收意见。与此同时，监理单位通过审核承建单位提交的完工工程量细目清单，提出一份双方认可的完工工程量细目清单，完成合同工程完工结算。

（9）在完成分部（分项）工程完工验收和合同工程完工结算后，经监理单位在验收申请报告上签署监理审核意见后，将验收申请报告连同分部（分项）工程完工验收签证、分部（分项）工程完工验收意见、监理报告、施工报告和其他需提交的验收资料提交项目管理机构，申请合同工程完工验收。勘察设计单位和安全监测单位应提交与之对应的设计报告、安全监测成果报告等。对合同工程中已经验收的工程，完工验收可以从简，着重验收尾工部分。

（10）工程施工过程中，当工程基础处理完成，或具备截流、蓄水、通水、重要工程设施与设备启用条件等关键阶段，或承建单位行将更迭以及发生工程项目的停建、缓建等重大情况时，或项目管理机构与监理单位认为必要时，也可以依据工程承建合同文件的规定，组织进行阶段验收。截流、蓄水阶段验收前应重点检查验收后度汛方案及超标准洪水预防措施等。阶段验收应该对工程下阶段建设和工程运行提出注意事项或建议等。

（11）阶段验收中，对已完建工程项目应重点检查其工程形象和施工质量以及是否具备运用或运行条件；对在建工程项目应重点检查已完建工程项目投入运用或运行后对其后续工程施工的影响；对待建工程项目应重点检查其施工条件，最后对阶段验收工程项目能否具备交工或投入运行做出结论。

（12）中小型防洪工程项目取水、输水、供水、对外交通等单项工程，在工程竣工前已经建成，能独立发挥效益且需要提前投入运行的，或需要单独进行验收的，均应分别进行单项工程竣工验收。个别单项工程延期建设或缓建，可在工程竣工验收后，待该单项工程建成时再进行单项工程竣工验收。单项工程验收前，必须完成所有分部（分项）工程、单位工程验收签证，并提出分部（分项）工程、单位工程验收意见。

（13）单项工程竣工验收委员会可由项目法人（项目管理机构）、勘察设计单位、承建单位、监理单位、质量监督及运行管理单位等成立，必要时可会同相关主管部门共同组织单项工程竣工验收。单项工程的分部（分项）工程完建并验收合格；设备的制作与安装验收合格；安全监测仪器已按设计要求埋设，能正常观测，并已取得初始观测值；工程质量缺陷或事故已处理合格；单位工程运行设计规程、操作规程已审查批准，管理操作人员已配备并到位；未完工程项目不影响工程投入运行；验收的档案资料已完成等条件满足时，可进行单项工程验收。

（14）项目管理机构要及时审查经监理单位签署审核意见的验收申请，包括验收申请报告、监理报告、施工报告、设计报告和其他需提交的验收资料。单项工程竣工验收委员会的主要工作包括（但不限于）：①听取承建单位、勘察设计单位、监理单位的工作汇报，审查提供的图纸、文件、资料；检查已完工单位工程质量是否符合设计要求，并做出质量鉴定；②验收中发现的工程或设备缺陷，应责成监理单位督促承建单位限期处理，并对尾工做出妥善安排；③审查提前使用条件，检查生产准备情况，审查生产运行单位提交的运行管理方案；④根据检查验收结果签署单项工程验收鉴定书，写出单项工程验收工作报告等。

8.1.12 项目后评价管理

（1）在每个工程项目周期中，前一阶段都是后一阶段的基础，后一阶段是前一阶段工作的延伸和补充，最后一个阶段又对新项目产生指导与借鉴，形成一个完整的循环，周而复始。

（2）工程项目后评价是投资项目建设周期的一个重要阶段，是项目管理的重要内容。项目后评价主要服务于投资决策，是出资人对投资活动进行监管的重要手段。通过对项目实施过程、结果及其影响进行调查研究和全面系统回顾，与项目决策时确定的目标以及技术、经济、环境、社会指标进行对比，找出差别和变化，分析原因，总结经验，汲取教训，得到启示，提出对策建议，通过信息反馈，改善投资管理与决策，达到提高投资效益的目的。项目后评价的组织实施一般可分为三个层次，即项目法人的自我评价、项目行业的评价、主要投资方的评价。

（3）项目法人应根据项目的具体情况确定项目专项评价，如项目建设、运行过程中，项目出现严重的财务问题，或产生不符合经审批的环境影响评价文件及可行性研究报告的情况时，可进行专项评价。项目后评价应实行分级管理。项目法人接受项目后评价国家主管部门的指导和管理，负责企业内部项目后评价的组织和管理；项目管理机构负责项目竣工验收后项目自我总结评价，并配合项目法人具体实施该项目后评价。项目法人要制定本企业的投资项目后评价年度工作计划，由企业投资的项目名录中有目的的选取一定数量的投资项目开展后评价工作。如果该项目列入国家主管部门的项目后评价工作计划，项目法人应积极协助配合或组织开展后评价工作。项目后评价应避免出现"自己评价自己"，凡是承担项目可行性研究报告编制、评估、设计、监理、项目管理、工程建设等业务的单位不宜从事该项目的后评价工作。

（4）项目后评价主要内容包括：①项目全过程回顾，是指对建设项目的立项决策、勘察设计、施工、竣工投产、生产运营等全过程进行系统分析，找出项目后评价与原预期效益之间的差异及其产生的原因，针对问题提出解决的办法。同时也包括对招标、评标与合同文件的反思。项目全过程立项决策回顾的主要内容：项目可行性研究、项目评估或评审、项目决策审批、核准或批准等。项目设计阶段回顾的主要内容：工程勘察设计、资金来源和融资方案、采购（含工程设计、咨询服务、工程建设、设备采购）、合同条款和协议签订、施工准备等。项目实施阶段回顾的主要内容：项目合同执行、重大设计变更、工程"三大控制"（进度、投资、质量）、资金支付和管理、项目管理等。项目竣工和运营阶段回顾的主要内容：工程竣工和验收、技术水平和设计能力达标、试运行、经营和财务状况、运营管理等。②项目绩效和影响评价主要包括：第一，项目技术评价：指对项目所采用的技术方案进行分析和评价。主要内容包括：工艺、技术和装备的先进性、适用性、经济性、安全性，建筑工程质量及安全，特别要关注资源、能源合理利用。第二，项目财务和经济评价：指通过项目竣工投产后所产生的实际经济效益与可行性研究所预测的经济效益相比较，对项目进行评价。主要内容包括：项目总投资和负债状况；重新测算项目的财务评价指标、经济评价指标、偿债能力等。财务和经济评价应通过投资增量效益的分析，突出项目对企业效益的作用和影响。第三，项目环境和社会影响评价：

指通过项目竣工投产（营运、使用）后对社会的经济、政治、技术和环境等方面所产生的影响，来评价项目决策的正确性。主要内容包括：项目污染控制、地区环境生态影响、环境治理与保护；增加就业机会、征地拆迁补偿和移民安置、带动区域经济社会发展、推动产业技术进步等。必要时，应进行利益相关者群体分析。第四，项目管理评价：主要内容包括利益相关者管理、项目管理体制与机制、项目管理者水平；企业项目管理、投资监管状况、体制机制创新等。③项目目标实现程度主要由项目工程（实物）建成，项目的建筑工程完工、设备安装调试完成、设施经过试运行，具备竣工验收条件。项目技术和能力，设施和设备的运行达到设计能力和技术指标，产品质量达到国家或企业标准。项目经济效益产生，项目财务和经济的预期目标，包括运营（销售）收入、成本、利税、收益率、利息备付率、偿债备付率等基本实现。项目影响产生，项目的经济、环境、社会效益目标基本实现，项目对产业布局、技术进步、国民经济、环境生态、社会发展的影响已经产生等来评价。④项目持续能力的评价主要依靠：持续能力的内部因素，包括财务状况、技术水平、污染控制、企业管理体制与激励机制等，核心是产品竞争能力。持续能力的外部条件，包括资源、环境、生态、物流条件、政策环境、市场变化及其趋势等。⑤经验教训和对策建议。项目后评价应根据调查的真实情况认真总结经验教训，并在此基础上进行分析，得出启示和对策建议，对策建议应具有借鉴和指导意义，并具有可操作性。项目后评价的经验教训和对策建议应从项目、企业、行业、宏观4个层面分别说明。《项目自我总结评价报告》和《项目后评价报告》应根据规定的内容和格式编写，要求观点明确、层次清楚、文字简练，文本章，并妥善保存。

8.2　中小型防洪工程运行管理

防洪工程，主要包括水库工程、堤防工程、蓄滞洪工程、河道整治工程等。各防洪工程建成后的运行管理涉及面很广。从发挥防洪效益的角度，需做好防洪工程的安全管理及评价、调度运用、安全监测、除险加固以及应急抢险等工作。在防洪体系中，水库工程和堤防工程是控制性工程，本节重点介绍水库防洪调度管理及水库工程和堤防工程的除险加固要点。

8.2.1　水库洪水调度管理

8.2.1.1　水库洪水调度管理的任务及原则

水库洪水调度的任务：根据设计确定的枢纽工程设计洪水、校核洪水和下游防护对象的防洪标准，按照设计的调洪原则，在保证枢纽工程安全的前提下，拦蓄洪水和按规定控制下泄流量，尽量减轻或避免下游洪水灾害。

洪水调度的原则：包括大坝安全第一；按设计确定的目标、任务或上级有关文件规定进行洪水调度；遇下游堤防和分、滞洪区出现紧急情况时，在水情预报及枢纽工程可靠条件下，应充分发挥水库调洪作用；遇超标准洪水，采取保证大坝安全非常措施时应尽量考虑下游损失。

水库的防汛工作要紧密依靠地方政府的支持和领导。在汛期承担下游防洪任务的水库，汛期防洪限制水位以上的洪水调度由有管辖权的防汛指挥部门指挥调度，其他任何单位和部门不得干涉。汛期防洪限制水位以下的水库调度由水库调度管理单位负责指挥调度。不承担下游防洪任务的水库，其汛期洪水调度由水库调度管理单位负责指挥调度。已蓄水运用的在建水电工程，其洪水调度应以工程建设单位为主，会同设计、施工、水库调度管理等单位组成的工程防汛协调领导小组负责指挥调度。

水库调度管理单位应根据设计的防洪标准和水库洪水调度原则，结合枢纽工程实际情况，制定年度洪水调度计划。承担下游防洪任务的水库，经上级主管部门审查，由上级主管部门报有管辖权的防汛领导部门批准，不承担下游防洪任务的水库，报上级主管部门审查批准，并报有关地方人民政府及流域机构备案。

年度洪水调度计划主要包括：除原设计规定外，还应阐明本年度存在的特殊情况，如工程缺陷、下游梯级电站施工要求、库区存在的问题等；枢纽工程概况及水库运用原则；有关各项防洪指标的规定；洪水调度规则；绘制水库洪水调度图，并附以文字说明。按不同洪水特点，规定控制条件和提出相应的调度措施。

对承担下游防洪任务的水库，应根据水库设计的防洪能力和防护对象的重要程度，制定水库洪水调度方案，并明确规定遇到超过下游防洪标准洪水时水库转为保坝为主调度方式的判别方法。一般按以下三种方法之一判别：

（1）库水位判别：库水位达到防洪高水位。

（2）入库流量判别：入库流量达到下游设计防洪标准的洪水流量。

（3）库水位与入库流量双重判别：库水位达到防洪高水位，并且入库流量达到下游设计防洪标准的洪水流量。

为避免给下游造成人为灾害，在汛期防洪时原则上水库下泄流量应不超过本次洪水的入库洪峰流量。为了充分发挥水库综合利用效益，如入库洪水有明显的季节变化规律，原设计没有计算分期洪水的，水库调度管理单位应会同设计单位补充计算和制定分期汛期防洪限制水位，并按设计程序报批。

具有合格洪水预报方案的水库，可采用以下几种主要的洪水预报调度方式。在使用洪水预报成果时，要充分计及预报误差并留有余地。

（1）预泄调度：在洪水入库前，可利用洪水预报提前加大水库的下泄流量（最大不超过下游河道的安全泄量），腾出部分库容用于后期防洪。

（2）补偿和错峰调度：在确保枢纽工程安全的前提下，可采用前错或后错方式，应明确规定错峰起讫的控制条件。

（3）实时预报调度：根据预报入库洪水、当时水库水位和规定的各级控制泄量的判别条件，确定水库下泄流量的量级，实施水库预报调度。

水库调度管理单位应按批准的泄洪流量，确定闸门开启数量和开度。按规定的程序操作闸门，并向有关单位通报信息。当入库洪峰已过且出现了最高库水位时，应在不影响上下游防洪安全前提下，尽快腾库，以备下次洪水到来前使库水位回降至汛期防洪限制水位。库水位下降的速度要符合设计规定。汛末蓄水时机应根据设计规定和参照历年水文气象规律及当年水情形势确定。如需提前蓄水，应经有关部门批准。

水库调度管理单位应制定超过校核洪水的应急调度方案，并报上级主管部门审批。应急调度方案应包括：模拟超过校核洪水过程；超过校核供水的调度原则和调度方式；拟定下泄流量；配合枢纽工程应急防洪抢险的措施；配合生活区应急防洪抢险的措施。

同一防洪系统的水库群，应根据设计规定的洪水补偿调节方式，制定联合洪水调度运用方案，实行水库群的统一调度。泥沙问题严重的水库，应采取调水调沙相结合的调度方式。根据各水库的具体情况和泥沙运动规律，研究分析采用适宜的泥沙调度方式，如"异重流"排沙、"蓄清排浑"、泄空集中冲沙、底孔排沙和分级流量排沙等，尽量减少水库淤积和对水轮机的磨损。

北方有防凌任务的水库。应认真分析凌情。根据凌汛期洪水的规律及下游河道防凌的要求。制定凌汛期水库蓄泄的调度计划，为保障下游河道防凌的安全提供条件。

8.2.1.2　水库调度管理

水库调度管理单位应编制水库调度规程，并不断修改完善。主要内容包括：

（1）设计规定的基本任务、综合利用要求、调度运用原则及有关调度协议。

（2）水库设计运用参数和指标。

（3）水文气象情报预报。

（4）洪水调度。

（5）发电及其他兴利调度。

（6）有关水库调度命令、泄水设施使用的规定。

（7）水库调度工作规章制度。

水库调度管理单位编制的洪水调度计划，一般要求南方水库于3月底前报批，北方水库于5月底前报批；制定的兴利调度计划一般要求在上年11月底前报批，供水期计划在蓄水期末报批，月计划在上月25日前报批。已建成投运的水情自动测报系统和水调自动化系统，应编制运行管理细则，加强设备的维护和检修，保证系统长期可靠运行。

调度管理单位应建立水库调度月报制度，其主要内容有：统计和简要分析流域内雨、水、沙、冰情实况；分析调度运用情况；下月的预报调度计划和实施措施。

调度管理单位还应建立水库调度值班制度。值班人员主要是收、发水情电报，及时掌握雨、水、沙、冰情和水库运行情况；做好水文预报，掌握防洪、蓄水、用水情况，进行水库调蓄计算，提出调度意见；按规定及时与有关单位联系和向有关领导请示汇报，并按授权发布调度命令；做好水量平衡计算和调度运用资料统计工作以及做好调度值班记录和交接班工作。

调度管理单位应建立水库调度运用技术档案制度。及时整编归档雨、水、沙、冰情资料，综合利用资料，短、中、长期预报成果，调度方案及计算成果，以及其他重要调度运用数据和文件等。

最后调度管理单位要做好水库调度工作总结，每年汛末和年底分别编写洪水调度总结、兴利调度总结及有关专题技术总结。总结报告应报上级主管部门备案。总结主要内容应包括：

（1）雨情、水情、沙情、冰情分析。

（2）主要调度运用过程。

（3）水文气象预报成果误差评定。

（4）水库实际运用指标与计划指标的比较。

（5）节水增发电量评定。

（6）综合利用效益分析。

（7）存在问题及相应改进意见。

8.2.1.3　库区及下游河道管理

水库移民迁移线或土地征用线以下的水面及库岸。任何单位或个人无权私自开发利用。未经水库调度管理单位同意的开发利用项目，因水库蓄放水而遭受损失，水库调度管理单位不负任何责任。

水库移民迁移线或土地征用线所埋设的界桩（水泥桩或岩刻标记），水库集水区域内所设水文气象。水库集水区域内应加强水土保持，严禁乱伐林木、陡地开荒等导致水土流失加重水库泥沙淤积的活动。

严禁向水库排放污物，造成污染的，应按环境保护法处理。有关部门应加强对水库周围堆放物的管理，防止被洪水冲入水库而影响水库运用。在坝轴线上、下游300m内的水面及岸边为水库调度管理单位的管理禁区（特殊情况另定），任何单位及个人不得在管理禁区内从事堆放货物、炸捕水生物、开荒种植及开采沙石料等一切危害枢纽工程的任何活动。除正常航线和水库调度管理单位作业的船只外，其他船只不得出入停留。

水库下游河道应保持设计规定的过水能力，不得设障阻洪。因按洪水调度方案下泄洪水而毁坏阻水障碍物，水库调度管理单位不负任何责任。

8.2.2　水库除险加固

8.2.2.1　水库除险加固的原则

编制水库除险加固计划时必须对本地区、本水库的建设运用和管理情况有一个全面的了解，从实际出发，注意掌握下列原则：

（1）坚持标准，先易后难。根据检查分析情况和按照规范要求经过核算的结果排队，做到先易后难，明确重点，首先把处理病害隐患，解除险情和防洪安全还达不到设计要求，同时关系重要的水库作为第一批对象。其次是按照《水利水电工程等级划分及洪水标准》（SL 252—2000）的规定，把水库防洪安全提高到校核标准。最后对特别重要的小型水库按可能最大洪水标准落实加固措施，并拟订实施计划。总之要分别轻重缓急，区别对待，有条件的工程的除险和加固工作，应当结合进行。

（2）调查研究，掌握第一手资料。①为了掌握第一手资料，应从整理技术档案和清理原始资料着手，其中有关设计和运行中的具体要求和重要图纸数据。应当在现场逐一核对。如集雨面积、库容、坝高、溢洪建筑的宽度、有效过水深度、进出水条件、衬砌材料、施工质量以及管理运用情况等。根据各地调查的材料，小型水库的集雨面积和坝高都有较大出入，因此凡有条件的地区要组织力量复测或根据新版 1∶50000 或 1∶25000 地形图到现场查对。首先确定坝址，再检查库区地形及地貌、水系分布、分水岭高程等是否和图上相符，如有疑问，就要组织力量复测，20 世纪 50 年代或 60 年代兴建的小型水库。坝高和库容虽有实测资料，但当时多采用假定标高，一般都没有设置固定的水准标点，加上工期长，人事多变，几经反复，有的大坝高程已无从查考，由于实际坝高不准确，库容也有较大出入。因此或要水库应当复测库区和坝址地形，然后按国家统一标高修正主体工程各部位高程。并设立永久性的水准标点，水准标点要在地形图上标明，以利今后查对。对于部分水库如果以库区地形图可作为依据，可在现场从查找地形、地貌特征点进行校对，核实大坝高程、高度和库容。②整理分析历年水文气象观测、坝体沉降、位移和渗漏的原始资料数据，以及工程验收记录。对施工和管理运行中出现的重大质量标准及病害隐患等问题要逐一清理，详细记录，并附图说明，以便于从中发现问题。通过现场调查和资料分析，掌握雨洪规律和水资源情况，以利于了解工程上的薄弱环节，及时采取措施。③对库区山林植被、水土流失和水利设施情况；下游村镇、主要厂矿的布局、高程；经济发展的现状和规划；主要溪河的过水能力；主要堤坝的防洪标准都要有全面了解。对重要工矿、城镇设施，要研究制订发生特殊情况时可能采取的应急措施。

（3）讲求实效，建立责任制。应选派熟悉业务、有丰富实践经验的同志参加整理分析资料和全面检查工程的工作，不宜简单委托管理单位去完成。同时要分工负责，建立责任制，关键问题要领导亲自动手。对检查的全部情况和处理意见要认真记录，做到责任明确，问题清楚，数据可靠，措施可行。

（4）正确处理各方面的关系。正确处理安全和效益、除害和兴利、工程措施和加强管理、挖潜配套和续建改造、长远利益和眼前利益等五个方面的关系，做到紧密结合，相互促进，相互补充。还要具体抓好下列工作：①了解工程当前效益的情况和今后发展中实行综合利用，开展多种经背的需要和可能，掌握水资源和水力开发利用情况。如入库径流量和径流的有效利用率，引水入库的可能，水电站的技术指标和经济效益，以及水库控制运用中的薄弱环节和资源上、技术上、设备上的潜力。研究扩建改造水库技术上的可行性，经济合理性，安全上的可靠性，开发利用的现实性，如淹没损失的政策处理，建材的数量和质量，分布位置，取运条件等，都要作全面了解。②充分依靠群众，发扬技术民主，认真细致地进行方案比较，宏观上对大小水库的除险加固要做出切实可行，符合实际的统筹安排，联系到每个具体水库也要编制切实可行，各方面可以承受的计划。重点工程要加强领导，健全组织，建立责任制。做到政策、资金、物资、劳力、施工时间五落实，充分准备，一气完成，不留尾工。更不允许在施工过程中造成新的险工和人为地增加不安全因素。如加固工程量较大，可以分期进行，但应尽量避免返工。同时还要求在施工期内做到不损害现有工程的效益。③要优先安排险病水库的抢修和处理。

（5）坚持高质量高标准施工。要使加固后的水库经得起实践和时间的检验，就要坚决反对任会降低标准，草率从事，搞形式主义的做法，也要防止片面追求高标准而不顾现实财力、物力的可能，使加固工作迟迟得不到落实。施工前有设计、计划，施工中有指导检查，竣工后有总结验收。

（6）加强管理，有备无患。既要有必要的工程措施，但又决不能忽视工程管理，认真做好平时经常性的维修养护和汛期控制运用，同时为防洪抢险做好必要准备，要发挥管理工作对水库安全的重要作用。

8.2.2.2　中小型病险水库的处理

8.2.2.2.1　土坝裂缝的处理

（1）裂缝的检查。表面裂缝，如龟纹裂缝、横向裂缝和纵向裂缝，可用肉眼观测，而发生在坝内的水平裂缝和龟纹裂缝用肉眼观测就不易发现了，只有在蓄水后从观测渗漏水的流量与浑浊度的变化来分析判断。如果漏水量突然增加或水色由清变浊，除了检查坝基是否发生渗透破坏外，还应结合地形、地质、施工质量等情况进行分析，是否会产生内部裂缝，必要时应钻孔或挖探井来检查。

表面裂缝比较容易从坝上的某些部位反映出来，检查中应注意观察如下部位：①坝顶防浪墙或路缘石对横向裂缝反映比较灵敏。浙江省横山水库土坝的裂缝，就是根据防浪墙的裂缝迹象，挖开坝顶保护层才发现的。②坝坡上的浆砌块石台阶或排水沟，能反映坝体纵横向裂缝的存在。③大坝与岸坡接合的坝段，如果岸坡较陡，有突出的变坡点，变坡点处就容易产生横向裂缝。④坝基有软土层或深塘淤泥没有清除，而坝头基础坚实，压缩性不同，容易出现不均匀沉陷而引起横向裂缝。如果坝基横向的土质土层分布不均匀，有软土层，也就容易产生纵向裂缝。⑤土坝分段施工的接合部位或不同土料交接的部位，常因坝体标准不一致，沉陷不均匀而出现裂缝。

（2）裂缝的处理。裂缝对土坝危害较大，特别是贯穿坝体的横向裂缝和水平裂缝，以及滑坡裂缝。如发现裂缝，在探明裂缝的宽度、深度、长度、走向等情况后，一方面注意观测裂缝的发展和变化，查明裂缝产生的原因；另一方面要采取防止裂缝发展的措施，同时制订处理方案。观测处理前，水库蓄水必须控制，同时要采取临时防护措施，防止雨水向裂缝内灌注和冰冻等的不利影响。小型水库非滑动性裂缝的处理，目前多采用开挖回填的办法。

1）如裂缝宽度不大，深度在 1m 以内，且已稳定，一般可用干细的砂壤土，从缝口灌入，再用竹条木棍捣实，重要的和比较重要的小型水库最好挖槽到裂缝深度以下 0.3m，然后回填夯实。处理工作可分段进行，同时注意新老土的结合。

2）如裂缝较宽，缝深在五米之内，裂缝已停止发展，一般都应开挖后回填。开挖时采用梯形断面，或开挖成台阶形的坑槽，在回填时削去台阶，保持梯形断面，便于新回填的土料和原坝体紧密结合。

3）贯穿坝体上下游的横向裂缝，开挖处理时沿裂缝方向每隔 5～6m 垂直裂缝挖条呈十字形宽 1.5～2.0m 的结合槽（键沟）。

挖槽的深度要低于裂缝底以下 0.3～0.5m，开挖长度应超出缝端约 2.0m，槽底宽和边坡以便于施工操作和安全为原则。在开挖前可先灌入少量石灰水，以显示裂缝的分布范围，开挖期间，要尽量避免日晒、雨淋和冰冻。槽沟挖好后，先在槽内洒水润湿，再用原坝体土料分层回填夯实，每层填土厚度以 0.1～0.2m 为宜。回填中重视新老土结合，处理裂缝宜在枯水期进行。如果库水位过高，裂缝又较深时，处理前应适当降低库水位，以免发生危险。

4）平行坝轴线的圆弧形纵向裂缝，虽缝宽较小，但如果外形可能与滑坡有关，应首先要密切注意观测裂缝的发展，同时还要挖坑检查，如确系滑坡所引起，就要按第五节处理滑坡的办法上部削坡减载，制水位下降速度，待裂缝停止发展后，再作处理。

5）坝端裂缝，应在裂缝部位滑坝端与山坡衔接线开挖，挖到裂缝底以下约 0.3m，在迎水面。还应在垂直裂缝方向挖十字形槽坑。然后类似横缝进行处理。

6）已建成的水库如发现坝端有龟纹裂缝，一般对较浅的龟裂缝可不作专门处理，或将已出现龟裂的土层刨松并湿润，然后夯实，面层再铺上厚约 20cm 砂性土保护。如果土坝在施工过程中，发现坝面有龟纹裂缝，在继续填上前，应把出现裂缝的坝面土层全部翻松。翻松深度应超过已开裂的土层，然后重新碾压到规定标准再继续填土。

8.2.2.2.2 坝基渗漏的处理

处理坝基渗漏的基本原则是"上截下排，以截为主"。具体处理的方法分述如下：

（1）截水法。截水的具体方法，应根据不同坝型，渗漏部位、危害程度等实际情况，因地制宜地采用：

1）黏土截水墙。均质土坝或斜墙坝采用黏土截水墙处理渗漏方法比较简单，防渗效果也较好，在坝基不透水层埋置深度较浅，便于和坝内防渗体结合，一般在施工条件允许的情况下被广泛采用。截水墙的底都宽度除应满足施工要求外，一般采用设计水头的 0.1～0.2。截水墙要伸入不透水层 0.5～1.0m。开挖截水槽时，宜采用梯形断面。截水槽填筑前，要做好基坑排水和渗水处理泉眼堵塞工作，一般可用黏土或水泥加速凝剂直接堵塞。若渗水量大，则可挖沟或用集水井抽水排渗，最后再在沟、井内填卵石并灌浆封堵。填筑防渗截水墙，要注意选用合格土料，分层回填，保证碾压质量。

2）黏土防渗铺盖。如坝基不透水层很深，处理坝基渗漏施工困难的水库，可以在迎水面做黏土防渗铺盖。黏土防渗铺盖的作用主要是延长渗透途径，以减少坝基的渗水量，但不能截断渗水，设计时要求把渗水流速控制在安全允许的范围之内。因此必需有一定的深度、长度和厚度：①如情况特殊，要求放空水库填筑铺盖有实际困难的，也可用在上游水中抛填黏土的方法来减少渗漏。但必须适当扩大抛土的范围，同时采取多次抛填土料的办法。②采取放空水库然后填筑黏土防渗铺盖来处理基础渗漏，黏土铺盖的设计时应考虑以下内容：第一，如地基为强透水的砾石卵石层，在填筑铺盖前应清除强透水层，然后铺垫反滤层，最后再分层填土，以防止铺盖土料随渗流带走，或出现集中漏水致使铺盖失效或破坏。第二，铺盖的长度，主要取决于基础土料防渗安全允许的渗水坡降和渗水流速，坝基透水层的厚度和土粒组成以及水库渗水损失。一般透水层较浅时，有效铺盖长度可采用水头的 5～8 倍，如果水头较大，透水层较深时，则应采用 9～10 倍水头。由于黏土铺盖都有一定的透水性，所谓有效铺盖长度是指当通过地基透水层总的渗流量与在一定长度铺盖上的渗水量相等时的长度。在此情况下，增加铺盖长度已不会增大防渗效果。第三，铺盖的厚度主要取决于作用在铺盖上的水头，应保证在水压力作用下铺盖不致因渗透水压力而破坏。用碾压法施工的黏土铺盖，其前端厚度一般为水头的 1:10，但不小于 0.5～1.0m 靠近坝脚处的厚度可采用水头的 1/4，一般为 1.5～2.5m。

3）帷幕灌浆。帷幕灌浆是通过钻孔用灌浆机把水泥黏土浆压入坝基砂卵石层中，将砂卵石胶结成有一定厚度的防渗墙，它运用于最水层较深的各类坝型。

a. 对于砂砾石地基，一般都采用水泥黏土浆，因为这种浆液的胶结性能好，固结快，黏土颗粒比水泥颗粒细，可灌性强，但黏土固结性和耐久性差，抗渗透水压力的能力低，它与水泥混合在一起可互相取长补短，是砂砾石层地基灌浆的理想材料。

b. 帷幕的厚度 T 可由下式估算确定：

$$T=\frac{H}{J}$$

式中　　H——水头，上下游水位差；

　　　　J——帷幕的允许水力坡降，水泥黏土帷幕其值一般不大于 3～4。

4）灌浆孔距可根据地基砂砾石组成情况和可灌性的大小来选定，一般约为 2.5～4.0m，开始时孔距可大些，然后根据进浆效果逐步加密灌孔。多排孔的帷幕，靠边一排上的孔距宜小些，灌浆压力也要小些，并适当提高浆液浓度；中间排孔距可适当加大，用较高的压力，以提高帷幕的密实性。多排式灌孔应呈梅花形排列。在灌浆的顺序上应先灌上游排，后灌下游排，最后灌中间排。如采用灌浆的办法处理基础渗漏应参考有关专业资料后进行。

（2）下游排水措施。坝下游的排水可以因地制宜地采取多种措施。

1）反滤排水沟：设排水沟的目的是安全有效地排引坝基渗水。排水沟明式和暗式两种，平面布置上排水沟宜垂直于坝轴线，并与坝脚滤水体相连接，两沟之间的距离视坝基渗漏程度而定，一般中对中5~10m，沟底和边坡，均应采用滤层保护。

2）反滤盖重：在坝脚渗水出露地段的适当范围内，经过平整，先铺设滤料垫层，然后再填石料或强透水土料作为盖重，它既能排引渗水又能加固坝基，有利于坝坡的稳定，反滤盖重与排水沟结合效果更好。

3）排水暗沟与盖重结合：如坝下有淤泥沼泽土没有彻底清除或排水不畅，不利于工程管理和安全时，可以采用排水暗沟和用砂砾料做盖重的办法来处理。

4）排水井：如坝基有比较深的强透水层，虽然在上游采取了防渗铺盖等措施，但不能完全杜绝渗漏水源，为了避免基础上料因较大水力坡降作用下出现渗透破坏。可以在坝下游打井，把透水基层的渗水安全排出，一般井口直径为0.9~1.0m，深入强透水层中心安放直径15~20cm无砂混凝土管，四周和底部回填砾石和粗砂层。排水减压井应在水库低水位时施工，汛期和高水位时不宜打井，以防止造成基础管涌失事。

8.2.2.2.3 坝体渗漏的处理

坝体渗漏的处理都是围绕"堵"和"排"来进行的。对刚性坝体，在上游面加强防渗措施，封堵渗漏通道，对于土坝，除上游的堵漏，还要在下游做好反滤排水设施。具体处理可参照以下几种方法进行：

（1）混凝土坝、浆砌石坝和硬壳坝的长渗及集中渗漏处理。

1）对于贯穿上下游的横向裂缝，在水库水位降低以后，在上游面用环氧树脂或聚氯乙烯胶泥封填裂隙，在坝下游面沿着漏水裂缝在混凝土表面凿"△"燕尾槽，并在裂缝渗漏集中部位埋设排水铁管，然后用旧棉絮将裂缝填塞，把渗水引到排水管集中排出，再用快凝灰浆或防水快凝砂浆迅速回填封堵槽口，最后将排水管封堵死，如裂缝渗漏水量较大，坝体内的渗透水压力会影响建筑物的安全运用，就需要采取灌注水泥浆的措施。充填全部孔洞裂缝，可以取得较好的防渗止漏的效果，有利于坝体的稳定安全。

2）坝体混凝土由于浇捣不实或密实性差，坝面出现散渗时，可以在上游面涂抹环氧砂浆或沥青等防水涂料。

3）大面积散渗可以采用喷射水泥砂浆或抹水泥砂浆或钢丝网水泥等方法，如铺设钢丝网水泥防渗层在处理前先把表面清洗凿毛，然后凿锚筋孔固定钢丝网，最后抹水泥砂浆，抹浆工作要合理分块，讲求质量，一气呵成，注意养护，抹浆一般厚 3～5cm。喷浆或涂抹水泥砂浆，首先要把应处理的混凝土表面凿毛整平。洗净后洒水保持湿润，然后喷浆，如抹浆防渗还要先用纯水泥砂浆涂刷一层厚 0.5～1.0mm 的底浆，再用水泥砂浆分几次涂抹，使总厚度达到 1.0～2.0cm 为止，最后用铁抹压实，抹光。要注意一次涂抹的水泥砂浆不宜太厚，过厚容易流淌或坠脱，太薄也容易因收缩开裂口分次涂抹间隔的时间不宜太长，同时避免在干燥高温和冰冻季节施工，完成后要及时遮盖并洒水养护。在水泥砂浆内加入一定量的防水剂，调制成防水快凝砂浆，防渗效果更好。防水剂可用成品，也可自行配制，由于快凝砂浆的凝固速度加快，施工时在加入防水剂后，应快速搅拌均匀，然后立即涂抹，并压实抹光。一次的拌量不宜过多，随拌随用。

4）坝上如发现集中渗水的孔洞，要尽可能探寻到水源的来龙去脉，找到漏水的进口，把进口彻底封堵，如探寻不到，可以把渗水出口洞壁扩大成内大外小的孔口并凿毛，然后用手把快凝胶泥塞入孔洞并压紧，待数分钟后，胶泥硬结再放手。必要时再进行灌浆，如渗漏水水源和水库不相联通，就可以采取有效的排水措施，以防止集中渗漏导致的渗漏变形破坏。

5）如因伸缩缝止水破坏出现渗漏的处理。原来为沥青井止水的，仍应采用电阻加热井内沥青并补灌热沥青，如用紫铜片、镀铁水、铅片止水的，可以在破损段缝内充填环氧树脂或聚氯乙烯胶泥止水。

6）浆砌石坝的砌缝，如因勾填不实出现漏水时，可以将原砌缝凿去重新勾缝或采用沥青麻丝填塞，再用水泥砂浆勾缝堵漏。对于上游面没有设混凝土防渗墙的砌石坝，发生漏水时，可采取下列办法处理：①横向沿砌缝凿开深约5cm，然后用钢钉打孔，孔距3.0m左右，孔深至少要打穿两块石头，在孔内埋入灌浆用钢管，然后用1∶3水泥砂浆重新勾缝，等砂浆完全凝固后。从预埋管中进行压力灌浆，浆液用水灰比为2∶1的水泥浆，压力一般控制在10N/cm左右，浆液浓度和灌浆压力可视进浆情况调整。②在上游砌石坝面采取重新勾深缝的办法处理漏水，缝深5cm，先清洗干净并保持湿润，然后用1∶3水泥砂浆勾缝，要控制砂浆的水灰比，勾缝工作要十分细致，待砂浆初凝后。再一次把缝面砂浆压实抹平，防止塌空，勾缝完成后应注意洒水养护3～7d。

7）严重漏水的混凝土坝或砌石坝，有危及建筑物稳定安全的裂缝，如砌石坝的水平贯穿缝，处理时除防渗堵漏外，还应根据稳定核算对坝体进行加固。

（2）土坝渗漏的处理。处理前要注意观测水库涨水和降水过程中渗漏部位和水量的变化，摸清出现渗漏的地段和水位高程范围，再采取不同的处理措施。处理的原则仍然是"上堵下排、先堵后排、为堵为主"。

1）抽槽填土法：如果漏水地点比较分散不容易找准确，可在上游坝坡上的适当部位，挖宽0.6～1.0m的沟槽，沟底要超过漏水深度0.2～0.5m，然后用黏土分层回填夯实，组成黏土防渗墙，防渗墙要和原来的防渗坝体结合，哪一坝段渗漏就处理哪一段，若全坝身都漏水，则处理全坝。如挖沟槽的深度较大，上口应适当放宽，要注意安全。

2）黏土斜墙截漏：在迎水面用黏土斜墙截漏处理坝身一面

积的渗漏较为可靠，但处理前应将库水位降低到需要的高程（低于渗漏水位以下 0.5m 左右），才能进行。当不能放空水库时，可在迎水坡面漏水处抛填一层黏土或黏性较大的黄土堵漏，水中抛压的范围应适当扩大，还要有一定的厚度，一般随抛土、随检查，反复进行多次才能达到目的。修筑斜墙时，应先拆除原坝护坡，铲除表面杂土，再挖松约 10cm，然后用黏性土分层填筑，黏土防渗墙和保护层填筑要同时进行，并注意夯实，同时整理坝面恢复原来的护坡，斜墙的厚度同一般斜墙坝。

3）灌浆堵漏：土坝灌浆早近几年发展起来的处理坝身渗漏的技术措施。目前土坝灌浆有两种，一种是属于劈裂式灌浆；另一种是属于充填式灌浆。所谓劈裂式灌浆，就是利用灌浆压力沿坝轴线劈开裂缝，并充填浆液，由浆体组成具有一定厚度和连续的防渗帷幕。灌浆过程中，由于灌浆压力的作用，浆液挤压坝体，使裂缝两侧土体产生位移，当灌浆停止，压力消失后，浆体析水固结，坝体回弹压缩浆体，经过浆坝互压，坝体更加密实，以达到防渗和稳定的目的。充填式灌浆一般是利用浆液自重充填坝体的局部裂缝和洞隙，实际上充填式灌浆也往往伴随发生劈裂灌浆的作用。采用灌浆的办法来处理小型水库上坝渗漏，由于需要较高的施工技术和较多的物力和财力，如果准备采用灌浆堵漏，可参阅有关资料文献。

4）开沟导渗法：开沟导渗法是一种"下排"的措施，如坝体散浸不太严重，还没有造成渗透破坏，也没有引起坝坡失稳的可能，此法仅仅是解决坝坡湿陷时所采用的措施。它的作用是降低浸润线，同时把渗水安全导引到坝外，保护坝体土粒不被渗水带走而造成破坏，导渗沟的常见形式主要有 Y 形、W 形等。沟宽一般为 0.5～0.8m，沟深在 0.8～1.0m，沟的距离视坝体土料和散渗的严重程度来决定。要求能使两沟之间的坝而保持干燥为原则，一般为 3～10m。沟内分层填筑反滤料，滤料要严格控制质量，各层滤料厚为 0.15～0.30cm。

5）导渗培厚法：如坝身单薄，坝坡较陡，原有排水设施失去作用，渗水在反滤排水设备以上逸出，浸润线升高。影响坝坡的稳定，就可以结合导渗用砂性土料或堆石进行坝身的培厚来处理。这样既可以导引渗水，避免引起渗透变形，同时又可以增强坝身稳定，施工时要特别注意新老排水设备的连接。如坝上发现鼠、罐、蛇或其他动物钻洞造成漏水，应先找到洞穴，再用有毒药物烟熏或用有毒药液注入洞内，毒死动物，然后灌注黏土浆，把洞穴堵塞，也可先灌注石灰水，然后按迹印开挖，再填土夯实。

8.2.2.2.4 坝头浇渗的处理

处理前必须详细调查施工情况，检查渗漏位置，分析渗漏原因，然后做出恰当的处理方案，处理的原则和坝体坝基渗漏相似，这里着重介绍土坝坝头的绕渗处理方法，其他类型的坝，可参照下述方法进行处理。

（1）黏土灰土铺盖防渗法。一般的渗漏可以在坝上游山坡和大坝防渗体相接的地段经过开挖和清理，按稳定坡度用黄泥或石灰黄泥（二合土）铺盖并夯实，以延长渗径，减少渗水。

（2）堵塞漏洞裂缝。如发现坝头山坡有明显漏水迹象，可通过水库涨水放水的过程，查明漏水的过程和范围，然后将坝头挖开，用局部围堰把漏水区包围，经过灌水检查或灌注石灰水，查明洞穴裂缝的具体部位，然后分别情况进行处理。

1）如系破碎带或断层裂，在清理到一定范围和一定深度后，再冲洗干净，用水泥砂浆抹面或勾缝，待砂浆凝固后，再铺盖一层黏土。

2）如山岩的洞穴漏水应查清水源补给来自泉水或库水，分析确定漏水和水库水位的关系，如发现有和水库相通的洞穴，可以在进口处灌注水泥砂浆或水泥黏土砂浆再将洞用混凝土堵塞洞穴，如果是一般的泉水，只要做好排水工作，把泉水导出坝体以外，就可以不作其他处理了。

（3）截水墙法。当坝端与山坡或建筑物接合处发生严重漏水时，可采取下列措施：

1）对于心墙坝，可在坝端山坡开竖井检查漏水深度和部位，然后采取开槽做黏土截水墙，或混凝土防渗齿墙，或帷幕灌浆等防渗办法堵漏，截水墙必需和坝身心墙连接，用这种方法处理比较可靠。

2）对于斜墙坝或均质土坝，可在上游坝坡与岸坡连接处加做黏土斜墙铺盖并适当向上游延伸扩大覆盖范围。

（4）铺设排水反滤层。在下游岸坡绕坝渗流的出口段，铺设导渗排水反滤层，防止土粒被渗水带走，也可在坝端与山坡相接处，结合排水做干砌石明沟，砌石下面做反滤层，以排除雨水和渗水，这方法可与上堵的措施同时采用。

（5）综合性的堵漏措施。石灰岩地区，岸坡或库区渗漏可能是由于溶洞造成，严重的会使水库失去蓄水的作用，对于这种情况引起的漏水就需要采取综合性的堵漏措施，可概括为"堵、隔、铺、围、截"五个字，具体应用要根据溶洞分布情况、漏水的地点和部位等，选择有效的堵漏办法。如小溶洞群，或构造破碎带的裂隙漏水，采用铺（斜墙、铺盖）和截（灌浆帷幕）的办法，对于大的溶洞可用围、隔的办法，即用围井、隔堤，把漏水部位和水库隔开。

8.2.2.2.5 土坝滑坡的处理

本着防重于治的原则，在管理运用中，应经常做好养护检查工作，防止或减轻外界因素对坝坡稳定的影响。一般不要在坝顶或坝坡上堆放重物，不要在土坝附近爆破，不要在水库的大坝附近水中炸负，不要在坝脚取土或开塘面，管理运用中控制水库水位和降落速度等。土坝滑动必然先出现裂缝，然后随着裂缝的扩大而局部变形，最后导致滑坡，如一旦发现坝坡在高水位或其他不利情况下出现可能滑坡的迹象，且坝面出现有纵向裂缝或沉陷量突然加大时，就要分析原因，及时减轻上部荷重，并停止放水，采取在背坡开沟排水等预防措施，或在坝脚增加压重，放缓坝坡等加固措施。对已经发生滑坡的坝面，其处理原则主要是上部减载、下部压重。以下介绍几种通常的处理方法。

（1）坝基良好，滑坡出现在基础面以上的下游面，坡面局部坍滑，如主要由于原有排水设施失效或质量差引起的散渗，而抬高了浸润线所造成，可以适当降低水库蓄水位。并采取导渗排水措施，待滑动部分的土料失水固结以后，再清除已松动的土体，然后用透水性强的土料自下而上修复，必要时可适当放缓坝坡或在坝脚用透水材料做撑台。撑台长度应超过滑坡段两端10m以上，撑台高度为坝高的$1/5\sim1/3$。

（2）由于坝基有淤泥夹层或湿陷性黄土层而引起的滑坡，可先在坝脚外一定距离，修筑一道抛石固脚的防滑齿墙，并适当高出地基面，然后在坝脚与齿墙间回填透水土料或堆石，做成压土重平台，平台与齿墙墙间应做好反滤层。

8.2.2.2.6 岸坡坍滑的处理

处理岸坡塌滑，常用的有以下几种方法：

（1）放缓坡度。采取上挖下填改缓岸坡，在库水淹没的重要地段，要用砌石护坡或抛石护岸。

（2）干砌阻滑重力墙。修筑干彻块石重力式挡土墙，阻止崖壁塌滑。这方法适用于局部较陡又比较低矮的土石山崖。

（3）砌石支撑墙。对于高度较小，范围又不大的悬岩，顶墙要用干砌块石修筑撑墙。

8.2.2.2.7 溢洪建筑物隐患的处理

溢洪建筑物是宣泄洪水，保证水库安全的重要设施。其隐患的处理方法：

（1）改善和翻修陡坡。当陡坡过陡，底板厚度不足，底部排水不良，或因施工质量不好，冲刷严重，甚至出现掏空变形或掀翻等事故时，应彻底清除已受严重冲蚀的底板，改善防渗排水的设计，用混凝土或钢筋混凝土加固或重浇底板。

（2）如混凝土底板或砌石岸墙出现裂缝，常用的处理方法是沿裂缝凿一条深$4\sim6cm$、宽$2\sim6cm$下宽上窄的槽，在槽内填充水泥砂浆、沥青砂浆或用环氧砂浆修补。如发现消力塘或挑流鼻坎下游遭受冲刷而淘空冲深时，要建造第二消力塘或用混凝土铺垫防止冲刷的扩大。

8.2.2.3 中小型病险水库的安全加固

按照《水利水电工程等级划分及洪水标准》(SL 252—2000)的规定,水库的安全加固主要包括两方面的内容:一是进行大坝稳定复核;二是按规定标准进行水库防洪安全的核算。然后根据复核结果,为了满足安全的需要,采取加固措施,以防止管理运行条件改变后坝体失稳或由于原来防洪标准太低,溢洪能力偏小,可能形成洪水漫溢而造成的垮坝失事。

8.2.2.3.1 水库大坝的稳定复核

对于已建成的小型水库的大坝进行稳定复核和新建工程应当有所区别。因为在修建时有的水库曾经进行过勘测设计和大坝的稳定安全计算,有的是按照当地定型设计规定的标准施工,应当说安全上是有一定余地的。同时在建成后的运用中经历过蓄泄和暴雨洪水的考验,一般大坝稳定安全方面存在的问题,比较容易暴露出来,只要符合当地的特定条件,施工期间没有重大的质量标准问题,同时在管理运行中也没有发现异常现象,大坝稳定安全应当是有保证的。特别是 20 世纪 50 年代修建的小型水库,多数采用标准化设计,一般都是偏安全的,其后期和 60 年代初,虽然多数地区对坝坡标准进行了修订,但都是根据本地区实际资料进行分析计算的成果,因此只要能够按照设计规定的质量标准施工,大坝的稳定安全是能够保证的。在此基础上,如果根据水文复核,为了防洪安全,需要适当加高大坝,一般小型水库只要坝的加高能满足安全要求,同时保证足够的坝顶宽度和稳定的坡度,安全上就不会出现重大问题。由于多数小型水库洪水经历的时间极其短暂,水位变化的幅度较小,对大坝稳定不会产生重大影响。但对于重要或特别重要的或基础条件特殊的小型水库的大坝加高则需要特别慎重。

进行水库大坝稳定核算时,对下列情况应当作具体分析,并采取相应的加固措施。

(1)如大坝有明显的渗漏、管涌,发现有裂缝或其他影响坝坡稳定的迹象等问题，都是属于病库、险库处理的范围，应根据前述处理办法，就发现的病害和隐患，查明原因，进行除险处理，或结合处理病险情况考虑加固措施。

（2）土坝或堆石坝如检查中发现施工断面、坝坡和原设计标准不符，坝坡明显偏陡，或大坝填筑材料的质量和原设计有较大出入，就应当对坝体重要部位的填筑材料进行取样试验，根据试验数据进行稳定复核计算，其稳定安全系数要达到运用条件改变后的标准要求，特别是水库的大坝经过加固以后，如洪水位提高较多，或洪水持续时间较长，又属于重要或比较重要的小型水库，应特别重视取样试验和稳定分析计算这项工作。根据核算结果进行加固。

（3）加固以后的水库，如运行条件有较大改变，如将土石坝的开敞式溢洪道改建为泄洪闸，能取得较好的经济效果。如确有需要，也有条件扩建的水库，加固工作可以和水库的扩建改造结合起来进行。为减少库区淹没农田的损失，在水位增加不多的情况下，在库区造田造地条件较好的地方采取挖低垫高，还田复种的办法。由于建造水库的山区，一般农田较少，必需十分珍惜土地，关心山区群众的切身利益，这样做不仅减少了政策处理中的困难，也改善了水库和库区群众之间的关系。可能情况下还要支持库区有水利用水土资源发展养殖业、种植业，开展多种经营，以调整产业结构的办法来解决库区人民由于修建水库土地减少造成生产、生活上的实际困难，广开致富门路，密切库群关系。如迎水坡水位在洪水蓄泄过程中，短时间内有较大幅度的变化，或运用中可能出现水位骤降的情况，将不利于土石坝坝坡的稳定。这种类型的水库应按照运行中的不利情况组合，进行稳定计算，以满足安全要求。重力坝或拱坝的坝基若发现有不利于坝体稳定的地质问题，应经过核算后再进行加固处理。

（4）水库大坝基本情况不明，虽运行中没有发现不安全迹象，但对这样的工程，应按照有关规定，把坝体或坝基具有代表性的材料进行取样试验，根据试验数据做稳定分析计算，然后按设计标准进行加固和扩建工程的施工。

为了提高大坝的稳定安全,防止运行中发生滑坡等问题,除按照复核后设计修正的大坝断面进行加固处理外,一般小型水库的大坝可采取以下措施:

(1) 土坝或堆石坝在坝基以上如筑平台或镇压层,高度一般相当于坝高的 $1/5 \sim 1/3$,填筑材料宜选用透水性强的砂性土或砾石土。

(2) 混凝土或浆砌石重力坝,可以在迎水面加作护脚,背水面做支撑。

(3) 用混凝土或砌石在岩基上建造的小型水库拱坝,主要是解决坝肩山岩的稳定和下游坝基经洪水冲刷成深潭影响坝体稳定的问题,一般可在坝头做重力墩。还可以在下游用混凝土或钢筋混凝土加固消力塘或护坦,也可以在下游适当距离建二道坝,利用水垫消能。

8.2.2.3.2 水文复核和防洪安全加固

经过水文复核计算,对防洪标准偏低,溢洪能力偏小,必须进行防洪安全加固的小型水库,其具体处理措施主要包括以下两方面:一方面是增加水库主体工程的泄洪和抗洪能力;另一方面是确保泄洪时主体工程的安全,同时要求把下游可能造成的损失减少到最低限度。

增加水库主体工程的泄洪能力要依靠增加溢洪建筑物的宽度或溢洪建筑物的过水深度来实现。为了提高主体工程的抗洪能力,一方面要增加大坝的安全超高;另一方面在水位提高下泄流量增加后,应能保证大坝和整个泄洪建筑物的稳定和防冲安全。防洪加固工作中尽可能把增加泄洪能力和提高抗洪能力、安全加固和水库的改造扩建紧密地结合起来。

8.2.2.3.3 土坝和堆石坝的防洪安全加固

采用土坝或堆石坝建造的中小型水库,其防洪安全加固可采取下列措施:

(1) 在原有工程运用安全可靠的前提下适当加高大坝,使溢洪建筑物的过水深度相应增加，因而加大了泄洪能力。加高大坝要注意下列问题：

1）不影响坝坡稳定和坝体防渗，不造成重大返工的前提下，适当加高大坝是可行的，但加高时必须注意加高部分和老坝防渗坝体的密切结合，并严格保证工程质量，要求尽量做到不缩小或少缩小坝顶宽度。这样做一般不会影响大坝的稳定，既不减少水库蓄水，又能满足安全要求。但由于过水深度增加，单宽流量加大以后，泄洪建筑物下游侧墙的高度应相应增加，并核算防冲和消能设施，要求能适应改变运行条件后的安全要求。

2）建浆砌石或混凝土挡浪墙，风浪较大的地区依靠挡浪墙作为校核或保坝水位时的风浪超高，效果很好，特殊情况下还可以起到防止洪水漫坝的作用。因此建造挡浪墙应具有可靠的稳定性和防渗性，其基础和坝体防渗部分要求密切结合，同时尽量做到造型整齐美观，它对于改善大坝外形有很好的效果。用浆砌块石、料石或混凝土建造的挡浪墙，墙高一般为 1.0～1.3m，墙厚为 0.5～0.6m，底部应适当放宽，或浇筑厚 0.2～0.3m 的混凝土底板，底板要保持和坝顶相平，有利于保护坝顶，同时底板要和防渗坝体相结合，中对中每隔 10m 设一道伸缩沉陷缝。

3）采用加高土坝或建挡浪墙的措施后，由于大坝上部荷载增加或洪水位的抬高，必需同时对下列问题引起重视，并采取相应措施：①修建在软土地基上的土石坝，要特别重视由于上部荷载增加对基础沉陷和稳定产生的不利影响，在施工过程中适当放缓进度，同时加强大坝和坝基的沉陷位移观测。②对于库区淹没损失情况应进行细致的调查，以便于选择最佳的洪水位高程，尽量减少淹没损失，或采取减少淹损的有效措施，如浅水区造田，做到安全和效益结合，上、下游兼顾，工程措施和政策处理同步进行。使政策的落实和工程措施相辅相成才能取得好的效果。③一般小型水库在施工中把溢洪道底以上的土坝作为安全坝，填土质量较差，加高土坝时要特别注意检查坝顶防渗坝体以上的填土质量，以免造成隐患。

4）安全加固和改造扩建结合进行施工的小型水库，必须在原有主体工程安全可靠，运用正常的前提下，经过充分论证，然后确定扩建规模和改造加固方案。如果计划把消除隐患病害，安全加固和改造扩建三者结合起来进行的水库，首先必须把解除病害隐患作为重点，在处理病害工作完成后，经过运行考验，确认为工程病害得到了根治，安全确有把握之后，再进一步采取加固或扩建措施，以免造成被动。

（2）改造原有溢洪建筑物以增加溢洪能力，一般小型水库多采用自由出流的宽浅式或侧流式溢洪道，为了提高溢洪能力可以采取如下措施：

1）如地形条件允许，可以用拓宽溢洪道或延长溢洪堰的办法，在不降低原有溢洪道底高程或溢洪堰顶高程，不降低正常蓄水位，不减少正常蓄水量和工程效益的前提下进行，同时要注意改善进口的水流条件和提高堰下的过水能力，使溢洪流量增加后能相互适应，不致形成跌水或壅水。

2）加深溢洪道增加过水深度，使单宽流量和泄洪能力相应加大，以满足溢洪安全要求。但由于溢洪道进口高程的降低，使水库有效蓄水量减少，降低了工程效益。为了尽量不减少蓄水量，可以在溢洪道加深的基础上结合采取以下措施，使工程效益不受或少受影响。①把加深溢洪道和适当增加坝高以及修建挡浪墙结合起来，满足运行安全的要求，尽量少降低溢洪道进口的高度，使蓄水量不减少或少减少。②溢洪道经过加深，进口高程降低以后，在进口处建拱形堰或侧堰。用增加溢流段长度和改善堰形提高流量系数的办法，来满足增加溢洪流量的要求，使之达到规定的安全标准，堰下明渠用增加过水深度，来加大单宽流量提高过水能力，以免影响溢流堰的出水。③在加深后的溢洪道上，采用建泄洪闸或泄洪闸和溢流堰相结合的办法，可以取得很好的效果，一般泄洪闸底都低于水库的正常蓄水位，泄洪时有较大的过水深度，这样不仅使泄洪闸的泄洪能力增加，又可以用于泄放设计和校核洪水，还可用作汛前预泄，更多地发挥水库的有效库容调节洪水的作用，做到一库多用，兼顾灌溉，防洪、发电的效益，削减下泄洪峰流量的作用。如果出现非常情况，也可以及时降低水库水位，增加水库管理运用中的灵活性，只要运用得宜，安全上就有更大的余地。④考虑小型水库的暴雨洪水特征，水情预报和管理工作上存在的不足，如果完全利用泄洪闸泄洪，不仅要有专人负责管理，建立和健全严格的管理责任制，对闸门和启闭设备还要做好经常性的检查维修工作，充分估计到暴雨突然袭击时可能出现的特殊情况和问题，如道路受阻、电信联络中断、缺少照明和开启闸门的动力，或人力、闸门、启闭设备发生故障无法开启以致延误时机，使闸门不能按规定程序和要求投入运用等险情。因此一般小型水库不宜把泄洪闸作为保证防洪安全的唯一设施，更不宜采用一孔闸，而必需设置多孔闸，以防意外。

3）小型水库溢洪建筑如采用堰流型式，不仅管理方便、运用可靠，随着堰上过水深度的增加，使溢洪流量增大的作用明显，安全上有更大的余地。同时在溢洪过程中下泄流量缓慢增加，使下游的防供有比较充裕的准备时间，对防洪造成的威胁可比较小。如果采用泄洪闸泄洪，当闸门开启时，容易出现两方面问题，一种情况是开始思想不重视，不肯开闸门，待情况紧急必需迅速开启闸时，出现了没有预见到的特殊情况，或因准备工作不完备而发生事故，以致延误时机造成危险；另一种情况是开闸后，下泄流量突然加大，给下游防洪增加困难。因此一般小型水库宜采用自由出流的溢洪堰或闸堰结合的型式。一般洪水时由溢洪堰自由出流溢洪，当水库水位超过一定标准时再开启泄洪闸。

（3）特别重要的小型水库要按照可能最大洪水建造坝的工程；或原来的防洪标准太低，进行安全加固后的洪水流量增加较大，如利用原有溢洪建筑改建扩建，工程量很大，资金材料有困难，或限于地形，难以安排，就要从当地实际情况出发，采取多种措施，并经过方案比较后确定：

1）岩石山区可利用地形条件开泄洪洞，宣泄非常洪水，为了不降低水库的正常蓄水，同时管理方便，提高泄洪能力，节省建设资金，防止意外事故的发生，要求洪水超过设计或校核标准时，能及时地投入运行。设计时可使泄洪洞进口高程低于正常蓄水位或洪水位，然后在进口建闸或堰控制，用增加过水深度或溢流段长度的办法，来加大泄洪洞的泄洪能力。泄洪洞利用加大纵坡或有压运行以缩小断面，增加流速，加大泄洪量。建造闸门不仅增加资金和材料用量，同时给管理增加层次，一般情况下修建溢流堰为最经济合理和安全可靠，如隧洞岩石新鲜完好，一般可以不衬砌，或采取喷浆和抹光洞壁等办法进行加固防冲，降低糙率的措施，按防冲安全允许的流速设计，以提高出水能力，缩小开挖断面。

2）利用副坝或山埂建造非常溢洪道或泄洪闸，建造非常溢洪道，应根据水库效益、安全标准管理运用，经济合理等因素和地形条件结合起来进行方案比较，然后确定溢洪建筑的型式，如自由出流的溢洪道或泄洪闸，以及进口高程、投入运行时的防洪标准等，还要做好以下三方面工作：①做好溢洪建筑物底部、两岸山坡和下游的防护工作，防止溢洪时出现坍方、滑坡等险情，或因洪水的严重冲刷而造成坍方、下切，以致水流改道的事故。②在非常情况下溢洪时，对下游有影响的地区，要用明确可靠的信号报讯，在情况紧急时要采取必要和可能的安全保护措施，尽可能减少给下游造成不必要的损失。③对非常溢洪设施投入运行的防洪标准要有明确规定和切实可靠的保证，以防止发生意外。

3）设有自溃坝的非常溢洪道，为了不影响水库的正常运行，同时提高非常溢洪时的过水能力，减少开挖工程量和节约资金、人力、物力，可在非常溢洪道进口，建自溃式堰坝。自溃坝迎水面多采用黏土斜墙，背水面按一定级配填筑的反滤层和砾石层，以保持坝坡稳定，根据投入运用的水位设引冲槽。当库水位超过引冲槽高程时，洪水自引冲槽外溢，首先将引冲槽背水面的砂砾料冲刷淘空，然后导致斜墙的失稳而溃决，决口一方面下切加深，同时向左右扩大，直到全部冲毁，达到设计的溢洪能力。自溃堰的设计，既要保证超过设计水位时能自溃，同时要在预定时间内完成全部溃决，还要在设计运行水位以下保证自溃坝坝体的稳定安全，为此应经过设计和试验验证。由于绝大多数水库的自溃坝式的非常溢洪道，长期闲置不用，因此加强经常性的管理养护工作就显得特别重要，汛潮到来之前，要检查维修，定期清除坝上自行生长的树木，经过一定年限。还要将自溃坝全部翻修，以确保紧急需要时能正常投入运用。

8.2.2.3.4 溢洪建筑物的加固

溢洪建筑物的安全加固，主要是为了防止由于洪水位变化，单宽流量增加，流速加大等原因，使流态改变而造成溢洪建筑物的破坏。

（1）修建在风化岩或土基上的溢洪建筑物，其本身的防冲和下游的消能问题要引起高度重视，以防止发生严重冲刷和溢洪过程中冲蚀的扩大，最终导致溪河改道等不可收拾的后果。

（2）洪水水位或洪峰流量有较大变化的小型水库溢洪建筑物，包括进水口的闸和堰、明渠、陡坡和下游消能设施等，按运行条件改变后的不同条件对其过水深、流速、建筑物的防冲和消能进行验算，看是否能满足安全要求。如进口水流条件，侧堰的高度和长度，明渠陡坡底板衬砌的材料质量和厚度，消力塘的深度，若发现有问题，应立即采取相应的加固措施，如加高侧墙、增加陡坡，明渠底板的厚度或在面层布筋以提高抗冲能力，或增加消力塘深度或建二级消力塘。

（3）对于溢洪道陡坡底板和基础的结合，以及防渗处理和排水问题，都应给予重视。由于渗水的扬压力和高速水流对底板产生的负压，很容易造成底板因失稳而招致破坏，特别是发生在泄洪过程中，无法进行抢修，险情的不断发展，会造成重大事故。

（4）紧靠大坝的溢洪建筑物加固以后，在泄洪流量增加的情况下，要防止靠大坝面的侧墙因高度不够，洪水从侧墙顶漫溢而危及大坝安全。同时要防止洪水下泄进入坝下河道后，回水或水位雍高对大坝、水电站和管理设施带来的不利影响。

8.2.2.3.5　地震区小型水库的安全加固

（1）位于地震区的小型水库加固工作主要是防止土坝的滑坡，特别是用粉土或粉砂土兴建的均质坝，受地震或爆破时的震动波影响，容易产生液化而导致滑坡，由于地震的附加荷载降低了土坝的抗滑安全系数，特别是在满库和泄水降低水位过程中，也容易造成滑坡失事。加固措施可采取用透水土料放缓坝坡的办法，还可在坝的上下游加做平台，以提高抗滑能力。

（2）对地震区小型水库的溢洪建筑物和泄洪闸的闸门启闭设备加固时，要提高建筑物的整体性，保证震动发生时不会造成建筑物变形，例如出现裂缝漏水和错位使闸门无法开启等问题。

（3）防止库区山体在地震时失稳导致山体坍滑到库内，造成水位涌高和冲击浪对土坝的严重危害而漫坝失事。地震区的小型水库要重视环库山坡的稳定检查，特别是山岩的节理裂缝比较发育，主节理向库内倾斜和有夹泥层的山体，如发现山坡有失稳的迹象，对于陡峻山坡岩体，应采取削坡减载，对有夹层或断裂的山体要采取提高抗滑力的防滑梢等加固措施，同时做好排水工作，以防止发生意外。

8.2.3　堤防工程抢险

8.2.3.1　险情的分类、安全评估及抢护方案的制定

正确判别堤防险情，才能进行科学、有效的抢护，取得抢险成功。在防汛抢险中，对于险情处理所采取的措施，应科学准确，恰如其分。险情重大，如果没有给予充分的重视，就可能贻误战机，造成险情恶化。反之，如果对轻微险情投入了大量的人力、物力，待到发生较大或严重险情时，就可能人困马乏，料物短缺，也会酿成严重后果。因此有必要对险情进行恰当的分类，对堤防进行安全评估，区别险情的轻重缓急，以便采取适当有效的措施进行抢护。

8.2.3.1.1　险情分类

堤防险情一般可分为：漏洞、管涌（泡泉，翻沙鼓水）、渗水（散浸）、穿堤建筑物接触冲刷、漫溢、风浪、滑坡、崩岸、

裂缝、跌窝等。

（1）漏洞，即集中渗流通道。在汛期高水位下，堤防背水坡或堤脚附近出现横贯堤身或堤基的渗流孔洞，俗称漏洞。根据出水清浊可分为清水漏洞和浑水漏洞。如漏洞出浑水，或由清变浑，或时清时浑，则表明漏洞正在迅速扩大，堤防有发生沉陷、坍塌甚至溃口的危险。因此，若发生漏洞险情，特别是浑水漏洞，必须慎重对待，全力以赴，迅速进行抢护。

（2）管涌（泡泉，翻沙鼓水）。汛期高水位时，沙性土在渗流力作用下被水流不断带走，形管状渗流通道的现象，即为管涌，也称翻沙鼓水、泡泉等。出水口冒沙并常形成"沙环"，故又称沙沸。在黏土和草皮固结的地表土层，有时管涌表现为土块隆起，称为牛皮包，又称鼓泡。管涌一般发生在背水坡脚附近地面或较远的潭坑、池塘或洼地，多呈孔状冒水冒沙。出水口孔径小的如蚁穴，大的可达几十厘米。个数少则一两个，多则数十个，称作管涌群。管涌险情必须及时抢护，如不抢护，任其发展下去，就将把地基下的沙层掏空，导致堤防骤然塌陷，造成堤防溃口。

（3）渗水。高水位下浸润线抬高，背水坡出逸点高出地面，引起土体湿润或发软，有水逸出的现象，称为渗水，又称散浸或洇水，是堤防较常见的险情之一。当浸润线抬高过多，出逸点偏高时，若无反滤保护，就可能发展为冲刷、滑坡、流土，甚至陷坑等险情。

（4）穿堤建筑物接触冲刷。穿堤建筑物与土体结合部位，由于施工质量问题，或不均匀沉陷等因素发生开裂、裂缝，形成渗水通道，造成结合部位土体的渗透破坏。这种险情造成的危害往往比较严重，应给予足够的重视。

（5）漫溢。土堤不允许洪水漫顶过水，但当遭遇超标准洪水等原因时，就会造成堤防漫溢过水，形成溃决大险。

（6）风浪。汛期江河涨水后，水面加宽，堤前水深增加，风浪也随之增大，堤防临水坡在风浪的连续冲击淘刷下，易遭受破坏。轻者使临水坡淘刷成浪坎，重者造成堤防坍塌、滑坡、漫溢等险情，使堤身遭受严重破坏，以致溃决成灾。

(7) 滑坡。堤防滑坡俗称脱坡，是由于边坡失稳下滑造成的险情。开始在堤顶或堤坡上产生裂缝或蛰裂，随着裂缝的逐步发展，主裂缝两端有向堤坡下部弯曲的趋势，且主裂缝两侧往往有错动。根据滑坡范围，一般可分为深层滑动和浅层滑动。堤身与基础一起滑动为深层滑动；堤身局部滑动为浅层滑动。前者滑动面较深，滑动面多呈圆弧形，滑动体较大，堤脚附近地面往往被推挤外移、隆起；后者滑动范围较小，滑裂面较浅。以上两种滑坡都应及时抢护，防止继续发展。堤防滑坡通常先由裂缝开始，如能及时发现并采取适当措施处理，则其危害往往可以减轻。否则，一旦出现大的滑动，就将造成重大损失。

(8) 崩岸。这是在水流冲刷下临水面土体崩落的险情。当堤外无滩或滩地极窄的情况下，崩岸将会危及堤防的安全。堤岸被强环流或高速水流冲刷淘深，岸坡变陡，使上层土体失稳而崩塌。每次崩塌土体多呈条形，其岸壁陡立，称为条崩；当崩塌体在平面和断面上为弧形阶梯，崩塌的长、宽和体积远大于条崩的，称为窝崩。如 1996 年 1 月江西省九江长江干堤马湖段和 1998 年湖北省长江干堤石首段均出现了窝崩。发生崩岸险情后应及时抢护，以免影响、堤防安全，造成溃堤决口。

(9) 裂缝。堤防裂缝按其出现的部位可分为表面裂缝、内部裂缝；按其走向可分为横向裂缝、纵向裂缝、龟纹裂缝；按其成因可分为沉陷裂缝、滑坡裂缝、干缩裂缝、冰冻裂缝、振动裂缝。其中以横向裂缝和滑坡裂缝危害性最大，应加强监视监测，及早抢护。堤防裂缝是常见的一种险情，也可能是其他险情的先兆。因此，对裂缝应引起足够的重视。

(10) 跌窝，俗称陷坑。一般在大雨过后或在持续高水位情况下，堤防突然发生局部塌陷。陷坑在堤顶、堤坡、戗台（平台）及堤脚附近均有可能发生。这种险情既破坏堤防的完整性，又有可能缩短渗径。有时是由管涌或漏洞等险情所造成。

8.2.3.1.2 堤防险情程度评估

堤防在汛前要进行安全评估，其目的是把汛前的险情调查、汛期的巡查与安全评估相结合，以便判断出险情的严重程度，使领导和参加抗洪抢险的人员做到心中有数，同时便于按险情的严重程度，区别轻重缓急，安排除险加固。

安全评估的内容和方法一般包括：

（1）对堤防（包括距河岸 100m 范围）的地形测量应隔几年进行一次，每年汛前完成，对先后两次测量成果进行对比分析。

（2）对堤身、堤基的土质进行室内外试验，确定其物理力学指标。

（3）对重点险工险段进行稳定计算和沉降计算。

（4）检查护坡、护岸的完整性。

（5）对上述四个方面的资料进行综合分析。

将安全评估的资料与险情调查、汛期巡查的资料归纳分析后，确定险情的严重程度。长江流域有的省把险情分为三类：第一类是险象尚不明显；第二类是险情较重，且有继续发展趋势；第三类是险情十分严重，在很短时间内，有可能造成严重后果。但是各种险情都是随着时间的推移而变化的，很难进行定量的判断。为便于险情程度划分并促进险情程度划分的规范化，表 8.2.1 给出了堤防工程险情程度划分的参考意见，把各类险情划分为：重大险情、较大险情和一般险情三种情况，建议适用于 1～3 级堤防。

表 8.2.1 堤防工程险情程度划分参考表

险情分析 险情分类	重大险情	较大险情	一般险情
漏洞	贯穿堤防的漏水洞	尚未发现漏水的各类孔洞	
管涌（泡泉、翻沙鼓水）	距堤脚的距离小于 15 倍水位差（或 100m 以内），出浑水；计算的水力坡降大于允许坡降	距堤脚 100～200m，出浑水，出水口直径、出水量较大	

险情分析 险情分类	重大险情	较大险情	一般险情
渗水	渗浑水或渗清水，但出逸点较高	渗较多清水，出逸点不太高，有少量沙粒流动	渗清水，出逸点不高，无沙粒流动
穿堤建设物接触冲刷	刚体建筑物与土体结合部位出现渗流，出口无反滤保护		
漫溢	各种情况		
风浪	风浪淘刷或浪坎10～20cm		
滑坡	深层滑坡或较大面积的深层滑坡；计算的安全系数小于允许值	小范围浅层滑坡	浅层裂缝，或缝宽较细，或长度较短
崩岸	主流顶冲严重，堤脚附近无滩地，或滩地较窄且崩岸发展较快	堤脚附近有一定宽度的滩地，且崩岸发展速度不快	
裂缝	贯穿性横缝	纵向裂缝	
跌窝	经鉴定与渗水、管涌有直接关系，或坍塌持续发展，或坍塌体积较大，或沉降值远大于计算的允许值	背水侧有渗水、管涌	背水侧无渗水、管涌，或坍塌不发展，或坍塌体积小、坍塌位置较高

　　重大险情如不及时采取措施，往往会在很短时间内造成严重后果。因此，如有重大险情发生，应迅速成立抢险专门组织（如成立抢险指挥部），分析判断险情和出险原因，研究抢险方案，筹集人力、物料，立即全力以赴投入抢护。有的险情，虽然不会马上造成严重后果，也应根据出险情况进行具体分析，预估险情发展趋势。如果人力、物料有限且险情没有发展恶化的征兆，可暂不处理，但应加强观察，密切注视其动向。有的险情只需要进

行简单处理，即可消除险象的，应视情况进行适当处理。总之，一旦发现险情，就应将险情消除在萌芽状态。

8.2.3.1.3 抢护方案制定

正确鉴别险情，查明出险原因，因地制宜，根据当时当地的人力、物力及抢险技术水平，制定科学、恰当的抢护方案，并果断予以实施，才能保证抢险成功。

防汛抢险时间紧，困难多，风险大。应遵循"抢早、抢小、抢了"的原则，争取主动，把险情消灭在萌芽状态或发展阶段。因此，在出现重大险情时，应根据当时条件，采取临时应急措施，尽快尽力进行抢护，以控制险情进一步恶化，争取抢险时间。在采取临时措施的同时，应抓紧研究制定完善的抢护方案。

（1）险情鉴别与出险原因分析。正确的险情鉴别及原因分析，是进行抢险的基础。只有对险情有正确的认识，选用抢险方法才有针对性。因此，首先要根据险情特征判定险情类别和严重程度，准确地判断出险原因。对于具体出险原因，必须进行现场查勘，综合各方面的情况，认真研究分析，做出准确的判断。

（2）预估险情发展趋势。险情的发展往往有一个从无到有、从小到大、逐步发展的过程。在制定抢险方案前，必须对险情的发生、发展有一个准确的预估，才能使抢险方案有实施的基础。例如长江干堤1998年洪水期出现的管涌（泡泉）险情，占各类险情总和的60％以上。对出现在离堤脚15倍水头差范围以内的管涌，就应该引起特别的注意。如果险情发展速度不快，或者危害不大，如有的渗水、风浪险情等，可采取稳妥的抢护措施；如果险情发展很快，不允许稍有延缓，则应根据现有条件，快速制定方案，尽快进行抢护，与此同时，还应从坏处打算，制定出第二、第三方案，以便第一、第二方案万一抢护失败，能有相应的措施跟上，如果条件许可，几种方案可同时进行。

（3）制定抢护方案。要依据上述判定的险情类别和出险原因、险情发展速度以及险情所在堤段的地形地质特点，现有的与可能调集到的人力、物力以及抢险人员的技术水平等，因地制宜地选择一种或几种抢护措施。在具体拟定抢护方案时，要积极慎重，既要树立信心，又要有科学的态度。

（4）制定实施办法。抢险方案拟定以后，要把它落到实处，这就需要制定具体的实施办法，包括组织。如指挥人员、技术人员、技工、民工等各类人员的具体分工，工具、料物供应，照明、交通、通信及生活的保障等。应特别注意以下几点：①人力必须足够。要考虑到抢险施工人数、运料人数、换班人数及机动人数。②料物必须充足。应根据制定的抢险方案进行计算或估算，要比实际需要数量多出一些备用量，以备急需。③要有严格的组织管理制度。在人、料具备的条件下，严密的组织管理往往是抢险成功的关键。④抢险必须连续作战，不能间断。

（5）守护监视。在险情经过抢护稳定以后，应继续守护观察，密切注视险情的发展变化。险情的发生，其情况往往是比较复杂的，一处工程出险，说明该堤段肯定有缺陷；一处险情抢护稳定后，还可能出现新的险情。因而，继续加强巡查监视，并及时作好抢护新险的准备是十分必要的。

8.2.3.2 堤身漏洞险情的抢护

在汛期高水位情况下，洞口出现在背水坡或背水坡脚附近的横贯堤身的渗流孔洞，称为漏洞。如漏洞流出浑水，或由清变浑，或时清时浑，均表明漏洞正在迅速扩大，堤身有可能发生塌陷甚至溃决的危险。因此，发生漏洞险情，必须慎重对待，全力以赴，迅速进行抢护。

（1）漏洞险情抢护原则。一旦漏洞出水，险情发展很快，特别是浑水漏洞，将迅速危及堤防安全。所以一旦发现漏洞，应迅速组织人力和筹集物料，抢早抢小，一气呵成。抢护原则是："前截后导，临重于背"，即在抢护时，应首先在临水找到漏洞进水口，及时堵塞，截断漏水来源。同时，在背水漏洞出水口采用反滤和围井，降低洞内水流流速，延缓并制止土料流失，防止险情扩大，切忌在漏洞出口处用不透水料强塞硬堵，以免造成更大险情。

（2）漏洞险情的抢护方法。

1）塞堵法：塞堵漏洞进口是最有效最常用的方法，尤其是在地形起伏复杂，洞口周围有灌木杂物时更适用。一般可用软性材料塞堵，如针刺无纺布、棉被、棉絮、草包、编织袋包、网包、棉衣及草把等，也可用预先准备的一些软楔、草捆塞堵。在有效控制漏洞险情的发展后，还需用黏性土封堵闭气，或用大块土工膜、篷布盖堵，然后再压土袋或土枕，直到完全断流为止。1998年汛期，汉口丹水池防洪墙背水侧发现冒水洞，出水量大，在出口处塞堵无效，险情十分危急，后在临水面探测到漏洞进口，立即用棉被等塞堵，并抛填闭气，使险情得以控制与消除。在抢堵漏洞进口时，切忌乱抛砖石等块状料物，以免架空，致使漏洞继续发展扩大。

2）盖堵法：①复合土工膜排体或篷布盖堵。当洞口较多且较为集中，附近无树木杂物，逐个堵塞费时且易扩展成大洞时，可采用大面积复合土工膜排体或篷布盖堵，可沿临水坡肩部位从上往下，顺坡铺盖洞口，或从船上铺放，盖堵离堤肩较远处的漏洞进口，然后抛压土袋或土枕，并抛填黏土，形成前戗截渗。②就地取材盖堵。当洞口附近流速较小、土质松软或洞口周围已有许多裂缝时，可就地取材用草帘、苇箔等重叠数层作为软帘，也可临时用柳枝、秸料、芦苇等编扎软帘。软帘的大小也应根据洞口具体情况和需要盖堵的范围决定。在盖堵前，先将软帘卷起，置放在洞口的上部。软帘的上边可根据受力大小用绳索或铅丝系牢于堤顶的木桩上，下边附以重物，利于软帘下沉时紧贴边坡，然后用长杆顶推，顺堤坡下滚，把洞口盖堵严密，再盖压土袋，抛填黏土，达到封堵闭气。采用盖堵法抢护漏洞进口，需防止盖堵初始时，由于洞内断流，外部水压力增大，洞口覆盖物的四周进水。因此洞口覆盖后必须立即封严四周，同时迅速用充足的黏土料封堵闭气。否则一旦堵漏失败，洞口扩大，将增加再堵的困难。

3）戗堤法：当堤坝临水坡漏洞口多而小，且范围又较大时，在黏土料备料充足的情况下，可采用抛黏土填筑前戗或临水筑月堤的办法进行抢堵。①抛填黏土前戗。在洞口附近区域连续集中抛填黏土，一般形成厚 3～5m、高出水面约 1m 的黏土前戗，封堵整个漏洞区域，在遇到填土易从洞口冲出的情况下，可先在洞口两侧抛填黏土，同时准备一些土袋，集中抛填于洞口，初步堵住洞口后，再抛填黏土，闭气截流，达到堵漏目的。②临水筑月堤。如果临水水深较浅，流速较小，则可在洞口范围内用土袋迅速连续抛填，快速修成月形围堰，同时在围堰内快速抛填黏土，封堵洞口。漏洞抢堵闭气后，还应有专人看守观察，以防再次出险。

4）辅助措施：在临水坡查漏洞进口的同时，为减缓堤土流失，可在背水漏洞出口处构筑围井，反滤导渗，降低洞内水流流速。切忌在漏洞出口处用不透水料强塞硬堵，致使洞口土体进一步冲蚀，导致险情扩大，危及堤防安全。

8.2.3.3　堤基管涌险情的抢护

在渗流水作用下土颗粒群体运动，称为"流土"。填充在骨架空隙中的细颗粒被渗水带走，称为"管涌"。通常将上述两种渗透破坏统称为管涌（又称翻沙鼓水、泡泉）。管涌险情的发展以流土最为迅速，它的过程是随着出水口涌水挟沙增多，涌水量也随着增大，逐渐形成管涌洞，如将附近堤（闸）基下沙层淘空，就会导致堤（闸）身骤然下挫，甚至酿成决堤灾害。据统计，1998 年汛期，长江干堤近 2/3 的重大险情是管涌险情。所以发生管涌时，决不能掉以轻心，必须迅速予以处理，并进行必要的监护。

（1）抢护原则。抢护管涌险情的原则应是制止涌水带沙，而留有渗水出路。这样既可使沙层不再被破坏，又可以降低附近渗水压力，使险情得以控制和稳定。值得警惕的是，管涌虽然是堤防溃口的极为明显和常见的原因，但对它的危险性仍有认识不足，措施不当，或麻痹疏忽，贻误时机的。如大围井抢筑不及，或高围井倒塌都曾造成决堤灾害。

（2）抢护方法。

1）反滤围井：在管涌口处用编织袋或麻袋装土抢筑围井，井内同步铺填反滤料，从而制止涌水带沙，以防险情进一步扩大，当管涌口很小时，也可用无底水桶或汽油桶做围井。这种方法适用于发生在地面的单个管涌或管涌数目虽多但比较集中的情况。对水下管涌，当水深较浅时也可以采用。围井面积应根据地面情况、险情程度、料物储备等来确定。围井高度应以能够控制涌水带沙为原则，但也不能过高，一般不超过 1.5m，以免围井附近产生新的管涌。对管涌群，可以根据管涌口的间距选择单个或多个围井进行抢护。围井与地面应紧密接触，以防造成漏水，使围井水位无法抬高。围井内必须用透水料铺填，切忌用不透水材料。根据所用反滤料的不同，反滤围井可分为以下几种形式。

a. 沙石反滤围井：这是抢护管涌险情的最常见形式之一。选用不同级配的反滤料，可用于不同土层的管涌抢险。在围井抢筑时，首先应清理围井范围内的杂物，并用编织袋或麻袋装土填筑围井。然后根据管涌程度的不同，采用不同的方式铺填反滤料：对管涌口不大、涌水量较小的情况，采用由细到粗的顺序铺填反滤料，即先装细料，再填过渡料，最后填粗料，每级滤料的厚度为 20～30cm，反滤料的颗粒组成应根据被保护土的颗粒级配事先选定和储备；对管涌口直径和涌水量较大的情况，可先填较大的块石或碎石，以消杀水势，再按前述方法铺填反滤料，以免较细颗粒的反滤料被水流带走。反滤料填好后应注意观察，若发现反滤料下沉可补足滤料，若发现仍有少量浑水带出而不影响其骨架改变（即反滤料不下陷），可继续观察其发展，暂不处理或略抬高围井水位。管涌险情基本稳定后，在围井的适当高度插入排水管（塑料管、钢管和竹管），使围井水位适当降低，以免围井周围再次发生管涌或井壁倒塌。同时，必须持续不断地观察围井及周围情况的变化，及时调整排水口高度。

b. 土工织物反滤围井：首先对管涌口附近进行清理平整，清除尖锐杂物。管涌口用粗料（碎石、砾石）充填，以消杀涌水压力。铺土工织物前，先铺一层粗沙，粗沙层厚 30～50cm。然后选择合适的土工织物铺上。需要特别指出的是，土工织物的选择是相当重要的，并不是所有土工织物都适用。选择的方法可以将管涌口涌出的水沙放在土工织物上从上向下渗几次，看土工织物是否淤堵。若管涌带出的土为粉沙时，一定要慎重选用土工织物（针刺型）；若为较粗的沙，一般的土工织物均可选用。最后要注意的是，土工织物铺设一定要形成封闭的反滤层土工织物周围应嵌入土中，土工织物之间用线缝合。然后在土工织物上面用块石等强透水材料压盖，加压顺序为先四周后中间，最终中间高、四周低，最后在管涌区四周用土袋修筑围井。围井修筑方法和井内水位控制与沙石反滤围井相同。

c. 梢料反滤围井：梢料反滤围井用梢料代替沙石反滤料做围井，适用于沙石料缺少的地方。下层选用麦秸、稻草，铺设厚度 20～30cm。上层铺粗梢料，如柳枝、芦苇等，铺设厚度 30～40cm。梢料填好后，为防止梢料上浮，梢料上面压块石等透水材料。围井修筑方法及井内水位控制与沙石反滤围井相同。

2）反滤层压盖：在堤内出现大面积管涌或管涌群时，如果料源充足，可采用反滤层压盖的方法，以降低涌水流速，制止地基泥沙流失，稳定险情。反滤层压盖必须用透水性好的材料，切忌使用不透水材料。根据所用反滤材料不同，可分为以下几种。①沙石反滤压盖：在抢筑前，先清理铺设范围内的杂物和软泥，同时对其中涌水涌沙较严重的出口用块石或砖块抛填，消杀水势，然后在已清理好的管涌范围内，铺粗沙一层，厚约 20cm，再铺小石子和大石子各一层，厚度均为 20cm，最后压盖块石一层，予以保护。②梢料反滤压盖：当缺乏沙石料时，可用梢料做反滤压盖。其清基和消杀水势措施与沙石反滤压盖相同。在铺筑时，先铺细梢料，如麦秸、稻草等，厚 10～15cm，再铺粗梢料，如柳枝、秫秸和芦苇等，厚约 15～20cm，粗细料共厚约 30cm，然后再铺席片、草垫或苇席等，组成一层。视情况可只铺一层或连铺数层，然后用块石或沙袋压盖，以免梢料漂浮。梢料总的厚度以能够制止涌水携带泥沙、变浑水为清水、稳定险情为原则。

3）蓄水反压（俗称养水盆）：即通过抬高管涌区内的水位来减小堤内外的水头差，从而降低渗透压力，减小出逸水力坡降，达到制止管涌破坏和稳定管涌险情的目的。该方法的适用条件是：闸后有渠道，堤后有坑塘，利用渠道水位或坑塘水位进行蓄水反压；覆盖层相对薄弱的老险工段，结合地形，做专门的大围堰（或称月堤）充水反压；极大的管涌区，其他反滤盖重难以见效或缺少沙石料的地方。蓄水反压的主要形式有以下几种。①渠道蓄水反压：一些穿堤建筑物后的渠道内，由于覆盖层减薄，常产生一些管涌险情，且沿渠道一定长度内发生。对这种情况，可以在发生管涌的渠道下游做隔堤，隔堤高度与两侧地面平，蓄水平压后，可有效控制管涌的发展。如安徽省的陈洲电力排灌站、新河口站等老险闸站都采用此法除险。②塘内蓄水反压：有些管涌发生在塘中，在缺少沙石料或交通不便的情况下，可沿塘四周做围堤，抬高塘中水位以控制管涌。但应注意不要将水面抬得过高，以免周围地面出现新的管涌。③围井反压：对于大面积的管涌区和老的险工段，由于覆盖层很薄，为确保汛期安全度汛，可抢筑大的围井，并蓄水反压，控制管涌险情。采用围井反压时，由于井内水位高、压力大，围井要有一定的强度，同时应严密监视周围是否出现新管涌。切忌在围井附近取土。④其他：对于一些小的管涌，一时又缺乏反滤料，可以用小的围井围住管涌，蓄水反压，制止涌水带沙。也有的用无底水桶蓄水反压，达到稳定管涌险情的目的。

4）水下管涌险情抢护：在坑、搪、水沟和水渠处经常发生水下管涌，给抢险工作带来困难。可结合具体情况，采用以下处理办法：

a. 反滤围井：当水深较浅时，可采用这种方法。

b. 水下反滤层：当水深较深，做反滤围井困难时，可采用水下抛填反滤层的办法。如管涌严重，可先填块石以消杀水势，然后从水上向管涌口处分层倾倒沙石料，使管涌处形成反滤堆，使沙粒不再带出，从而达到控制管涌险情的目的，但这种方法使用沙石料较多。

c. 蓄水反压：当水下出现管涌群且面积较大时，可采用蓄水反压的办法控制险情，可直接向坑塘内蓄水，如果有必要，也可以在坑塘四周筑围堤蓄水。

5）"牛皮包"的处理：当地表土层在草根或其他胶结体作用下凝结成一片时，渗透水压把表土层顶起而形成的鼓包，俗称为"牛皮包"。一般可在隆起的部位，铺麦秸或稻草一层，厚 10～20cm，其上再铺柳枝、秫秸或芦苇一层，厚 20～30cm。如厚度超过 30cm 时，可分横竖两层铺放，然后再压土袋或块石。

8.2.3.4 堤坡渗水险情的抢护

渗水俗称"散浸"、"散渗"等。其主要表现特征是：在汛期或持续高水位的情况下，江湖水通过堤身向堤内渗透。由于堤身土料选择不当、堤身断面单薄或施工质量等方面的原因，渗透到堤内的水较多，浸润线相应抬高，使得堤背水坡出逸点以下土体湿润或发软，有水渗出，称为渗水。渗水是堤防常见的险情之一。

（1）堤身渗水的抢护原则。渗水的抢护原则应是"前堵后排"。"前堵"即在堤临水侧用透水性小的黏性土料做外帮防渗，也可用篷布、土工膜隔渗，从而减少水体入渗到堤内，达到降低堤内浸润线的目的；"后排"即在堤背水坡上做一些反滤排水设施，用透水性好的材料如土工织物、沙石料或稻草、芦苇做反滤设施，让已经渗出的水，有控制地流出，不让土粒流失，增加堤坡的稳定性。需特别指出的是，背水坡反滤排水只缓解了堤坡表面土体的险情，而对于渗水引起的滑动效果不大，需要时还应做压渗固脚平台，以控制可能因堤背水坡渗水带来的脱坡险情。

（2）渗水险情的抢护方法。

1）临水截渗：为减少堤防的渗水量，降低浸润线，达到控制渗水险情发展和稳定堤防边坡的目的，特别是渗水险情严重的堤段，如渗水出逸点高、渗出浑水、堤坡裂缝及堤身单薄等，应采用临水截渗。临水截渗一般应根据临水的深度、流速、风浪的大小，取土的难易，酌情采取以下方法：①复合土工膜截渗。堤临水坡相对平整和无明显障碍时，采用复合土工膜截渗是简便易行的办法。具体做法是：在铺设前，将临水坡面铺设范围内的树枝、杂物清理干净，以免损坏土工膜。土工膜顺坡长度应大于堤坡长度1m，沿堤轴线铺设宽度视堤背水坡渗水程度而定，一般超过险段两端5～10m，幅间的搭接宽度不小于50cm。每幅复合土工膜底部固定在钢管上，铺设时从堤坡顶沿坡向下滚动展开，土工膜铺设的同时，用土袋压盖，以免土工膜随水浮起，同时提高土工膜的防冲能力。也可用复合土工膜排体作为临水面截渗体。②抛黏土截渗。当水流流速和水深不大且有黏性土料时，可采用临水面抛填黏土截渗。将临水面堤坡的灌木、杂物清除干净，使抛填黏土能直接与堤坡土接触。抛填可从堤肩由上向下抛，也可用船只抛填。当水深较大或流速较大时，可先在堤脚处抛填土袋构筑潜堰，再在土袋潜堰内抛黏土。黏土截渗体一般厚2～3m，高出水面1m，超出渗水段3～5m。

2）背水坡反滤沟导渗：当堤背水坡大面积严重渗水，而在临水侧迅速做截渗有困难时，只要背水坡无脱坡或渗水变浑情况，可在背水坡及其坡脚处开挖导渗沟，排走背水坡表面土体中的渗水，恢复土体的抗剪强度，控制险情的发展。根据反滤沟内所填反滤料的不同，反滤导渗沟可分为三种：①在导渗沟内铺设土工织物，其上回填一般的透水料，称为土工织物导渗沟。②在导渗沟内填沙石料，称为沙石导渗沟。1998年汛期，湖北监利和洪湖长江干堤采用效果较好。③因地制宜地选用一些梢料作为导渗沟的反滤料，称为梢料导渗沟。值得指出的是，反滤导渗沟对维护堤坡表面土的稳定是有效的，而对于降低堤内浸润线和堤背水坡出逸点高程的作用相当有限。要彻底根治渗水，还要视工情、水情、雨情等确定是否采用临水截渗和压渗因脚平台。

3）背水坡贴坡反滤导渗：当堤身透水性较强，在高水位下浸泡时间长久，导致背水坡面渗流出逸点以下土体软化，开挖反滤导渗沟难以成形时，可在背水坡作贴坡反滤导渗。在抢护前，先将渗水边坡的杂草、杂物及松软的表土清除干净；然后，按要求铺设反滤料。根据使用反滤料的不同，贴坡反滤导渗可以分为三种：土工织物反滤层；沙石反滤层；梢料反滤层。

4）透水压渗平台：当堤防断面单薄，背水坡较陡，对于大面积渗水，且堤线较长，全线抢筑透水压渗平台的工作量大时，可以结合导渗沟加间隔透水压渗平台的方法进行抢护。透水压渗平台根据使用材料不同，有以下两种方法：①沙土压渗平台。首先将边坡渗水范围内的杂草、杂物及松软表土清除干净，再用沙砾料填筑后戗，要求分层填筑密实，每层厚度 30cm，顶部高出浸润线出逸点 0.5～1.0m，顶宽 2～3m，戗坡一般为 1:3～1:5，长度超过渗水堤段两端至少 3m。②梢土压渗平台。当填筑砂砾压渗平台缺乏足够料物时，可采用梢土代替沙砾，筑成梢土压浸平台。其外形尺寸以及清基要求与沙土压渗平台基本相同，梢土压渗平台厚度为 1～1.5m。贴坡段及水平段梢料均为三层，中间层粗，上、下两层细。

8.2.3.5 接触冲刷险情的抢护

接触冲刷险情发生在有穿堤建筑物的地方或土料层间系数大的堤段。由于穿堤建筑物多为刚性结构，在汛期高水位持续作用下，其与土堤的结合部位，极有可能产生位移张开，使水沿缝渗漏，形成接触冲刷险情。尤其是一些穿堤建筑物直接坐落在沙基上，其接触面渗水给建筑物安全带来极大的影响。

（1）接触冲刷险情的抢护原则。穿堤建筑物与堤身、堤基接触带产生接触冲刷，险情发展很快，直接危及建筑物与堤防的安全，所以抢险时，应抢早抢小，一气呵成。抢护原则是在建筑物临水面进行截堵，背水面进行反滤导水，特别是基础与建筑物接触部位产生冲刷破坏时，应抬高堤内渠道水位，减小冲刷水流流速。对可能产生建筑物塌陷的，应在堤临水面修筑挡水围堰或重新筑堤等。

（2）接触冲刷险情的抢护方法。

1）临水堵截：①抛填黏土截渗。其适用范围为临水不太深，风浪不大，附近有黏土料，且取土容易，运输方便。由于穿堤建筑物进水口在汛期伸入江河中较远，在抛填黏土时，需要土方量大，为此，要充分备料，抢险时最好能采用机械运输，及时抢护。黏土抛填前，应清理建筑物两侧临水坡面，将杂草、树木等清除，以使抛填黏土能较好地与临水坡面接触，提高黏土抛填效果。沿建筑物与堤身、堤基结合部抛填，高度以超出水面 1m 左右为宜，顶宽 2～3m。一般是从建筑物两侧临水坡开始抛填，依次向建筑物进水口方向抛填，最终形成封闭的防渗黏土斜墙。②临水围堰。临水侧有滩地，水流流速不大，而接触冲刷险情又很严重时，可在临水侧抢筑围堰，截断进水，达到制止接触冲刷的目的。临水围堰一定要绕过建筑物顶端，将建筑物与土堤及堤基结合部位围在其中。可从建筑物两侧堤顶开始进占抢筑围堰，最后在水中合龙；也可用船连接圆型浮桥进行抛填，加大施工进度，即时抢护。在临水截渗时，靠近建筑物侧墙和涵管附近不要用土袋抛填，以免产生集中渗漏；切忌乱抛块石或块状物，以免架空，达不到截渗目的。

2）堤背水侧导渗：①反滤围井。当堤内渠道水不深时（小于 2.5m），在接触冲刷水流出口处修筑反滤围井，将出口围住并蓄水，再按反滤层要求填充反滤料。为防止因水位抬高，引起新的险情发生，可以调整围井内水位，直至最佳状态为止，即让水排出而不带走沙土。具体方法见管涌抢护方法中的反滤围井。②围堰蓄水反压。在建筑物出口处修筑较大的围堰，将整个穿堤建筑物的下游出口围在其中，然后蓄水反压，达到控制险情的目的。其原理和方法与抢护管涌险情的蓄水反压相同。在堤背水侧反滤导渗时，切忌用不透水料堵塞，以免引起新的险情。在堤背水侧蓄水反压时，水位不能抬得过高，以免引起围堰倒塌或周围产生新的险情。同时，由于水位高，水压大，围堰要有足够的强度，以免造成围堰倒场而出现溃口性险情。

3）筑堤：当穿堤建筑物已发生严重的接触冲刷险情而无有效抢护措施时，可在堤临水侧或堤背水侧筑新堤封闭，汛后做彻底处理。具体方法如下。①方案确定。首先应考虑抢险预案措施，根据地形、水情、人力、物力、抢护工程量及机械化作业情况，确定是筑临水围堤还是背水围堤。一般在堤背水侧抢筑新堤要容易些。②筑堤线路确定。根据河流流速、滩地的宽窄情况及堤内地形情况，确定筑堤线路，同时根据工程量大小，以及是否来得及抢护，确定筑堤的长短。③筑堤清基要求。确定筑堤方案和线路后，筑堤范围也即确定。首先应清除筑堤范围内的杂草、淤泥等，特别是新、老堤结合部位应清理彻底。否则一旦新堤挡水，造成结合部集中渗漏，将会引起新的险情发生。④筑堤填土要求。一般选用含沙少的壤土或黏土，严格控制填土的含水量、压实度，使填土充分夯实或压实，填筑要求可参考有关堤防填筑标准。

8.2.3.6　漫溢险情的抢护

实际洪水位超过现有堤顶高程，或风浪翻过堤顶，洪水漫堤进入堤内即为漫溢。通常，土堤是不允许堤身过水的。一旦发生漫溢的重大险情，就很快会引起堤防的溃决。因此，在汛期应采取紧急措施防止漫溢的发生。

通过对气象、水情、河道堤防的综合分析，对有可能发生漫溢的堤段，其抢护的有效措施是：抓紧洪水到来之前的宝贵时间，在堤顶上加筑子埝。首先要因地制宜，迅速明确抢筑子堰埝的形式、取土地点以及施工路线等，组织人力、物料、机具，全线不留缺口，完成子埝的抢筑，并加强工程检查监督，确保子堰的施工质量，使其能承受水压，抵御洪水的浸泡和冲刷。堰顶高要超出预测推算的最高洪水位，做到子堰不过水，但从堤身稳定考虑，子堰也不宜过高。各种子堰的外脚一般都应距大堤外肩0.5~1.0m。抢筑各种子地前应彻底清除地基的草皮、杂物，将表层刨毛，以利新老土层结合，并在堰轴线开挖一条结合槽，深20cm左右，底宽30cm左右。子堰的形式大约有以下几种，可根据实际情况确定。

（1）黏性土堰。现场附近拥有可供选用含水量适当的黏性土，可筑均质黏土堰，不得用沼泽腐殖土或沙土填筑，要分层夯实，捻顶宽 0.6～1.0m，边坡不应陡于 1∶1，子堰水面可用编织布防护抗冲刷，编织布下端压在堰基下。当情况紧急，来不及从远处取土时，堤顶较宽的可就近在背水侧堤肩的浸润线以上部分堤身借土筑堰。这是不得已而为之，当条件许可时应抓紧修复。

（2）袋装土堰。这是抗洪抢险中最为常用的形式，土袋临水可起防冲作用，广泛采用的是土工编织袋，麻袋和草袋亦可，汛期抢险应确保充足的袋料储备。此法便于近距离装袋和输送。为确保子堰的稳定，袋内不得装填粉细沙和稀软土，因为它们的颗粒容易被风浪冲刷吸出，宜用黏性土、砾质土装袋。装袋 7～8 成，最好不要用绳索扎口，可用尼龙线缝合袋口，使土袋砌筑服帖，袋口朝背水面，排列紧密，错开袋缝，上下袋应前后交错，上袋退后，成 1∶0.3～1∶0.5 的坡度。不足 1m 高的子堰临水面叠铺一排（或一丁一顺），较高于捻底层可酌情加宽为两排以上。土袋内侧缝隙可在铺砌时分层用沙土填密实，外露缝隙用稻草、麦秸等塞严，以免袋后土料被风浪抽吸出来。土袋的背水面修土戗，应随土袋逐层加高而分层铺土夯实。

（3）桩柳（桩板）土堰。当抢护堤段缺乏土袋，土质较差，可就地取材修筑桩柳（桩板）土堰。将梢径 6～10cm 的木桩打入堤顶，深度为桩长的 1/3～1/2，桩长根据堰高而定，桩距 0.5～1.0m，起直立和固定柳把（木板或门板）的作用。柳把是用柳枝或芦苇、秸料等捆成，长 2～3m，直径 20cm 左右，用铅丝或麻绳绑扎于桩后（亦可用散柳厢修），自下面上紧靠木桩逐层叠捆。应先在堤面抽挖 10cm 的槽沟，使第一层柳把置入沟内。柳把起防风浪冲刷和挡土作用，在柳把后面散置一层厚约 20cm 的秸料，在其后分层铺土夯实（要求同黏性土捻）做成土戗。也可用木板（门板）、秸箔等代替柳把。临水面单排桩柳

（桩板）埝，顶宽 1.0m，背水坡 1:1。当抢护堤段堤顶较窄时，可用双排桩柳或壮板的子埝，里外两排桩的净桩距：桩柳取 1.5m，桩板取 1.1m。对应两排桩的桩顶用 18～20 号铅丝拉紧或用木杆连接牢固。两排桩内侧分别绑上柳把或散柳、木板等，中间分层填土并夯实，与堤结合部同样要开挖轴线结合槽。

（4）柳石（土）枕埝。对取土特别困难而当地柳源丰富的抢护堤段，可抢筑柳石（土）枕埝。用 16 号铅丝扎制直径 0.15m、长 10m 的柳把，铅丝扎捆间距 0.3m，由若干条这样的柳把，围包裹作为枕芯的石块（或土），用 12 号铅丝间距 1m 扎成直径 0.5m 的圆柱状柳枕。若子埝高 0.5m，只需 1 个柳石枕置于临水面即可，若子埝是 1.0m 和 1.5m 高，则应需 3 个和 6 个柳石枕叠置于临水面（成品字形），底层第一枕前缘距临水堤肩 1.0m，应在该枕两端各打木桩一个，以此固定，在该枕下挖深 10cm 的条槽，以免滑动和渗水。枕后如同上述各种子埝，用土填筑戗体，埝顶宽不应小于 1.0m，边坡 1:1。若土质差，可适当加宽顶部放缓边坡。

（5）防浪墙子埝。如果抢护堤段原有浆砌块石或混凝土防浪墙，可以利用它来挡水，但必须在墙后用土袋加筑后戗，防浪墙体可作为临时防渗防浪面，土袋应紧靠防浪墙后叠砌（同袋装土埝）。根据需要还可适当加高档水，其宽度应满足加高的要求。

8.2.3.7　堤身裂缝险情的抢护

裂缝是堤防工程常见的一种险情，它有时很可能是其他险情（如滑坡、崩岸等）的前兆。而且由于它的存在，洪水或雨水易于入侵堤身，常会引起其他险情，尤其是横向裂缝，往往会造成堤身土体的渗透破坏，甚至更严重的后果。因此，必须引起重视。

（1）抢护的原则。根据裂缝判别，如果是滑动或坍塌崩岸性裂缝，应先按处理滑坡或崩岸方法进行抢护。待滑坡或崩岸稳定后，再处理裂缝，否则达不到预期效果。纵向裂缝如果仅是表面裂缝，可暂不处理，但须注意观察其变化和发展，并封堵缝口，以免雨水侵入，引起裂缝扩展。较宽较深的纵缝，即使不是滑坡性裂缝，也会影响堤防强度，降低其抗洪能力，应及时处理，消除裂缝。横向裂缝是最为危险的裂缝。如果已横贯堤身，在水面以下时水流会冲刷扩宽裂缝，导致非常严重的后果。即使不是贯穿性裂缝，也会因缩短渗径，浸润线抬高，造成堤身土体的渗透破坏。因此，对于横向裂缝，不论是否贯穿堤身，均应迅速处理。窄而浅的龟纹裂缝，一般可不进行处理。较宽较深的龟纹裂缝，可用较干的细土填缝，用水洇实。

（2）裂缝险情的抢护方法。一般有开挖回填、横墙隔断、封堵缝口等。

1）开挖回填：这种方法适用于经过观察和检查已经稳定，缝宽大于1cm，深度超过1m的非滑坡（或坍塌崩岸）性纵向裂缝，施工方法如下。

a. 开挖：沿裂缝开挖一条沟槽，挖到裂缝以下0.3～0.5m深，底宽至少0.5m，边坡的坡度应满足稳定及新旧填土能紧密结合的要求，两侧边坡可开挖成阶梯状，每级台阶高宽控制在20cm左右，以利稳定和新旧填土的结合。沟槽两端应超过裂缝1m。

b. 回填：回填土料应和原堤土类相同，含水量相近，并控制含水量在适宜范围内。土料过于时应适当洒水。回填要分层填土夯实，每层厚度约20cm，顶部高出堤面3～5cm，并做成拱弧形，以防雨水入浸。

需要强调的是，已经趋于稳定并不伴随有坍塌崩岸、滑坡等险情的裂缝，才能用上述方法进行处理。当发现伴随有坍塌崩岸、滑坡险情的裂缝，应先抢护坍塌、滑坡险情，待脱险并裂缝趋于稳定后，再按上述方法处理裂缝本身。

2）横墙隔断：此法适用于横向裂缝，施工方法如下。①沿裂缝方向，每隔3～5m开挖一条与裂缝垂直的沟槽，并重新回填夯实，形成梯形横墙，截断裂缝。墙体底边长度可按2.5～3.0m掌握，墙体厚度以便利施工为度，但不应小于50cm。开挖和回填的其他要求与上述开挖回填法相同。②如裂缝临水端已与河水相通，或有连通的可能时，开挖沟槽前，应先在堤防临水侧裂缝前筑前戗截流。若沿裂缝在堤防背水坡已有水渗出时，还应同时在背水坡修做反滤导渗，以免将堤身土颗粒带出。③当裂缝漏水严重，险情紧急，或者在河水猛涨，来不及全面开挖裂缝时，可先沿裂缝每隔3～5m挖竖井，并回填黏土截堵，待险情缓和后，再伺机采取其他处理措施。④采用横墙隔断是否需要修筑前戗、反滤导渗，或者只修筑前戗和反滤导渗而不做隔断横墙，应当根据险情具体情况进行具体分析。

　　3）封堵缝口：①灌堵缝口：裂缝宽度小于1cm，深度小于1m，不甚严重的纵向裂缝及不规则纵横交错的龟纹裂缝，经观察已经稳定时，可用灌堵缝口的方法。具体作法如下：用干而细的沙壤土由缝口灌入，再用木条或竹片捣塞密实。沿裂缝作宽5～10cm，高3～5cm的小土埝，压住缝口，以防雨水浸入。未堵或已堵的裂缝，均应注意观察、分析，研究其发展趋势，以便及时采取必要的措施。如灌堵以后，又有裂缝出现，说明裂缝仍在发展中，应仔细判明原因，另选适宜方法进行处理。②裂缝灌浆缝宽较大、深度较小的裂缝，可以用自流灌浆法处理。即在缝顶开宽、深各0.2m的沟槽，先用清水灌下，再灌水土重量比为1∶0.15的稀泥浆，然后再灌水土重量比为1∶0.25的稠泥浆，泥浆土料可采用壤土或沙壤土，灌满后封堵沟槽。如裂缝较深，采用开挖回填困难时，可采用压力灌浆处理。先逐段封堵缝口，然后将灌浆管直接插入缝内灌浆，或封堵全部缝口，由缝侧打眼灌浆，反复灌实。灌浆压力一般控制在50～120kPa（0.5～1.2kg/cm²），具体取值由灌浆试验确定。压力灌浆的方法适用于已稳定的纵横裂缝，效果也较好。但是对于滑动性裂缝，将促使裂缝发展，甚至引发更为严重的险情。因此，要认真分析，采用时须慎重。

8.2.3.8　堤防决口抢险

　　江河、湖泊堤防在洪水的长期浸泡和冲击作用下，当洪水超过堤防的抗御能力，或者在汛期出险抢护不当或不及时，都会造成堤防决口。堤防决口对地区社会经济的发展和人民生命财产的安全危害是十分巨大的。

在条件允许的情况下，对一些重要堤防的决口采取有力措施，迅速制止决口的继续发展，并实现堵口复堤，对减小受灾面积和缩小灾害损失有着十分重要的意义。对一些河床高于两岸地面的悬河决口，及时堵口复堤，可以避免长期过水造成河流改道。

堤防决口抢险是指汛期高水位条件下，将通过堤防决口口门的水流以各种方式拦截、封堵，使水流完全回归原河道。这种堵口抢险技术上难度较大，主要牵涉到以下几个方面：一是封堵施工的规划组织，包括封堵时机的选择；二是封堵抢险的实施，包括裹头、沉船和其他各种截流方式，防渗闭气措施等。

8.2.3.8.1 封堵决口的施工组织设计

（1）决口封堵时机的选择。堤防一旦出现决口重大险情，必须采取坚决措施，在口门较窄时，采用大体积料物，如篷布、石袋、石笼等，及时抢堵，以免口门扩大，险情进一步发展。在溃口口门已经扩开的情况下，为了控制灾情的发展，同时也要考虑减少封堵施工的困难，要根据各种因素，精心选择封堵时机。恰当的封堵时机选择，将有利于顺利地实现封堵复堤，减少封堵抢险的经费和减少决口灾害的损失。通常，要根据以下条件，综合考虑，做出封堵时机的决策。①口门附近河道地形及土质情况，估计口门发展变化趋势；②洪水流量、水位等水文预报情况，一段时间内的上游来水情况及天气情况；③洪水淹没区的社会经济发展情况，特别是居住人口情况，铁路、公路等重要交通干线及重要工矿企业和设施的情况；④决口封堵料物的准备情况，施工人员组织情况，施工场地和施工设备的情况；⑤其他重要情况。

（2）决口封堵的组织设计。①水文观测和河势勘查：在进行决口封堵施工前，必须做好水文观测和河势勘查工作。要实测口门的宽度，绘制简易的纵横断面图，并实测水深、流速和流量等。在可能情况下，要勘测口门及其附近水下地形，并勘查土质情况，了解其抗冲流速值。②堵口堤线确定：为了减少封堵施工时对高流速水流拦截的困难，在河道宽阔并具有一定滩地的情况下，或堤防背水侧较为开阔且地势较高的情况下，可选择"月弧"形堤线，以有效增大过流面积，从而降低流速，减少封堵施工的困难。③堵口辅助工程的选择：为了降低堵口附近的水头差和减少流量、流速，在堵口前可采用开挖引河和修筑挑水坝等辅助工程措施。要根据水力学原理，精心选择挑水坝和引河的位置，以引导水流偏离决口处，并能顺流下泄，以降低堵口施工的难度。对于全河过流的堤防决口，要根据河道地形、地势选好引河、挑水坝的位置，从而使引河、堵口堤线和挑水坝三项工程有机结合，达到顺利堵口的目的。④抢险施工准备：在实施封堵前，要根据决口处地形、水头差和流量，做好封堵材料的准备工作。要考虑各种材料的来源、数量和可能的调集情况。封堵过程中不允许停工待料，特别是不允许在合龙阶段出现间歇等待的情况。要考虑好施工场地的布置和组织，充分利用机械施工和现代化的运输设备。传统的以人力为主，采用人工打桩、挑土上堤的方法，不仅施工组织困难，耗时长、花费大，而且失败的可能性也较大。因此，要力争采用现代化的施工方式，提高抢险施工的效率。

8.2.3.8.2　决口抢险的实施

堤防溃口险情的发生，具有明显的突发性质。各地在抢险的组织准备、材料准备等方面都不可能很充分。因此，要针对这种紧急情况，采用适宜的堵口抢险应急措施。

为了实现溃口的封堵，通常可采取以下步骤。

（1）抢筑裹头。土堤一旦溃决，水流冲刷扩大溃口口门，以致口门发展速度很快，其宽度通常要达 $200\sim300\mathrm{m}$ 才能达到稳定状态，如湖北的簰州湾、江西九江的江心洲溃口。如能及时抢筑裹头，就能防止险情的进一步发展，减少此后封堵的难度。同时，抢筑坚固的裹头，也是堤防决口封堵的必要准备工作。因此，及时抢筑裹头，是堤防决口封堵的关键之一。要根据不同决口处的水位差、流速及决口处的地形、地质条件，确定有效抢筑裹头的措施。这里重要的是选择抛投料物的尺寸，以满足抗冲稳定性的要求；选择裹头形式，以满足施工要求。通常，在水浅流缓、土质较好的地带，可在堤头周围打桩，桩后填柳或柴料厢护或抛石裹护。在水深流急、土质较差的地带，则要考虑采用抗冲流速较大的石笼等进行裹护。除了传统的打桩施工方法，可采用螺旋锚方法施工。螺旋锚杆其首部带有特殊的锚针，可以迅速下铺入土，并具有较大的垂直承载力和侧向抗冲力。首先在堤防迎水面安装两排一定根数的螺旋锚，抛下沙石袋后，挡住急流对堤防的正面冲刷，减缓堤头的崩塌速度；然后，由堤头处包裹向背水面安装两排螺旋锚，抛下沙石袋，挡住急流对堤头的激流冲刷和回流对堤背的淘刷。亦有采用土工合成材料或橡胶布裹护的施工方案，将土工合成材料或橡胶布铺展开，并在其四周系重物使它下沉定位，同时采用抛石等方法予以压牢。待裹头初步稳定后，再实施打桩等方法进一步予以加固。

（2）沉船截流。根据九江城防堤决口抢险的经验，沉船截流在封堵决口的施工中起到了关键的作用。沉船截流可以大大减小通过决口处的过流流量，从而为全面封堵决口创造条件。在实现沉船截流时，最重要的是保证船只能准确定位。在横向水流的作用下，船只的定位较为困难，要精心确定最佳封堵位置，防止沉船不到位的情况发生。采用沉船截流的措施，还应考虑到由于沉船处底部的不平整，使船底部难与河滩底部紧密结合的情况。这时在决口处高水位差的作用下，沉船底部流速仍很大，淘刷严重，必须迅即抛投大量料物，堵塞空隙。在条件允许的情况下，可考虑在沉船的迎水侧打钢板桩等阻水。有人建议采用在港口工程中已广泛采用的底部开舱船只抛投料物。这种船只抛石集中，操作方便。在决口抢险时，利用这种特殊的抛石船只，在堵口的关键部位开舱抛石并将船舶下沉，这样可有效地实现封堵，并减少决口河床冲刷。

（3）进占堵口。在实现沉船截流减少过流流量的步骤后，应迅速组织进占堵口，以确保顺利封堵决口。常用的进占堵口方法有：立堵、平堵和混合堵三种。①立堵法：从口门的两端或一端，按拟定的堵口堤线向水中进占，逐渐缩窄口门，最后实现合龙。采用立堵法，最困难的是实现合龙。这时，龙口处水头差大，流速高，使抛投物料难以到位。在这样的情况下，要做好施工组织，采用巨型块石笼抛入龙口，以实现合龙。在条件许可的情况下，可从口门的两端架设缆索，以加快抛投速率和降低抛投石笼的难度。②平堵法：沿口门的宽度，自河底向上抛投料物，如柳石枕、石块、石枕、土袋等，逐层填高，直至高出水面，以堵截水流。这种方法从底部逐渐平铺加高，随着堰顶加高，口门单宽流量及流速相应减小，冲刷力随之减弱，利于施工，可实现机械化操作。这种平堵方式特别适用于前述拱型堤线的进占堵口。平堵有架桥和抛投船两种抛投方式。③混合堵：是立堵与平堵相结合的堵口方式。堵口时，根据口门的具体情况和立堵、平堵的不同特点，因地制宜，灵活采用。如在开始堵口时，一般流量较小，可用立堵快速进占。在缩小口门后流速较大时，再采用平堵的方式，减小施工难度。

（4）防渗闭气：防渗闭气是整个堵口抢险的最后一道工序。因为实现封堵进占后，堤身仍然会向外漏水，要采取阻水断流的措施。若不及时防渗闭气，复堤结构仍有被淘刷冲毁的可能。通常，可用抛投黏土的方法，实现防渗闭气。亦可采用养水盆法，修筑月堤蓄水以解决漏水。土工膜等新型材料，也可用以防止封堵口的渗漏。

8.3 中小型防洪工程经济效益评价

防洪工程经济效益评价主要针对已成防洪工程进行。已成防洪工程是指已经投入运行的单项防洪工程（包括堤防、蓄滞洪区、水库工程、水闸工程、河道整治工程等）或一个流域（地区）由各类工程组成的防洪工程体系。对中小型已成防洪工程的经济效益分析计算及评价参照《已成防洪工程经济效益分析计算及评价规范》（SL 206—2014）的相关规定进行。

SL 206—2014 是为了适应已成防洪工程经济效益分析计算及评价的需要，统一分析计算及评价的原则和方法，正确反映已成防洪工程实际产生的经济效益和作用，主要适用于已成防洪工程某洪水年或一段时期实际产生的经济效益的分析计算及评价。

对已成防洪工程进行经济效益分析计算及评价，应根据本工程在建设期和运行期内实际发生的洪水和实际投入的费用进行；必须十分重视基本资料的调查、搜集整理、综合分析和合理性检查。引用调查搜集社会经济资料时，应分析其历史背景，并根据各时期的社会经济状况和价格水平进行调整、换算；此外，还应符合国家现行的有关标准的规定。

8.3.1　经济效益分析计算

（1）已成防洪工程产生的经济效益应采用实际发生年法，按假定无本防洪工程情况下可能造成的洪灾损失与有本防洪工程情况下实际的洪灾损失的差值计算。

（2）已成防洪工程产生的经济效益应包括直接经济效益和间接经济效益；因兴建防洪工程给国民经济带来的负效益亦应进行分析计算。

（3）直接经济效益与间接经济效益计算应在洪灾损失基本资料调查与分析的基础上进行。洪灾损失基本资料调查分析的内容和方法见《已成防洪工程经济效益分析计算及评价规范》（SL 206—2014）附录 A。

（4）有本防洪工程的实际直接洪灾损失，应只计入本工程保护范围内那些确因堤防决口，计划分洪或无堤地区因洪水位超过地面高程所造成的淹没损失。直接洪灾损失的实物指标应根据洪水发生年的实际洪水情况调查分析确定；对过去发生的洪灾损失应逐年根据洪灾统计资料，参照水文资料进行核实后确定。当年洪灾的报灾资料，应严格按照国家有关部门规定的表格，在对主要受灾地区进行实际调查的基础上如实填报，并附洪灾范围示意图及计算依据。洪灾损失数字应经过有关部门核实。直接洪灾损失可按以下方法计算：

1）如具有实际洪灾损失实物量数据，将其乘以计算标准年相应实物的单价求得。

2）如仅有洪灾淹没农田亩数或受灾人口数，将其乘以计算标准年价格水平的单位综合损失指标求得。单位综合损失指标农村可采用亩均指标（元/亩）表示，城镇可采用人均指标（元/人）表示。

（5）假定无本防洪工程情况下可能造成的直接洪灾损失，应首先通过无本防洪工程情况下的洪水还原分析计算，将已受到防洪工程调控或分洪溃口影响的实测水文数据，还原到无本防洪工程调控或分洪溃口影响的水文数据，据以分析确定各致灾洪水年洪水淹没范围，调查计算各致灾洪水年的淹没损失。当洪水淹没范围大，普查洪灾损失工作量很大时，直接洪灾损失可以采用各致灾洪水年淹没耕地或人口数，乘以对应年份的单位综合损失指标求得。不同淹没区不同情况下的单位综合损失指标应根据淹没水深，淹没历时，转移条件等因素分析确定。

确定无本防洪工程情况下洪水淹没范围及淹没耕地和受淹人口数，应结合本工程保护范围内河段堤防标准及被保护地区重要性，按有计划分洪的原则，先运用抵标准堤段和洪灾损失小的地区计算。洪水还原计算的方法见《已成防洪工程经济效益分析计算及评价规范》（SL 206—2014）附录 B。

（6）有、无本防洪工程情况下的间接洪灾损失可根据典型调查资料按其相当于直接洪灾损失的比例计算。

（7）借用邻近地区的洪灾单位综合损失指标计算本地区防洪工程经济效益时，应分析、论证其合理性。

（8）计算非调查年份的防洪经济效益，采用某调查年份的单位综合损失指标时，应进行洪灾淹没损失实物指标和价格水平的换算：

1）洪灾淹没损失实物指标应以洪灾损失增长率为依据换算；洪灾损失增长率宜根据各防洪保护区经济发展情况分时段确定。

2）价格水平一般可以物价上涨指数为依据换算。

3）所采用的单位综合损失指标宜考虑受淹没程度的因素。

（9）计算某洪水年（或某一次洪水）防洪经济效益宜采用当年价格水平。计算洪水系列内总防洪经济效益时，宜将各洪水年按当年价格水平计算的经济效益按较近期的某一不变价格水平换算后再相加。

（10）已成防洪工程在运行期内的多年平均防洪经济效益可按算术平均法计算。

（11）已成防洪工程在实际运行期内遭遇特大洪水，应对该特大洪水年防洪工程取得的防洪经济效益进行较详细的分析计算。

8.3.2　费用分析计算

（1）已成防洪工程的费用应包括建设期和运行期内各年实际投入工程的固定资产投资，年运行费和流动资金。

1）固定资产投资应包括由国家（中央与地方）、集体、个人以各种方式投入工程的全部费用。除建设期投资外，还应包括工程运行期进行加固和改，扩建的投资。

2）年运行费应包括防洪工程在运行期内各年所支出的职工工资及福利费、防汛抢险费、工程维护费、材料燃料及动力费、管理费及其他直接费用。

3）流动资金应包括防洪工程维持正常运行购买燃料、材料、备品、备件和支付职工工资及防汛物资储备等所需的周转资金。

（2）已成防洪工程的费用应按各年实际投入的费用分析确定；当缺实际资料，采用类似工程资料估算本工程的固定资产投资，年运行费和流动资金时，应分析，论证其合理性。

（3）进行防洪工程经济评价时，应对已投入工程的各项费用按拟定的计算标准年的价格水平进行调整计算。

1）固定资产一般应采用重置成本法进行估算。对中小型防洪工程，当资料不全时，可作简化调整计算。

2）年运行费用宜按该工程的实际年运行费和工程正常运行需要的年运行费两种情况计算。实际年运行费可以采用物价指数法将各年实际年运行费换算成计算标准年价格水平的费用，亦可将实际年运行费占原固定资产投资的比例乘以换算后的固定资产投资求得。工程正常运行需要的年运行费用可参考水利部颁布的水利工程年运行费率标准计算。

（4）具有综合利用效益的防洪工程，其投资和年运行费应在防洪与其他受益部门之间进行分摊。进行已成防洪工程防洪部分经济评价时，只计入防洪部分应分摊的投资和年运行费，投资费用分摊可采用下述方法：

1）按防洪与其他受益部门占用的实物量指标（如库容等）的比例分摊。

2）按防洪与其他受益部门获得经济效益的比例分摊。

3）按适合本工程情况的其他合理可行的方法分摊。

8.3.3 经济评价

（1）已成防洪工程经济评价应以国民经济评价为主，同时，也对工程财务运行状况进行分析。

（2）已成防洪工程经济评价应遵循费用和效益计算口径对应一致的原则，计算工程的直接经济效益和直接费用及间接经济效益和间接费用，并防止遗漏和避免重复。

（3）已成防洪工程经济评价应采用计及资金时间价值的动态分析方法，辅以静态分析。并对工程实际经济指标与设计（预测）经济指标进行对比，分析其偏离的情况及其产生的原因，总结经验教训。

（4）已成防洪工程经济评价采用的费用和效益值应是经过价格水平换算后按同一计算标准年价格水平计算的数值。计算标准年可根据不同情况选定：

1）对工程建设时已作过全面经济评价的工程，计算标准年一般可采用建设前进行经济评价所采用的价格水平年。

2) 对工程建设时未做过全面经济评价的工程，计算标准年一般可选择在工程运行期内较近期的某一代表年份。

（5）已成防洪工程经济评价可采用以下计算参数：

1) 社会折现率，应采用国家统一规定的社会折现率 12%；同时采用 7% 进行计算，供评价参考。

2) 计算价格，宜采用影子价格。当测算影子价格有困难时，可采用国内市场价格。

3) 计算期，包括实际建设期（含运行初期）和实际运行期。

4) 计算基准年和基准点，资金时间价值的计算基准年宜选在计算期第一年，并以第一年年初作为折现计算的基准点。投入的费用和产出的效益均按年末发生和结算。

（6）已成防洪工程国民经济评价应计算经济内部收益率，经济净现值，经济效益费用比等国民经济评价指标，并根据国家规定标准判别其经济合理性。国民经济评价指标按《水利建设项目经济评价规范》（SL 72—2003）的方法和公式计算。

（7）进行已成防洪工程财务分析应调查研究本工程在运行期内各年实际的运行费用情况及存在问题，按国家有关规定研究提出工程正常运行需要的各项费用数额及运行费来源的建议。

（8）已成防洪工程经济评价除分析计算上述经济指标和财务费用外，必要时还应分析水文现象的随机性和计算期长短对国民经济评价指标的影响，合理评价其经济合理性。

8.3.4 流域（地区）防洪工程体系经济效益分析计算

（1）流域（含地区，下同）防洪工程体系经济效益计算应根据已出现的洪水系列，计算流域内的防洪工程系统实际产生的经济效益及相应投入的费用，评价本流域防洪工程的作用及其经济合理性。

（2）流域防洪工程体系经济效益分析计算的范围应包括本流域内建成防洪工程的各受益地区，重点分析计算兴建防洪工程前防洪标准较低，洪灾频繁且严重，兴建防洪工程后防洪标准有较大提高的地区。

（3）流域防洪工程体系经济效益分析计算的计算期，应包括计算起始年至运行期末的年数。计算起始年可根据流域内防洪工程建设情况和防洪效益分析计算的要求确定，一般可取 1949 年，亦可取本流域大规模防洪工程开始建设的某年。运行期末年可根据流域防洪工程经济效益分析计算的目的要求选定，当年发生致灾洪水时，亦可对该年的防洪经济效益单独进行分析计算。

（4）流域防洪工程体系计算起点的防洪能力，应根据历史水文资料及防洪工程状况和洪灾损失调查及有关统计资料考证确定，划分出致灾与不致灾的水文参数。

（5）对流域内的洪灾统计资料，应根据水文资料，分洪溃口的具体位置，溃口水量及可能淹没范围核实。对当年的报灾资料应按本章 8.3.1 第（4）条要求进行核实。实际受淹面积中既有洪灾又有涝灾时，应进行合理的划分。

（6）假定无本防洪工程体系情况下流域洪灾损失计算可参照本章 8.3.1 第（5）条要求进行。简化计算时可按假定无本防洪工程体系时可能被淹没的面积乘相应年单位综合损失指标计算。

（7）对于多沙河流，在计算无本防洪工程体系情况下的可能受淹面积时，除应考虑一般的漫堤决口受淹外，还应考虑大洪水时因河床冲淤急剧变化造成的险工处溃堤决口，即大溜顶冲堤身形成横河造成的决口洪水淹没。

（8）对较大江河防洪工程体系的防洪经济效益分析计算，应统一考虑上游地区的分洪决口对下游水情的影响，避免重复计算。

（9）流域防洪工程体系经济效益计算，应同时进行负效益的计算分析。负效益一般包括以下方面：

1）因兴建防洪工程而淹没及挖压土地的损失，可按失去土地利用可能减少的收益（可以农业的净产值表示）及新增土地资源所需费用估算。

2）因兴建防洪工程而引起的各方面的派生损失，可根据实际情况合理估算。

（10）流域防洪工程经济效益一般应按防洪工程系统整体进行计算，其中单个防洪工程的经济效益可按下列原则分配：

1）在几个水库之间分配时，可根据当年实际蓄水量，当年实际入，出库洪峰流量或水量，当年上游的洪峰流量及区间流量组成等情况，综合分析确定分配比例。

2）在不同的防洪工程之间分配时，可根据工程建设的先后，实际抗御的洪峰流量及在此洪峰流量情况下可能造成的洪灾经济损失分析确定其分配比例。

8.3.5　防洪效益的综合分析

（1）进行已成防洪工程效益分析计算，除了以上经济效益分析计算和评价的内容外，还应对防洪工程实际产生的社会效益，环境效益和促进地区经济发展以及不利影响方面进行综合分析。

（2）防洪工程的社会效益，可以从以下方面进行分析：

1）避免大量人口伤亡及对其亲友造成的精神痛苦。

2）避免大量灾民流离失所给社会带来的动荡。

3）避免或减轻大洪水防汛抢险救灾给社会正常生产，生活造成的影响。

4）避免或减少上下游，左右岸水事矛盾，保障社会安定团结。

5）避免交通中断对社会经济发展的影响。

6）对社会就业的稳定保障作用。

7）减少贫困人口。

8）对促进人民安居乐业和文化，教育，科学事业的发展及推进精神文明建设的作用。

9）对促进社会各行各业的均衡持续发展的作用。

（3）防洪工程的环境效益，可从以下方面进行分析：

1）减轻或免除洪灾，为人民提供能稳定生产，生活的环境。

2）避免洪水泛滥可能产生的瘟疫流行，水质恶化，生存环境恶化的严重危害。

3）防洪工程本身对环境的改善效益。

（4）防洪工程对促进地区经济发展的作用，可从以下方面进行分析：

1）提高防洪标准，改善投资环境，加快地区经济发展。

2）促进地区生产力的合理布局和产业结构的合理调整。

3）促进新的城镇和经济区的形成和发展。

4）为地区经济持续发展提供保障。

5）为当地劳动力就业提供机遇。

6）增加房地产价值。

（5）防洪工程建设对地区经济的不利影响可从以下方面进行分析：

1）水库淹没和其他防洪工程建设占地对当地农业经济发展和环境容质的影响。

2）对水库淹没和建设占地所造成的移民的生活水平的影响。

（6）防洪效益的综合分析可采用定量分析与定性分析相结合的方法，凡能用货币和实物指标定量表示的，均应尽可能用货币指标和实物指标定量表示；确实难以定量的，可定性描述。

引用标准编目

《水利水电工程地质勘察规范》（GB 50487—2008）

《防洪标准》（GB 50201—2014）

《堤防工程设计规范》（GB 50286—2013）

《蓄滞洪区设计规范》（GB 50773—2012）

《蓄滞洪区建筑工程技术规范》（GB 50181—93）

《土工合成材料应用技术规范》（GB 50290—98）

《建筑地基基础设计规范》（GB 50007—2011）

《爆破安全规程》（GB 6722—2014）

《土工试验方法标准》（GB 50123—1999）

《水利水电工程等级划分及洪水标准》（SL 252—2000）

《中小型水利水电工程地质勘察规范》（SL 55—2005）

《水利水电工程天然建筑材料勘察规程》（SL 251—2000）

《防洪规划编制规程》（SL 669—2014）

《水利水电工程设计洪水计算规范》（SL 44—2006）

《水利工程水利计算规范》（SL 104—95）

《江河流域规划环境影响评价规范》（SL 45—2006）

《水利水电工程钢闸门设计规范》（SL 74—2013）

《水利水电工程启闭机设计规范》（SL 41—2011）

《水工混凝土结构设计规范》（SL 191—2008）

《堤防工程施工规范》（SL 260—2014）

《水利水电工程施工组织设计规范》（SL 303—2004）

《水利水电工程混凝土防渗墙施工技术规范》 （SL 174—2014）

《土石坝安全监测技术规范》（SL 551—2012）

《混凝土坝安全监测技术规范》（SL 601—2013）

《水工建筑物滑动模板施工技术规范》（SL 32—2014）

《疏浚工程施工技术规范》（SL 17—90）

《水闸施工规范》（SL 27—2014）

《水利水电工程施工质量评定规程》（SL 176—2007）

《水利工程建设项目施工监理规范》（SL 288—2003）

《渠道防渗工程技术规范》（SL 18—2004）

《水利水电建设工程验收规程》（SL 223—2008）

《土石坝安全监测技术规范》（SL 551—2012）

《已成防洪工程经济效益分析计算及评价规范》（SL 206—2014）

《水电工程建设征地处理范围界定规范》（DL/T 5376—2007）

《水电工程建设征地实物指标调查规范》（DL/T 5377—2007）

《水电工程建设征地移民安置规划设计规范》（DL/T 5064—2007）

《水闸设计规范》（SL 265—2001）

《水工建筑物抗震设计规范》（DL 5073—2000）

《水电水利工程施工测量规范》（DL/T 5173—2003）

《水工混凝土施工规范》（DL/T 5144—2001）

《水工建筑物水泥灌浆施工技术规范》（DL/T 5148—2012）

《碾压式土石坝施工规范》（DL/T 5129—2001）

《水工建筑物滑动模板施工技术规范》（DL/T 5400—2007）

《土坝灌浆技术规范》（DL/T 5238—2010）

《水工碾压式沥青混凝土施工规范》（DL/T 5363—2006）

《混凝土面板堆石坝施工规范》（DL/T 5128—2009）

《公路工程技术标准》（JTGB 01—2014）

参 考 文 献

[1]　熊治平．江河防洪概论 [M]．武汉：武汉大学出版社，2009.4.

[2]　姚乐人．防洪工程 [M]．武汉：武汉大学出版社，1997.10.

[3]　郭维东．河道整治 [M]．沈阳：东北大学出版社，2003.11.

[4]　郭铁女．湘江流域防洪规划方案研究 [J]．人民长江，2014，45（11）：20-22.

[5]　郭涛．太原市河道防洪规划简析 [J]．山西水利，2013，29（10）：20-21.

[6]　孙凤宇．地下建设工程对松花江堤防的影响分析 [J]．黑龙江水利科技，2013，41（11）：6-10.

[7]　吴现兵，程伍群，孟霄，等．河北省中小河流防洪现状及减灾对策分析 [J]．南水北调与水利科技，2013，11（6）：35-38.

[8]　施勇，栾震宇，陈炼钢．长江中下游江湖水沙调控数值模拟 [J]．水科学进展，2010，（6）．

[9]　李原园，郦建强，石海峰，等．中国防洪若干重大问题的思考 [J]．水科学进展，2010，（4）．

[10]　刘丹雅．三峡工程防洪规划与综合利用调度技术研究 [J]．水力发电学报，2009，28（6）：19-25.

[11]　张思梅．铜陵市东部城区顺安片区防洪规划方案研究 [J]．人民黄河，2012，34（12）：24-26.

[12]　庞琼，陈鸣．基于回归分析的龙门滩水库设计洪水计算 [J]．人民黄河，2013，35（12）：37-40.

[13]　刘章君，郭生练．梯级水库设计洪水最可能地区组成法计算通式 [J]．水科学进展，2014，25（4）：575-584.

[14]　马雪梅，李英士，俞宏．白山红石丰满水库设计洪水复核 [J]．东北水利水电，2013，31（9）：53-54.

[15]　张秀荣．梯级水库设计洪水计算的探讨 [J]．河南水利与南水北调，2013（16）：57-58.

[16]　侯凯．中小型水库设计前期工作分析 [J]．黑龙江水利科技，2013，41（1）：134-136.

[17]　罗冬梅．结合实际分析病险水库设计及渗漏处理的相关问题 [J]．黑龙江水利科技，2012 (9)：79-80.

[18]　刘迪．五大连池市红升水库除险加固工程溢洪道设计 [J]．水利天地，2012 (6)：27-29.

[19]　黄泽钧，张凡凯，孟才．左家沟水库设计洪水复核研究 [J]．南水北调与水利科技，2012，10 (3)：73-76.

[20]　汪德麟．贵州省中小型水库设计径流年内分配存在的问题 [J]．贵州水力发电，2011，25 (4)：1-5.

[21]　关红俊．沁河河道治理工程设计概述 [J]．山西水利科技，2014 (1)：79-81.

[22]　戴成宗．喀左县大凌河干流段堤防存在问题及防洪工程设计分析 [J]．内蒙古水利，2014 (3)：161-162.

[23]　姜丽娜．浅谈中小型河道堤防工程设计与实施中常遇问题 [J]．城市道桥与防洪，2014 (5)：148-149.

[24]　张斌．河道治理工程中丁坝设计 [J]．甘肃水利水电技术，2014，50 (5)：59-60.

[25]　欧泽锋．浅析东莞市石马河流域综合整治工程河道堤防设计 [J]．甘肃水利水电技术，2014，50 (3)：30-33.

[26]　杨诗庆．海堤防护设计与除险加固技术的探讨 [J]．华东科技：学术版，2014 (4)：229-229.

[27]　汤小锋．浅谈中小流域堤防工程设计 [J]．中国科技博览，2014 (5)：382-382.

[28]　向文华．堤防加固设计中的若干技术问题分析 [J]．低碳世界，2013 (11)：118-119.

[29]　师晓东．堤防整治工程的布置及设计 [J]．东北水利水电，2013，31 (11)：22-23.

[30]　杨敏利．堤防工程施工技术分析 [J]．黑龙江水利科技，2013，41 (9)：129-130.

[31]　朱峰．堤防工程设计若干问题分析 [J]．水利规划与设计，2013 (6)：55-57.

[32]　朱晓玲，陈皓，陈亚君．浙江省小流域防洪堤岸防冲设计要点 [J]．水利水电工程设计，2013，32 (2)：12-13.

[33]　肖军．渭河南山支流蓄滞洪区综合利用与规划探讨 [J]．水利与建筑工程学报，2012，10 (4)：186-188.

[34]　张晓红．三峡工程投运后长江蓄滞洪区规划建设建议 [J]．人民长

江，2010（1）：11-13.

[35]　韩修民. 山东省蓄滞洪区及黄河滩区规划建设的对策措施 [J]. 山东水利，2004（12）：7-8.

[36]　吴正前. 中小型河道疏浚工程施工方法对比分析 [J]. 中国水利，2014（14）：27-28.

[37]　吴惠明. 河道疏浚机械化技术在河道整治工程中的应用 [J]. 科技与企业，2014（14）：181-181.

[38]　董德. 疏浚工程边坡质量控制研究 [J]. 建材发展导向，2014，12（9）：312-313.

[39]　陈金木. 疏浚船舶设计选型合理化分析 [J]. 科技创新导报，2014（13）：93-94.

[40]　豆前线. 关于河道疏浚治理中相关问题的探讨 [J]. 华东科技：学术版，2014（7）：138-138.

后　　记

据民政部和国家减灾委办公室发布的全国灾情公报，2010 年 1 月～2011 年 9 月，我国各类自然灾害共造成累计 9.1 亿人次受灾，因灾累计死亡失踪 8918 人，因灾累计直接经济损失 8368 亿元，其中因水带来的洪灾和旱灾占 60%以上。

面对如此严峻现实，即刻引起中华水利人的反思。

首先，专事于水资源公益型的科研团队，切实贯彻 2011 年中央 1 号文件《中共中央　国务院关于加快水利改革发展的决定》精神，对于春旱的洪湖、洞庭湖发生的特大灾情，进行了"博士团队"考察及其论坛研讨，以求减灾除害新策。

随后，2011 年年中，"博士团队"针对 2010～2011 年上半年因水带来的洪涝与干旱灾势，试图结合自身的专业、密切 2011 年中央 1 号文件，酝酿"中国中小型水工程简明技术丛书"一套 30 册预案。后经中国水利水电出版社修订为 10 册一套"中小型水工程简明技术丛书"。

自 2011 年 9 月至今，一个以团队形式编著的"中小型水工程简明技术丛书"，随着今后工程应用与时间推移的实践检验，将会在我国中小型水工程建设与病害除险加固中提供有效技术支撑。

"中小型水工程简明技术丛书"策划人兼统稿人

陈彦生

2012 年 2 月于武汉